"十三五"普通高等教育本科部委级规划教材
苏州大学"十三五"品牌专业培育点资助项目

创意女装结构造型

CREATIVE WOMEN'S WEAR STRUCTURE MODELING

黄燕敏　胡小燕　李飞跃 | 著

中国纺织出版社

内容提要

本书为“十三五”普通高等教育本科部委级规划教材。

本教材在阐述服装结构基本原理、基本方法的基础上，针对服装设计院校学生的课程特点着重探索女装结构的创意设计，对拓展学生服装结构的创新思维有很好的启发作用。本教材共分六个章节，从最基本的原型到省道的各种转移；从领、袖的结构构成原理到解构创意；从最简单的上衣、裙、裤的构成到各种创新重组，每个章节都有详细的理论知识和实例分析。特别是本教材中所介绍的用纸黏合试制服装款式方法，是我们在多年教学实验中总结出来的一种较为便捷又十分直观的实践方法，它可以在学生还没有掌握服装工艺的前提下，将平面的纸样转换成立体的服装造型，依此观察、分析结构中所存在的各种问题并进行调整，同时在黏合的过程中对服装工艺也有了最基本的概念。

本教材图文并茂，以大量的实例分析、解析女装结构的各种创意手段，适合于服装设计类高等院校的学生和时装设计专业人员学习使用。

图书在版编目（CIP）数据

创意女装结构造型 / 黄燕敏，胡小燕，李飞跃著 . -- 北京：中国纺织出版社，2018.10

“十三五”普通高等教育本科部委级规划教材

ISBN 978-7-5180-5229-5

Ⅰ . ①创…　Ⅱ . ①黄…　②胡…　③李…　Ⅲ . ①女服—结构设计—高等学校—教材　Ⅳ . ① TS941.717

中国版本图书馆 CIP 数据核字（2018）第 158724 号

策划编辑：魏　萌　　责任校对：寇晨晨　　责任印制：王艳丽

中国纺织出版社出版发行

地址：北京市朝阳区百子湾东里 A407 号楼　邮政编码：100124

销售电话：010 — 67004422　传真：010 — 87155801

http：//www.c-textilep.com

E-mail：faxing@c-textilep.com

中国纺织出版社天猫旗舰店

官方微博 http：//weibo.com/2119887771

三河市宏盛印务有限公司印刷　各地新华书店经销

2018 年 10 月第 1 版第 1 次印刷

开本：787 × 1092　1/16　印张：17.25

字数：224 千字　定价：58.00 元

前　言

服装高等教育在我国虽然只有三十多年的历史，但在服装领域的各个方面都取得了丰硕的成果，特别在教材建设上每年都有新颖的教材问世，这对服装高等教育的发展有着很好的推动作用。

在多年的教学实践中，我们汲取了许多前辈撰写的优秀教材中的精华，得益匪浅。但对服装设计专业的学生而言，不但要培养他们对款式设计的创意思维，而且对服装的结构设计也要有大胆并符合结构规律的创新观念。能设计、通结构、善创新，这是我们培养设计师的目标。于是我们在日常的教学中，在尊重服装结构基础知识的原则上引导、鼓励学生对服装样板进行解构、重组等创新实践，并通过处理过的纸张将创意样板进行黏合得到直观的立体实样，学生可以一目了然地观察到自己设计的样板的真实性，老师也可以对实样做出更为客观的点评，与学生共同探讨、修改方案，这样的教学方法很受学生的欢迎，大大提高了学生对服装结构设计课程的兴趣。为了分享我们的教学理念，我们精心撰写了此教材，并亲手做了大量的案例供大家参考，希望对有一定服装结构设计基础的人士起到启发作用，从而提升自主打板设计能力，对参加服装设计大赛的同学更有帮助。

在此感谢张韵同学对我们工作的大力支持，感谢为我们提供课程作业的每一位同学。

作者

2018 年元月

教学内容内容及课时安排

章 / 课时	课程性质 / 课时	节	课程内容
第 1 章 /20	女装结构基础理论与省道、褶裥的变化训练 / 20	●	**女装结构造型基础**
		1.1	女性人体基本特征与服装结构的关系
		1.2	女装上衣结构原型
		1.3	省道的概念与形式
		1.4	褶裥
		1.5	波浪
第 2 章 /20	女装领袖基础原理与创意训练 / 50	●	**领的基本构成原理与创意设计**
		2.1	领的基本构成
		2.2	衬衫领原型
		2.3	领子创意结构实例分析
第 3 章 /30		●	**袖的基本构成原理与创意设计**
		3.1	袖的基本构成
		3.2	袖型的结构变化原理
		3.3	袖型创意结构实例分析
第 4 章 /50	综合女装结构基础拓展实践 / 50	●	**上衣结构创意设计实例**
第 5 章 /50	裙子基础原理与拓展实践 / 50	●	**裙子的基本构成原理与创意**
		5.1	裙子的基本结构与人体的关系
		5.2	裙子原型结构
		5.3	裙长和裙下摆宽度的比例
		5.4	半身裙创意结构实例分析
		5.5	连衣裙的分割方式
		5.6	裙子的常见分类
		5.7	连衣裙创意结构实例分析
第 6 章 /30	裤子基础原理与拓展实践 / 30	●	**裤子的基本构成原理与创意设计**
		6.1	裤子的基本结构
		6.2	裤子原型
		6.3	裤型分类
		6.4	裤子创意结构实例分析

注　各院校可根据自身的教学特点和教学计划对课程时数进行调整。

目 录

第1章
女装结构造型基础

课题名称： 女装结构造型基础

课题内容： 女性人体基本特征与服装结构的关系

女装上衣结构原型

省道的概念与形式

褶裥

波浪

课题时间： 20课时

教学目的： 进一步了解女性的人体特征与服装结构的关系，女装基础结构的常用符号与女装原型的构成原理，以及女装原型的省道、褶裥的变化法则与意义。

教学方式： 教师PPT讲解基础理论知识，做实样操作演示。学生在阅读、理解的基础上进行实样模仿操作练习，最后进行独立的创意设计练习，教师进行个别辅导，对每个同学的作业进行集体点评。

教学要求： 要求学生进一步了解相关的服装结构定义以及服装结构与女性人体的紧密关系，了解服装原型的构成原理，省道的意义与其变化。

课前（后）准备： 课前提倡学生多阅读关于服装结构设计的基础理论书籍，课后对所学的理论通过反复的操作实践进行消化。

1.1 女性人体基本特征与服装结构的关系

东方女性的正常人体总高为7头体，其人体特征为肩部较窄且圆润，胸廓较小而胸部丰满，背部曲线相对曲度不大，腰部较纤细，臀部圆浑，腰臀间有着明显的起伏。

颈围线：从颈窝点起经左颈肩点、颈后第七颈椎点、右颈肩点再回至颈窝点的一条线，是人体颈围尺寸的基准线。

胸围线：经过胸高点，水平围绕人体一周的一条线，是人体胸围尺寸的基准线。

腰围线：沿人体腰部最细处，水平围绕一周的一条线，是人体腰围尺寸的基准线。

臀围线：沿人体臀部最丰满处，水平围绕一周的一条线，是人体臀围尺寸的基准线。

胸宽：前胸从右前腋点至左前腋点的水平距离。

背宽：后背从左后腋点至右后腋点的水平距离。

肩宽：后背从左肩端点经过后颈椎点至右肩端点的距离。

背长：从后颈椎点至腰围线的垂直距离。

前腰节长：从颈肩点起经过胸高点至腰围线的距离。

后腰节长：从颈肩点起经过肩胛骨至腰围线的距离。

袖长：从肩端点起经后肘点至手腕的距离。

1.1.1 女性体型特征分类

①号型的定义：《服装号型标准》是国家技术局颁布的国家技术标准，它是经过全国性抽样测体调查，在取得大量数据统计分析，并结合实际经验和需要得出的一种具有线性规律的人体尺寸。它是设计批量生产成衣规格的依据，以号型表示。

号：指身高，通常以厘米（cm）计量，包括颈椎点高、腰围高、腰节长、上裆等主要纵向控制部位数据值。这些数值随着身高值的扩大、缩小而按一定规律变化。

型：上装指人体的净胸围（B*：cm），下装指人体的净腰围（W*：cm）。还包括净臀围、颈围、肩宽等主要控制横向围度与宽度的数值。这些数值随着身高值的扩大、缩小而按一定规律变化。

②体型分类：GB/T 1335—2008 服装号型国家标准根据人体净胸围与净腰围的差值大小，将我国人体分为四中体型：Y、A、B、C 型。例如某女子胸腰差为 24~19cm，则该女子体型属于 Y 型。

我国成人体型分类表 单位：cm

胸围和腰围的差值范围分档

体型代号	女子胸腰差（*B**–*W**）	男子胸腰差（*B**–*W**）	体型描述
Y	24~19	22~17	瘦体型
A	18~14	16~12	标准体型
B	13~9	11~7	微胖体型
C	8~4	8~4	胖体型

③服装号型的表示方法：号型以“/”符号分开，即：号 / 型。

女装上装的 M 号表示为：160/84A，其中 160 表示身高值为 160cm，84 表示净胸围值为 84cm，A 表示体型类别的代号（即胸腰差范围在 18~14cm 的体型）。

女装下装的 M 号表示为：160/66A，其中 66 表示净腰围是 66cm。

注意：成人服装的上下装是分开标明号型的，儿童不划分体型类别，因此童装号型不包括体型分类。

④中间体及主要部位数值一般规律：中间体是指在大量实测的成年男性、女性的人体数据总数中占有最大比例的体型数值，这组数据归纳出我国各类体型的主要部位的平均值，具有一定的代表性。我们在设计服装规格时，一般以中间体为基础板型，按一定的分档数值，根据实际需要放码推板。

注意：国家号型标准的中间体是指在全国范围内占比例最大人群的数值，但各地区情况实际上是存在一定差别的，因此中间体的设定值应当根据当地的不同情况和销售对象而因地制宜。

成人女性中间体尺寸表 单位：cm

部位	体型			
	Y	A	B	C
身高	160	160	160	160
颈椎点高	136	136	136.5	136.5
坐姿颈椎点高	62.5	62.5	62.5	62.5
全臂长	50.5	50.5	50.5	50.5
腰围高	98	98	98	98
胸围	84	84	88	88
颈围	33.4	33.6	34.6	34.8
肩宽	38	38.5	39.8	39.8
腰围	64	68	78	82
臀围	90	90	96	96

1.1.2 人体活动与服装结构的关系

①放松量的概念：服装的放松量是可变的，随着服装本身的类别、款式、面料而变化，也可因为穿着季节、流行趋势以及个人或地方性穿着习惯而变化。

②人体一般部位的放松量基本要求：

胸围：通常胸围由于呼吸所导致的张弛量称为呼吸量，一般合体的上衣由净胸围尺寸加放 4cm 呼吸量。对于弹性较大面料做紧身款式则可加放 1~2cm 呼吸量，或直接采用净胸围，对于抹胸款式的礼服，胸围尺寸基本采用净胸围，或比净胸围小 1~2cm，以达到穿着合体且防止掉落的可能。

腰围：通常合体服装的腰围尺寸为净腰围加放 2cm，若小于 2cm 则会穿着不适。腰围一般无最大值，根据款式而定，例如 A 字裙的腰围大小已脱离净腰围尺寸。

臀围：臀围的放松量一般与腰围的松量同时增大，臀围放松量最小值一般需满足坐姿臀部围度，通常为 4cm，无最大值。

胸背宽：胸背宽一般与肩宽、胸围成正比，有袖子的上衣款式，一般背宽大于胸宽。

1.2 女装上衣结构原型

1.2.1 女装基础结构线与常用的结构制图符号

依据人体各部位线条的名称，我们在服装结构制板的时候也有相应的结构线名称。

在服装结构制图中会遇到各种各样的线条与符号，每条线、每个符号都有它特定的含义。

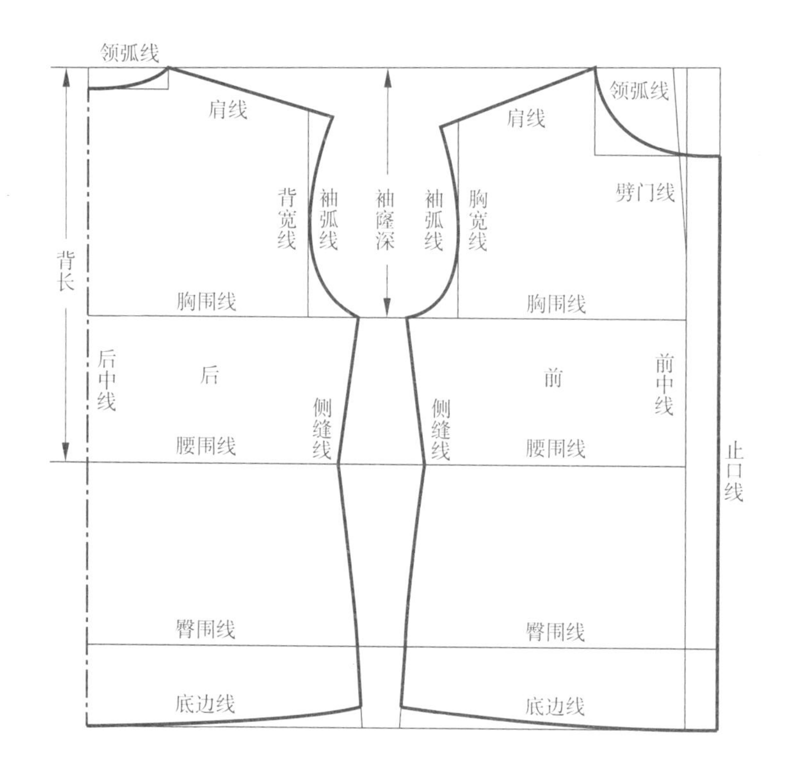

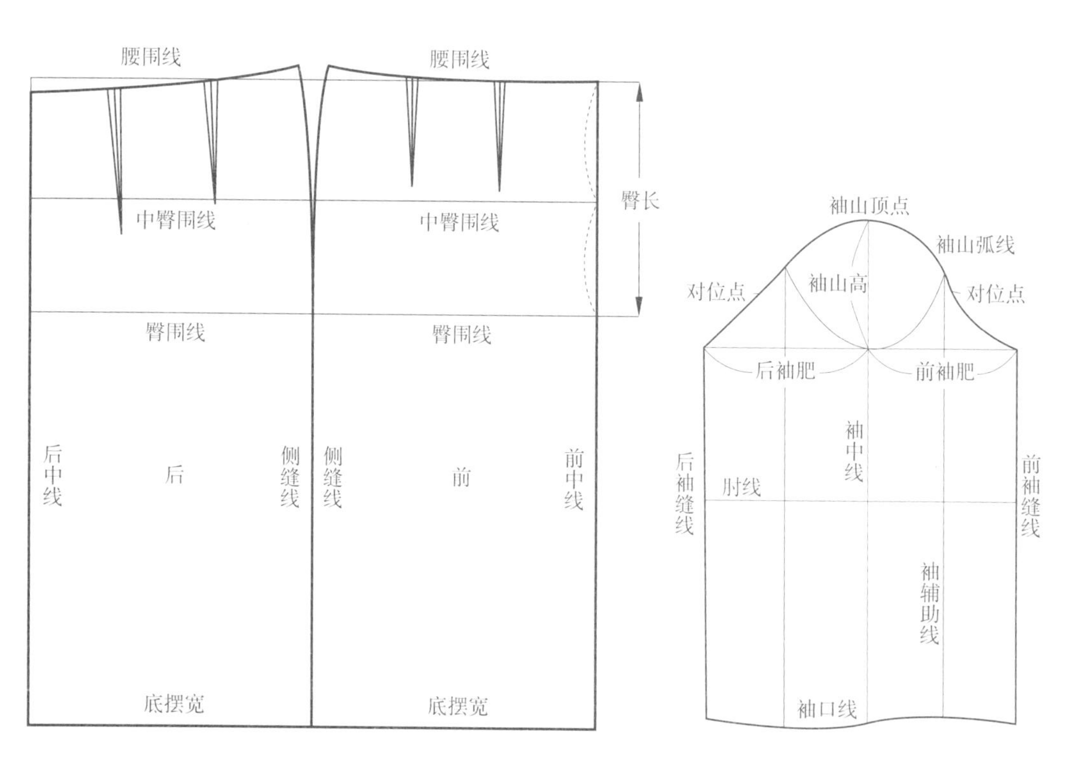

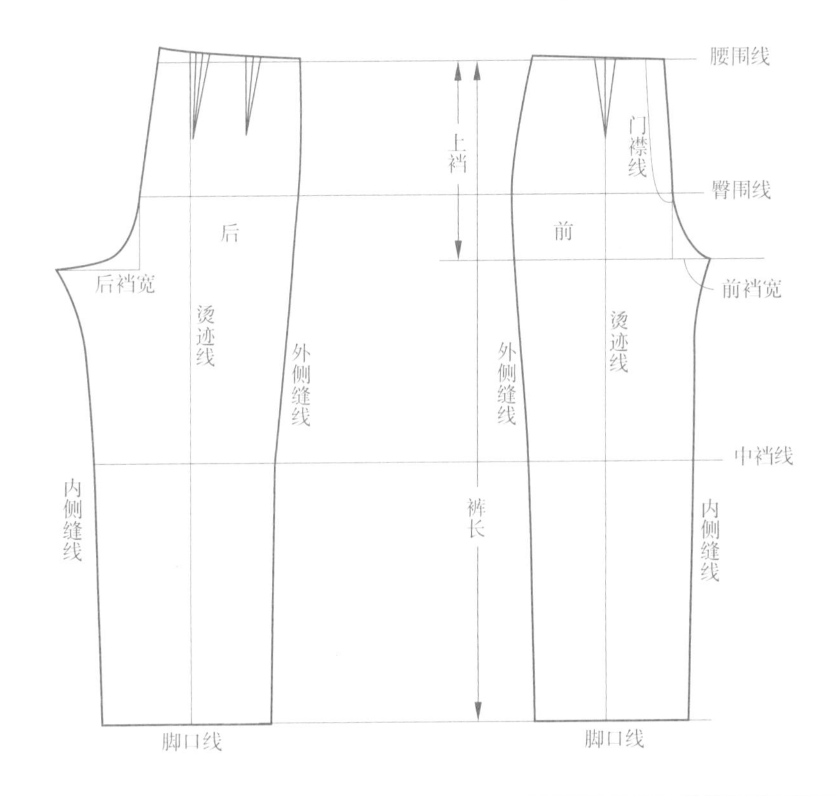

序号	表示符号	表示事项	说明	序号	表示符号	表示事项	说明
1		基础线（细实线）	用作样板绘制过程中的基础线、辅助线以及尺寸标注线	9		斜向	箭头表示面料的经纱方向
2		轮廓线（粗实线）	用作样板完成后的外轮廓线	10		毛向	在有绒毛方向或有光泽方向的面料上表示绒毛的方向
3		缝纫缉线（细虚线）	表示缝纫针迹线的位置	11		拨开	表示拉伸拨开位置
4		折叠线（粗虚线）	表示折边或折叠的位置	12		缝缩	表示缝缩位置
5		连裁线（粗点划线）	表示对折连裁的位置	13		归拢	表示归拢位置
6		等分线	表示按一定长度分成等分	14		抽褶	表示抽褶位置
7		等量号	表示两者为相等量	15		直角	表示两边呈垂直状态
8		纱向线	表示面料的经纱方向	16		重叠	表示样板相互重叠

续表

序号	表示符号	表示事项	说明	序号	表示符号	表示事项	说明
17	展开 闭合	闭合、展开	表示省道的闭合、转移展开	23		扣眼	表示纽扣眼的位置
18		拼合	表示裁剪时样板需拼合连裁	24		注寸线	表示某部位尺寸数值或计算公式
19		胸点	表示乳房的最高点	25		断续线	表示图形断折省略线，一般用粗实线表示
20		单裥	单个折裥，斜向细线表示折裥方向，高端一面压向低端一面	26		省道线	表示缝纫的省道部分，一般表示出省道的形状，多用粗实线，但在裁片内部的省道用细实线
21		对裥	对向折裥，斜向细线表示折裥方向，高端一面压向低端一面				
22		纽扣	表示纽扣的位置	27		等长符号	表示两条线条长度相等

1.2.2 替代面料用纸的选择与再造

为了能更快、更直观地了解所制样板是否正确，可以采用纸替代面料用双面胶带黏合的形式将样板转换成样衣。这就涉及纸的选择和再造。推荐选择牛皮纸或最普通的宣纸，用喷壶将纸喷湿，用手轻轻搓揉，打开再喷湿、再搓揉让纸变得很熟，随后展开晾干。经过喷湿、搓揉过的纸会变得非常有韧性，更利于塑形。

1.2.3 常用女装上衣结构原型

★日式新文化女装上衣原型：日式新文化女装上衣原型是第二代日式原型，它在日本第一代梯形文化原型基础上，前片增加了腋下省道，后片增加了肩省，以满足服装更加合体、便于省道转移与复杂设计的要求。

原型尺寸表（165/84A）　　　　　　　　　　　　　　　　　　　　　　　**单位**：cm

部位	净胸围（*B**）	净腰围（*W**）	肩宽（*S*）
尺寸	84	66	38

制板步骤如下：

①腰围线（WL）：绘制水平线，长度 =*B**/2+6cm（松量）。

②后中线（BC，背长线）：以 WL 线左端点为起点，作 WL 的垂线为后中线，长度 38cm。

③确定胸围线（BL，袖窿深线）：以后中线的上端点为起点，向下取 *B**/12+13.7cm，BL=WL。

④前中线（FC）：以 WL 线右端点为起点，作 WL 的垂线为前中线，由 BL 线与前中线交点向上 *B**/5+8.3cm，确定前中线长度。

⑤胸宽线：在胸围线（BL）上由前中线中点出发，向左取 *B**/8+6.2cm，向上作 BL 线的垂线，与前中线齐平，并连接胸宽线与前中线端点。

⑥ BP 点：取胸宽 /2 向左 0.7cm，确定 BP 点。

⑦背宽线：由胸围线（BL）左端起，向右量取背宽长度 *B**/8+7.4cm，确定 *a* 点，以 *a* 点为起点向上作 BL 线垂线，长度等于袖窿深（*B**/12+13.7cm）。

连接后中线与背宽线两顶点。

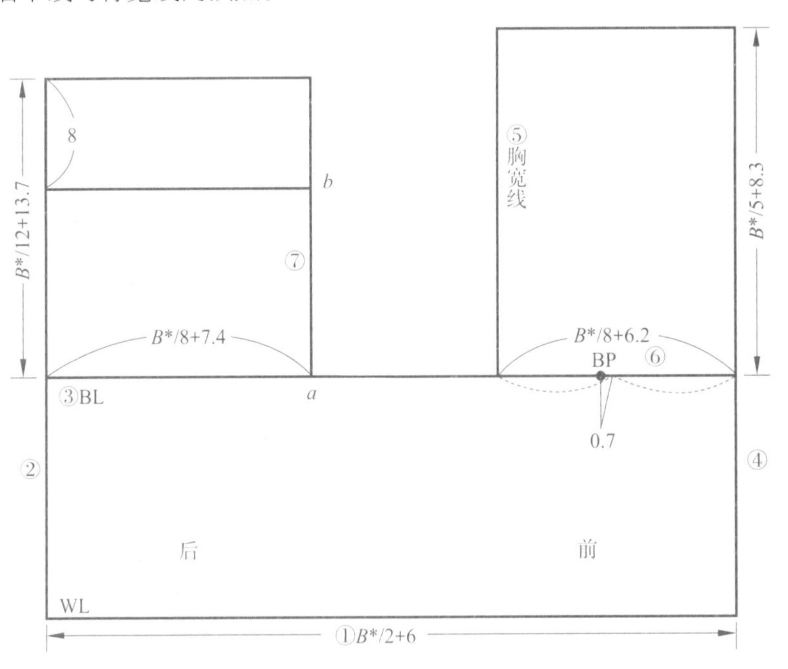

⑧肩胛骨水平线与省尖点：由后中线顶点向下 8cm 处作为起点，作水平线交于背宽线于 b 点；取该水平线的 1/2 处，向右 1cm 确定省尖 c 点。

⑨背宽线上，取 a、b 点中点向下 0.5cm，向右作水平线 x；由前胸宽线与 BL 线交点向左取 $B^*/32$ 确定 d 点，由 d 点向上作 BL 垂线交于 x 线，确定 e 点。

⑩侧缝线：取 a、d 中点，向下作垂线确定侧缝线。

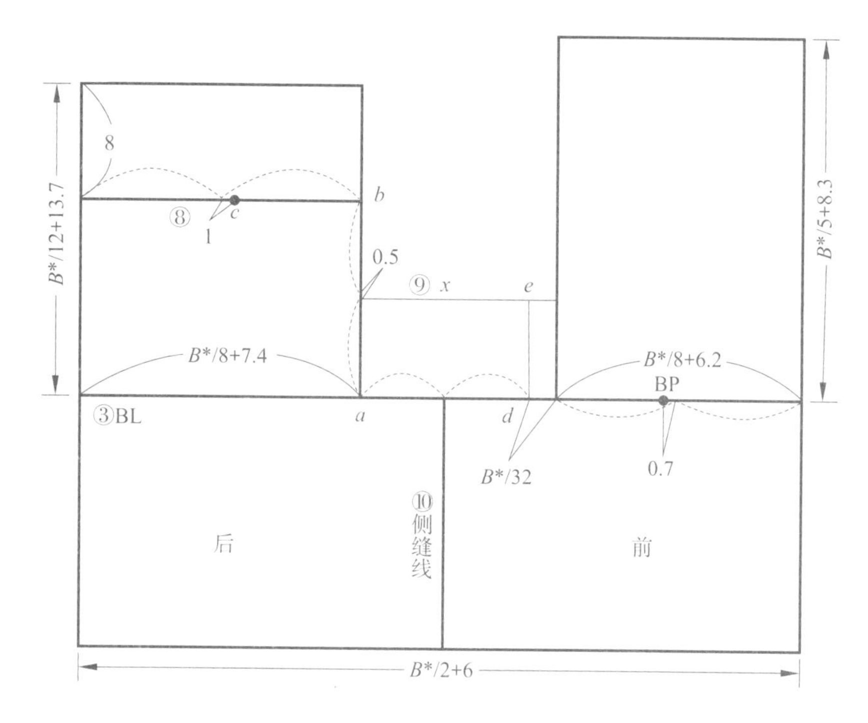

⑪ 前领口弧线：由前中线顶点向左取 $B^*/24+3.4$cm= ◎（前领宽），确定颈肩点 SNP，由前中线顶点向下◎ +0.5cm 得到竖开领大小（领深），绘制领口辅助矩形，前领口弧线通过对角线的辅助点。

⑫ 后领口弧线：由后中线顶点向右取长度◎ +0.2cm（后领宽），后领口深的长度为后领宽长度的 1/3，依此得到 SNP，根据辅助线画顺后领口。

⑬ 前肩斜线：以颈肩点 SNP 为原点，向左下方作斜线，斜线的纵横比为 3.2：8，肩斜线过胸宽辅助线继续延长 1.8cm，长度为△。

⑭ 后肩斜线：由颈肩点 SNP 为原点作斜线，斜线纵横比为 2.6：8，取前肩斜线长度△继续延长肩省量 $B^*/32-0.8$cm，确定后肩斜线长度。

⑮ 后肩省：由 c 点向上作垂线与后肩斜线形成交点，由此交点顺肩斜线向下 1.5cm 起，取 $B^*/32-0.8$cm，为后肩省量，连接 c 点。

⑯ 后袖窿弧线：由 a 点为原点作右上 45° 斜线，斜线长度为●+0.5cm，后袖窿弧线参考该斜线端点 f 点与 x 线与背宽线的交点。

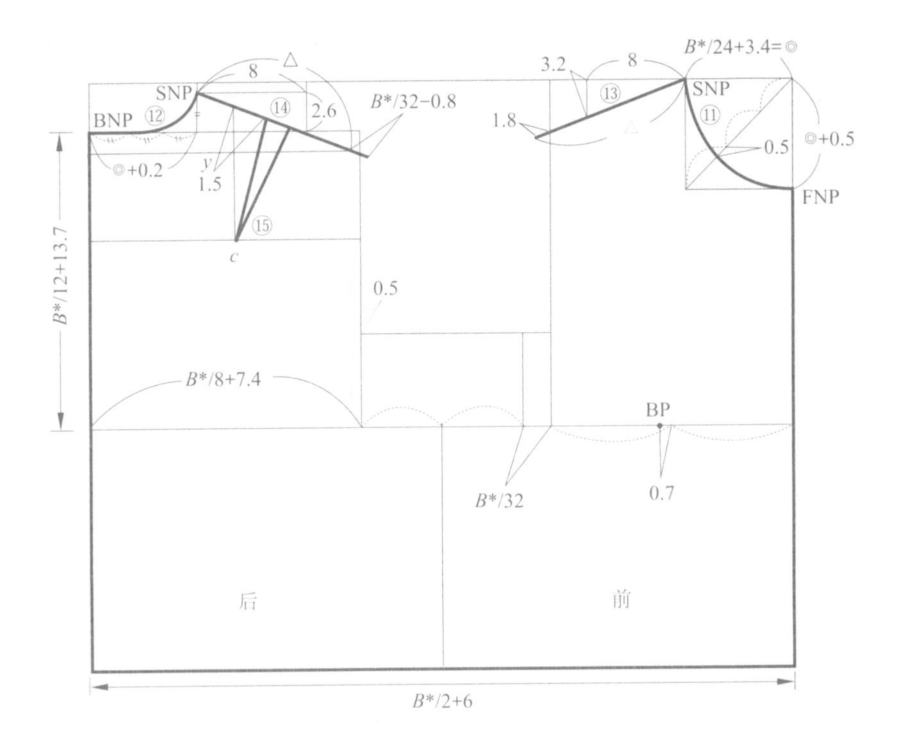

⑰ 胸省：由 d 点向左上作 45° 斜线，斜线长度为■+0.5cm，由侧缝顶端点通过该斜线端点 g 点绘制弧线，交于 e 点；连接 BP 点和 e 点，以该连线为起点向上量取角度大小为（$B^*/4-2.5$）° 的夹角，作为胸省量；省道两边等长确定端点，连顺肩端点与省道开口点，省道与袖窿弧线完成。

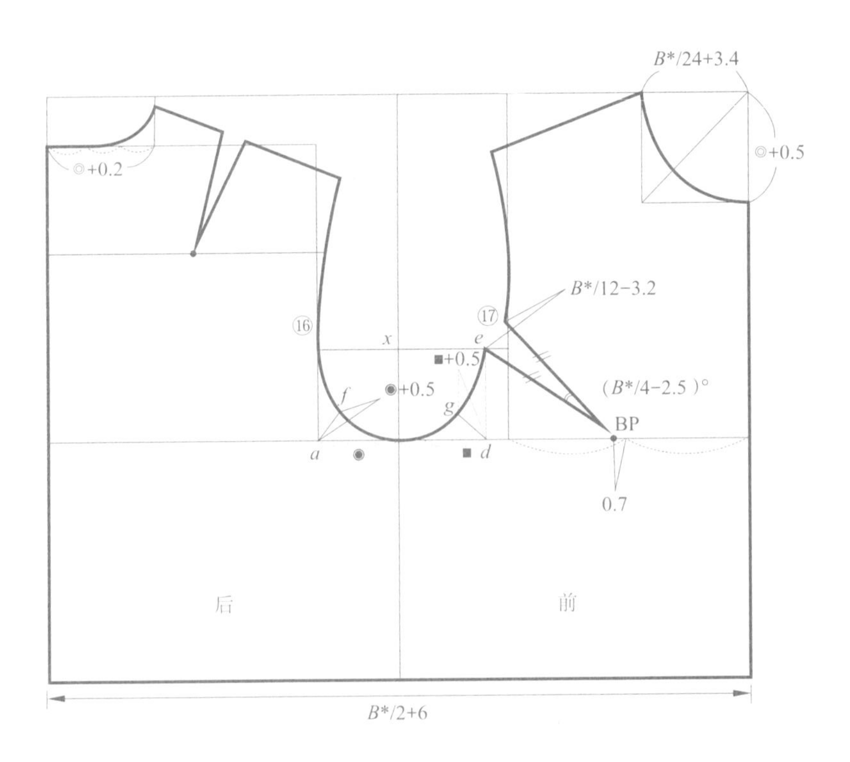

★女装上衣常用原型：不带省道的女装上衣原型，带腋下省的女装上衣原型。

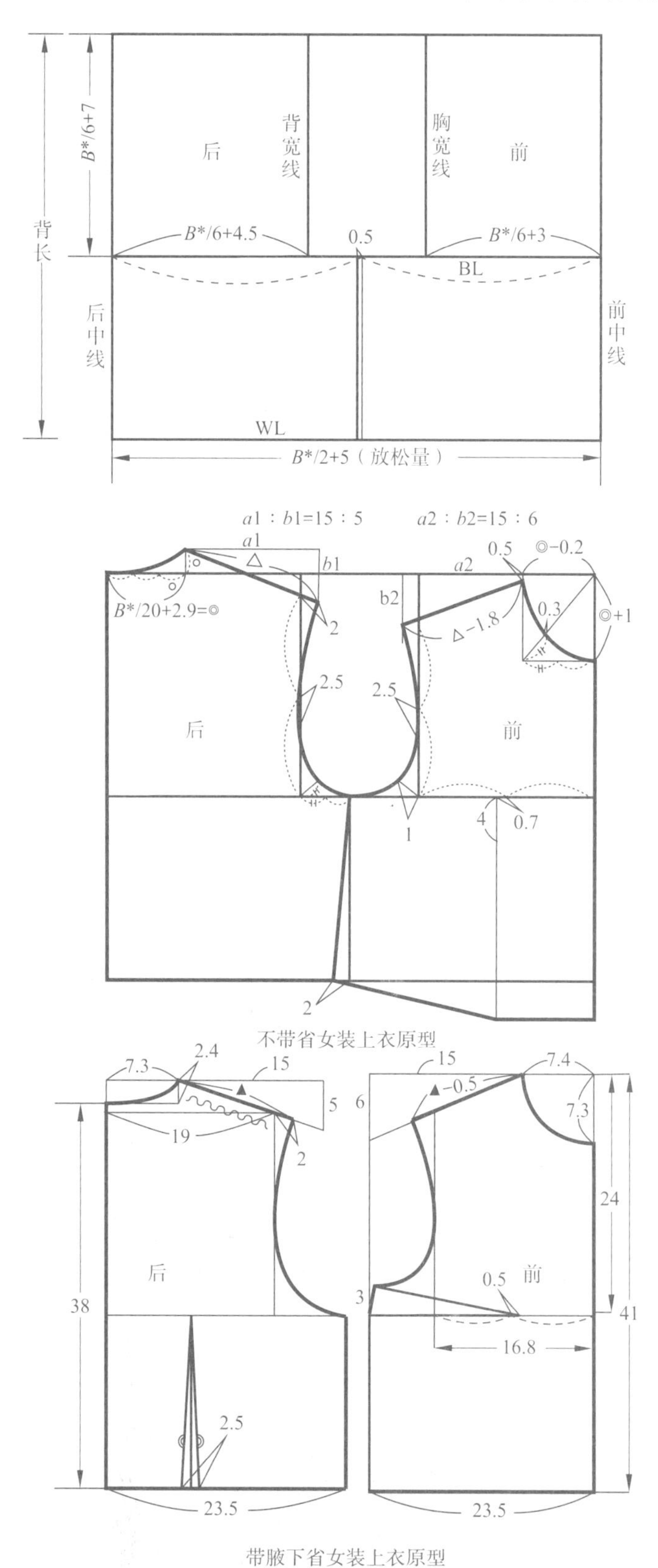

不带省女装上衣原型

带腋下省女装上衣原型

1.3 省道的概念与形式

古代的服装大都是以披挂、缠绕、包裹的形式来实现的，由于人体是个多曲面的凹凸体，特别是女性有着丰满的前胸，因此面料披挂于人体时会产生一定多余的量，13 世纪省道产生于欧洲，它的问世使得人类的服装结构从平面走向二维和三维。省道的作用在于减去面料与人体之间所产生的多余的量，使服装更贴合人体，并保持服装穿着后的水平。上装最基本的省道包括胸省、肩省和腰省。

省道分为正省与负省，正省是通过省道的运用使服装的正面呈隆起效果；负省是通过省道的运用使服装的正面呈凹陷效果。

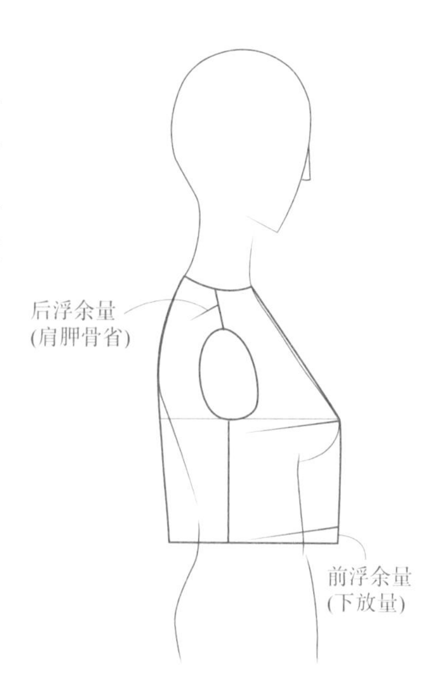

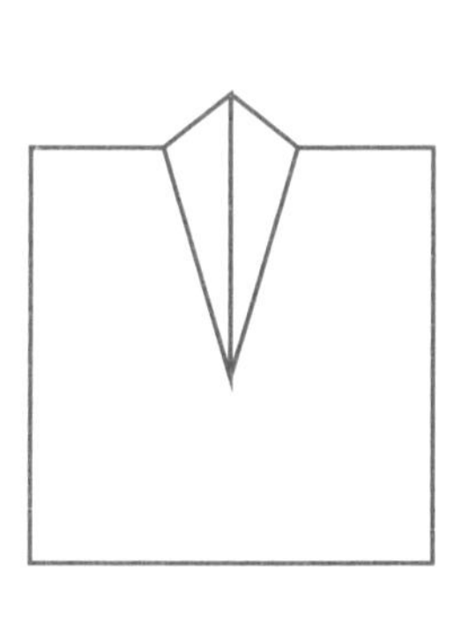

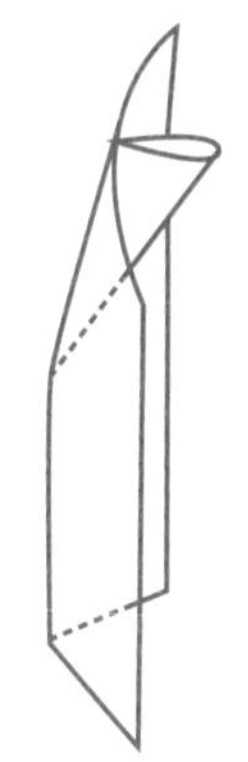

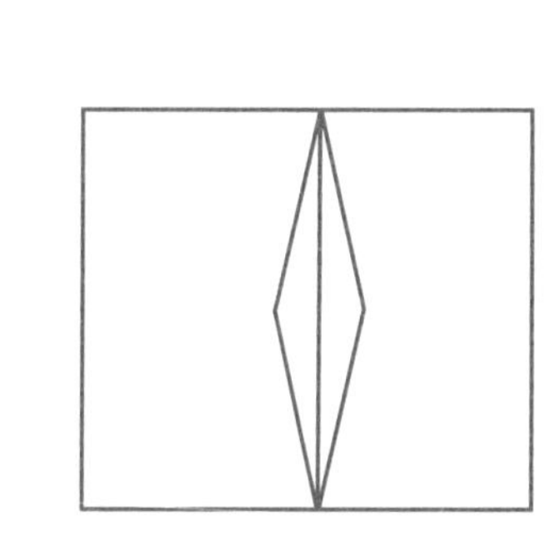

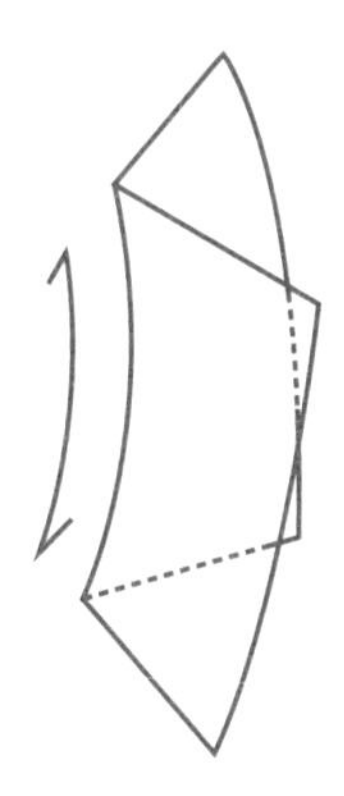

1.3.1 明省——直接开省

省道的运用主要在胸腰臀起伏较大的部位，在衣片不做分割的情况下，顺着人体走势可捏出一定的余量，这种方式便是直接产生省道。

例如：袖窿省就是一个典型的明省，可以通过省道转移的原理闭合袖窿省将其移至腰部成为腰省。

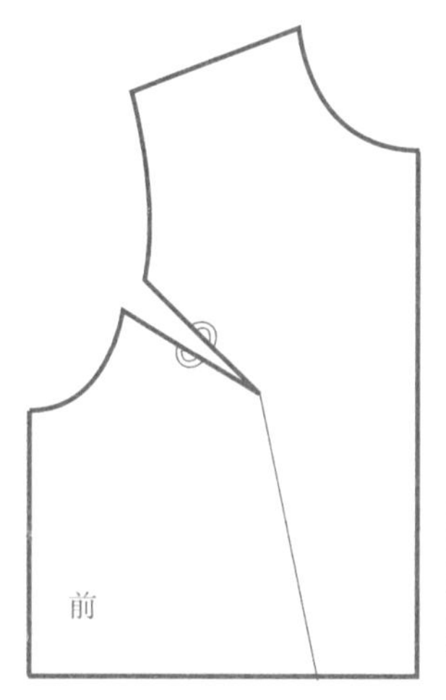

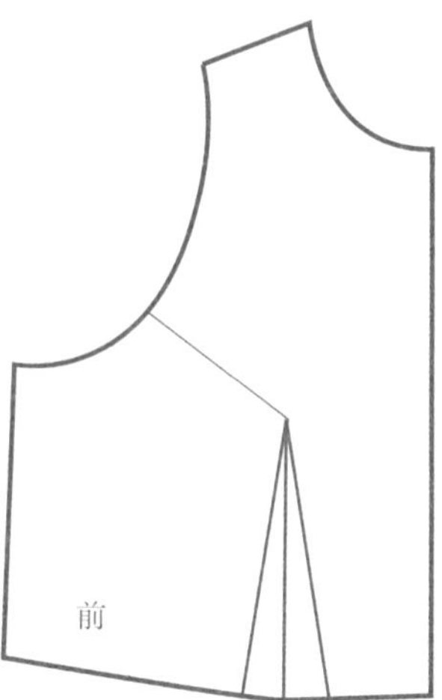

1.3.2 暗省——隐藏于分割线中

分割线即服装的结构线。结构线分为两种，一种是依据人体体型需要产生的分割线，暗省通常就存在于这类分割线中；另一种是因款式造型需要产生的设计线。

例如：通过设定不同部位的设计线，将服装多余的量去掉，从而吻合人体的各种曲线，其最大的优点是服装贴体但不见省道，而且还可以通过不同面料的拼接来丰富视觉效果。

将胸省移至肩部，然后与腰省连一条公主线，将前片分成左右两片

将胸省移至袖窿与腰省连一条刀背缝，同样将前片分成一大片和一小片

同时将胸省和腰省移至侧缝，将前片分成上下两片

1.3.3 省道转移

就人体上身而言，胸和肩胛骨是最为凸起的部位，所以胸省和肩省是上衣最关键的省位。而女装的胸省就尤为重要，不同部位的胸省设计，会产生不同结构造型的服装。我们以人体的胸高点（**BP**）点为中心，胸省位置可以环绕它进行 **360°** 的设定，也就是所说的省道转移。大致可以转移成肩省、袖窿省、侧缝省、腰省、中心省、领口省等。而肩省也可以转移成领口省、袖窿省等，还可用育克、抽褶、归拢等手段来替代。

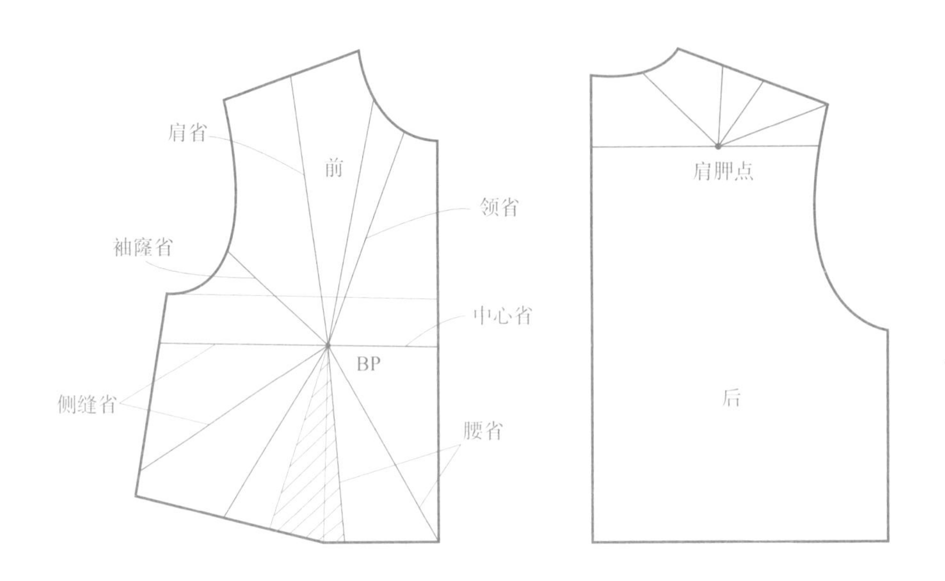

省道转移可分为一次转移、二次转移，整体转移，结合腰省就可以做更多的拓展。

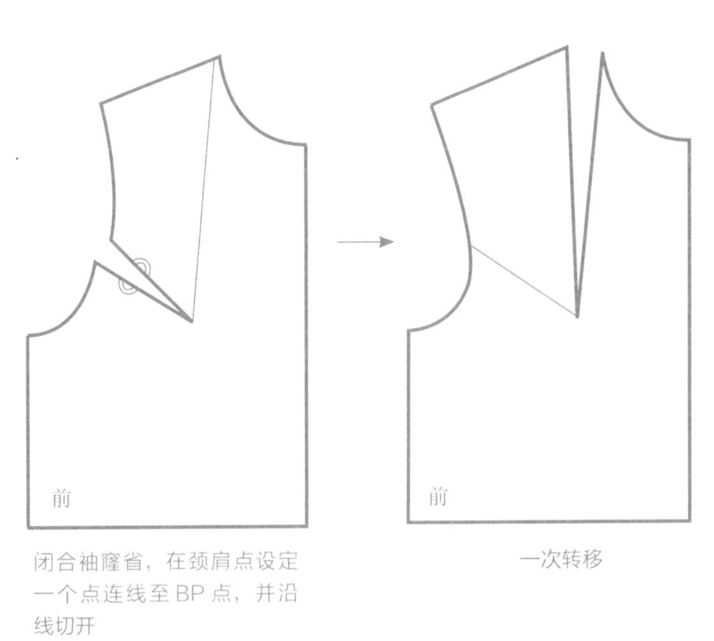

闭合袖窿省，在颈肩点设定一个点连线至BP点，并沿线切开

一次转移

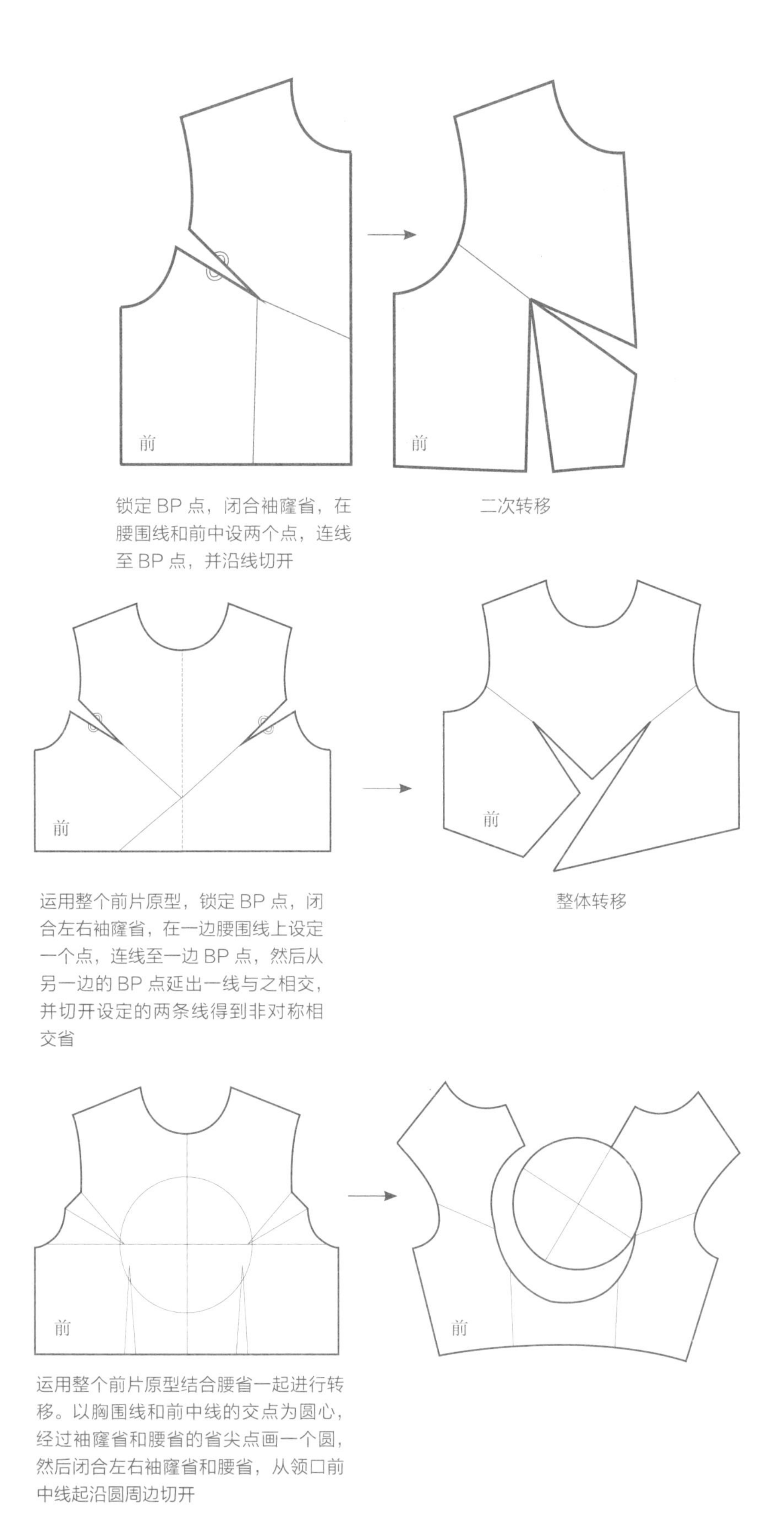

锁定BP点，闭合袖窿省，在腰围线和前中设两个点，连线至BP点，并沿线切开

二次转移

运用整个前片原型，锁定BP点，闭合左右袖窿省，在一边腰围线上设定一个点，连线至一边BP点，然后从另一边的BP点延出一线与之相交，并切开设定的两条线得到非对称相交省

整体转移

运用整个前片原型结合腰省一起进行转移。以胸围线和前中线的交点为圆心，经过袖窿省和腰省的省尖点画一个圆，然后闭合左右袖窿省和腰省，从领口前中线起沿圆周边切开

在此值得提一下的是：省道转移后要对省尖做个调整，在成衣结构上省尖与胸高点（BP点）是要有一点距离的，这样的结构处理才会使得服装的胸部饱满而圆润。

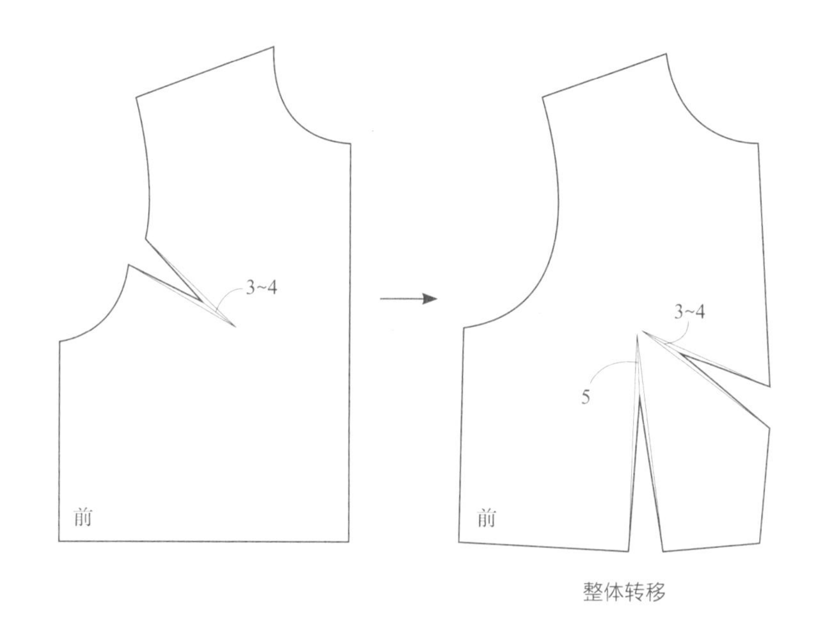

整体转移

1.4　褶裥

褶裥是将面料重叠或聚拢而形成的结构，褶裥可以一端固定，另一端打开，也可以两端都固定，视服装款式需要而定。

褶裥通常分为以下几大类：工字褶（其中分为阴褶、阳褶）、顺褶、风琴褶、碎褶（自由褶）。

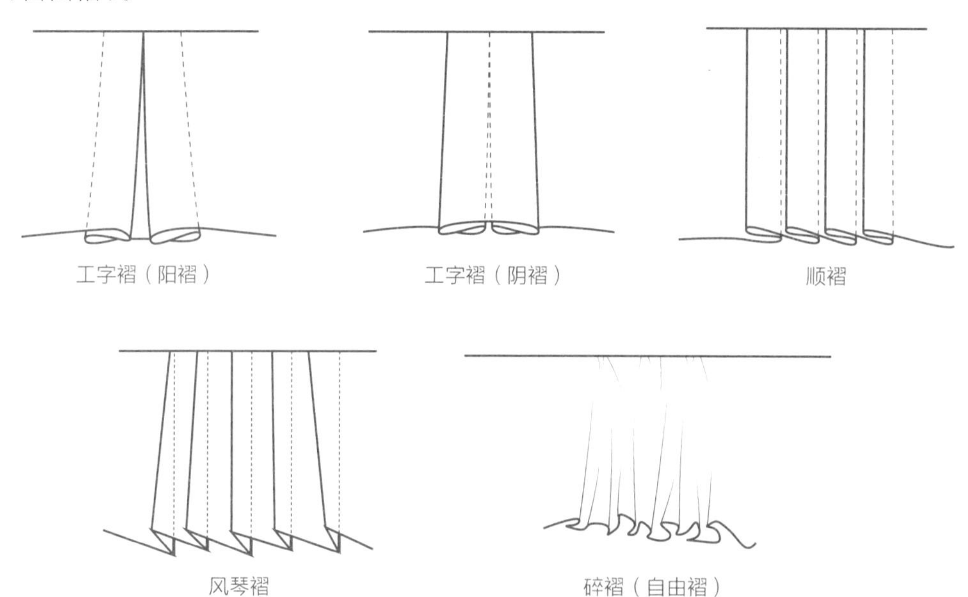
工字褶（阳褶）　工字褶（阴褶）　顺褶

风琴褶　碎褶（自由褶）

1.4.1　褶裥的一般意义

褶裥通常分为两种：一种根据人体体型所需松量设定，代替省道的功能，加大服装松量，使服装符合人体的隆起量或者活动所需量；第二种为装饰作用，合理利用褶裥可使服装更有韵律与时尚性。

1.4.2 褶裥的运用

利用省道能 360° 转移的特性，我们可以做许多的结构造型变化。例如将原型的胸省闭合，省量转移至腰省，让腰省的省尖离 BP 点 2.5cm，从侧缝画一条水平线相交于腰省，再从肩线引出 3 条垂直线与水平线相交，切开水平线与垂线，展开所需的抽褶量，即可呈现腰部有细褶，胸部有贴体的造型。

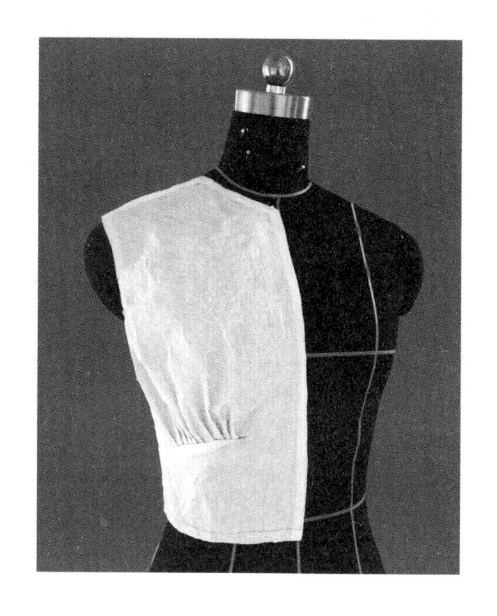

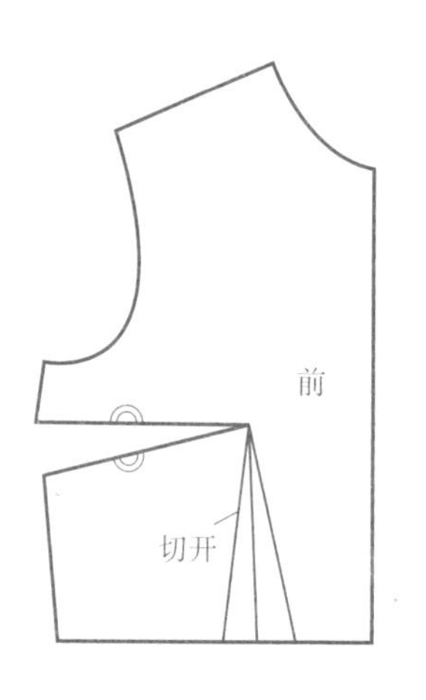

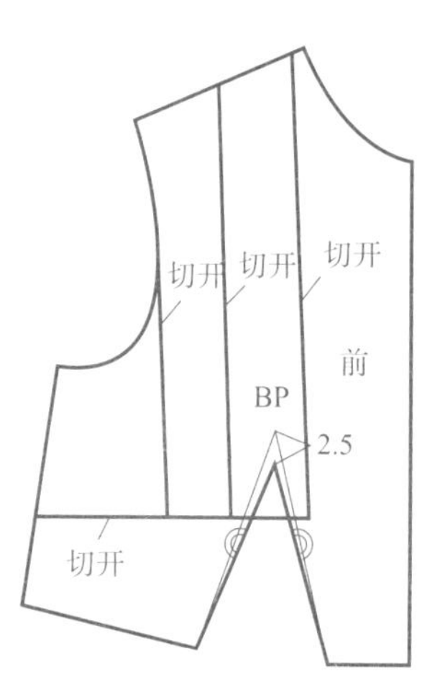

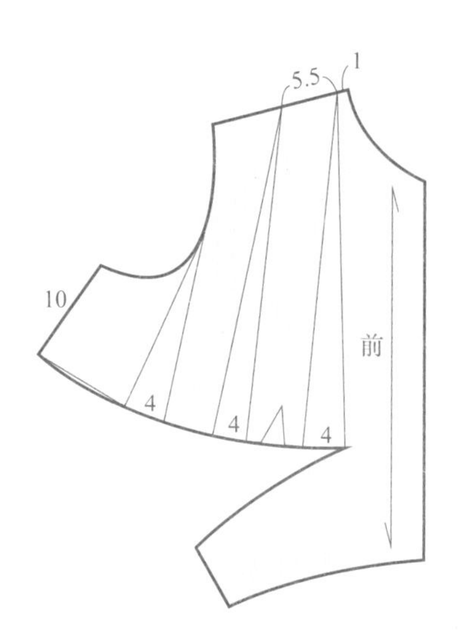

同样运用省道旋转的原理，例如将原型的胸省闭合，省量转移至腰省，然后从腰节线在前中处上 9.5cm 确定一个点，画一条弧线与腰省尖相交，再从领口弧线引出 3 条线与弧线相交，切开弧线与设定的直线，展开抽褶的量，就能呈现腰部贴体，胸部有细褶的造型。

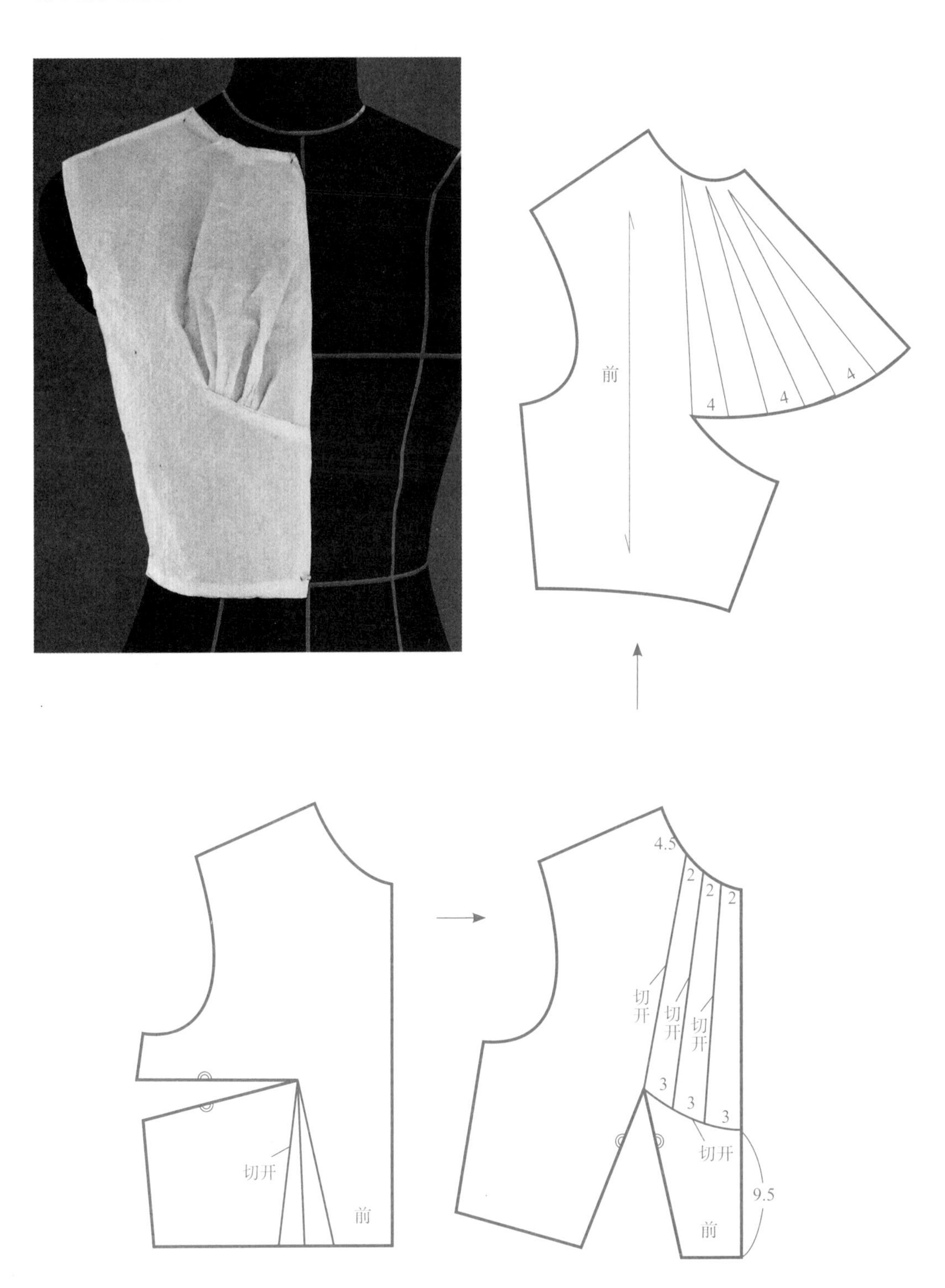

1.4.3 褶裥的装饰意义

褶裥除了在人体转折部位代替省道，也有广泛的装饰意义，装饰意义即褶量不代替省道的作用，起到装饰作用。

案例为肩部一个大碎褶的处理，面料在颈肩部做一定量堆积，做出造型，配以宽松的上身款式，体现服装的律动和柔美，碎褶适宜用丝绸、雪纺等质地柔软的面料。

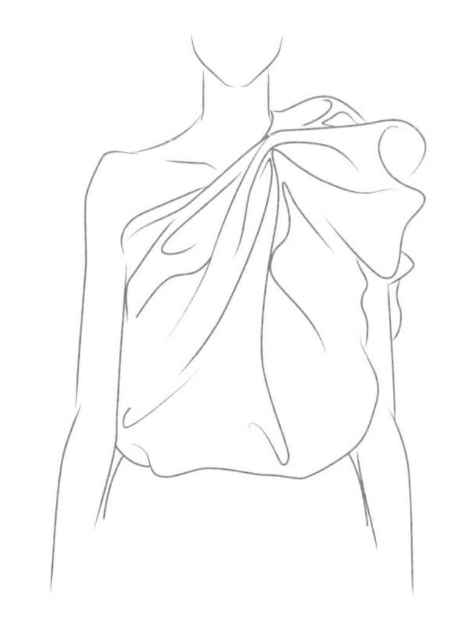

1.5 波浪

波浪是服装款型中的一种结构与设计手法，形态通常为大廓型 A 字型，女装中较为常见，通常运用于裙装造型以及部分裙裤、领型与袖型。

本章小结

1. 女性人体特征为肩部较窄且圆润，胸廓较小而胸部丰满，后背凹凸不大，腰部较纤细，臀部圆浑，腰臀间有着明显的起伏。

2. 服装的号、型：号是指身高；型是指人体的净胸围和净腰围；讲述放松量的合理把控。

3. 原型的结构主要是通过胸围和背长的尺寸来构建。

4. 胸省是可以环绕胸高点进行 360° 的转移，并可以同腰省进行合并做更多的造型设计。

5. 褶裥的各种转换与变化也可以对服装造型产生新的视觉效果。

思考题

1. 放松量与服装造型、服装功能的关系?
2. 原型在女装结构设计中的意义?
3. 如何将省道转移变得更随意更艺术?
4. 女性体型特征与男性体型特征的区别?

第2章
领的基本构成原理与创意设计

课题名称： 领的基本构成原理与创意设计

课堂内容： 领的基本构成

衬衫领原型

领子创意结构实例分析

课题时间： 20课时

教学目的： 让学生了解并掌握衣领的分类以及它们的构成依据与原理。在理解掌握领子构成原理的基础上进行拓展创新设计。

教学方式： 教师PPT讲解基础理论知识，做实样操作演示。学生在阅读、理解的基础上进行实样模仿操作练习，最后进行独立的创意设计练习，教师进行个别辅导，对每个同学的作业进行集体点评。

教学要求： 要求学生理解和掌握衣领的结构构成元素，衣领的类别与功能。能够熟练地在掌握基础领子结构的基础上进行创意设计。

课前（后）准备： 课前提倡学生多阅读关于服装领子结构设计的基础理论书籍，课后对所学的理论通过反复的操作实践进行消化。

衣领作为服装的视觉焦点，在服装中起到举足轻重的地位，特定的衣领款式有其特定的服装款式意义，不同的衣领影响着服装款式的风格，如何在掌握领型的基本关系下融会贯通设计衣领造型是服装设计中重要的模块。

2.1 领的基本构成

2.1.1 领与颈的关系

①肩斜度：指静态时人体肩斜线与水平线所形成的夹角，女性一般为18°~19°，男性为20°左右。

②颈斜度：指静态下人体第七颈椎点颈项延伸线与垂线形成的夹角，女性通常为19°，男性通常为17°。

③领围：一般面料时，关门领的领围在净颈围基础上加2cm，可满足颈部的小幅度动态活动，若为贴身或紧身款式，可加放1cm。如直接采用净颈围数据，则穿着时会感到窒息与活动不便。

头颈日常动作动态图（正、侧图）

④劈门：劈门又称劈势，劈门量来自胸斜度。胸斜度指人体胸部最高点至领窝点形成的一定的斜度。胸斜度的大小因人体体型不同而异。在平面制板中，劈门的量约为1cm，也可因款式变化而稍做变化。

2.1.2 衣领的基本构成元素

衣领的主要构成部位分别为领座（领底）、翻领和属于衣身一部分的驳头，衣领的设计一般围绕这几个模块展开。

①领座：领座可以单独成一体，也可以在一体式翻领中与翻领共同存在，即称为领座；当衣领没有翻领部分时；领座单独成为立领样式，领座的宽度不定，依据款式需要可做相应变化。

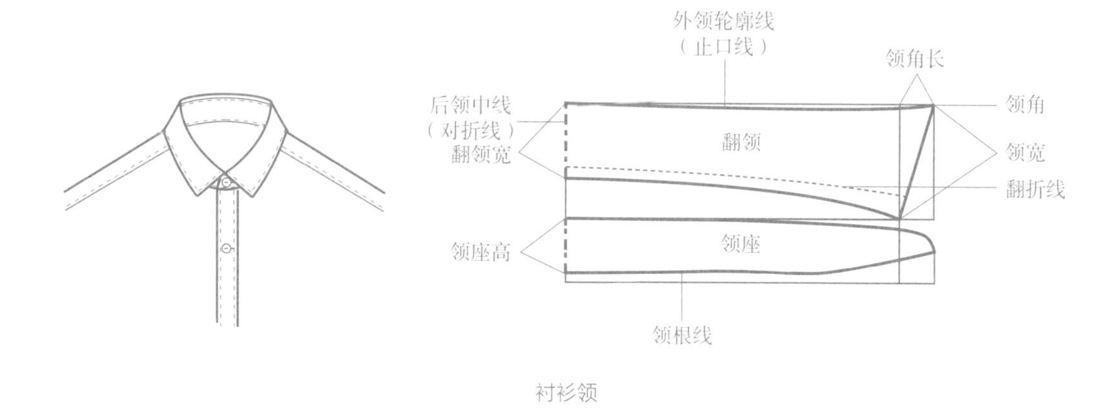

衬衫领

②翻领：翻领为领子显露在外的部分，可以与领座一体式存在的，也可以单独构成翻领缝合于领座上，翻领的宽幅与领座（领座）相关，翻领的边缘线造型与领间则根据款式设计需要而定。

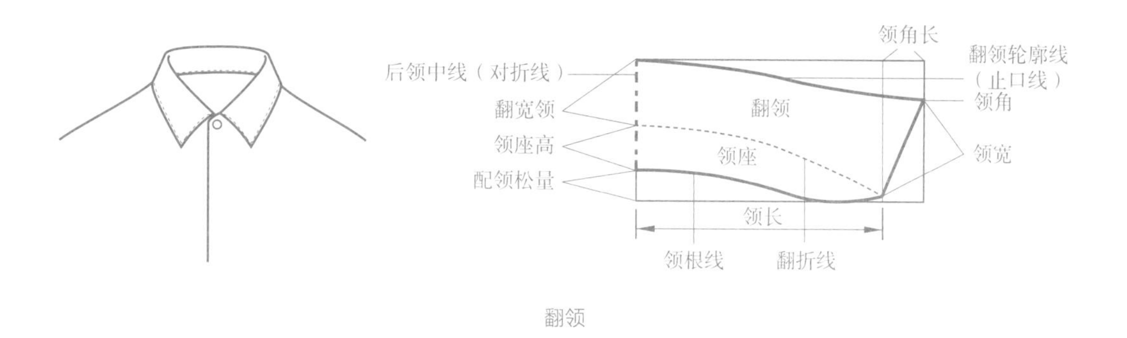

翻领

③驳头：驳头为西装领下半部分结构，本身属于衣身一部分，翻领与驳头的串口线相连。驳头的宽窄与造型根据款式设计需要而定，一般与翻领呼应变化。

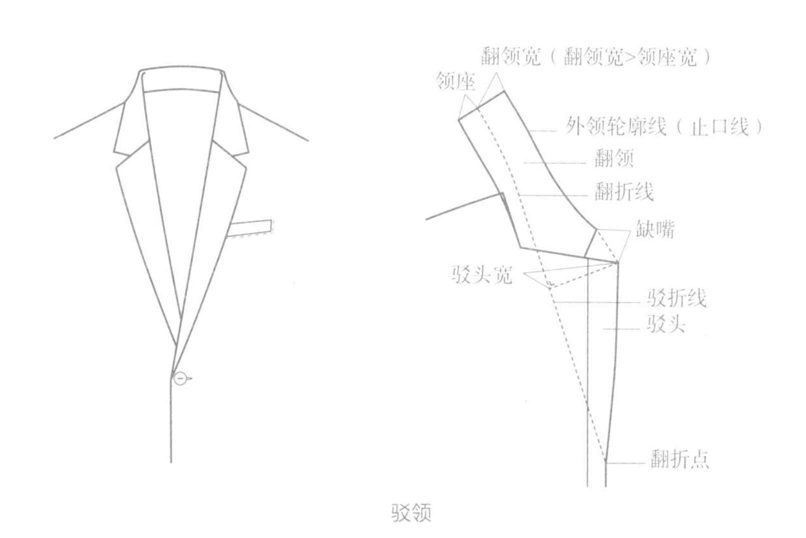

驳领

2.1.3 基本领型分类

①领口领：领口领也称无领，主要依据领口的线条变化形成不同领型，是诸多领型中较为简洁、利落的款式。领口领又可分为两种，一种为套头式领口领，另一种为有门襟的开口式领口领。领口领较为多见的是圆领、U 字领与 V 字领等。

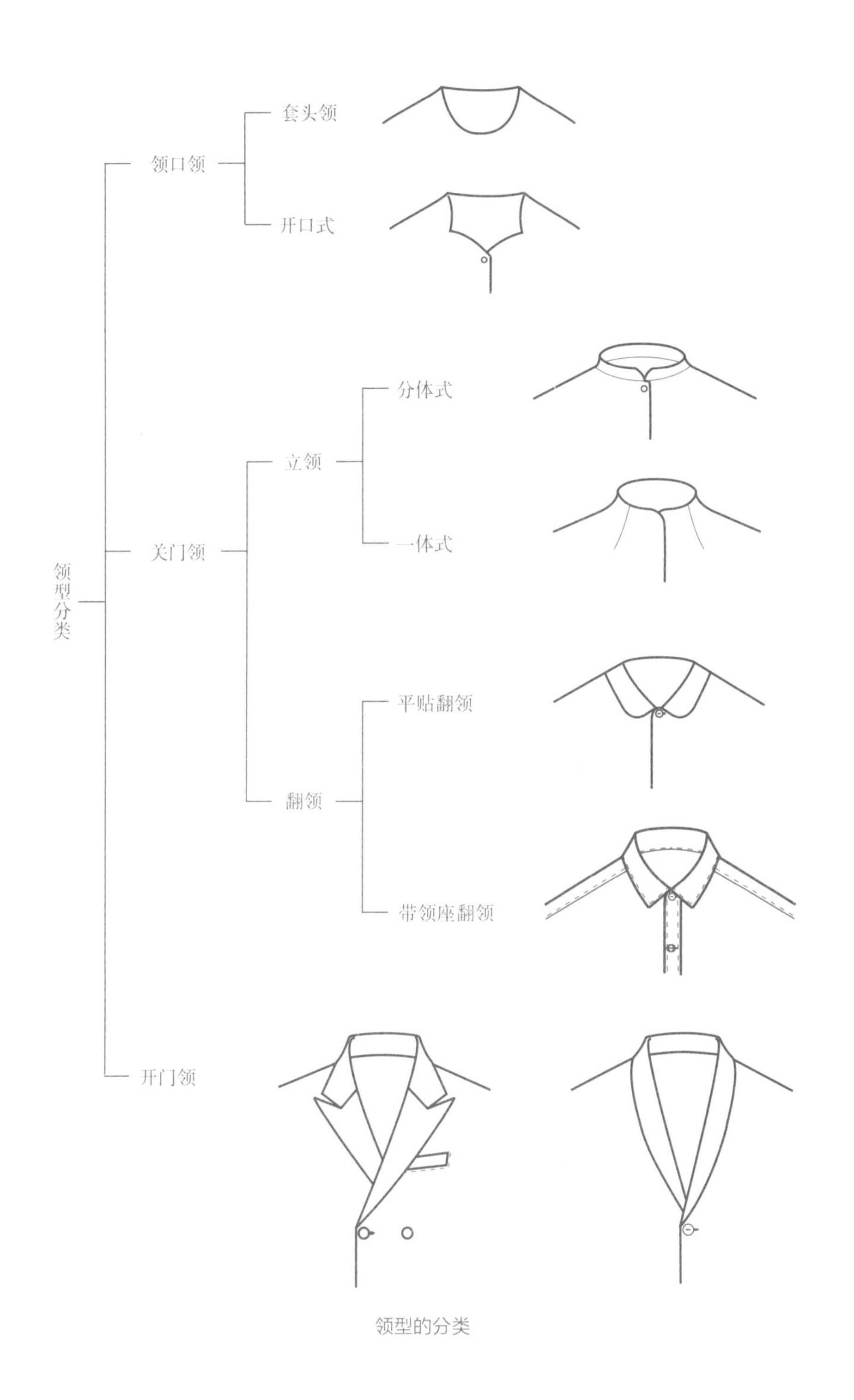

领型的分类

②关门领：关门领指门襟首端闭合的衣领，关门领通常分为翻领与立领两大类。翻领由翻折线分为内侧的领座与外侧的外翻领面，当领座很小的情况下翻领也可称作平贴领（坦领），而翻领的造型则由翻领的宽幅与外轮廓线决定。立领也分为分体式立领与一体式立领，分体式立领代表类服装为中山装和旗袍。

③开门领：开门领一般门襟上半部分敞开状态，向两侧翻折，翻折部分为驳头，故开门领也称为驳折领。开门领中的领一般为一体式翻领，与驳头相连于串口线。驳头与翻领的造型根据服装需要而设计，常见类型如西装领、青果领、戗驳领等。

2.2 衬衫领原型

具体步骤如下：

①画出领根线辅助水平线，后领座宽为 3cm，前领座宽为 2.5cm，领座辅助线长度即为前后领口长度加上搭门量 1.5cm 的总和，将领座辅助线三等分，领根线在约前 2/3 处起翘 1cm。

②在领中线距离领座上端 1.5~2cm 处画领座上口线的等长线段，在领中线上量出翻领宽 4cm，并画出长方形的辅助轮廓。

③在辅助长方形上边线基础上，画出翻领的轮廓线，领尖起翘 0.7~1cm，再画出领宽线。

注意：翻领轮廓线是一条款式线，长度、起翘和领角造型看款式画出即可。领角可以是尖领，也可以是圆领。

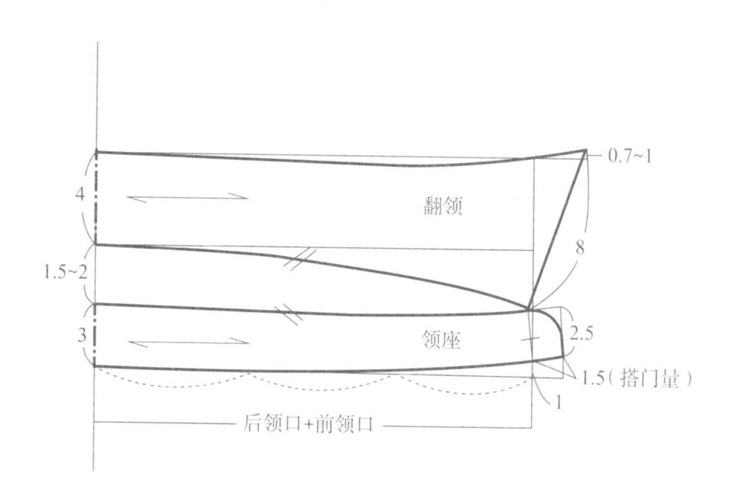

2.3 领子创意结构实例分析

款式 1

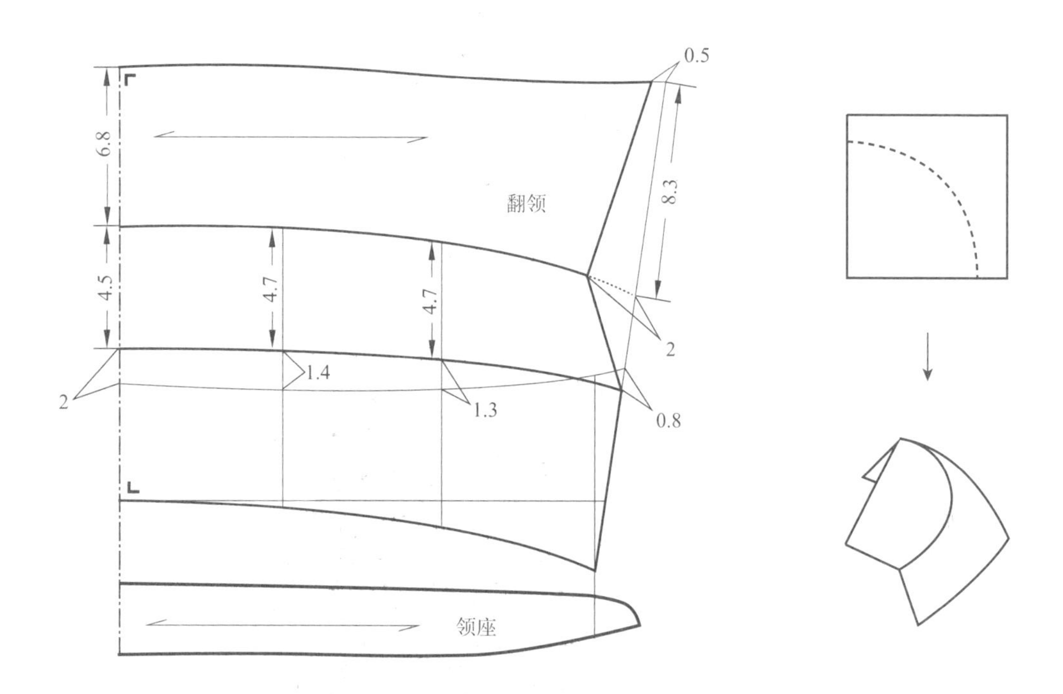

通过纸张的试验可以知道，在纸上作一条弧线路径，沿路径折叠可以得到一个弧形立体造型，我们利用这一特点来做板型的变化。

① 本款领子以衬衫领原型为基础，领座板型不变，将原翻领轮廓线做变化，后中线向上 2cm，中间两根辅助的三等分垂线向上 1.4cm 和 1.3cm，领宽减小 0.8cm，弧线连接上述几个点。

② 后中线处从弧线基础上向上 4.5cm，两根三等分竖线以弧线为基础向上 4.7cm，将领宽线顺势向上延长，用弧线连接后中点三等分竖线端点，顺势延长至领宽线延长线。在该弧线上，从领宽线起，向里 2cm 取一点，连接该点和步骤①中的领角点。

③ 后中线在步骤②基础上继续延长 6.8cm，领宽线继续向上延长 8.3cm，用曲线画出最终的翻领轮廓线。领角向里收进 0.5cm，画出领宽线。

注意：本款领子后中连口，制作时在转折处做好归拔，需辅以适宜的黏合衬。

款式

2

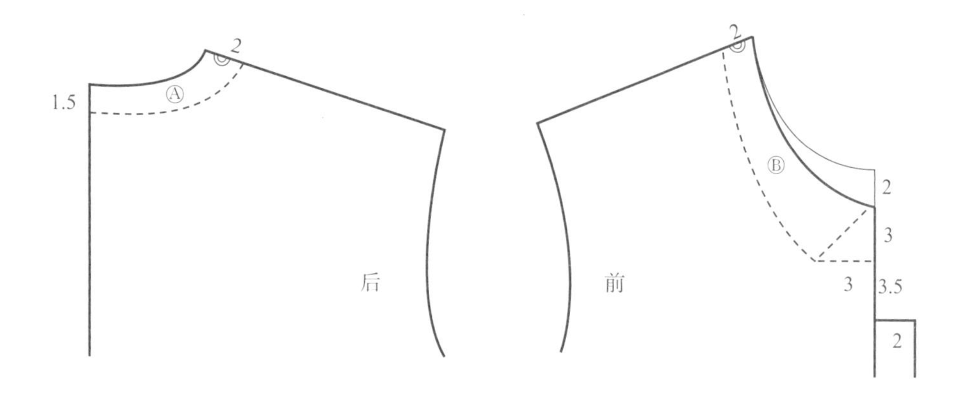

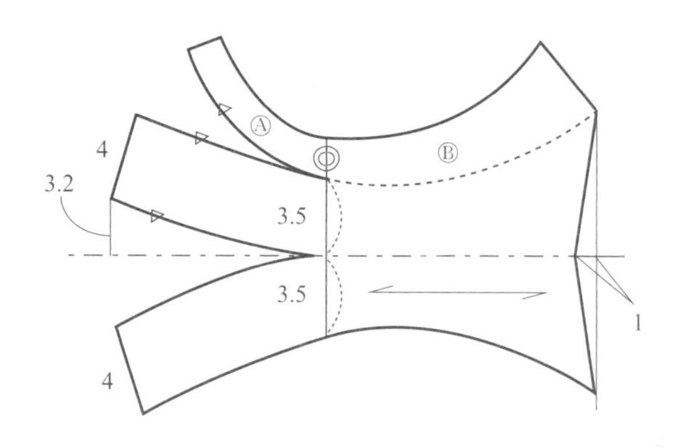

本款领子的造型基础为立领，立领一般与衣身领口边缘缝合，而此款领子将立领结构置于衣身上，颈侧无接缝，后中有拼缝。本款领子适合有一定厚度或者硬挺度的面料，薄面料需要辅以黏合衬。

① 画出上衣原型的前、后领口，前领深下降 2cm，画出新的前领口弧线。后领口弧线后中下降 1.5cm，颈肩点向外 2cm，画出弧线，得到Ⓐ。

② 在新的领口弧线基础上，前中下降 3cm，再水平向左 3cm 取一点，画出等腰直角三角形，颈肩点向外 2cm 取一点，弧线连接两点，得到Ⓑ。

③ 将Ⓐ和Ⓑ从肩线处拼合，延长拼合线 7cm（3.5cm+3.5cm），在延长线中点处作一条水平线，水平线为翻折线。从右侧廓形最外边缘处向下作垂线交于翻折线，向里 1cm，画出领宽斜线。

④ 从拼缝线向右画出后立领，立领的长度为后领口弧线的长度，起翘 3.2cm，立领高 4cm。根据翻折线画出对称的立领领里。

款式

3

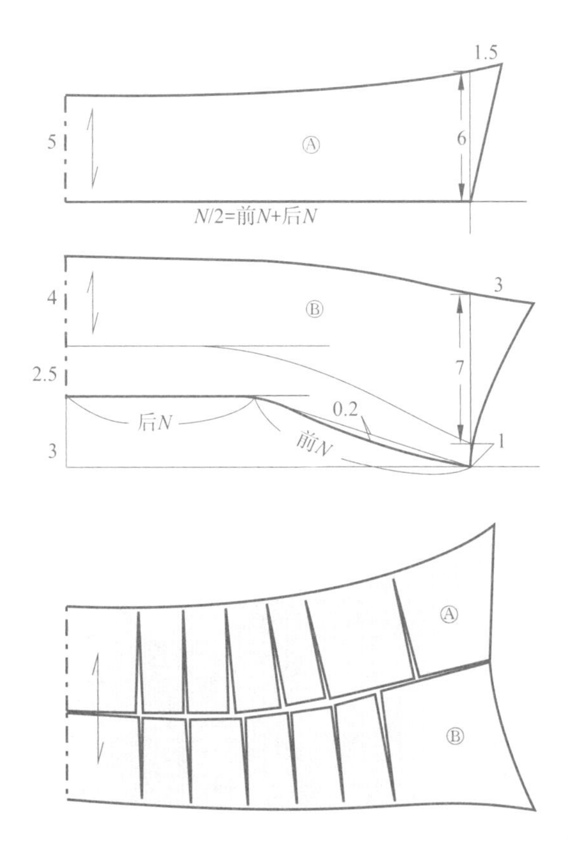

本款领子是带领座、翻领的板型变型，分为领座和2个领面三个部分，后中连口。

① 画出板型Ⓐ：Ⓐ的底边长度为前后领口弧线的长度和，后中宽5cm，右端点向上6cm，弧线连接上边缘线并延长1.5cm，画出领宽线。

② 画出板型Ⓑ：Ⓑ是一个基础的翻领板型，作两根间隔3cm的水平线，上一根水平线取后领圈的长度，在后领圈长度的右端开始，画一根前领圈长度的斜线，在斜线辅助线上画出一条弧线，弧线距离辅助线0.2cm。

③ 在后中线上，从领座线向上2.5cm，画一条水平线，从领座线右端向上1cm取一点，曲线连接两点，曲线的走势与领座线保持一致，该曲线为翻折线。

④ 在翻折线基础上，后中向上4cm，翻折线右端点向上7cm，用曲线画出翻领轮廓线，并顺势延长3cm，画出领宽线。

⑤ 复制板型Ⓐ和Ⓑ，将Ⓐ和Ⓑ的短边剪开，使其短边对合，得到一个新的板型。

此款领子由三个板型组成：Ⓑ为完成后的小翻领，Ⓑ下半部分是领座，Ⓐ+Ⓑ是最外层的大翻领。此款领子比较容易混淆每片板型的位置，在裁剪前及时做好对位标记。

款式 4

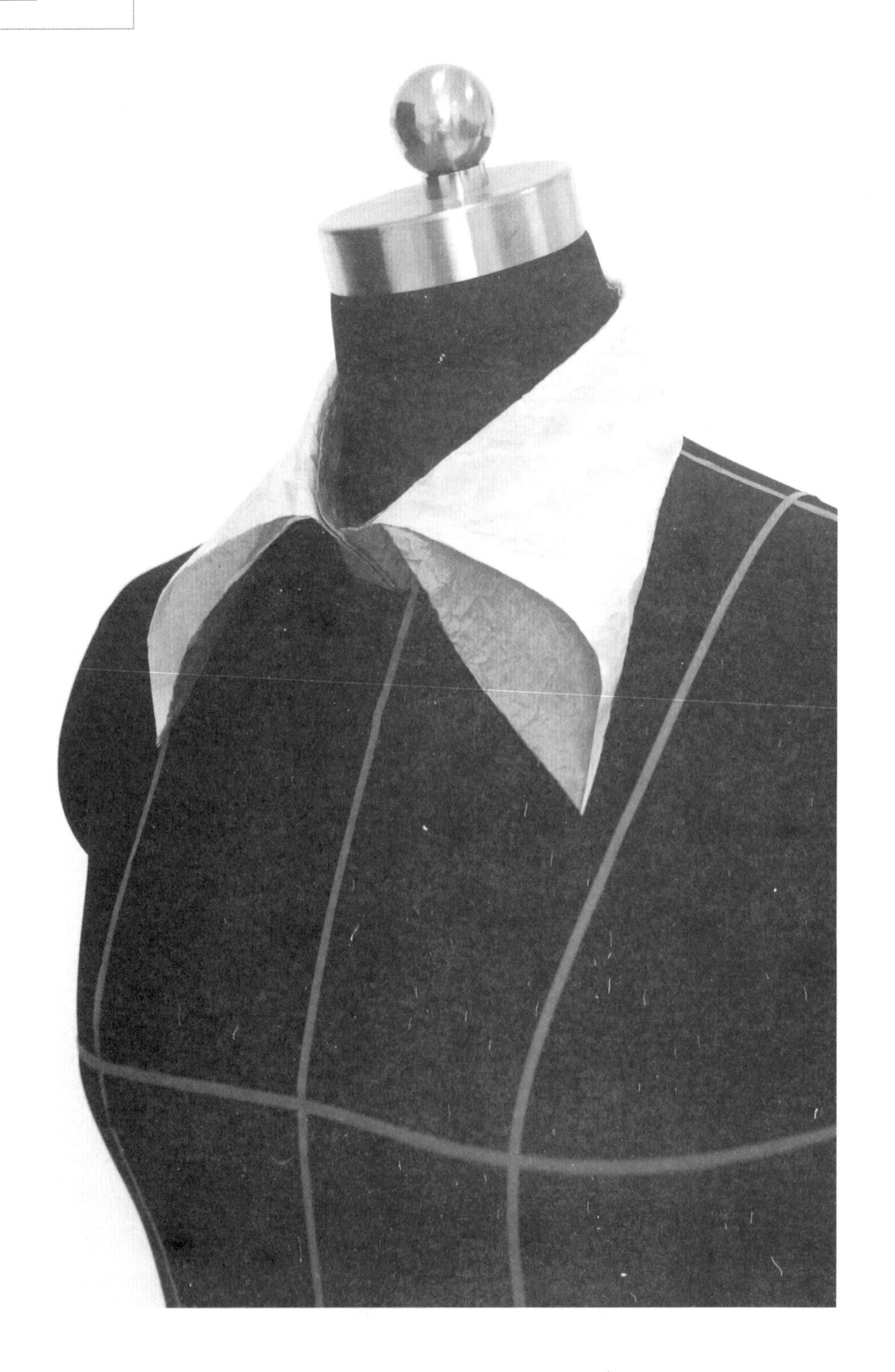

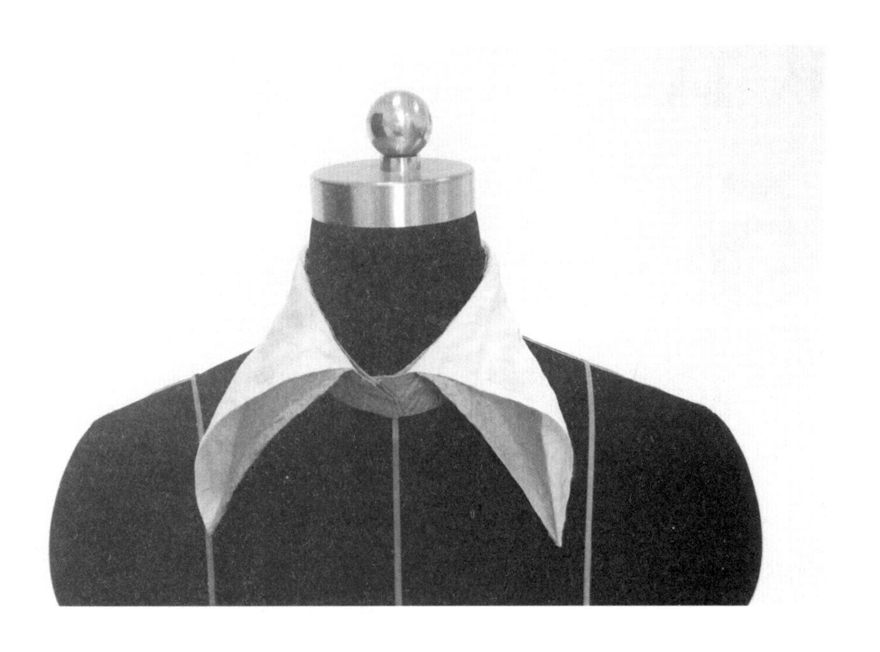

此款领子的原型为衬衫领，在衬衫领基础上将领角拉大，并做二次板型变化得到该领款。

① 画出衬衫领原型，领座不变，将领面的领宽线延长2.5m，画出新的外领轮廓线，并将其延长4cm，画出新的领宽线。此板型为领子完成后的下面一层领子。

② 在步骤①得到的板型基础上，向斜下方延长领宽线，画出新的领座线，长度等于原领座线。如图画出新的领宽线和得到新的外领轮廓线。新的外领轮廓线长度等于原翻领轮廓线长度。得到的新板型为完成后上面的领面。

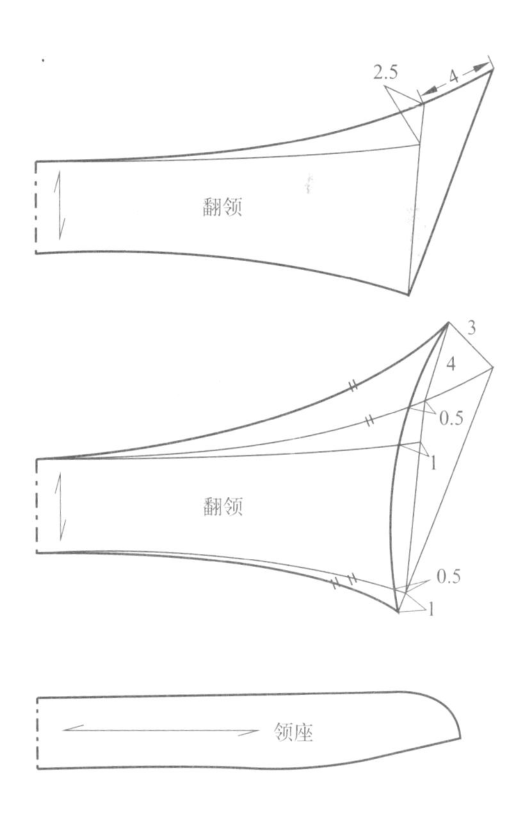

注意：步骤②中的此板型与领子底层缝合时可以形成拱形，不适宜选太薄或太厚的面料，需要提前烫好黏合衬。制作时，先将领子的两边轮廓线缝合，并烫好止口，再与领座缝合。

款式

5

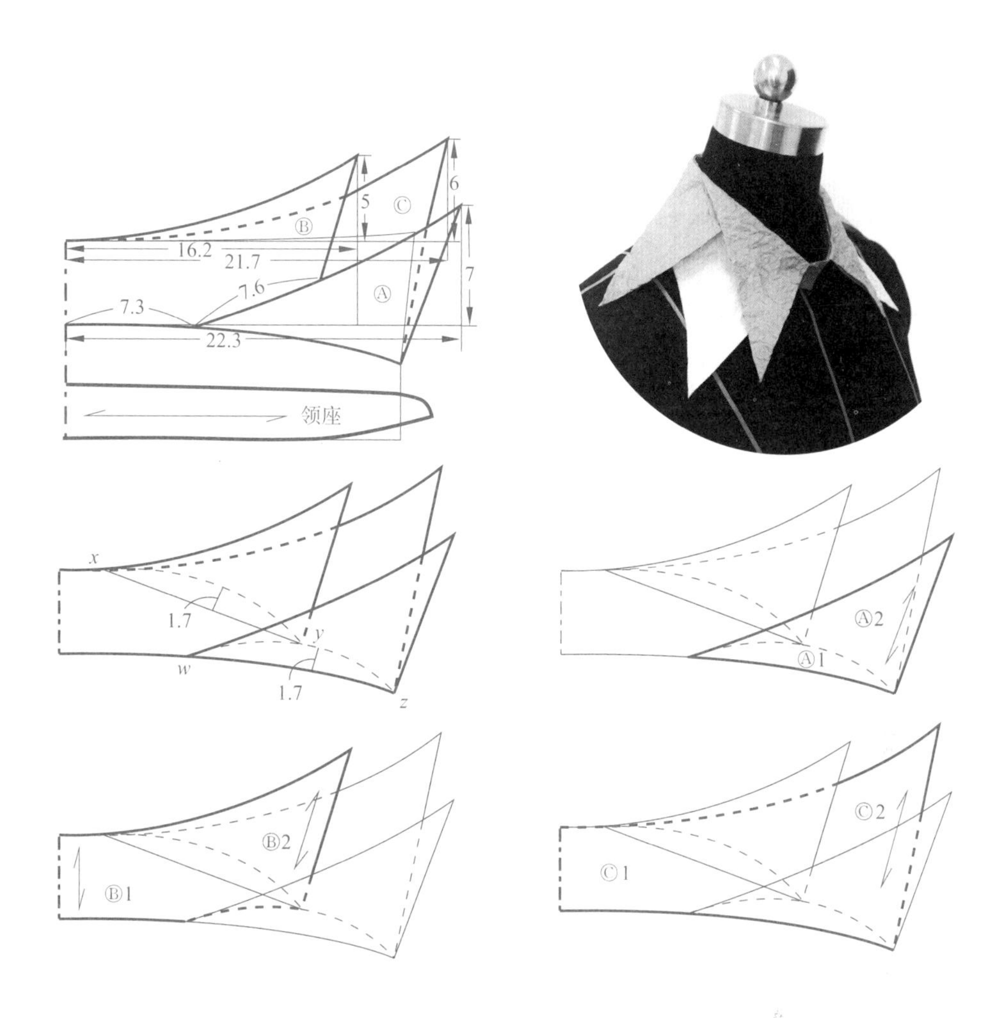

此款领子的原型为衬衫领，在衬衫领基础上，将领尖层次丰富化。

① 画出衬衫领原型，领座不变。在原领座水平辅助线上，从后中起向右 22.3cm，向上 7cm，得到第一个领尖点，如图画出领片Ⓐ。

② 从后中起，领宽的上水平线向右 16.2cm，向上 5cm，得到第二个领尖点，在领片Ⓐ的基础上画出领片Ⓑ。领片Ⓒ同理画出。

③ 画出三个领片后，直线连接 x 点与 y 点，在辅助线 xy 的基础上，画出曲线，再画出 w 点与 z 点的曲线。每个领尖有面和底组成。

④ 由③可以得到三组领子，它们分别是Ⓐ1/Ⓐ2、Ⓑ1/Ⓑ2、Ⓒ1/Ⓒ2、其中Ⓐ1、Ⓑ1、Ⓒ1为三个领面；Ⓐ2、Ⓑ2、Ⓒ2 为对应的三个领座。

此款领子在板型裁剪时，需要标注好对应的领面、领座，以免对应出错，制作时，烫好适合的黏合衬，先缝合Ⓐ1/Ⓐ2，再缝合Ⓒ1/Ⓒ2，最后缝合Ⓑ1/Ⓑ2，领子部分完成后与领座缝合。

款式
6

84
HONG BANG

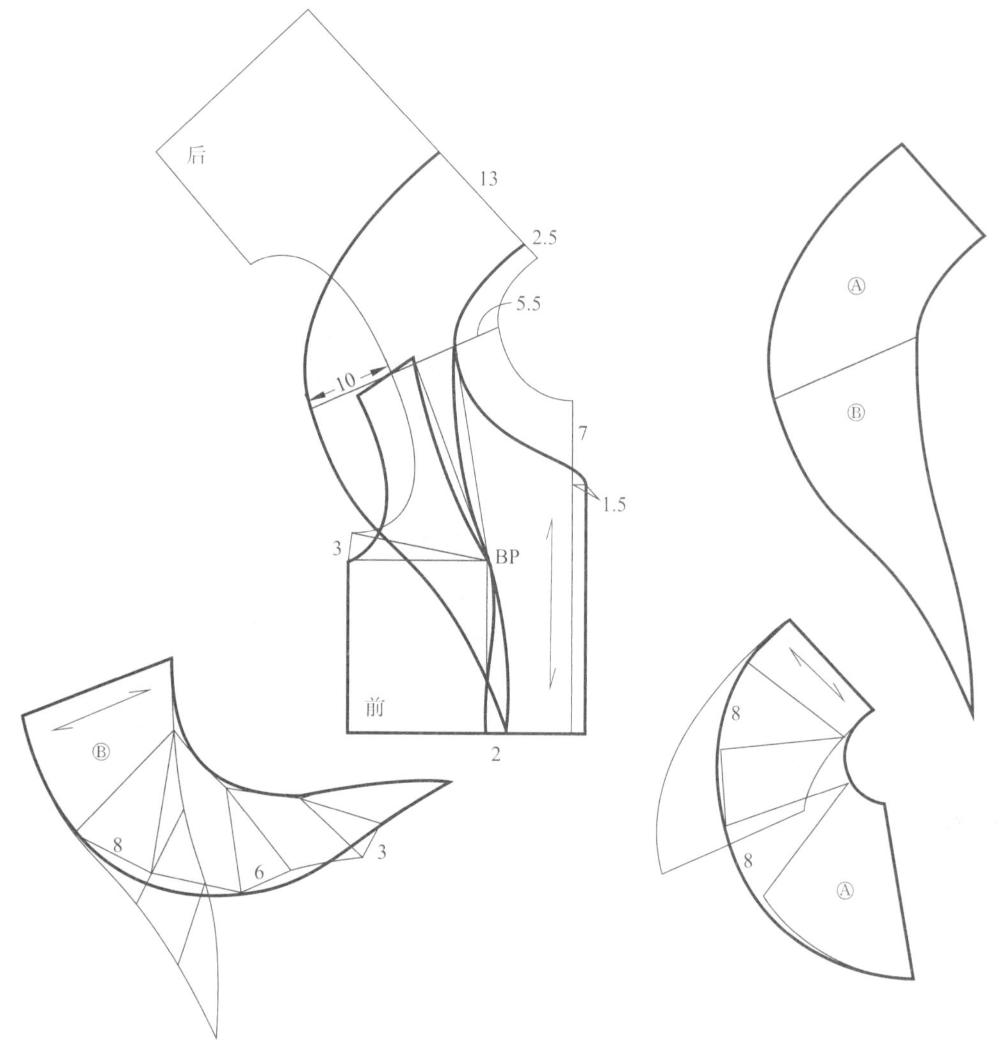

本款领子主要变化是波浪板型（荷叶边），并将领子与衣身结构结合的一款领子。

① 画出带腋下省的原型，将前后两片板型从肩线处拼合，画出 1.5cm 的门襟。

② 领口：前领口下降 7cm，颈肩点向外移动 5.5cm，后领口中线下降 2.5cm，画出新的前后领口弧线。

③ 连接领宽点和 BP 点，将连线剪开，合并腋下省，将省道转移到肩线上。从 BP 点向下作垂线，垂线向右 2cm 为省道量。沿肩线上省道线画出领子底线和公主线。

④ 从后领口向下 13cm，肩线向外延伸 10cm，用曲线连接该两点并延伸至腰省处，得到领子轮廓曲线。灰色面积Ⓐ+Ⓑ即为领子部分。

⑤ 将得到的Ⓐ、Ⓑ分别切开旋转。Ⓐ：将板型分为均匀的三份，分别旋转 8cm，得到扇面，旋转后弧线画出新的板型；将Ⓑ切开均匀的四份，分别旋转开 8cm、6cm、3cm，旋转后弧线画出新的板型。

本款领子制作时需要结合衣身一起，将领子前后片缝合后，镶入衣身的公主线。本款领子适用于雪纺、丝绸等质地柔软的面料，旋转的角度越大，得到的荷叶边浪越大。

款式 7

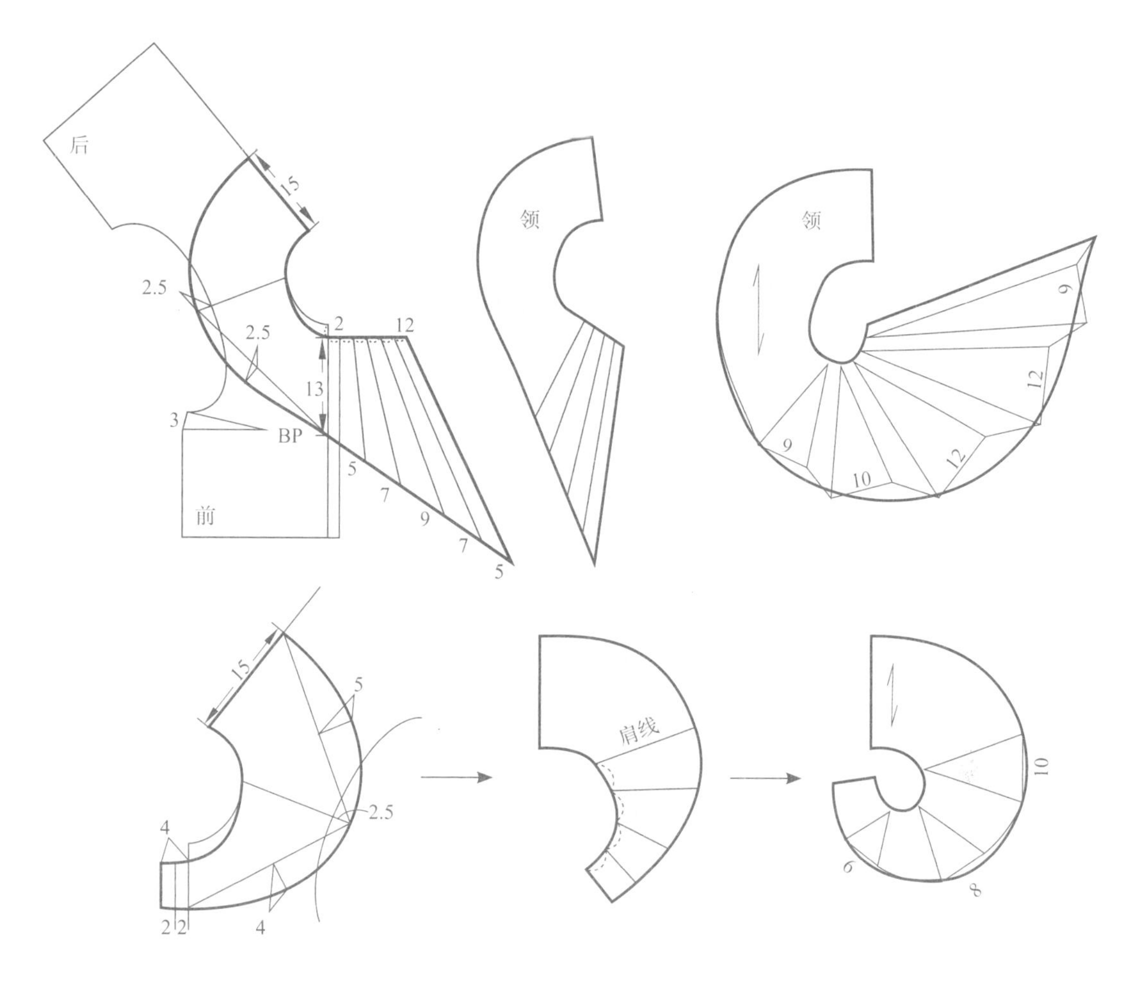

本款领子运用的手法类似于款式6，在波浪的板型上，加放褶量。领子左右不对称，胸前垂落的领子是将波浪展开后进行折叠，得到如图效果。

① 画出上衣原型，将原型前后片从肩线处拼合，前领深开大2cm，画出新的领口弧线。

② 将领口弧线向外水平延伸12cm，后中向下15cm取一点，肩线向外延伸2.5cm取一点，前中线从领口下13cm取一点，连接上述点并向外延长33cm，画出领子造型。

③ 将领子延伸出来的一部分如图分割，然后切开依次展开，9cm、10cm、12cm、12cm、9cm，用弧线画出扇形。

④ 另一侧领子同理如图画出造型，在2cm门襟的基础上，再向外2cm，得到领子造型，领子从肩线开始，将前片部分分为匀称的4块，将其沿分割线切开并依次旋转10cm、8cm、6cm。用弧线画出新的扇形。

在制作时，大领子在门襟处折叠收回，形成波浪褶，小领子压大领子。本款领子建议使用柔软的面料，并且面料双面可用，垂于胸口的面料里外皆可看到，双面面料保证整体的和谐。

款式 8

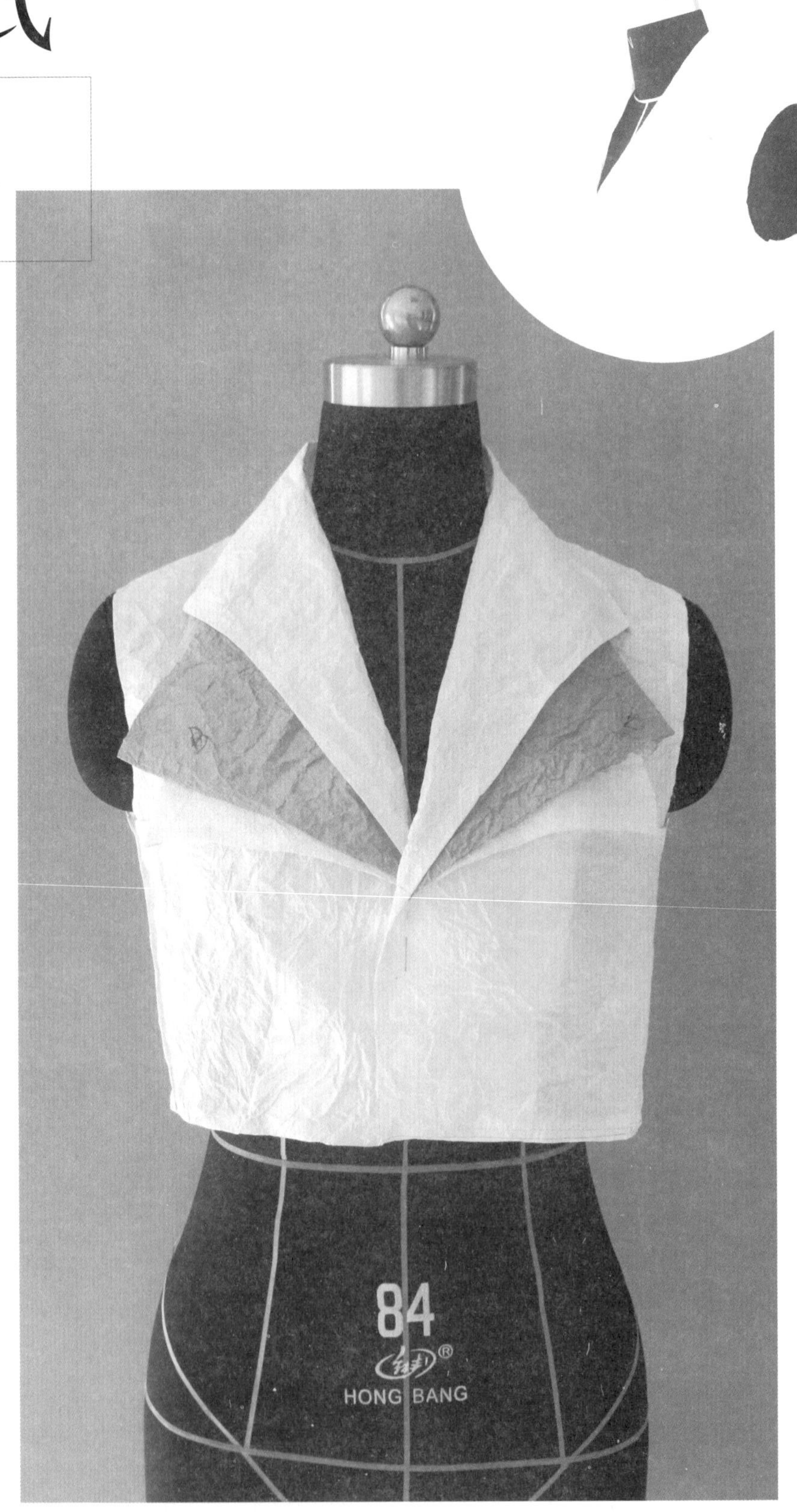

本款领子原型为一片式开门领，以其板型为基础做延伸，板型的分片原理同款式5。领子的片数较多，在制作过程中要做好标注工作。

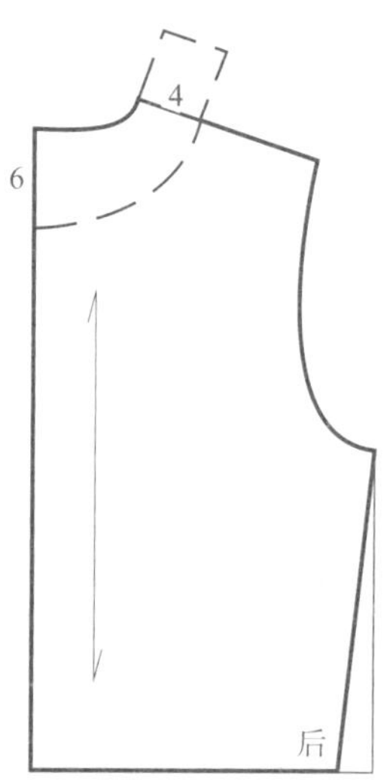

翻折线
肩斜线延长线
4
x
Ⓐ1/Ⓐ2
Ⓑ1/Ⓑ2
Ⓒ1/Ⓒ2
前
6

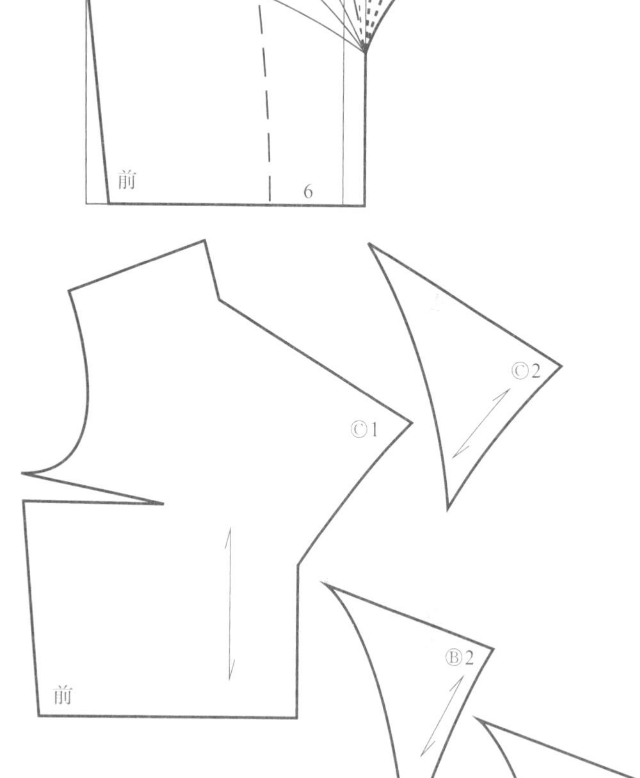

① 画出上衣前后片，先画出Ⓐ领子，Ⓐ领子的画法参考上衣款式17的画法，画出挂面，肩线处宽4cm，下摆处宽6cm。

② 在Ⓐ领子的基础上如图画出领子Ⓑ和Ⓒ，Ⓑ和Ⓒ的领子造型可参考如图，也可以自行设计。

③ 将三组领子分别拓下来，得到Ⓐ1/Ⓐ2、Ⓑ1/Ⓑ2、Ⓒ1/Ⓒ2三组，其中Ⓐ2、Ⓑ2为领座，Ⓐ1、Ⓑ1、Ⓒ1为领面，Ⓐ2为挂面。

Ⓐ1

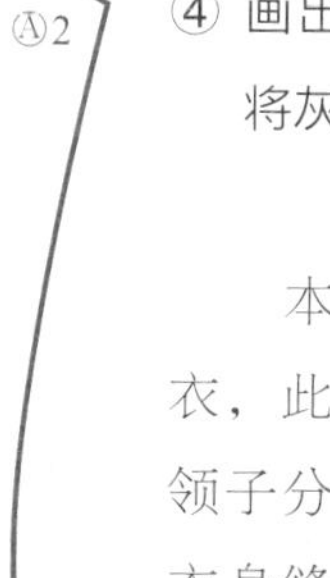

④ 画出后领贴，前片挂面从x点处向挂面线作垂线，将灰色面积贴到后领贴上。

本款领子可以配到任何一款适合的开门领上衣，此处以上衣原型做示范。缝制时，先将三组领子分别缝合领面和领座，再两两缝合，最后和衣身缝合。此款领子可以用拼色，凸显领子的层次感，加以黏合衬辅助可以使领子更加硬挺有型。

款式

9

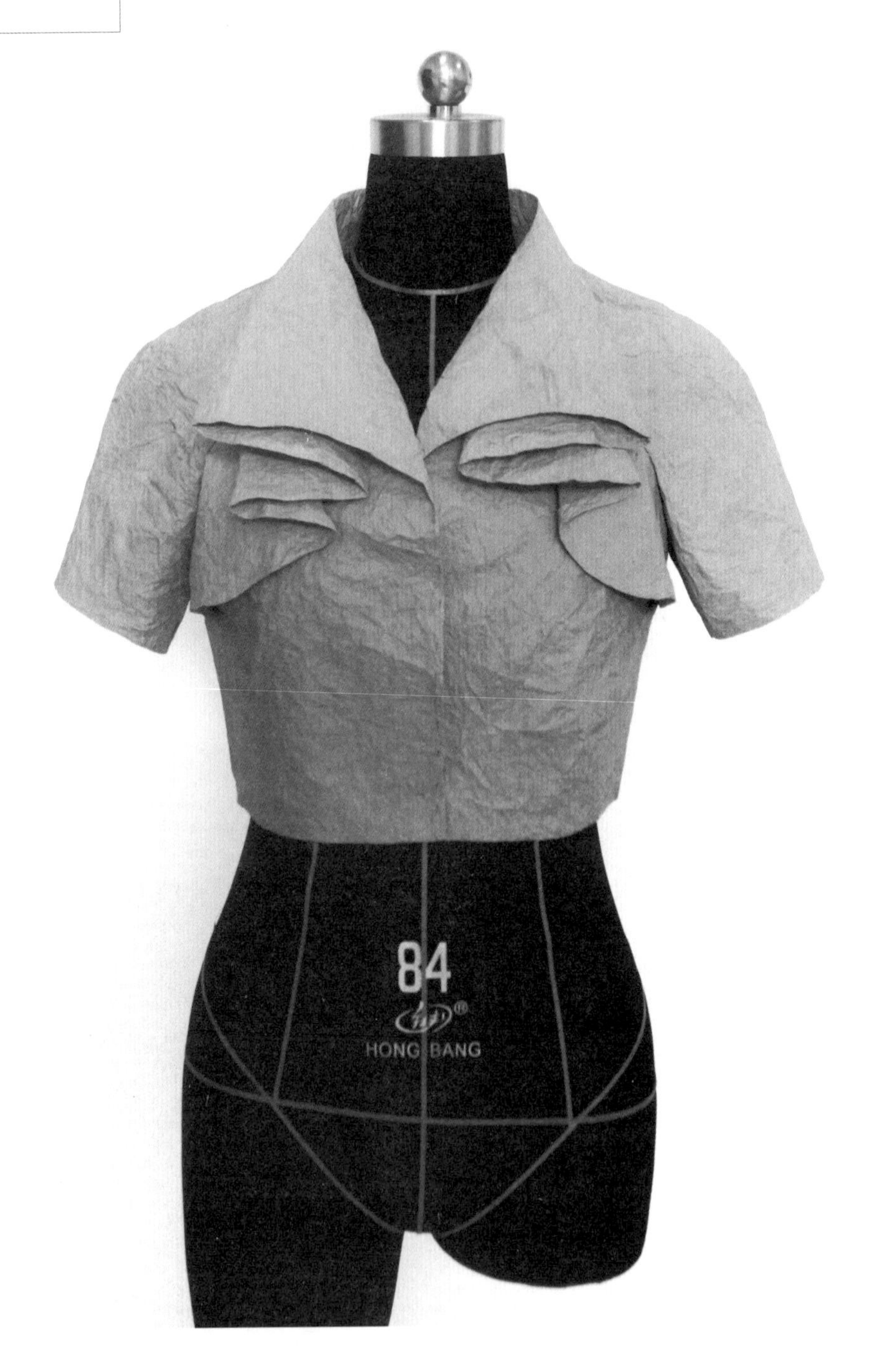

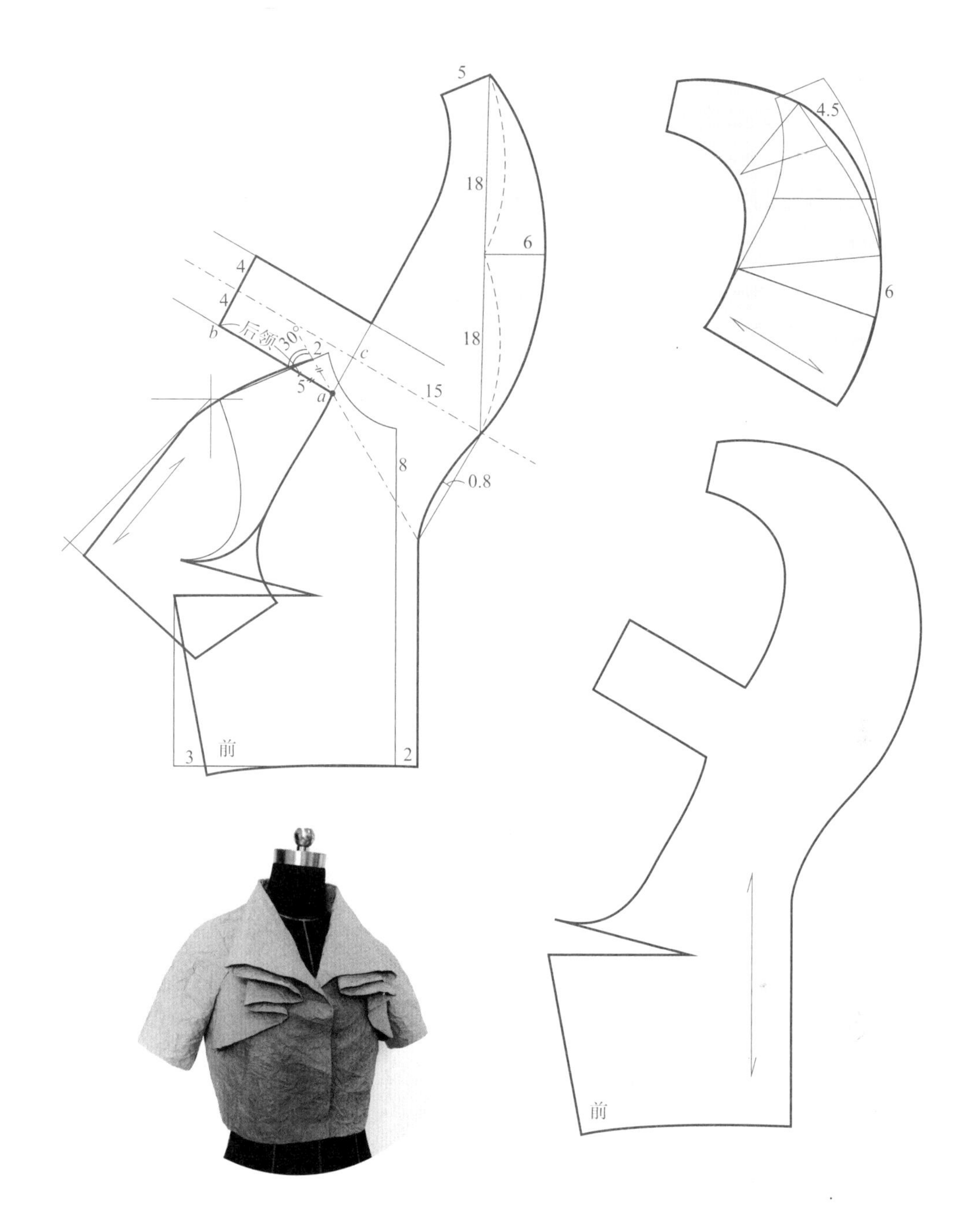

本款领子设计于插肩袖结构中，领子和衣身连体，后领口为小立领。

① 画出前片原型，袖型为插肩袖，插肩袖的画法可以参考上衣款式 16 的画法。

② 画出 2cm 前门襟，在前中线上领口下落 8cm 取一点，颈肩点向外 2cm 取一点，连接两点，画出领子翻折线。

③ 领子翻折线与袖子交于点 *a*，以点 *a* 为中心点，翻折线为起始边，往下取一个 30° 的夹角，将得到的边线延长，长度为 30° 角另一边线到肩线的长，并加上后片领圈对应开大 2cm 后的长度。

④ 以步骤③得到的后领线段为基础，从 *b* 点向上作垂线 8cm（4cm+4cm），取 8cm 线段中点作对称线，即领子的第二条翻折线，画出对称的后立领长方形。

⑤ 从 *c* 点将第二条翻折线向下取 15cm，端点向下连接第一条翻折线与门襟的交点，端点向上作 36cm 的线，画出领子的外侧边缘轮廓线。领子与衣身缝合的曲线根据对称线对称插肩袖弧线得到。

⑥ 如图根据对称线对称板型，将得到的对称部分做扇面展开，得到新板型，即为领型的板型。

⑦ 将灰色部分复制下来，匀称分为三份，沿分割线切开展开，展开量为 4.5cm、6cm。将展开后的板型拼接到原来板型上，得到最终的前片和领子板型。

制作时根据第二条翻折线将领子翻回，领子先和衣身缝合，再与衣身一起，和插肩袖缝合。本款领子建议使用较柔软的面料，如丝绸、雪纺等面料，并需要面料双面皆可使用。立领部分需要辅以黏合衬使之硬挺竖起。

本章小结

1. 领子的构成主要有领围、领面、领座、驳头等。
2. 领子的结构与肩、颈的斜度、颈的围度有着密切的关系。
3. 领子大致分为领口领、关门领和开门领。讲述这三种领子的构成。
4. 在掌握领子基础结构知识的基础上进行创意拓展设计。

思考题

1. 翻领的领座宽窄与穿着后的舒适性有什么关系？
2. 男式衬衫领结构中领座线的起翘数字会对领型起到什么影响？如何把控？
3. 驳领的倾倒程度与领面的关系？
4. 如何在掌握各种领子结构知识的基础上进行更多的拓展创新设计？

第3章
袖的基本构成原理与创意设计

课题名称： 袖的基本构成原理与创意设计

课堂内容： 袖的基本构成

袖型的结构变化原理

袖型创意结构实例分析

课题时间： 30课时

教学目的： 让学生了解并掌握袖子的构成依据与原理、袖子造型与人体活动的关系、袖子造型的分类、袖窿与袖山的关系等，在理解掌握袖子构成原理的基础上进行拓展创新设计。

教学方式： 教师PPT讲解基础理论知识，做实样操作演示。学生在阅读、理解的基础上进行实样模仿操作练习，最后进行独立的创意设计练习，教师进行个别辅导，对每个同学的作业进行集体点评。

教学要求： 要求学生理解和掌握袖子的结构构成原理，袖子的类别以及袖山与袖窿的关系，袖山数值与袖子造型的关系等。能够熟练地在掌握基础袖子结构的基础上进行创意设计。

课前（后）准备： 课前提倡学生多阅读关于服装袖子结构设计的基础理论书籍，课后对所学的理论通过反复的操作实践进行消化。

衣袖在服装中的地位至关重要，衣袖结构与轮廓的改变直接影响着服装的整体风格，衣袖的结构变化非常丰富，在理解、掌握袖子基本结构原理的基础上，可以通过解构、展开、拼接等多种手法得到不同造型的袖子。袖子结构的创新、创意是服装结构设计的一个亮点。

3.1　袖的基本构成

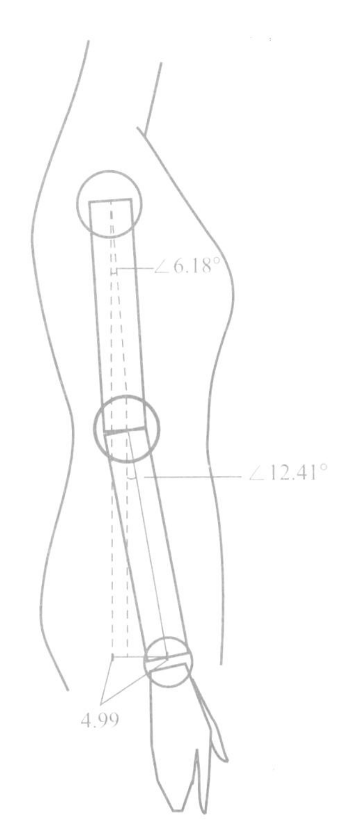

袖是由袖长、袖山高、袖肥、袖肘、袖山弧线等要素组成，其中个别元素的改变会影响其他元素的相应改变。

3.1.1　袖与手臂的关系

①袖窿围：袖窿周长一般大于臂根围度，当袖窿周长等于臂根围度时，手臂活动时会感到不适。袖窿围度通常以袖窿深度来衡量。

无袖：无袖的袖窿深度需要考虑人体外露因素（例如乳房侧面），以防造成不雅。

有袖：袖窿与袖山高的极限值，一般要求为袖窿深不小于袖山高 2cm，袖窿宽不大于袖肥。

②袖口：袖口宽最小值应当可以使手掌正常穿过，且可以将袖管正常挽起不卡住，约为 8cm（不含弹性面料）。

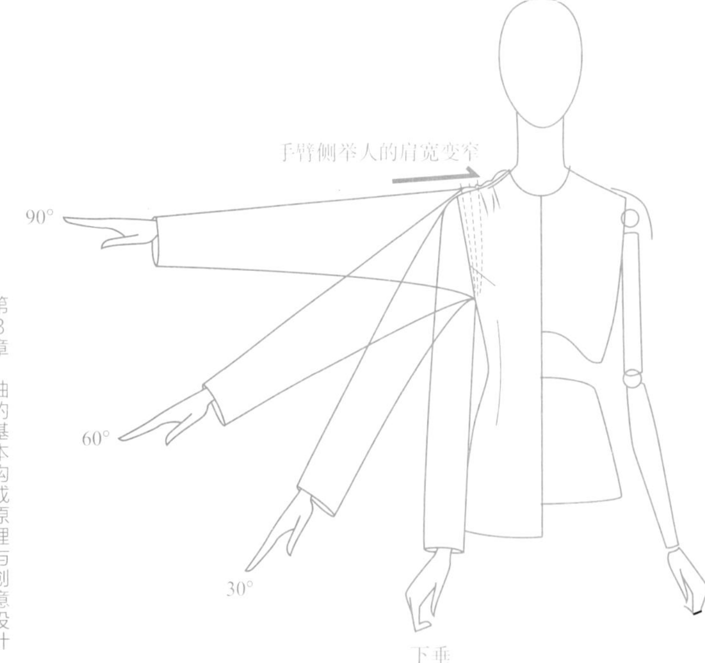

③袖偏角：手臂前倾度指人在静止状态下手臂自然向前弯曲的幅度，指手腕中心到肩端点垂直线的水平距离，一般为 4.99cm，上臂与垂直线夹角约为 6.18°，前臂与垂直线夹角约为 12.41°。

④绱袖角度：根据袖的款式，当上臂抬起时，使袖呈现出较合理与完美状态——袖与肩部产生较少余量，袖窿底与腰围线没有牵扯量，从手臂外侧测量出袖筒与衣身的角度，称之为绱袖角度。

3.1.2 基本袖型的分类

袖型的分类通常从衣袖与衣身的组装形式来分为两种主要类型：第一种为圆装袖，即袖子的袖山为圆弧形，以袖片的数量分为一片袖、两片袖及多片袖，其中依据褶裥与省道的参与，一片袖又可分为直身袖、泡泡袖、灯笼袖、波浪袖、弯身袖等；第二种为非圆装袖，即除袖山为圆弧形以外的其他袖型，可以分为插肩袖、连身袖和异形袖。

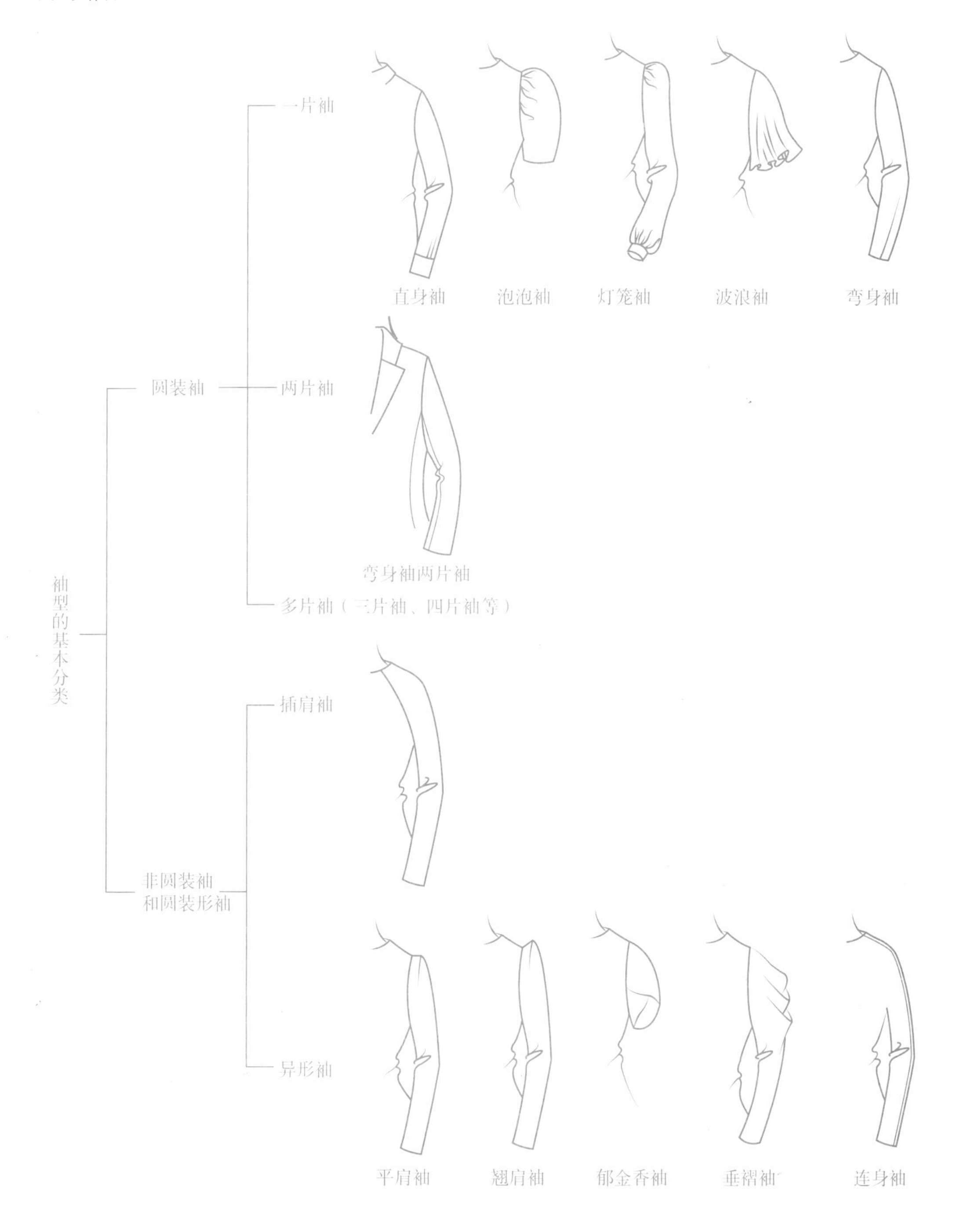

3.1.3 一片袖原型

165/84A 女装的两片袖原型袖长为 56cm，前后 AH 由女装上衣原型的袖窿弧线量出数据。具体步骤如下：

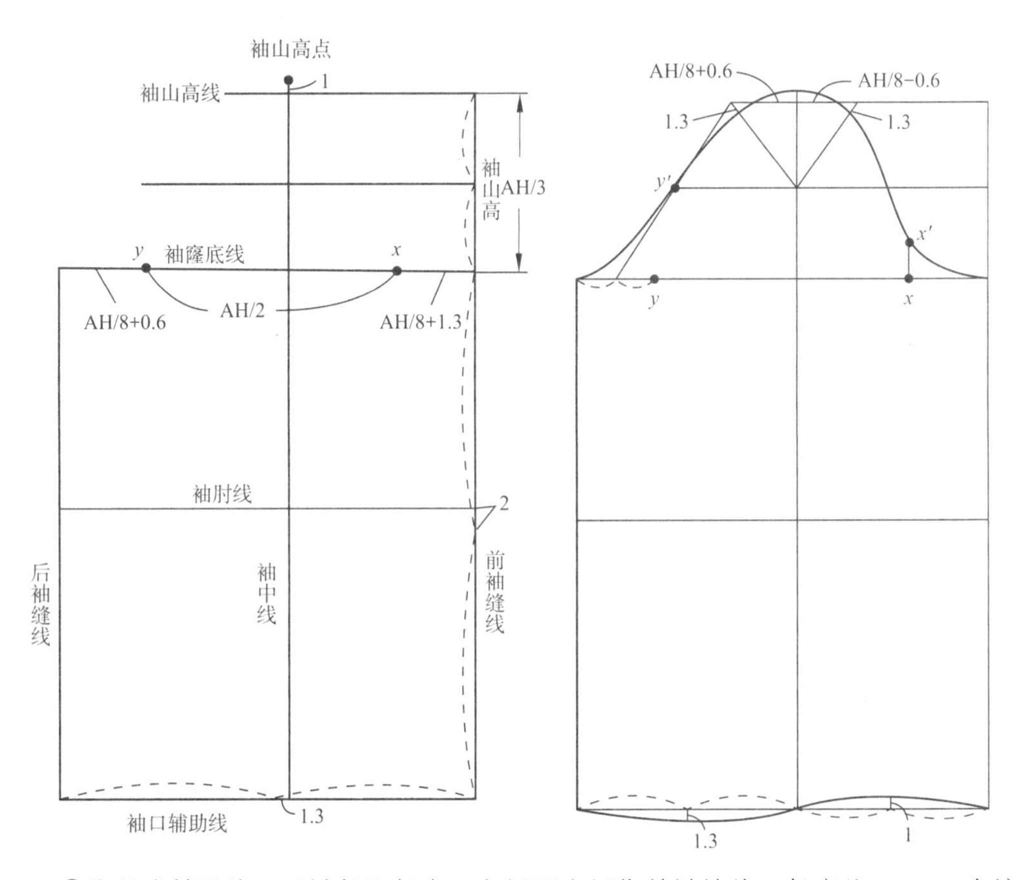

①作基本辅助线：以袖长为长度，在纸面右侧作前袖缝线，长度为 56cm。在该线的顶端向下取 AH/3 为袖山高，并在此处和袖山高的中点、袖缝长的中点上移 2cm 处、前袖缝线下端分别作水平线，各线自上往下为袖山高线、袖山高线 /2、袖窿底线、袖肘线、袖口辅助线。

②确定袖肥及后袖缝线：在袖窿底线上，从前袖缝线起依次取 AH/8+1.3cm（x），AH/2，AH/8+0.6（y）定点，它们的总和为袖肥。过袖窿底线左端点向下作垂线交于袖口辅助线，得到后袖缝线。

③作袖中线：二等分袖口辅助线，二等分点向右移动 1.3cm，过该点向上作垂线交于袖山高点，得到袖中线。将袖中线再向上延长 1cm，得到袖山高点。

④作袖山曲线：在袖山高线上以袖山高点为基点，分别向前 AH/8−0.6cm，向后取 AH/8+0.6cm 长的线段，并分别连接（袖山线 /2）和袖中线的交点，在两连线上，从袖山高线往下 1.3cm 做标记，该处为袖山弧线经过的位置。从 x 点向上作 3.2cm 长的垂线得 x'，x' 为前袖山弧线转折点。等分 y 点至右袖缝线距离，等分点连接 AH/8+0.6cm 右端点，该连线经过（袖山线 /2）水平线交点为 y'，y' 为后袖窿弧线的

转折点。

⑤袖口曲线：在袖中线两边的前、后袖口上各取其中点，在后袖口中点向下凸起1.3cm，前袖口中点向上凹进1cm，依次经过各点，连顺袖口弧线。

⑥袖山和袖窿尺寸复核：最后要用软尺复核，袖山长比袖窿长应多3~4cm，余量为袖山容量。

3.1.4 开袖肘省的一片袖

原型的一片袖是最为基础的一个袖型，它是为绘制其他造型的袖子做个基础，在正常的服装结构设计中，我们可以很好地运用人体胳膊结构关系将袖型设计得更合体，更美观。前面讲到上臂与垂直线夹角约为6.18°，前臂与垂直线夹角约为12.41°，因此在设计袖子结构时要考虑前倾性和屈肘时的舒适性。

①如图首先将袖中线从袖肘线处前倾1cm，以此点为中点平分袖口量，从袖山深线两端点分别拉线与袖口大两端点相连。

②后袖片在袖肘处进行2等分，等分点后移1.5cm确定袖肘省的省尖点，前袖片在袖肘处收进1.5cm连出弧线，后袖片在袖肘处放出1.5cm，并设一个1.2cm的袖肘省，连出弧线在袖口处延伸1.2cm（袖肘省的省量），最后画出袖口线。这样的一片袖结构在视觉上显得合体、纤细。

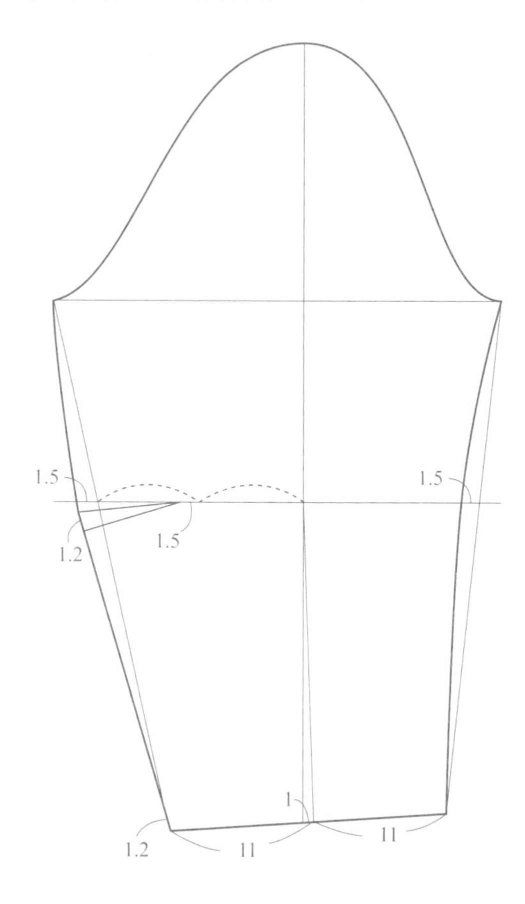

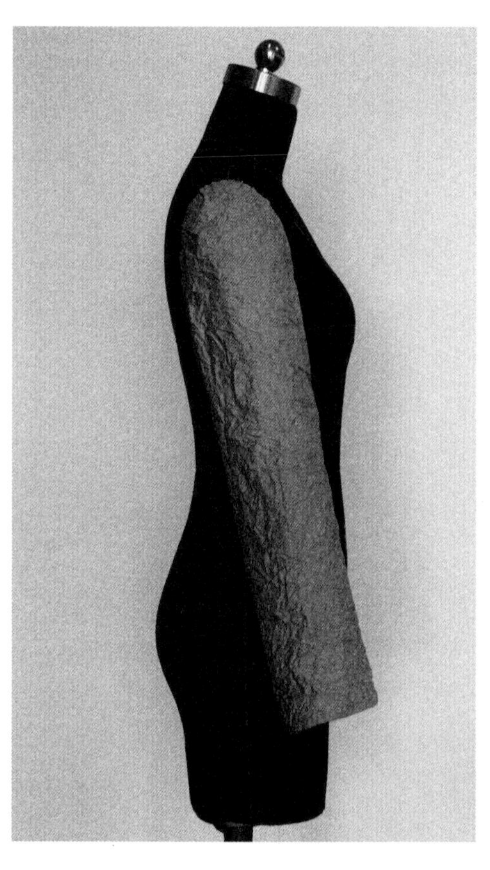

3.1.5 一片半袖

为了让一片袖的结构更贴合人体手臂形态，可以将一片袖的结构转化为一片半袖的结构。

①如图在原型袖的基础上在袖口处各收进 2cm 与袖山深线连出 2 条新的袖缝线，将前袖口 2 等分，以袖口 /2 大从等分点向后袖口线确定袖口量辅助点，取袖中线向后袖口线部分的此尺寸从新后袖缝线向袖中线方向也确定一个点。

②将后袖片袖肥进行 2 等分，中点向袖缝线移 1cm，经过此点向上连接袖山弧线，向下引两条线分别连接后袖口线设定点，并各延长 1cm，在袖肘线处各向中间弧出 1cm，修顺弧线。两袖缝线在袖肘线处各收进 1cm，在袖口处各延伸 0.3cm，然后将袖口线接顺。这样就将一个一片袖原型，分解成一片大袖和半片小袖，多余的量在后袖中去掉了，几乎达到了两片袖的外观效果。

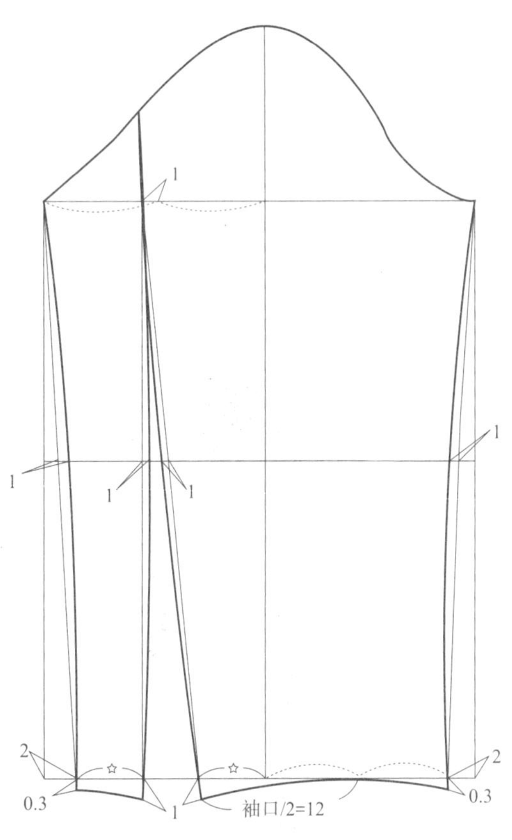

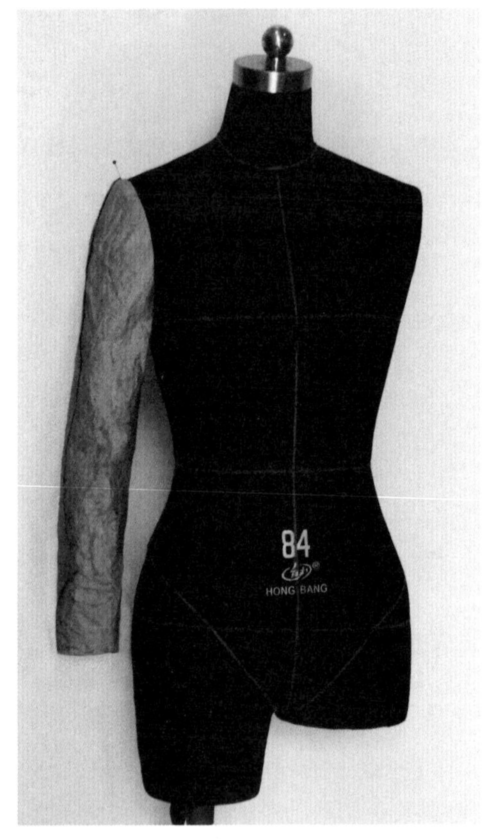

3.1.6 袖中切开型一片袖

一片袖也可以通过解构的方法得到既贴合人体又富有视觉效果的袖子结构。

①运用袖子原型，在袖山顶端沿袖中线切开，再沿袖山深线切开，拉出一定的量。

②两边的袖缝线在袖肘线处各收进 1cm，然后在袖口线上各向袖中线方向确定袖

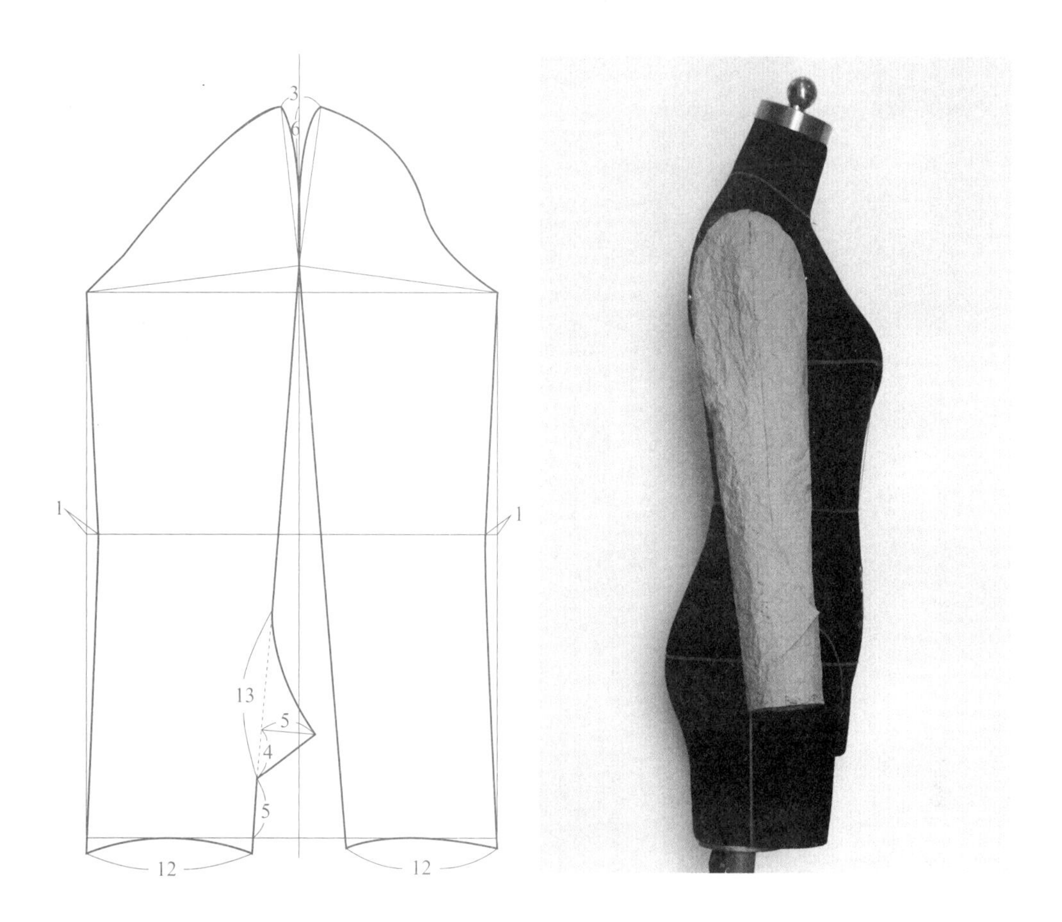

口大小的点，然后从袖山顶端沿中线顺滑地连出前袖中线和后袖中线，后袖中线处设有装饰襻。这款袖子将多余的量在中线处去掉了，造型合体又美观。

3.1.7 两片袖原型

绘制步骤：

①画出辅助框架：袖子总长56cm，袖山高16~16.5cm，前袖窿长22cm左右，后袖窿长23.5cm左右（以实际衣身袖窿为准），画出袖肥辅助三角。分别将袖子前半部分和后半部分等分，前半部分从等分中点向左右取3cm、3cm点作垂线，从袖窿底线向上取2.5~3cm；后半部分从等分中点向左右各取1.8cm作垂线，袖窿底向上5~5.5cm，画出大袖袖山弧线。

②小袖的袖窿弧线：复制前后袖窿弧线段x、y，将x、y复制到小袖得到x'、y'，即小袖的袖山弧线。

③前袖缝线：从袖山高点往下31cm，作袖肘线水平线，在3cm垂线上，袖肘线处分别内收1cm，在袖口处各外放1cm，用弧线连顺前袖缝线。

④袖口：从前二等分线垂线与袖口辅助线交点起，在袖口往下1.5cm作一条水平线，作一条12~13cm的直线交于1.5cm水平线上，弧线连顺袖口线。

⑤后袖缝线：从后袖窿底线的等分点作垂线交于袖肘线，袖肘线向右 0.8cm 取一点，连接等分点和 0.8cm 点和袖口端点。以该连线为辅助线，在袖肘线上各向左、向右 1.3cm。

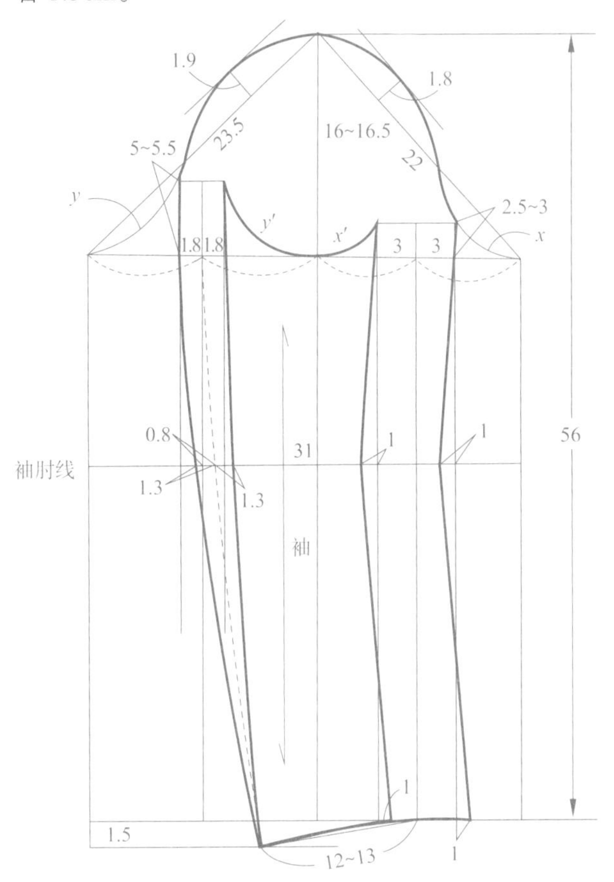

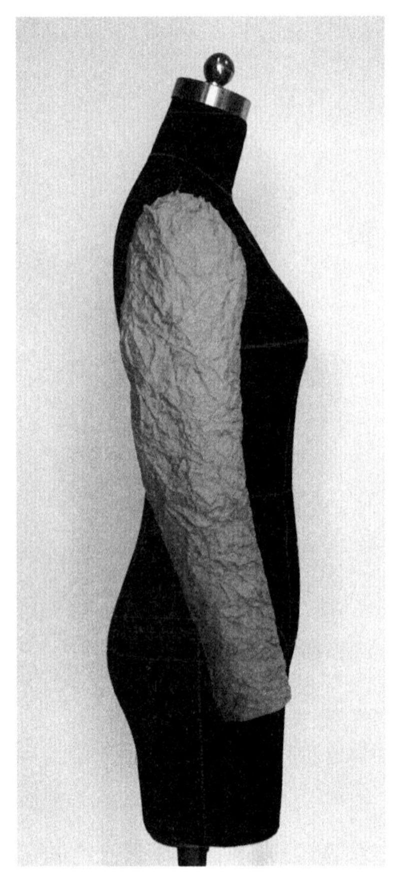

3.2 袖型的结构变化原理

袖型的结构设计首先依托于袖窿与袖山的结构，此两者中，一般先确定袖窿的长度（前 AH、后 AH），从而可决定袖山的数据，其中袖山高决定着袖肥的宽窄与袖窿弧线。

3.2.1 袖山变化与袖型的关系

袖山高：指袖山弧线顶点至袖山弧线底的垂直距离。基本袖型款式的袖山高为 AH/3，AH/3 长度所形成的袖山高度与衣身缝合形成绱袖角度接近 45°，既适合手臂自然下垂时肩部不紧绷，也能使手臂上举时肩部不产生太多余量，袖窿底与腰身也不过分牵扯。

袖型：袖山高的改变直接影响袖子肥瘦，形成宽松或合体的形态。袖山高与袖根肥呈反比，而袖山高越高，袖子越贴身。

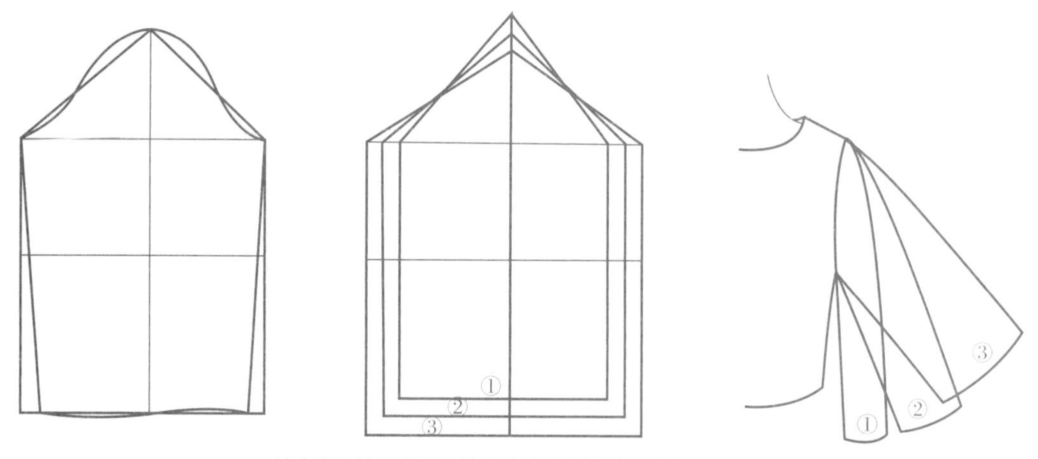

袖山高与袖肥关系，袖山高改变影响袖子贴身程度变化

3.2.2 袖窿结构与袖型的变化关系

袖窿的结构取决于袖型中袖山的需求，不同风格的袖型有不同造型的袖山，袖山高值越小，袖窿深越大，袖窿宽度则越小，袖子造型越宽松；袖山高值越大，袖窿深越小越接近原型的水滴形袖窿造型，而袖子越贴合衣身。

袖型与袖窿深参考值 单位：cm

袖子类型	宽松	较宽松	较贴体	贴体
袖窿深	0.2B*+3+（>4）	0.2B*+3+（3~4）	0.2B*+3+（2~3）	0.2B*+3+（1~2）

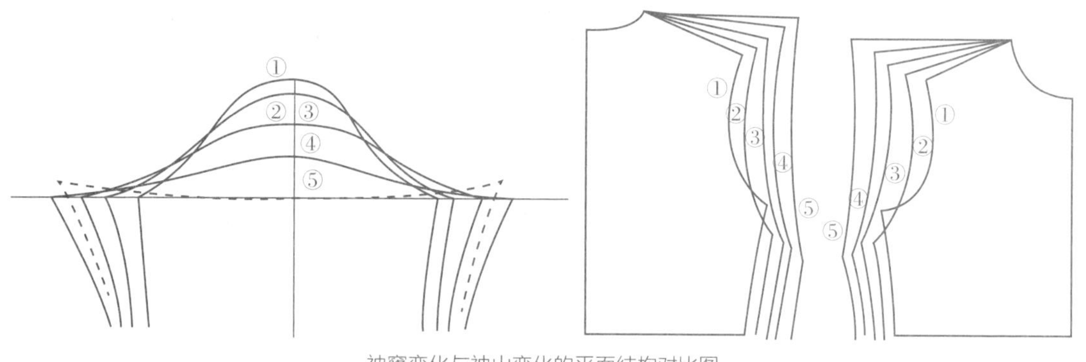

袖窿变化与袖山变化的平面结构对比图

袖窿变化影响的袖型变化示意图

款式 1

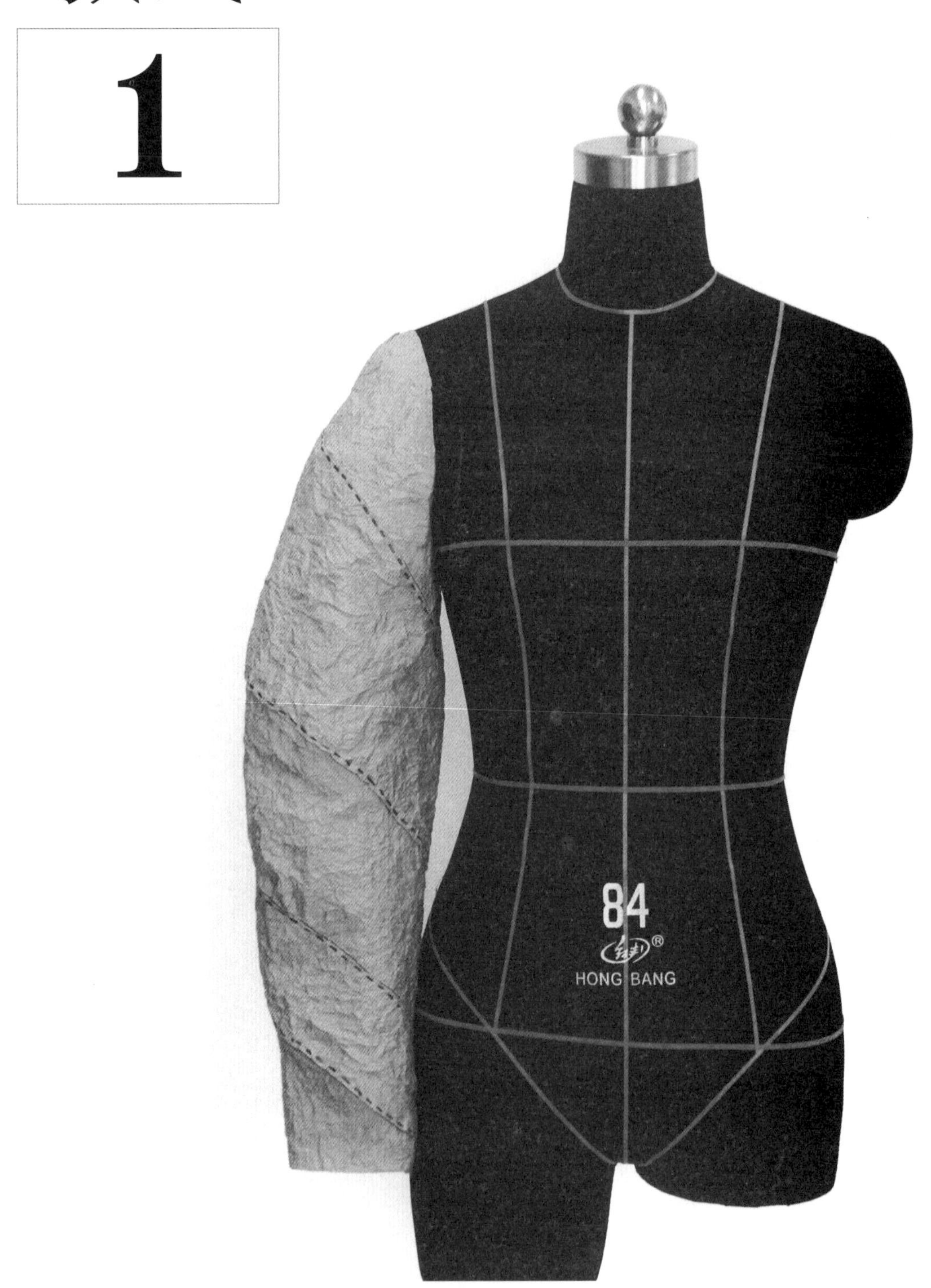

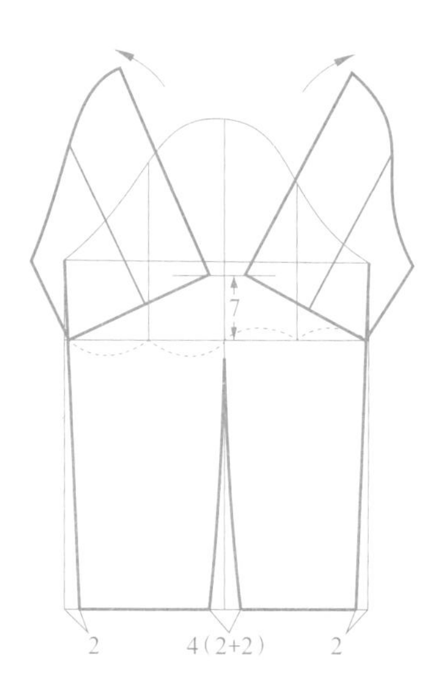

① 以一片袖原型为基础，将袖口两侧和袖中线处分别减小，沿袖中线切开袖山，打开左右袖山至距袖窿底线 7cm 高处。

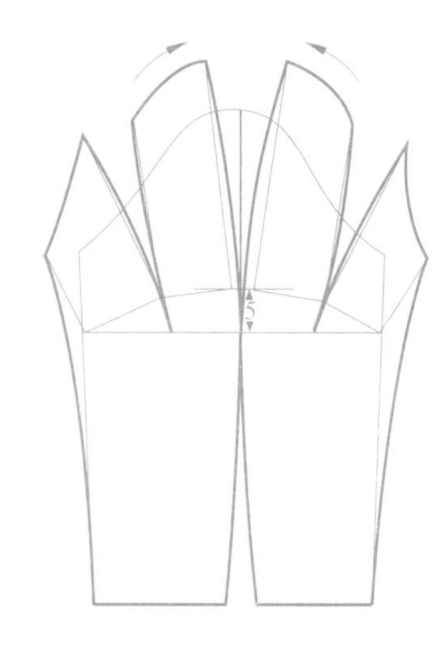

② 将打开的袖山平均切开，如图再次打开，使袖子廓形足够隆起。用弧线画顺打开的裁片边缘，连顺袖身弧线。

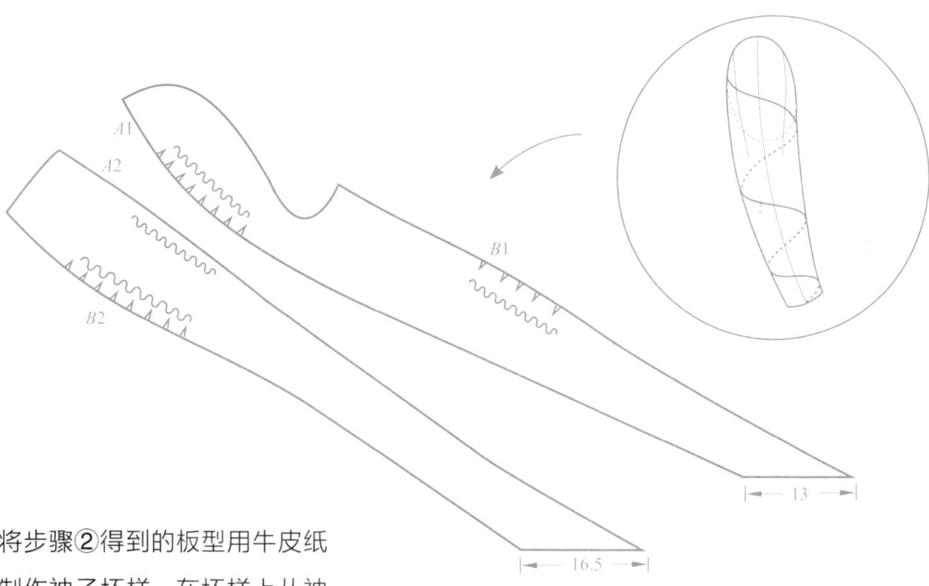

③ 将步骤②得到的板型用牛皮纸制作袖子坯样，在坯样上从袖窿线上螺旋画出分割线，沿所画的分割线裁开袖片，得到两片长条板型，不能完全展开处打剪口，展平，得到新板型，打剪口处做好缩缝标记。

此处得到的两条长样板，需要在裁剪之前标注好 *A*1/*A*2、*B*1/*B*2，以便裁开以后更准确地对应连接关系。

款式 2

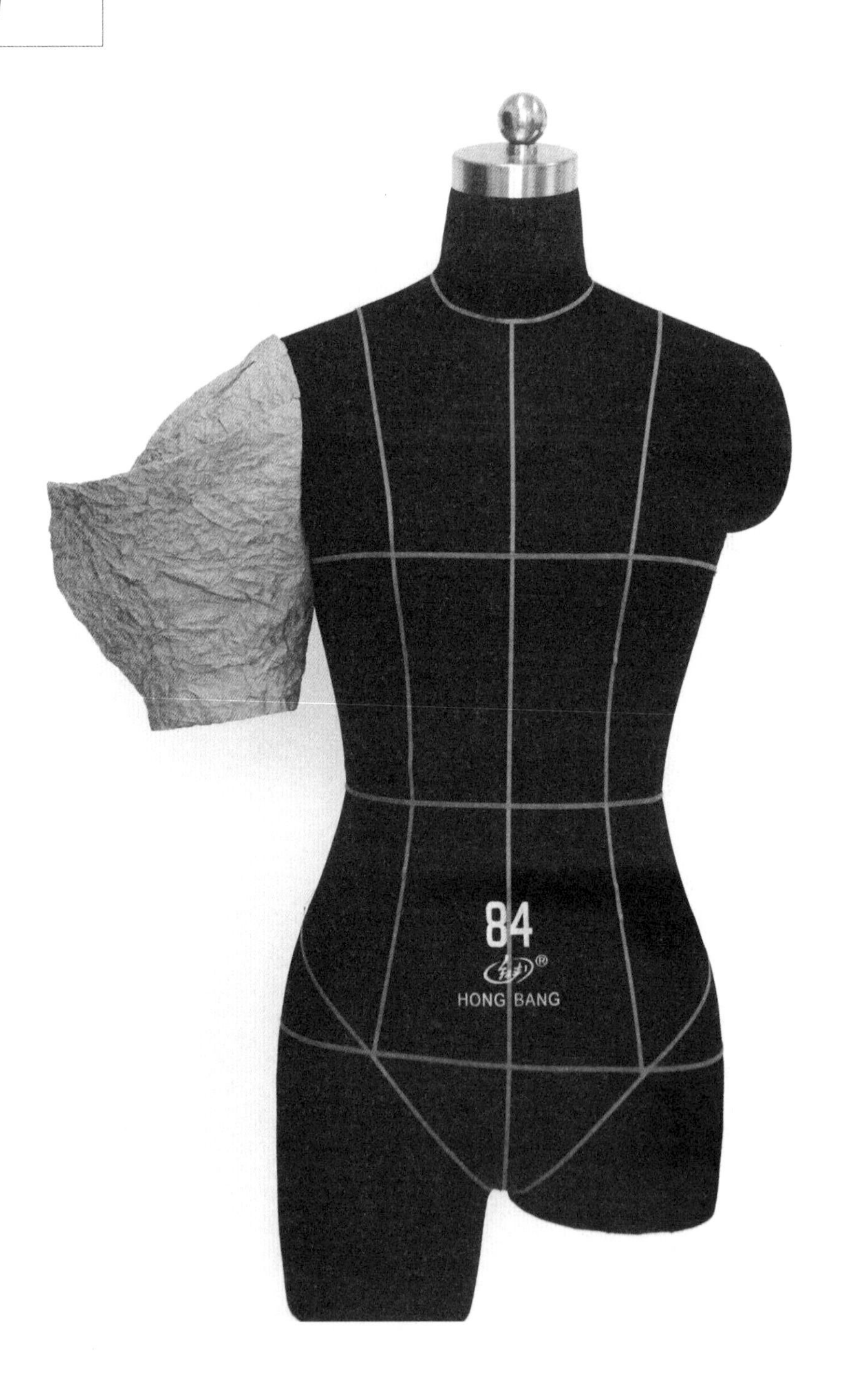

① 以一片袖原型为基础，袖窿底线往下 15cm 作水平线。沿袖中线裁开，左右袖片向外移出 6.5cm，在袖窿弧线上画出对称的三个工字褶，总量为 6.5cm。

② 从袖山高点往下 4cm，作水平线交于袖山弧线 *A*1/*B*1，将 *A*1/*B*1 至两侧袖窿弧线端点袖窿曲线复制，交于 15cm 水平线，得到 *A*2/*B*2，将得到的新曲线根据 15cm 水平线对称，得到 *A*3/*B*3。由 *A*3/*B*3 向下分别作 5cm 垂线，向里收进 2cm，作袖口弧线。最后，在袖口的袖中线处，画出一个 4cm 的工字褶。

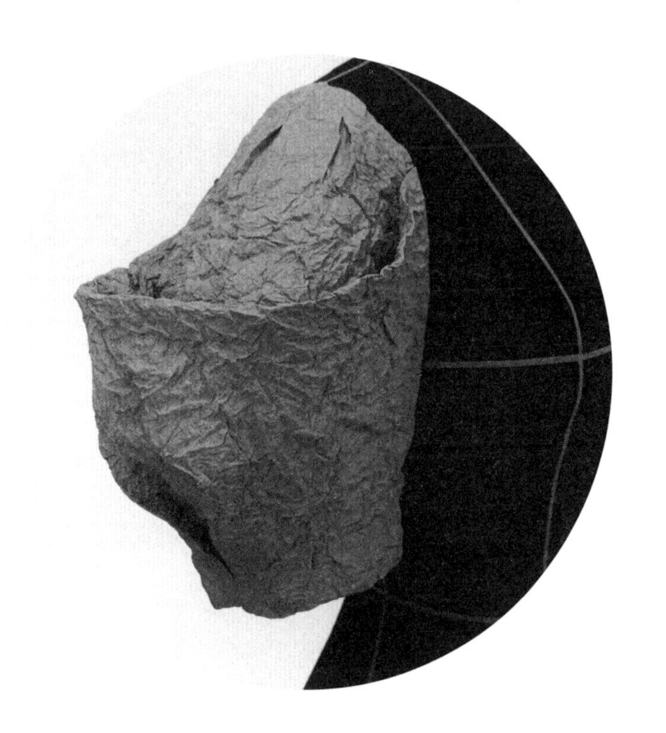

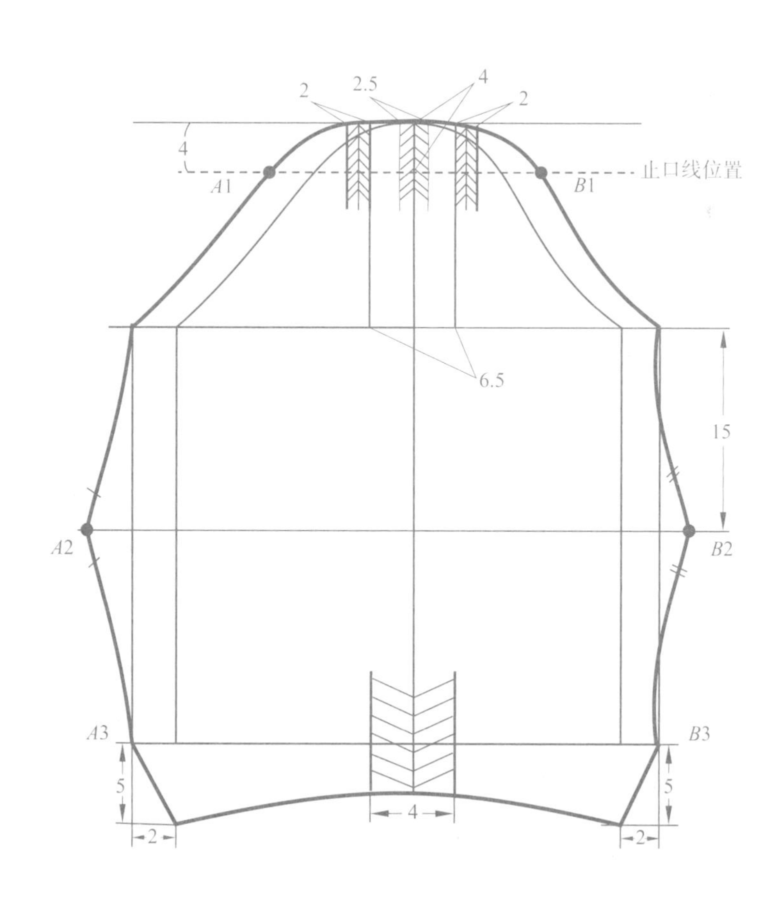

款式

3

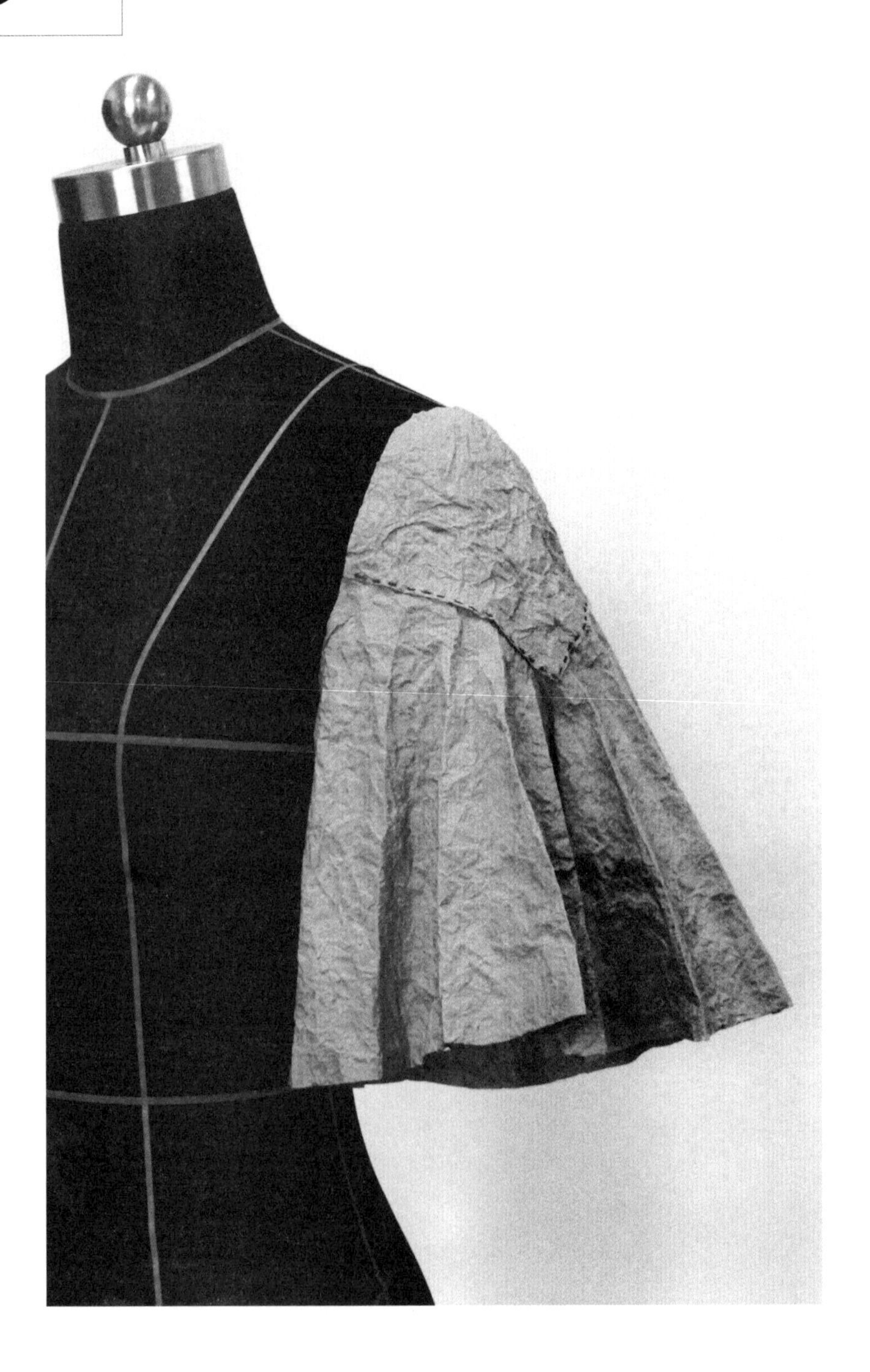

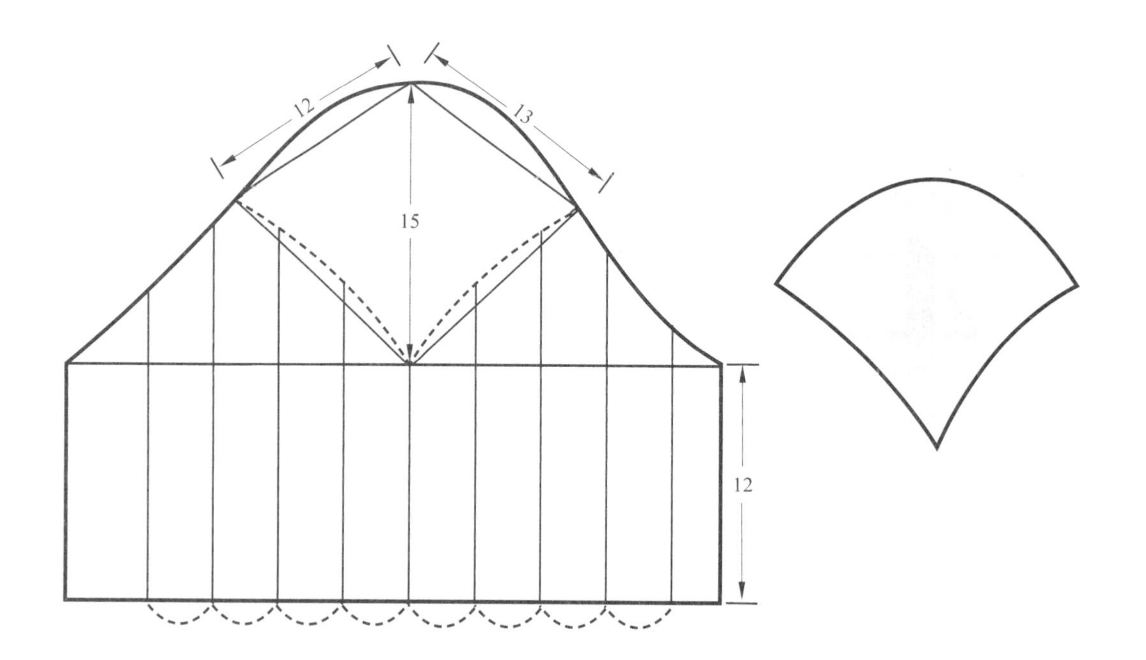

① 运用原型袖片，从袖顶点向下在袖中线上找到 15cm 的点，然后以 15cm 的袖中线长为三角形的底边，分别作 13cm、12cm 的等腰三角形，三角形的顶点分别交在前、后袖窿弧上，然后画顺曲线，形成分割线。将袖子的下半部分以袖山高点作基准线，向两边进行等量分割并且画线垂直于底边。

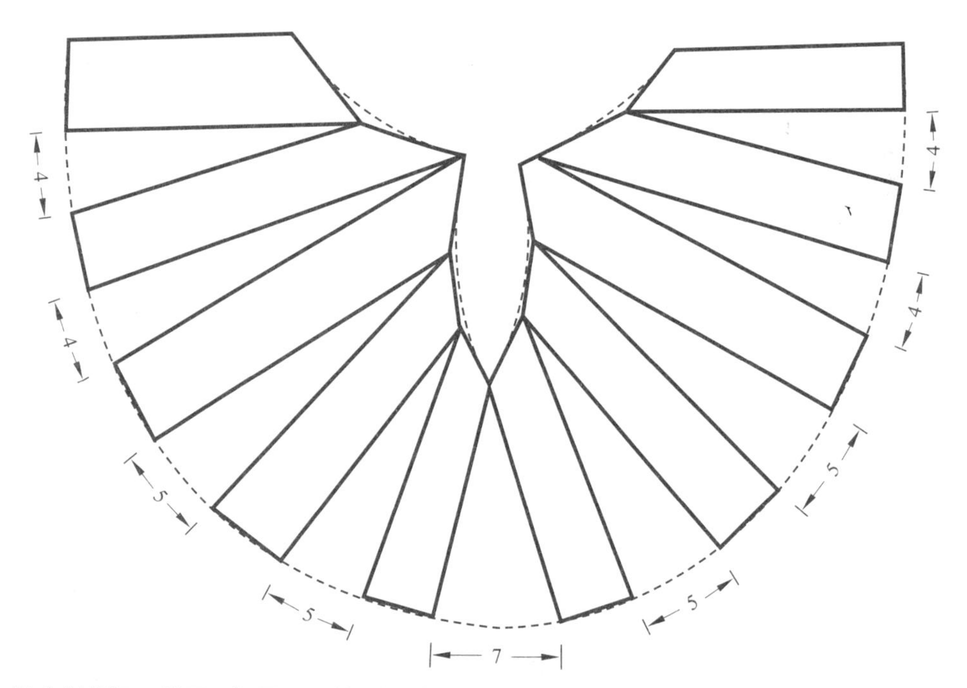

② 沿分割线切开并展开如图示，从而得到扇形，展开的量越大，得到的波浪也就越明显。

款式

4

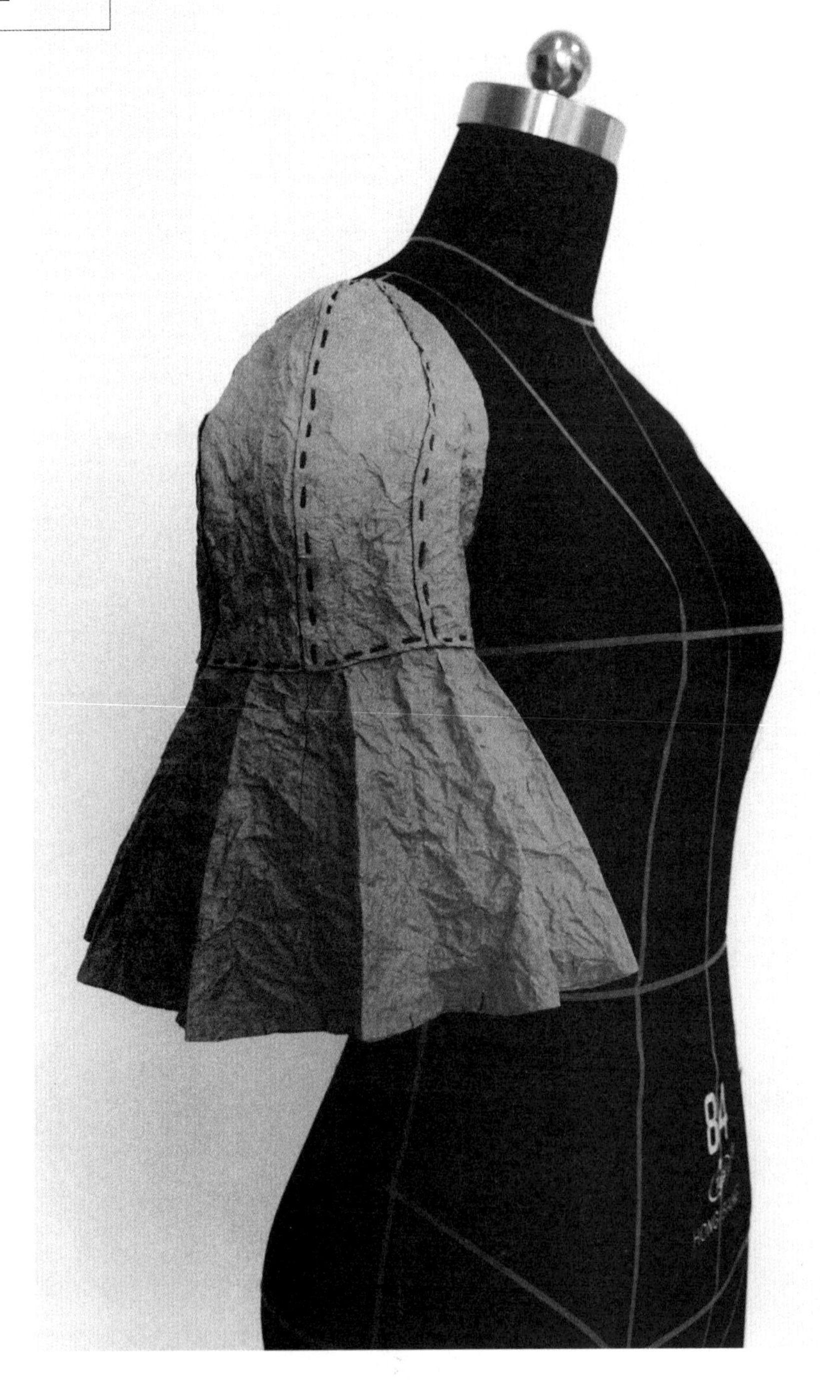

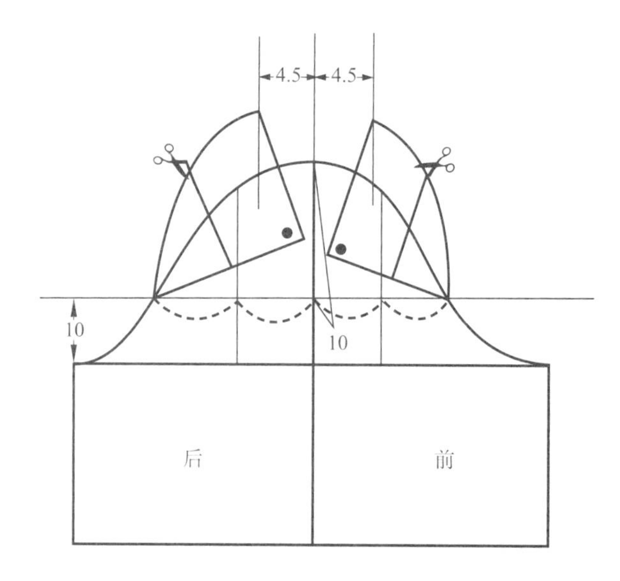

① 运用原型袖片，作一条袖山深线向上10cm的平行线并与袖窿弧线形成交点x，将这条平行线四等分并在左右二等分处作垂线，形成如图所示的分割线。

② 沿袖中线和袖山深线切开，袖山顶点各向左右展开4.5cm，沿分割线切开并分别展开3.5cm，画顺袖窿弧线与分割线。

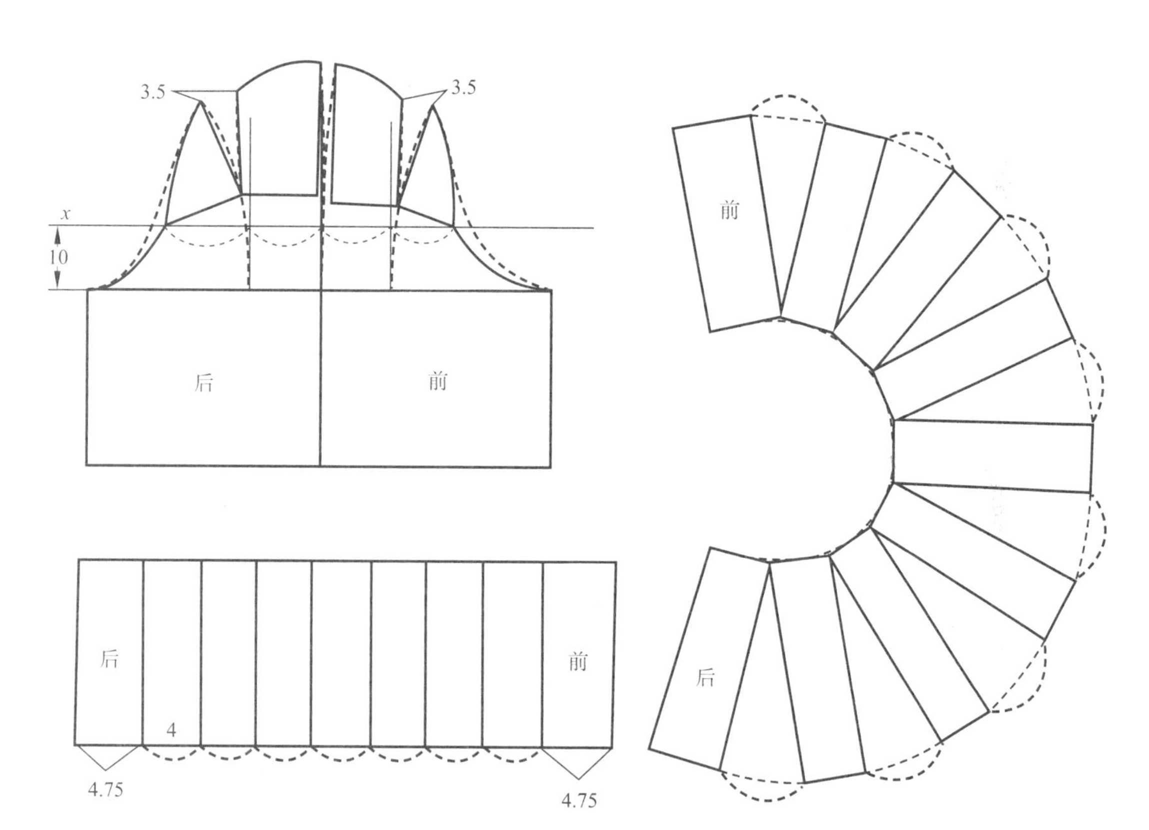

③ 将袖片下半部分两边分别定量4.75cm，剩余部分进行4cm的等量分割，然后沿分割线切开并展开相等的量。展开数值应当控制在4~7cm。

款式

5

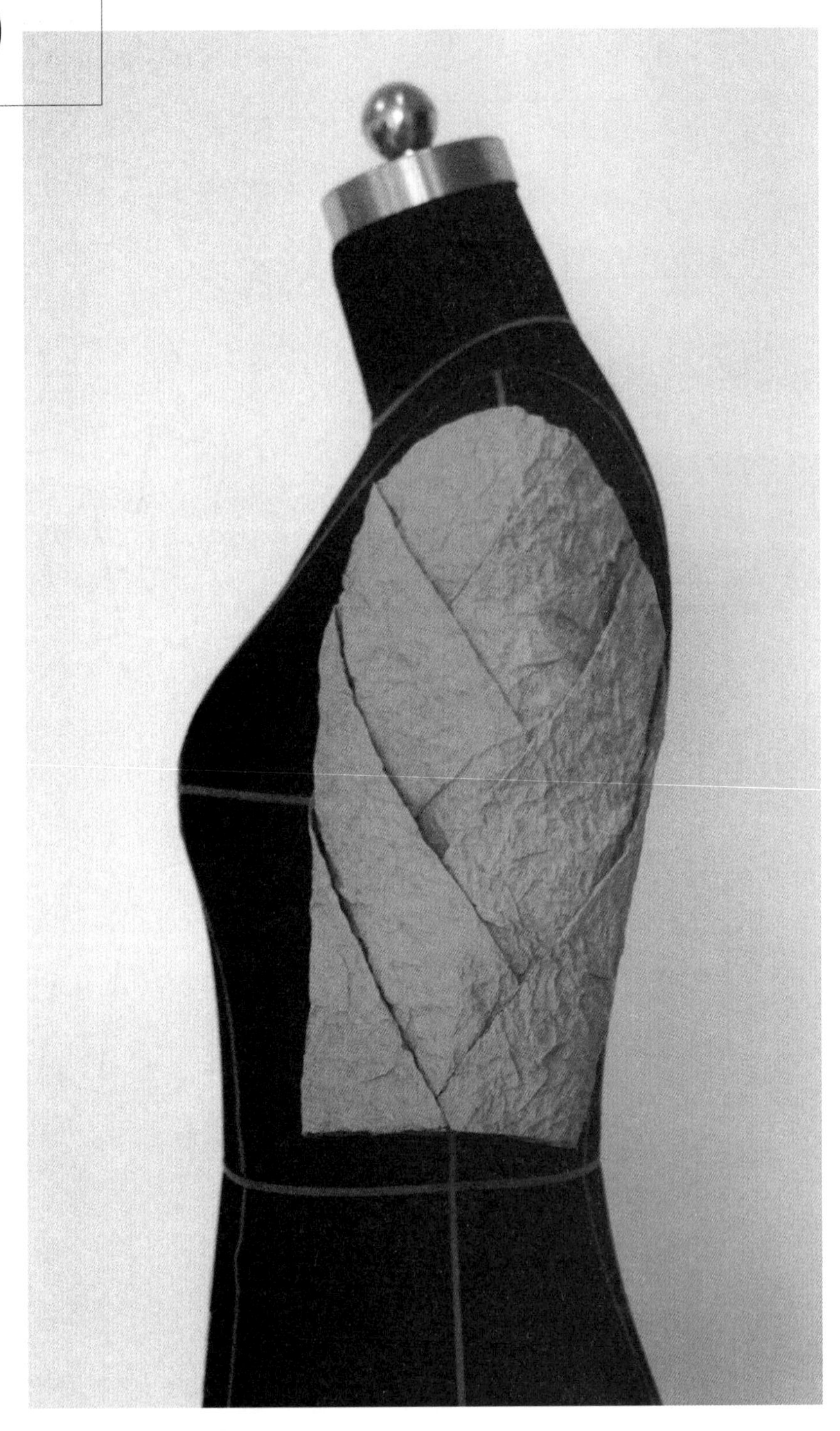

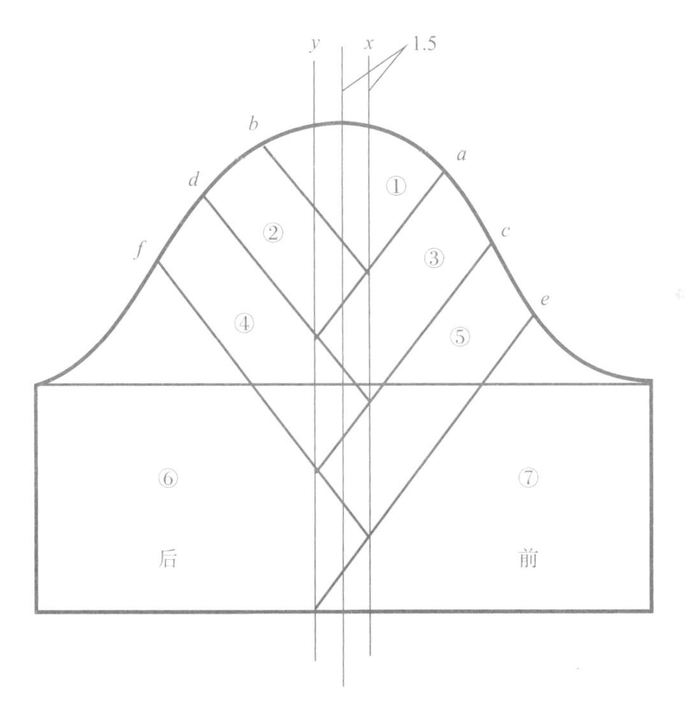

① 运用袖片原型，从袖中线向右作 1.5cm 平行线为 *x*，从袖中线向左 1.5cm 作平行线为 *y*。在袖山顶点向右 5cm 取一点为 *a* 点，向左 4cm 取一点为 *b* 点。通过 *a*、*b* 两点画直线相交于 *x* 线上，并延长过 *a* 点的直线交于 *y* 线。从 *a*、*b* 两点分别向左、右 5cm 取点 *c*、*d*，连接 *d* 与 *a*、*y* 线交点，并延长至 *x* 线，重复上述步骤，完成分割。

② 沿分割线切开并依次展开相同的角度，最终形成如图所示的样板。

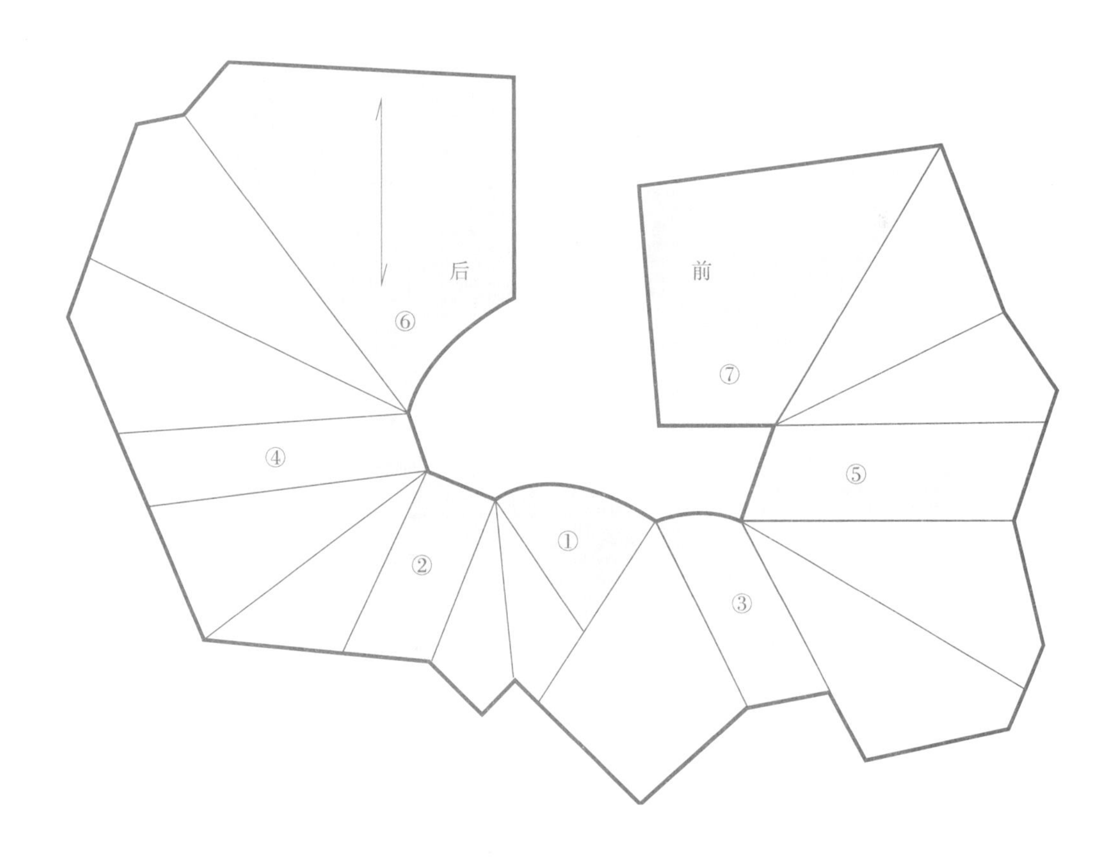

款式

6

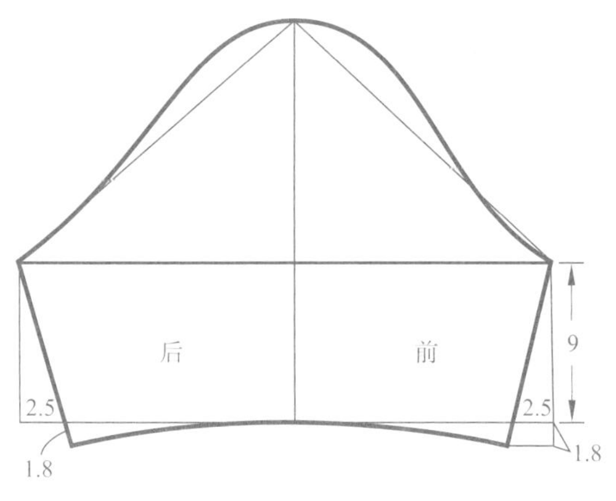

① 将一片袖原型截取如图长度，袖口两侧缝各向里收进 2.5cm，下落 1.8cm，曲线连接袖口弧线。

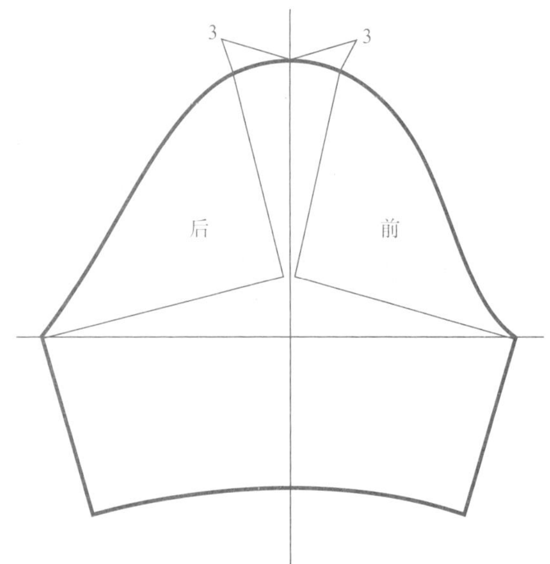

② 沿袖中线将袖山剪开，左右各展开 3cm，使袖山产生隆起效果，画顺袖山弧线。

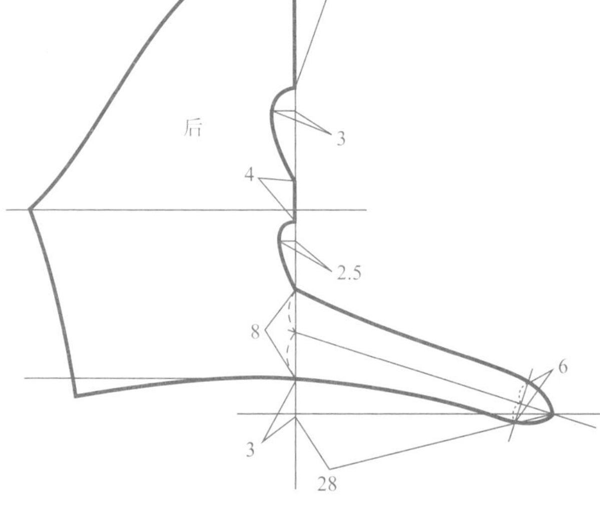

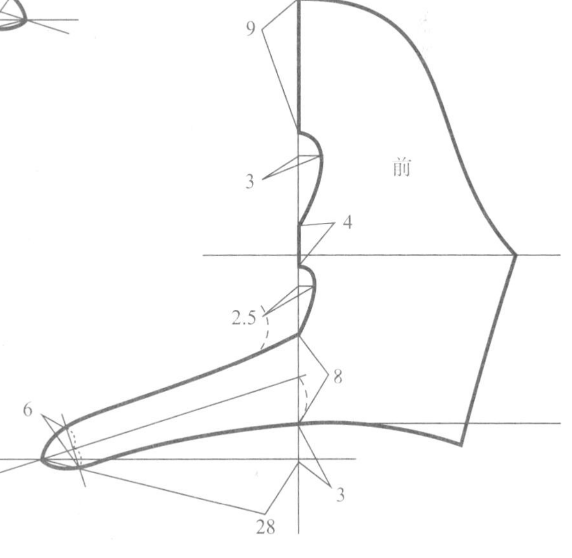

③、④ 将步骤②得到的袖片样板从袖中线裁开，如图设计两个对称镂空造型（数据可根据镂空的造型做调整），距袖口 8cm 处开始，从中线做延长对称造型，数据如图所示，该延长用作制作完成后的蝴蝶结造型（长度和宽度可根据蝴蝶结造型的需要做长短调整）。两片操作步骤相同，注意镂空位置的对称。

款式

7

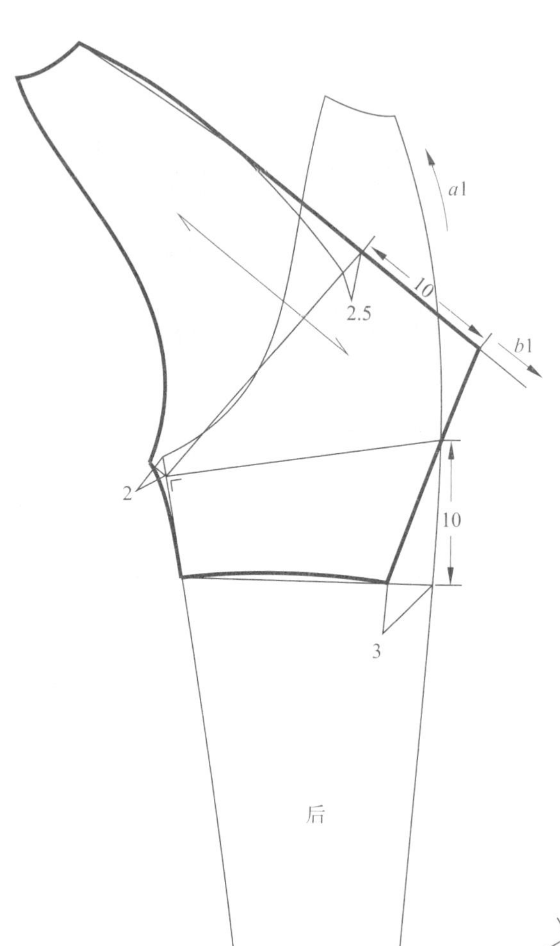

① 本款以插肩袖为原型，插肩袖的画法可参考上衣款式17。从袖窿底向下2cm取一点，从该点垂直袖底拼缝线作垂线交于袖中线。截取灰色部分，并以箭头 *a*1、*a*2 方向旋转适量角度。

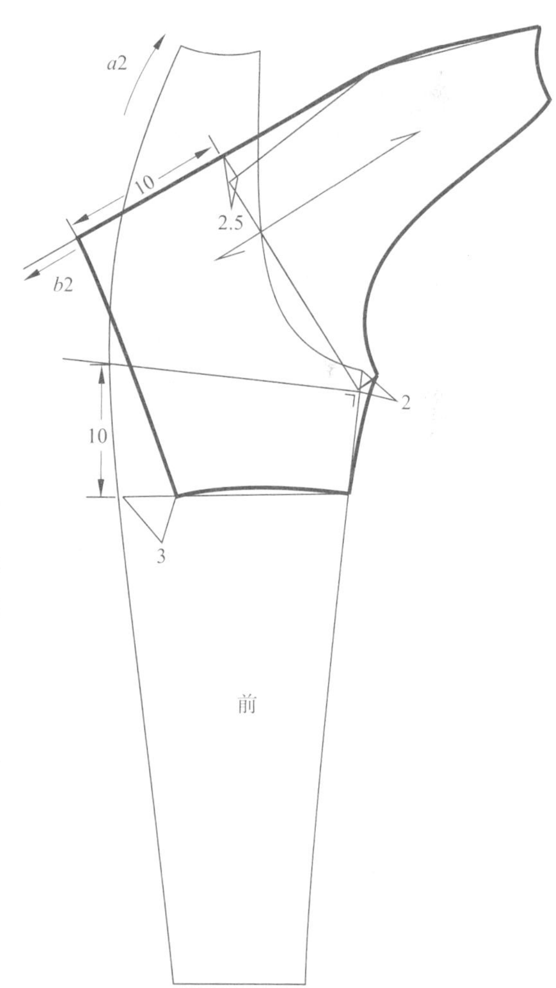

② 将旋转后的灰色部分沿箭头 *b*1、*b*2 方向延伸10cm，袖口宽度由原灰色模块向下10cm，再向里收进3cm，如图连接并画顺袖底拼缝线，得到新的样板。

备注：本款袖子廓形较大，适合硬挺的面料，并在缝纫之前需要烫好黏合衬。

款式 8

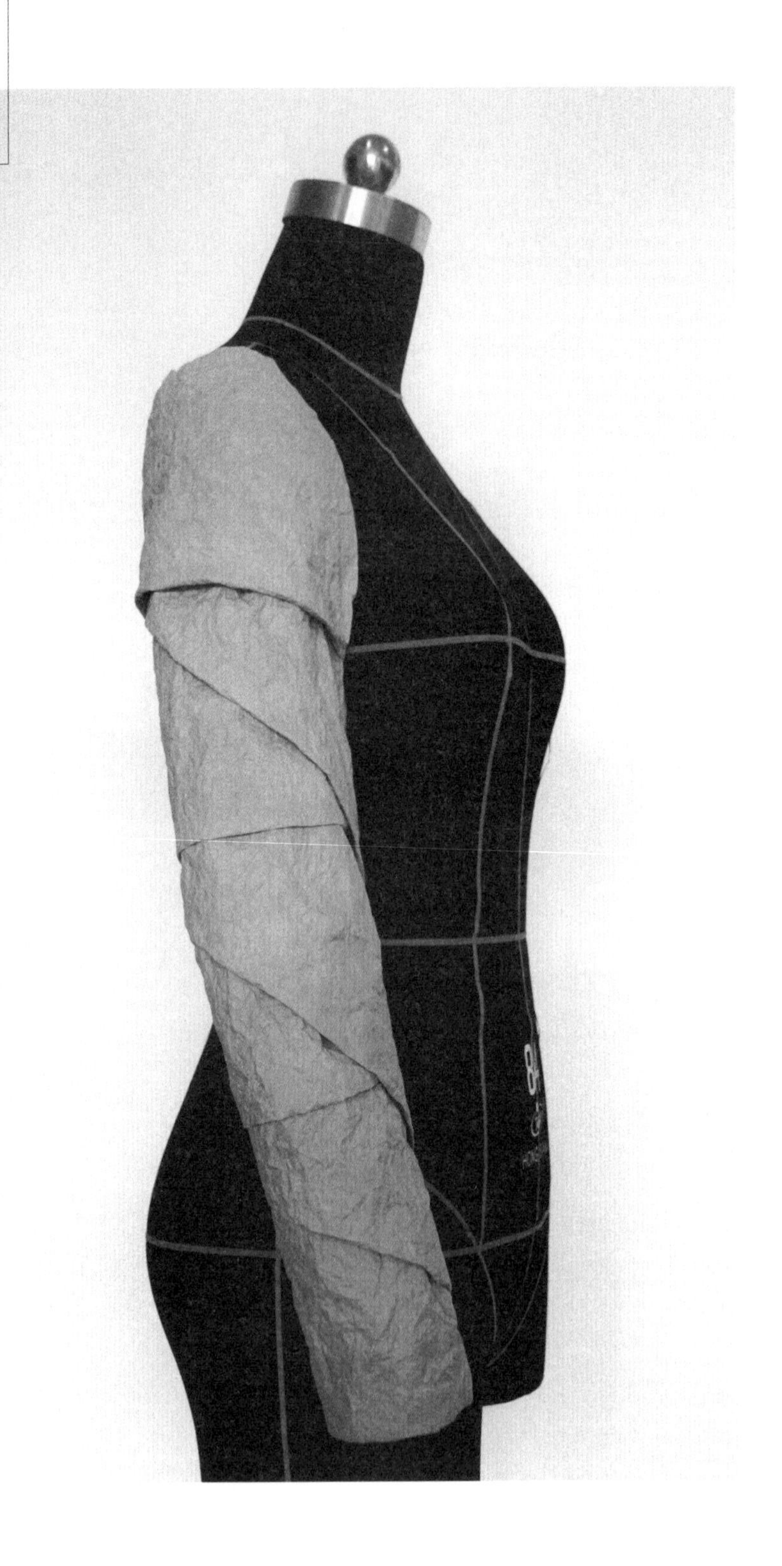

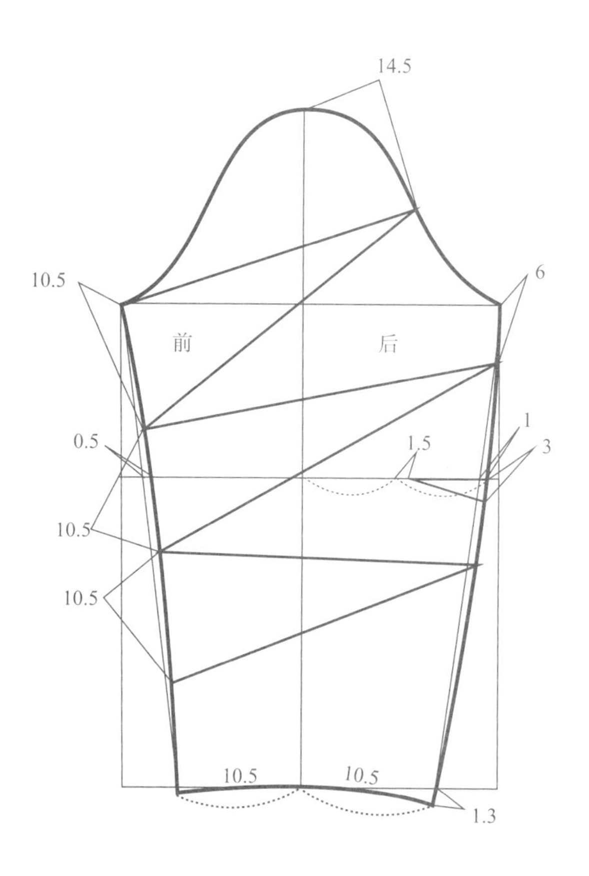

① 首先将一片袖做基础板型，修正袖型，前袖缝向里收进，后袖缝则相应放出，袖肘处收一个省，用弧线连顺两袖缝线；修正后设计分割线。

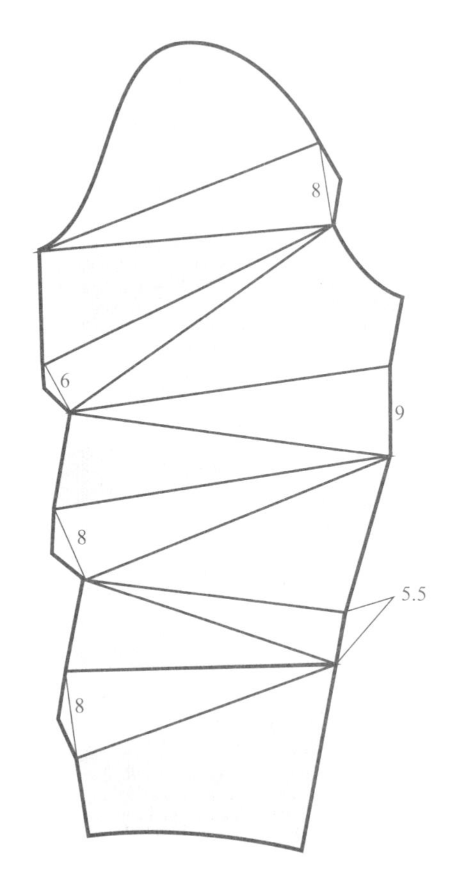

② 将步骤①的分割线如图打开，补足放量，得到新的样板，裁剪后折叠展开褶量，止口向下。

款式 9

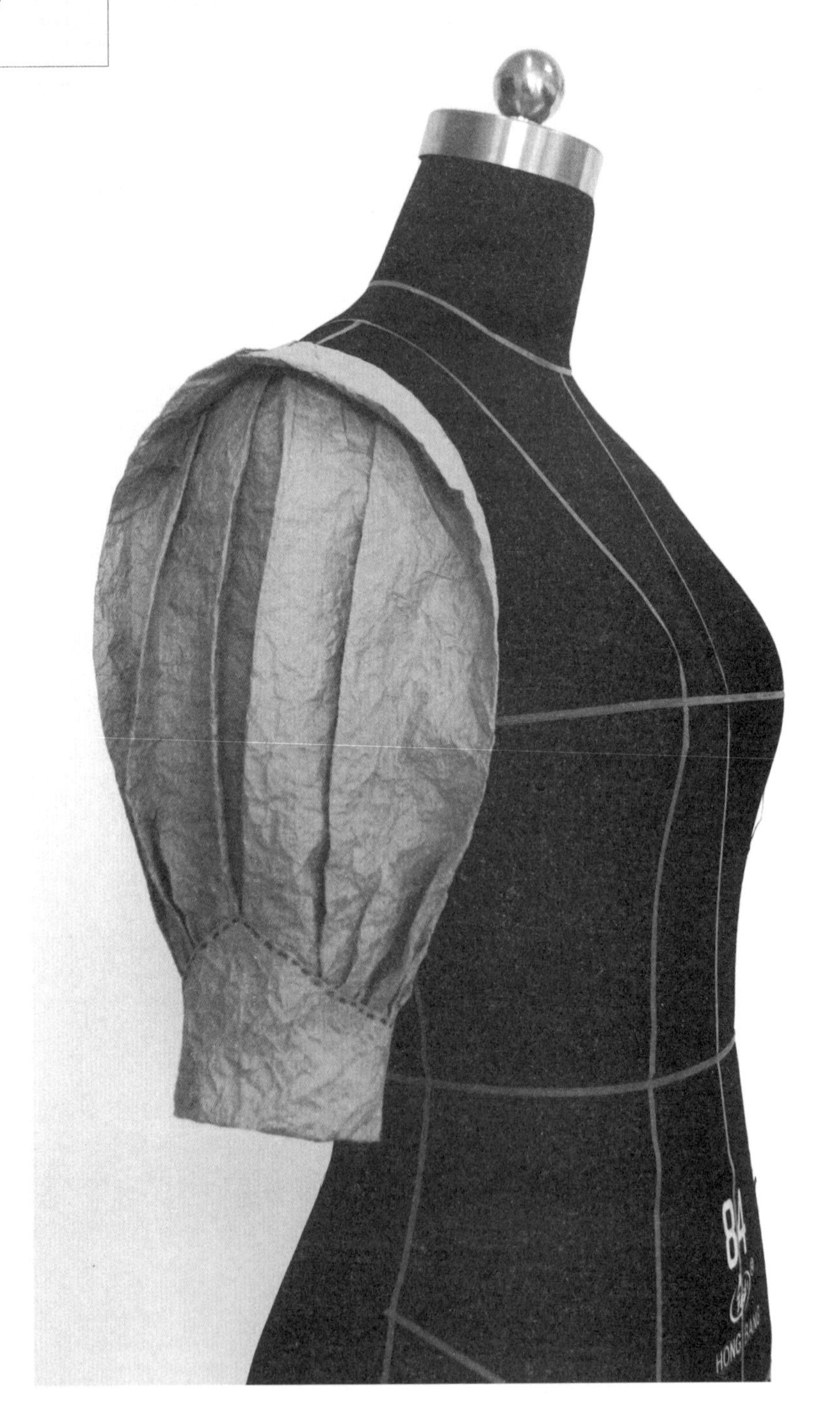

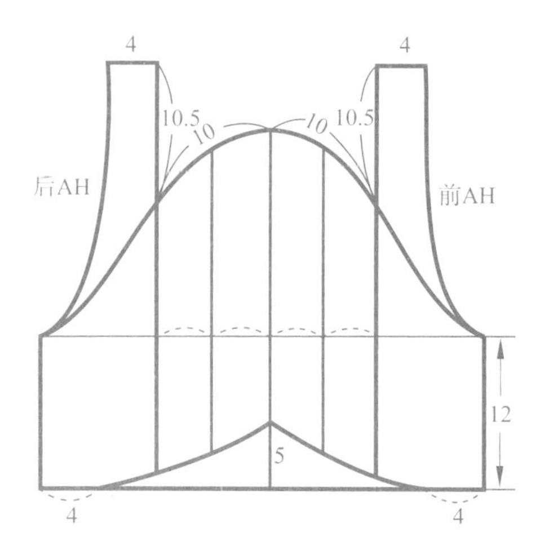

① 运用原型袖片，取目标短袖长度，从袖山顶点起，沿着袖山弧线各向左、右10cm找一个点，向上垂直延伸10.5cm，向下垂直延伸至袖口。然后在顶部画出4cm的宽度，以前AH的长度，和后AH的长度分别画出弧线连接到原型的袖山深线。如图等分袖片。袖口处各收进4cm确定点，在袖中线向上5cm处找一个点画出弧线，留出袖克夫的造型。

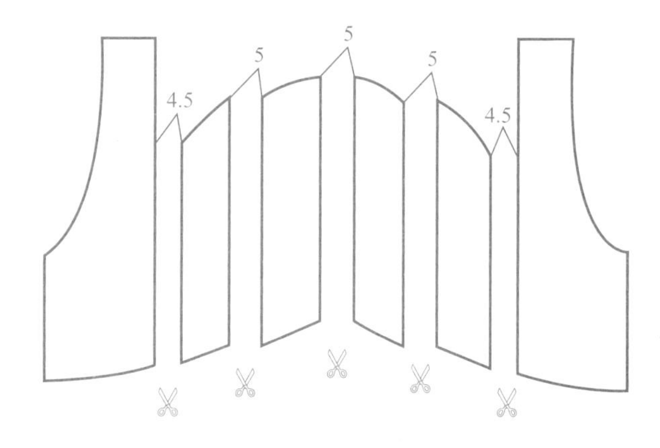

② 如图分别沿等分线切开，展开加放所需要的褶量。

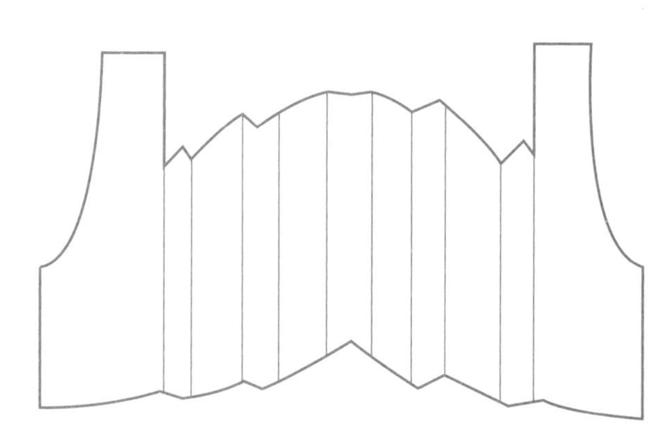

③ 按照褶裥的方向画出连接线。

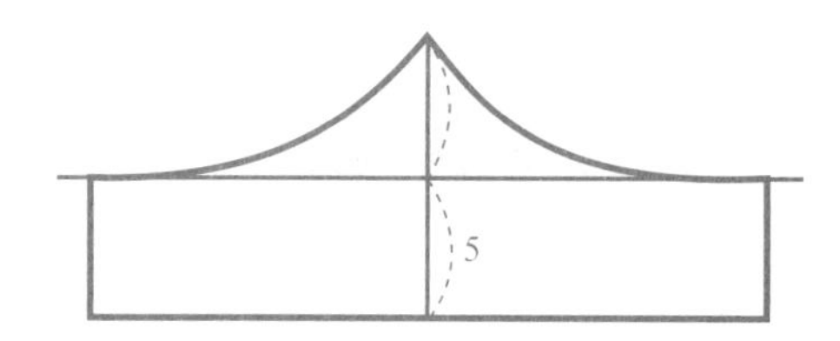

④ 以所需的袖口尺寸画出袖克夫。

款式 10

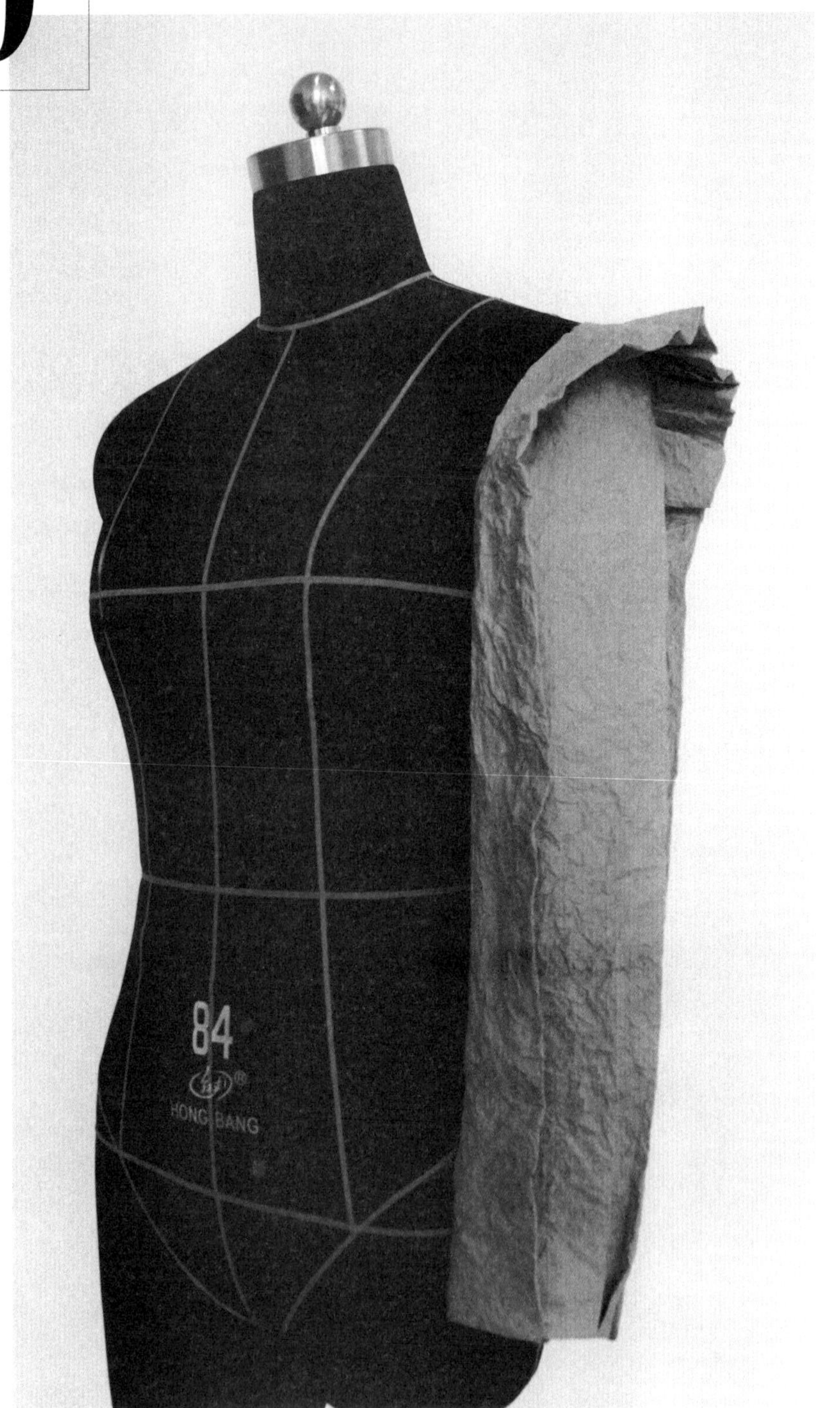

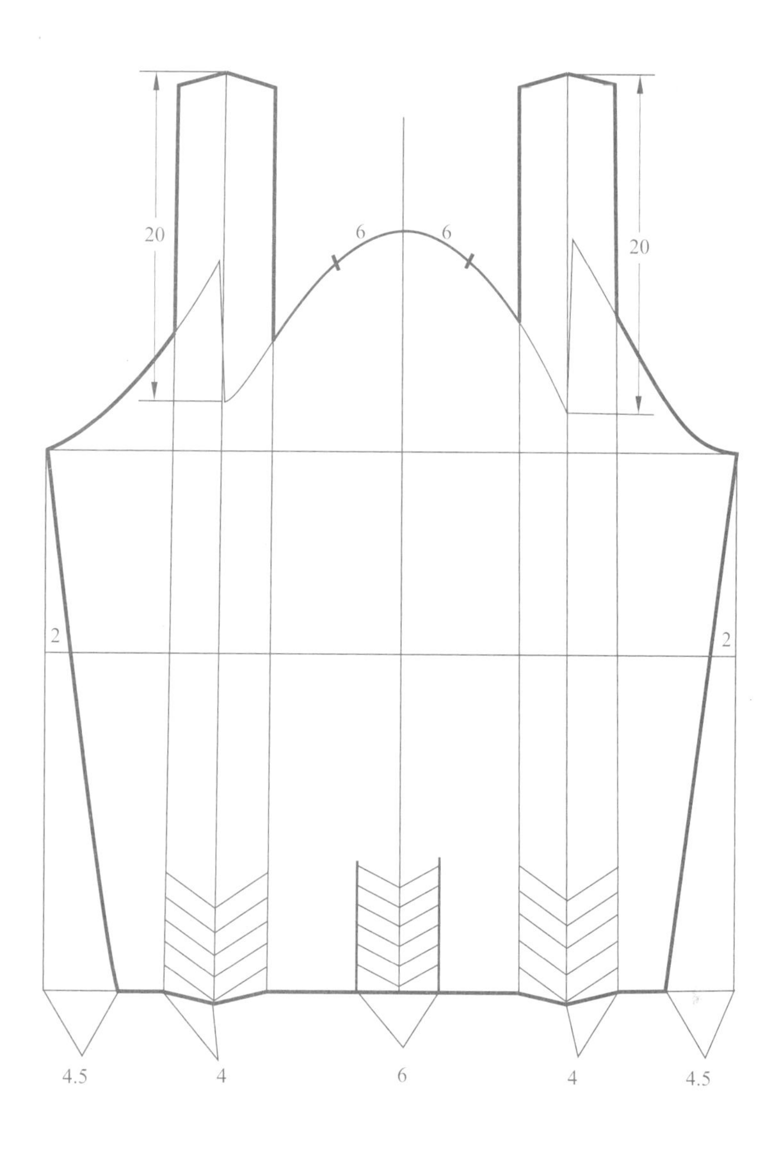

应用袖子原型，在袖山弧线处以袖中线为准线各自向左、向右 6cm 确定点，然后左右各向着此点折叠 4cm，并向上垂直延伸 20cm 顶端画顺，以供抽褶用。袖肘线处各收进 2cm，袖口处各收进 4.5cm，以袖中线为中心收一个 6cm 的活褶。

款式
11

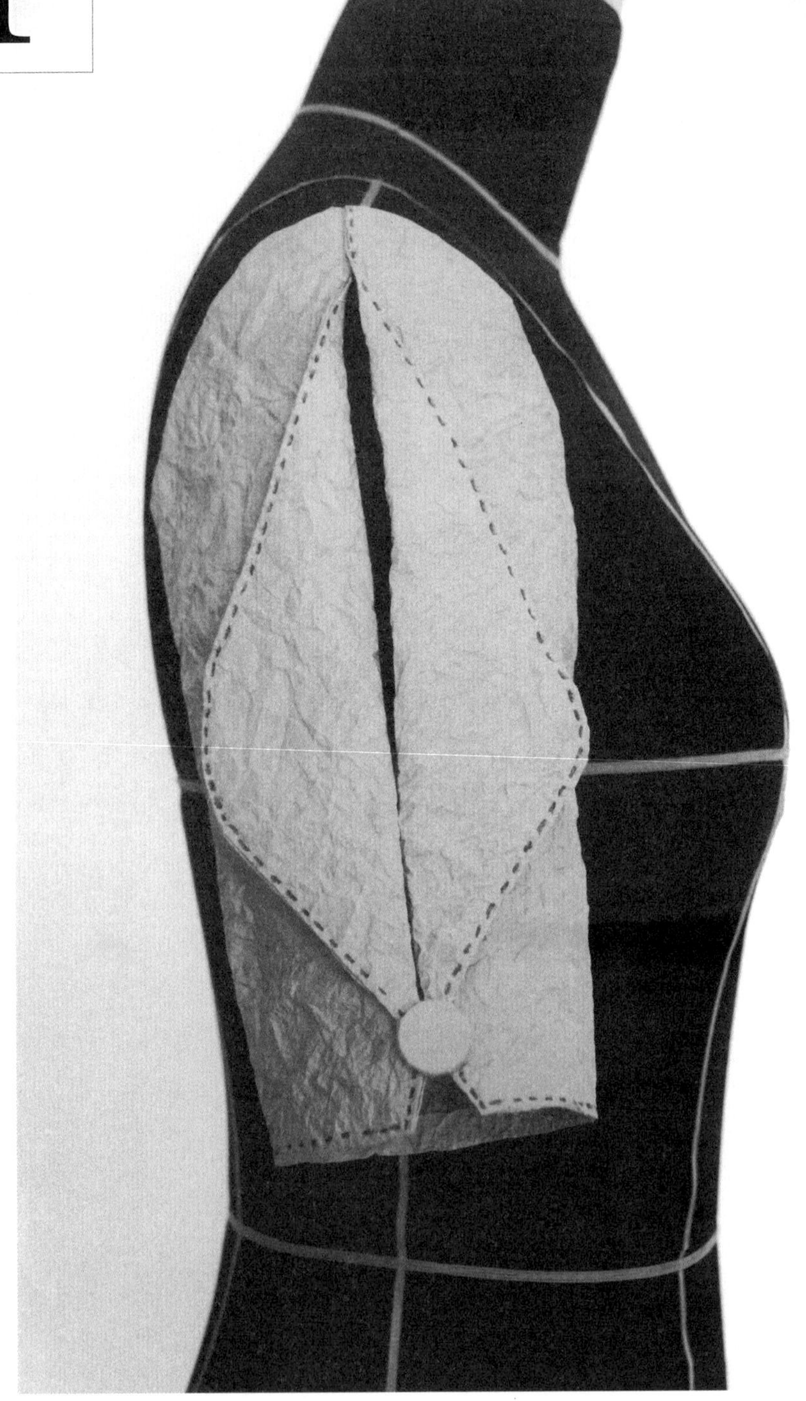

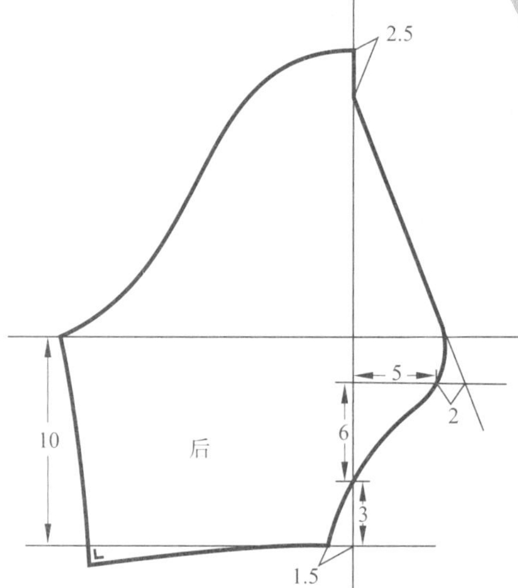

① 运用原型袖片，取目标短袖长度，袖口依据所要的尺寸进行左右收进调整。沿袖中线切开，然后分别从袖中线处对袖片进行结构处理。

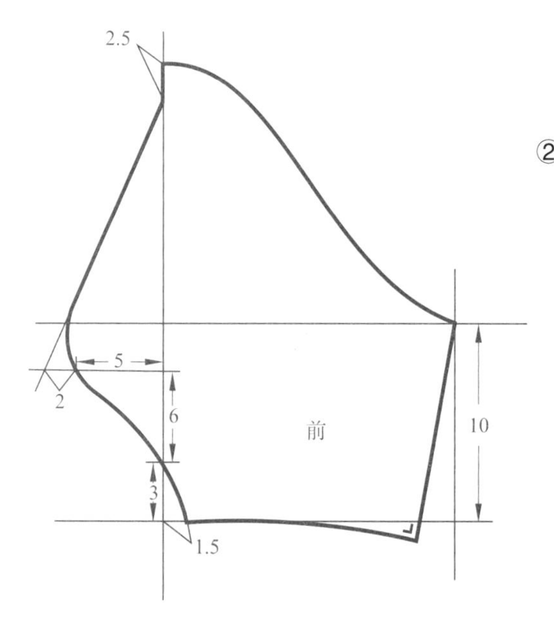

② 在袖口处从中线各自向里收进 1.5cm 确定一个点，沿着袖中线向上 3cm 找确定点，然后在此点向上 6cm 处再找确定点，从此点向右画一条水平线，分别在 5cm 处和 7cm 处确定两个点。在袖中线的顶点向下 2.5cm 处确定一点，从此点出发与水平线 7cm 处的点连出一条直线，然后如图所示连出弧线。袖前片的处理方法同袖后片相同。

款式 12

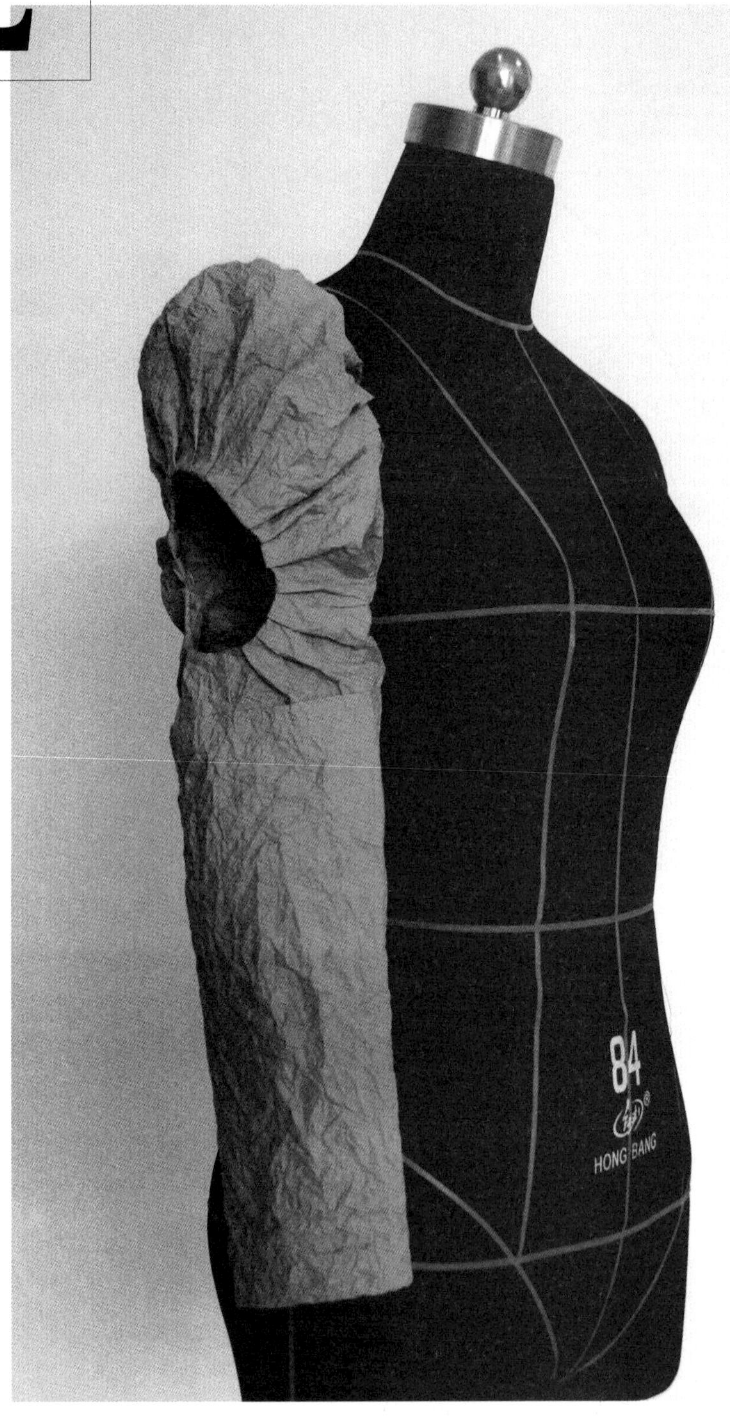

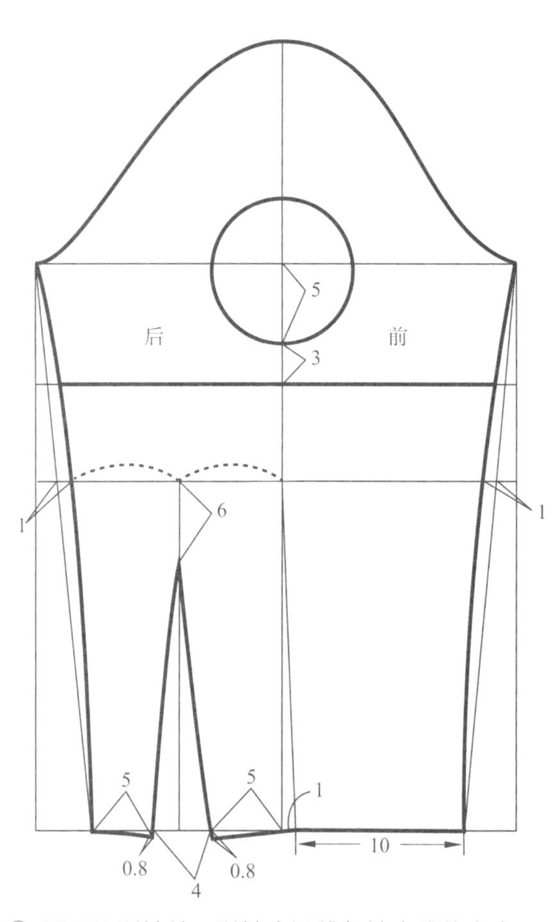

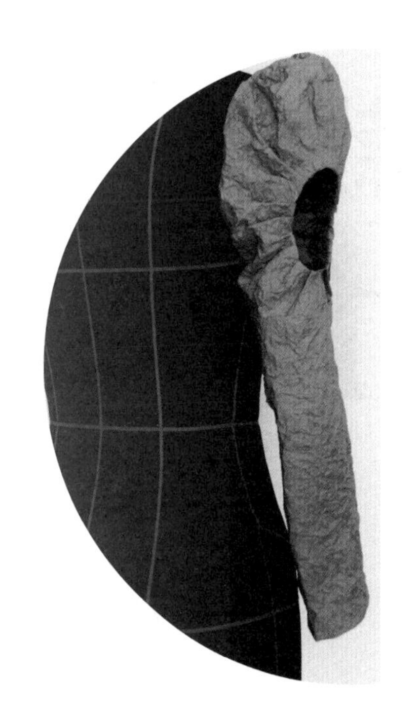

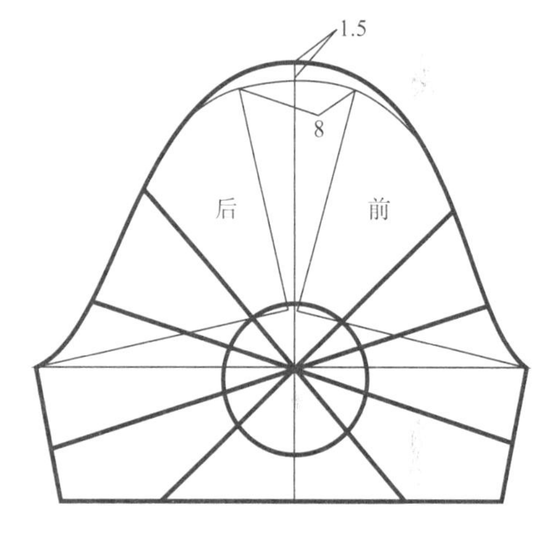

① 运用原型袖片，以袖山深线与袖中线的交点为圆心，画出 5cm 半径的圆。从圆的外切线向下 3cm 画一条与袖山深线水平的切割线，将袖片分割成上下两片。从袖肘线处将袖中线向前倾 1cm，确保袖子有前倾的感觉，并以袖中线为基准，定出袖口的大小，后袖片处加一个省道，更符合人体手臂前倾的弧线，将袖口点与袖山深线连线，并在袖肘线处各收进 1cm。

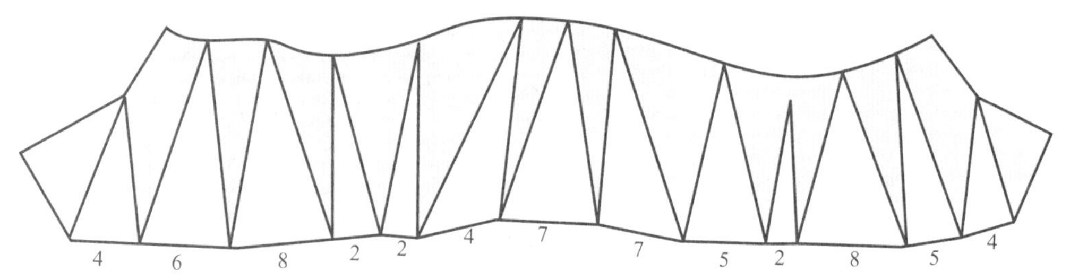

② 将上片沿袖中线和袖山深线切开，左右各自展开 8cm，袖山弧线抬高 1.5cm，然后经过圆心在前后袖片各画 4 条分割线，将每一片放出抽褶的量。

款式

13

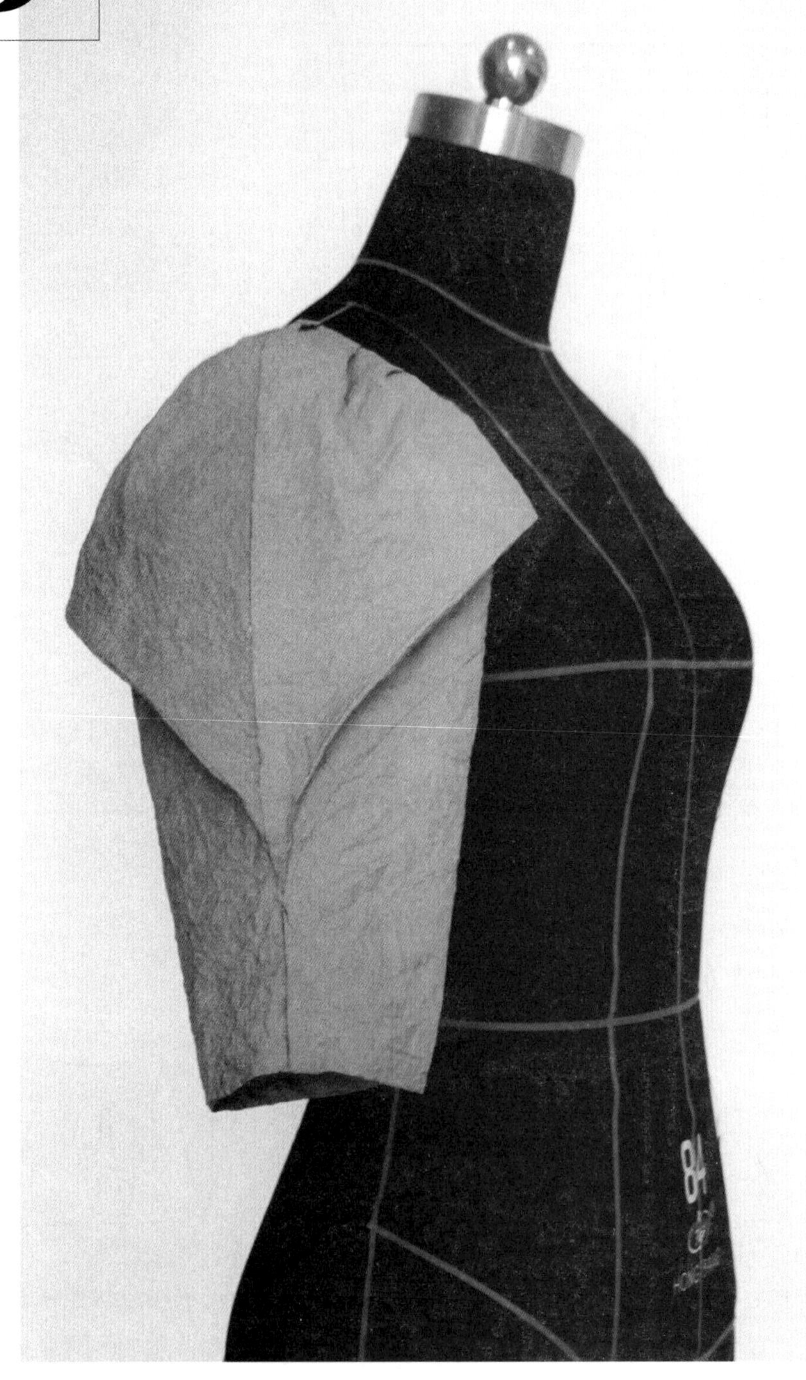

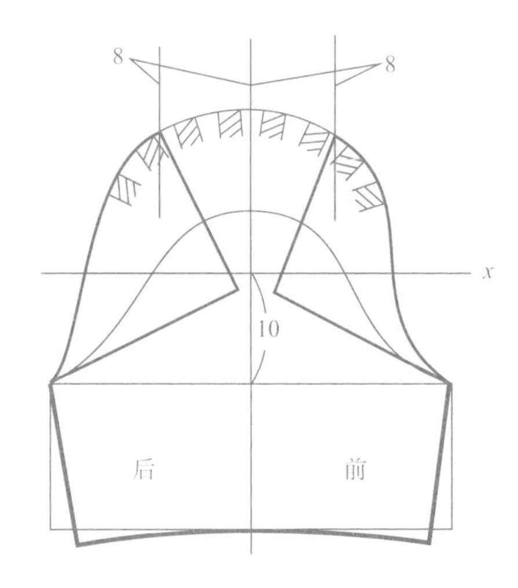

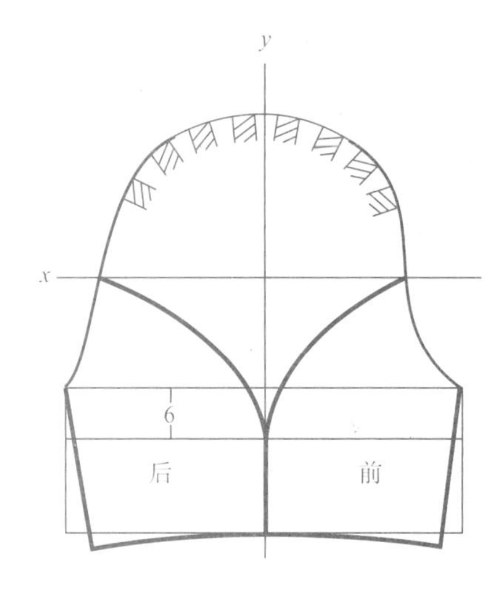

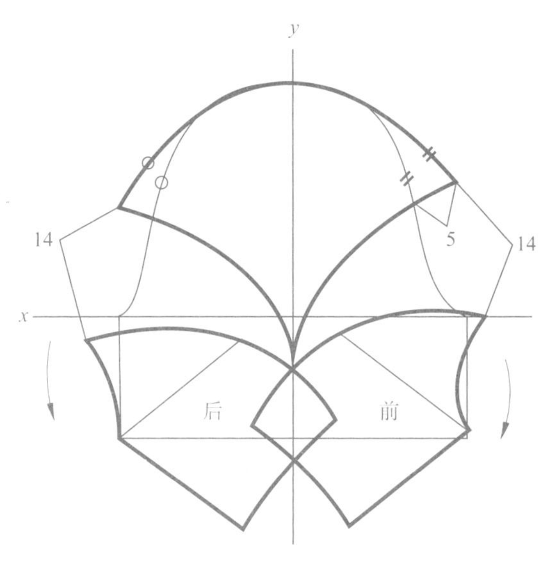

① 运用袖片原型，沿袖中线和袖山深线切开，袖山顶点各向左右展开 8cm，画顺新的袖山弧线。在新的袖山弧线上从袖中线向左右两边做褶，每个褶 2cm 且相隔距离也为 2cm。

② 作一条袖山深线向上 10cm 的平行线并与袖窿弧线形成交点 x，再作一条向下 6cm 的平行线并与袖中线形成交点 y，将 x、y 相连接画顺曲线。

③ 沿分割线切开，袖上片延长分割线 5cm，使袖山弧线长度不变，画顺袖山弧线。袖下片以交点 y 为中心，分别向下旋转至开口距离为 14cm。画出旋转后的板型。

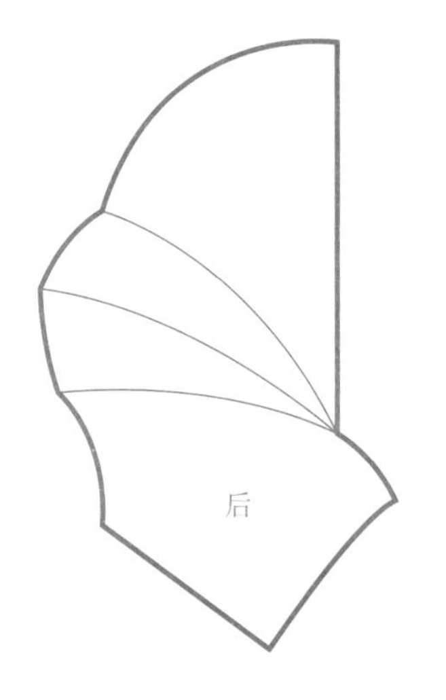

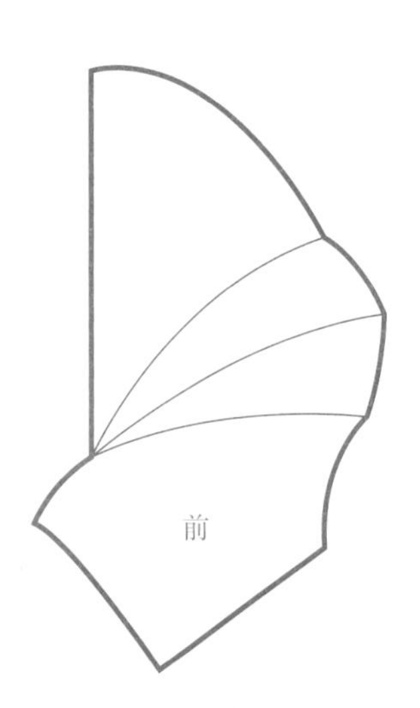

款式 14

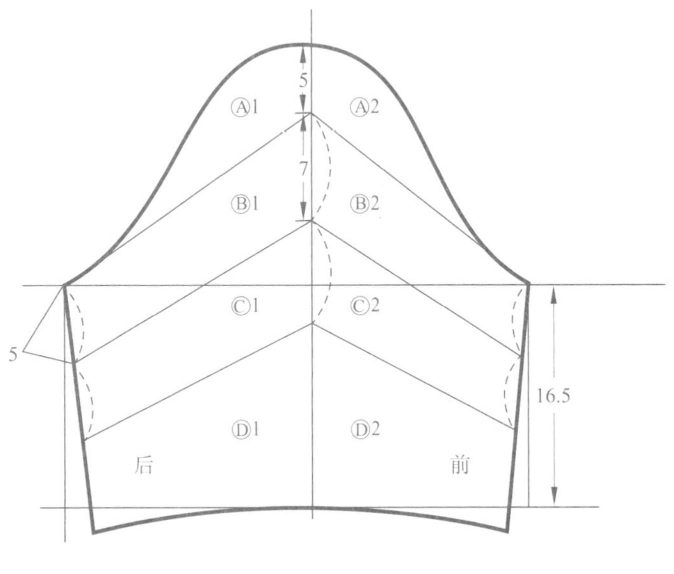

① 从一片袖原型上截取一个短袖长度，适量缩小袖口（两侧各收进 1.5~2.5cm），并修正袖口弧线。将得到的短袖如图所示做分割。

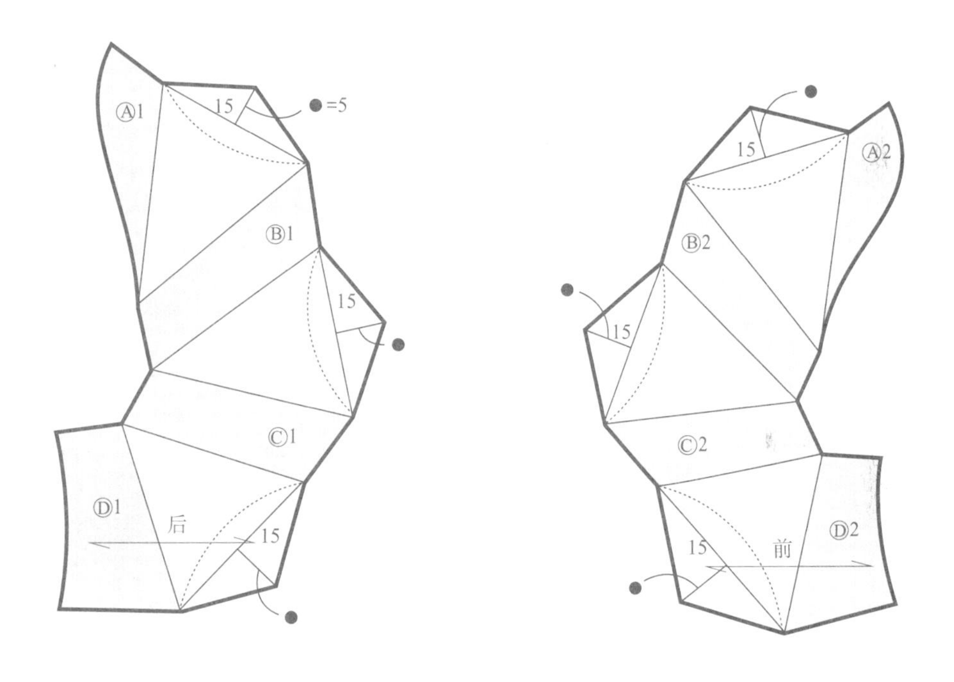

② 将步骤①的样板沿袖中线切开，成前后两片。再分别将左右两片沿步骤①中的分割线扇形展开，展开距离分别为 15cm，以 15cm 的辅助线为底边，作高为 5cm 的等腰三角形（此处等腰三角形的高数值越大，最后得到的成品廓形就越大），得到新样板。制作时将展开部分做折叠收回，则可得到如图样板。

备注：本款式造型较立体，硬挺的面料制作效果更佳，可结合黏合衬制作。

款式

15

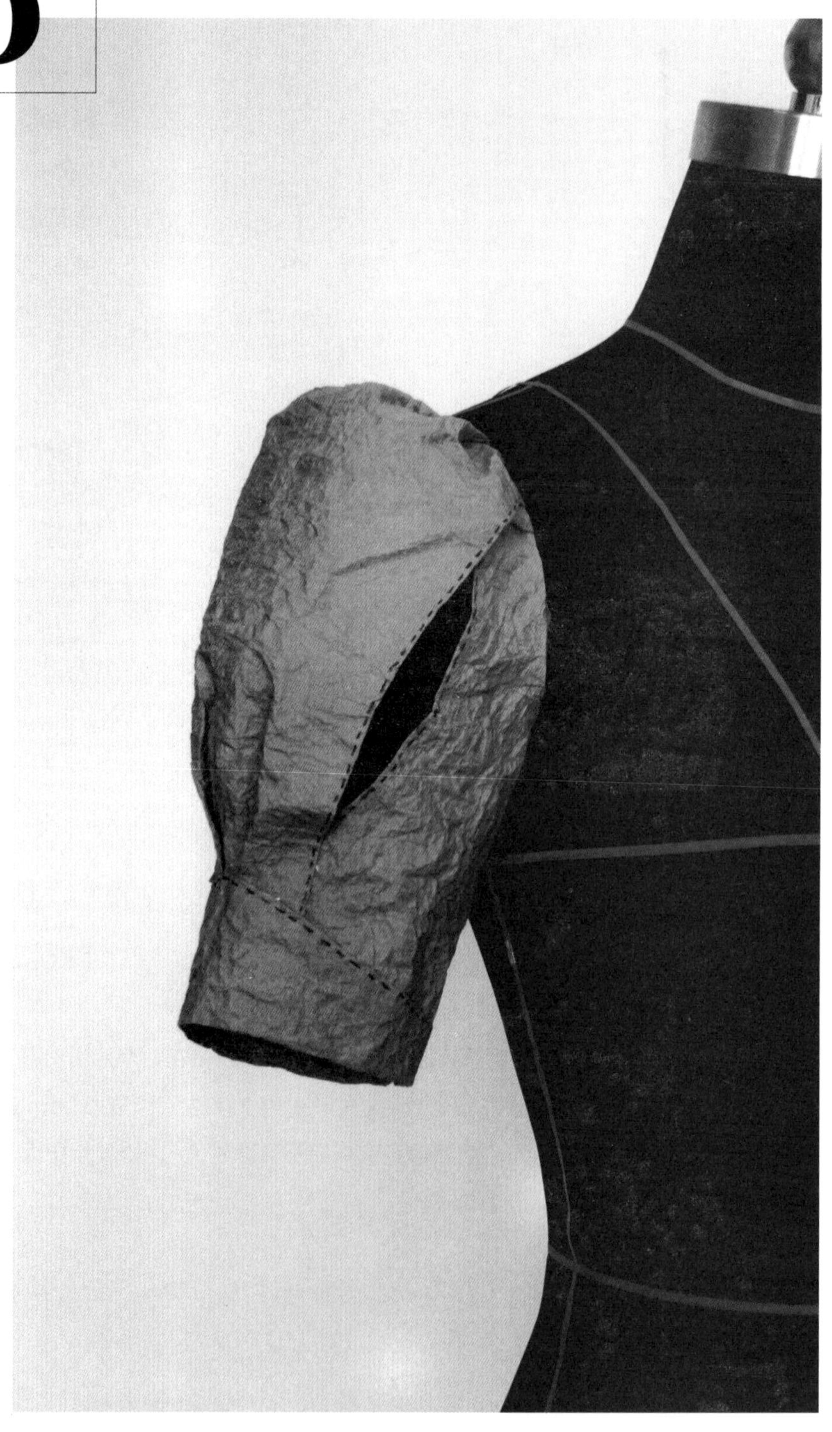

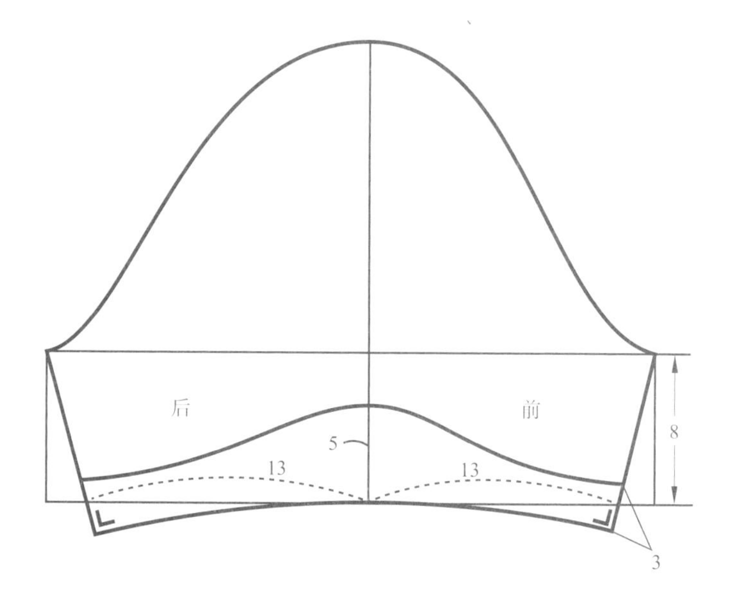

① 运用原型袖片，从袖山深线下 8cm 定出袖长，然后定出想要的袖口宽度，在袖口处沿袖中线向上 5cm 取个点，左右袖缝线各向下 3cm 取一点，用弧线连出袖克夫造型。

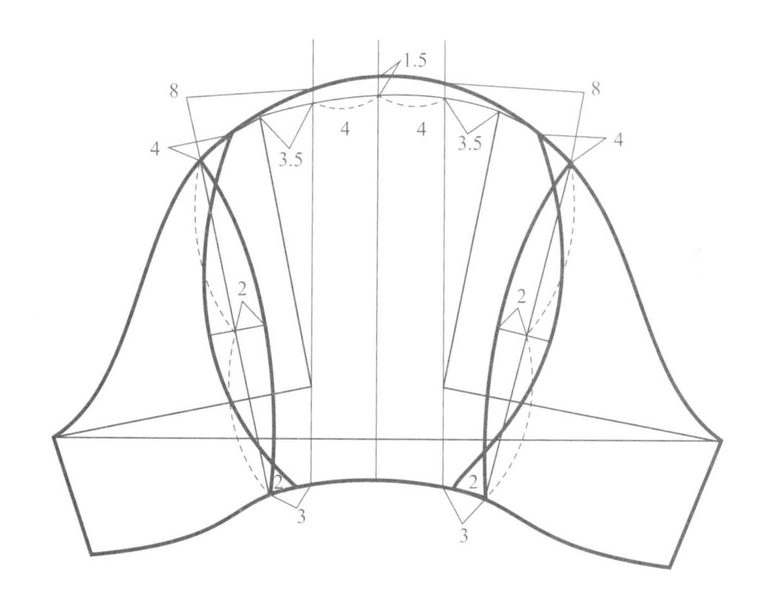

② 将剪去克夫的袖片从袖中线和袖山深线处切开并展开，画一条中线，两边各放出 4cm 画辅助线，然后将切开展开的袖片在袖山弧线处各放出 3.5cm 与辅助线相切，袖山顶点在中线处抬高 1.5cm 画顺袖山弧线，从辅助线处起沿袖山弧线各向下 8cm 确定一点，在袖口处从辅助线起，各向外 3cm 定点连出弧线，袖山弧线处交叉 4cm，袖口处交叉 2cm，反向连出另外一条弧线，从而产生造型上的镂空结构。

款式 16

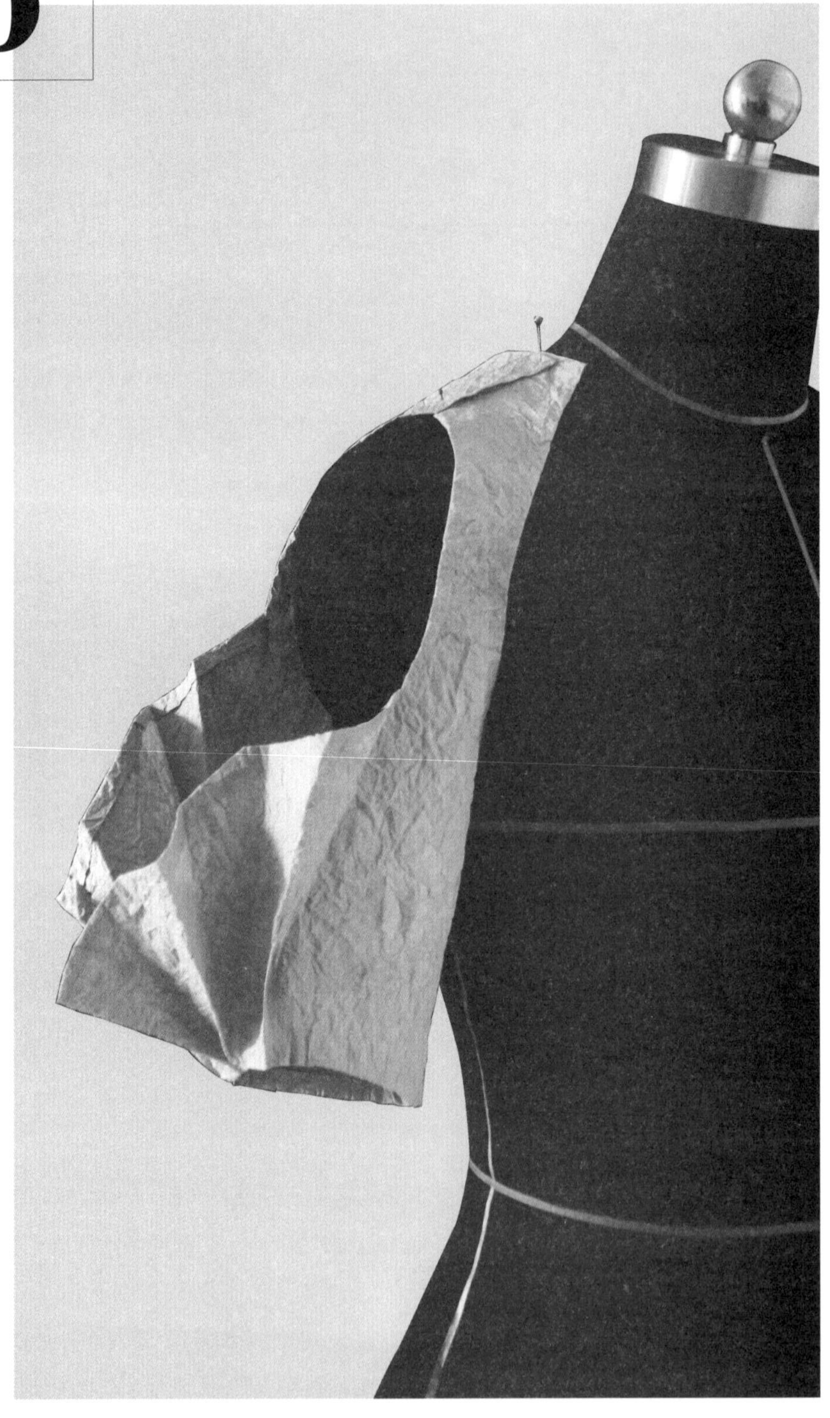

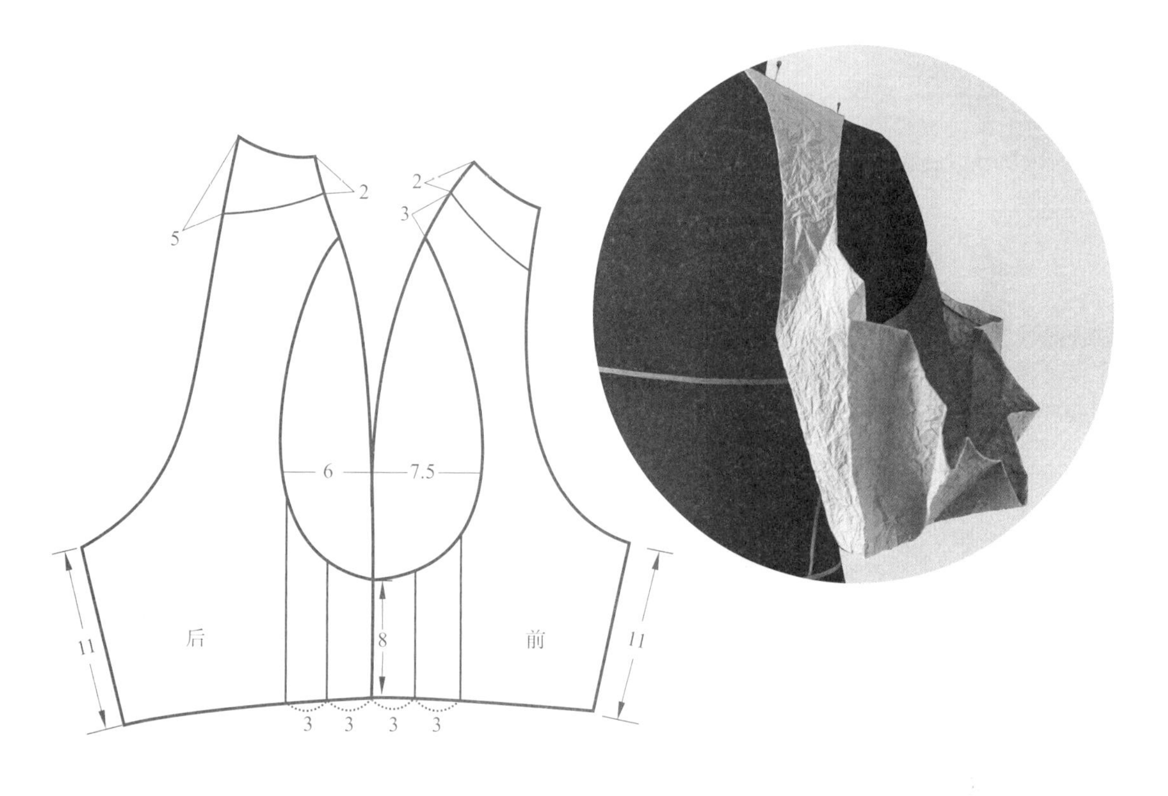

① 本款以插肩袖原型为基准样板，前片从颈肩点向下找到 5cm 的点，在中线上从袖底弧线向上找到 8cm 的点，从中线上分别作一条 7.5cm 和 6cm 的辅助线，同时用弧线连接两点并画顺曲线。前后片的袖缝线长度为 11cm，从中线上分别向左右作 2 条间隔 3cm 的平行线，向上作垂线相交于弧线上。

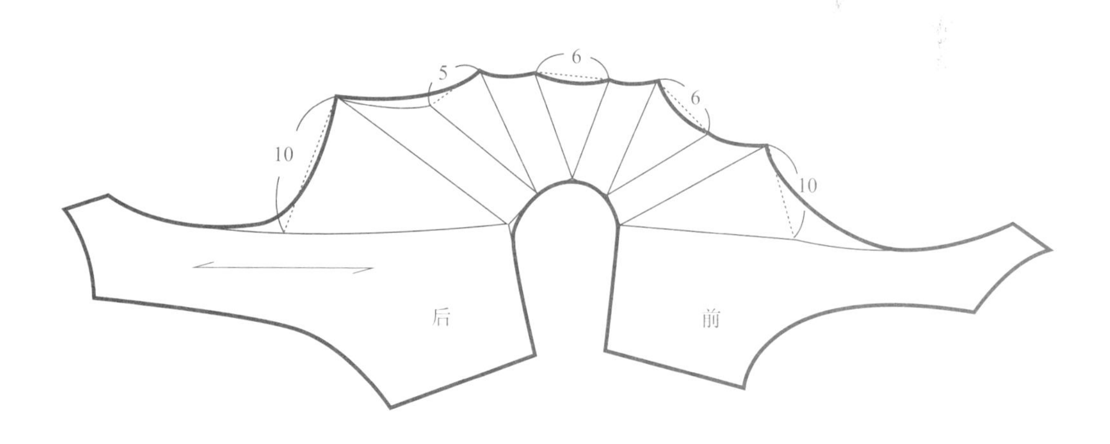

② 沿分割线剪开并如图展开，展开后用弧线画出新的样板，从而得到图示的最终纸样。

款式 17

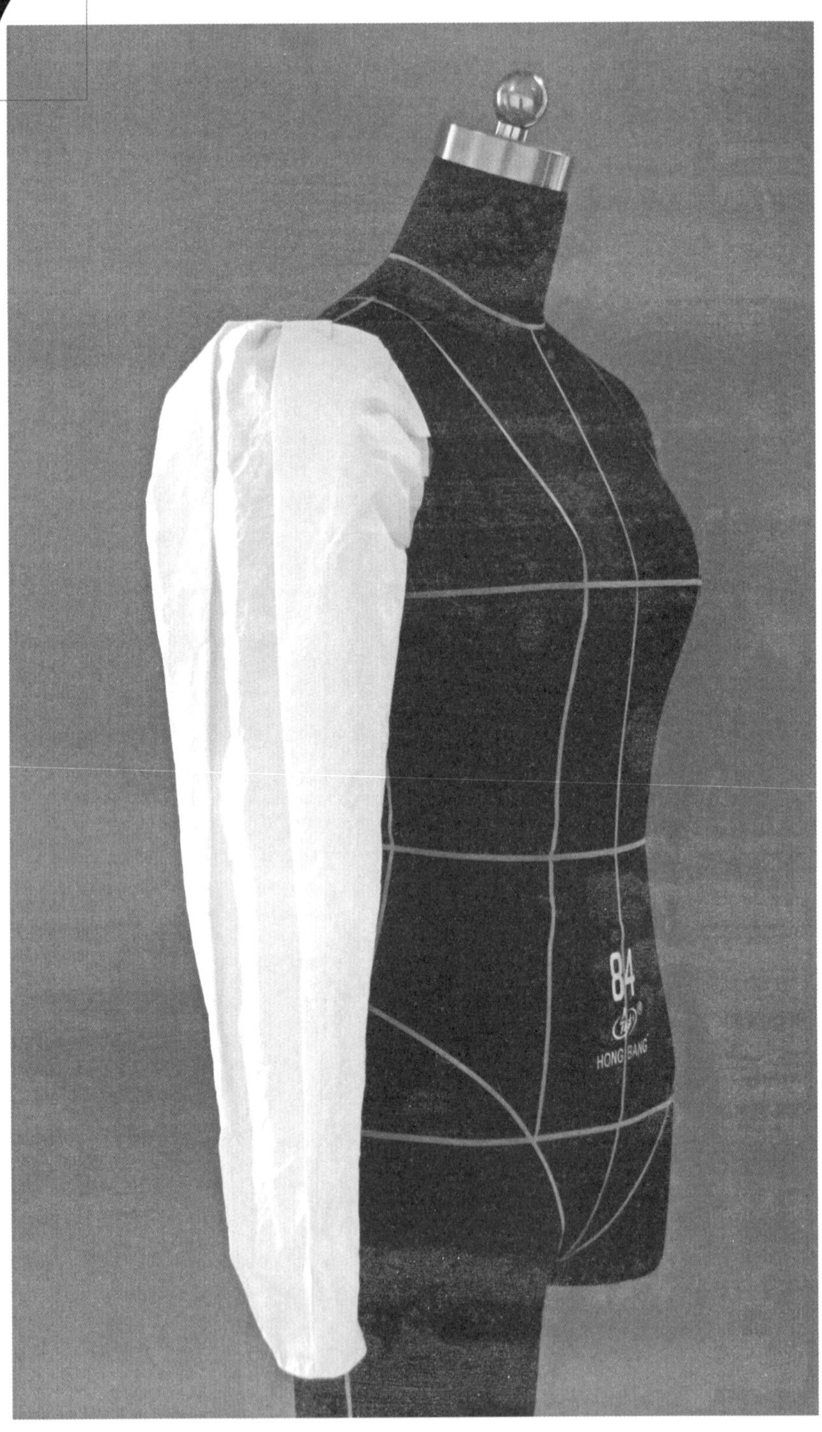

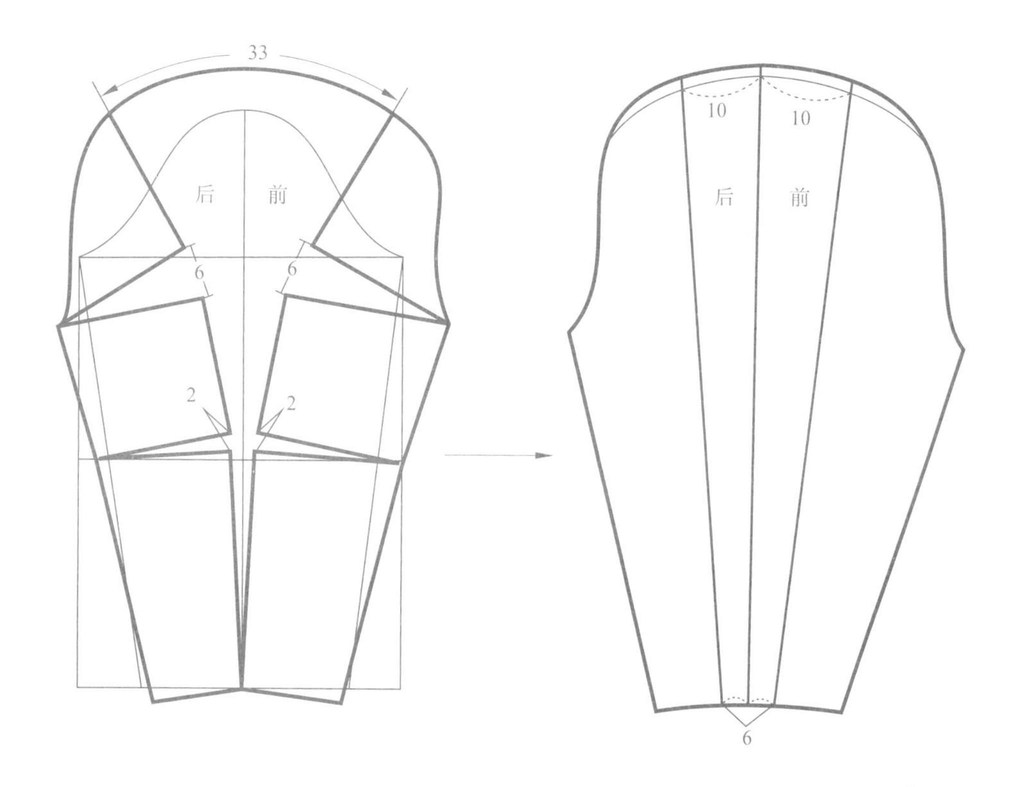

① 运用原型袖片，以袖中线为基准定出袖口大小，然后沿袖中线、袖山深线、袖肘线分别切开，袖山弧线放出 33cm，袖山深线处放出 6cm，袖肘线处放出 2cm。

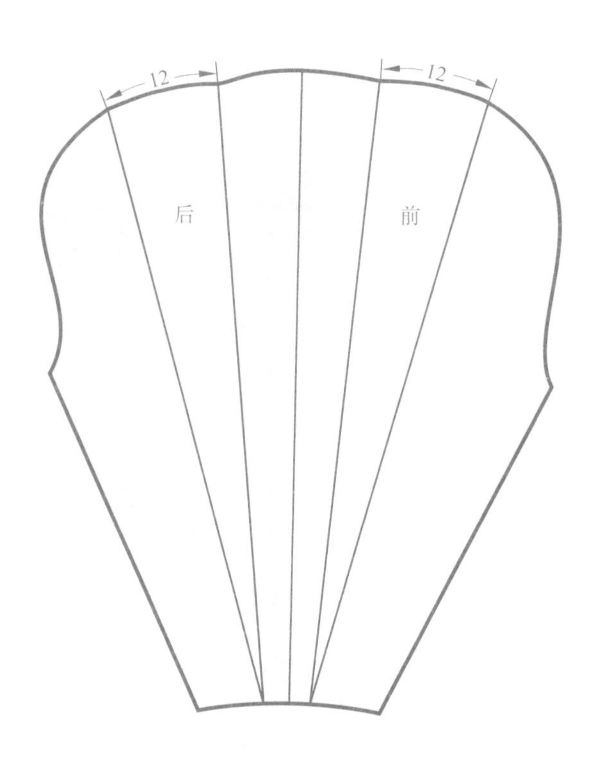

② 以袖中线为中心，在袖山弧线处前后各放出 10cm，在袖口处前后各放出 3cm，两点分别连接切割线，切开，各向外展开 12cm 形成两个活褶的量。经过两次的切开重组，使得整个袖子的造型非常饱满而灵动。

款式 18

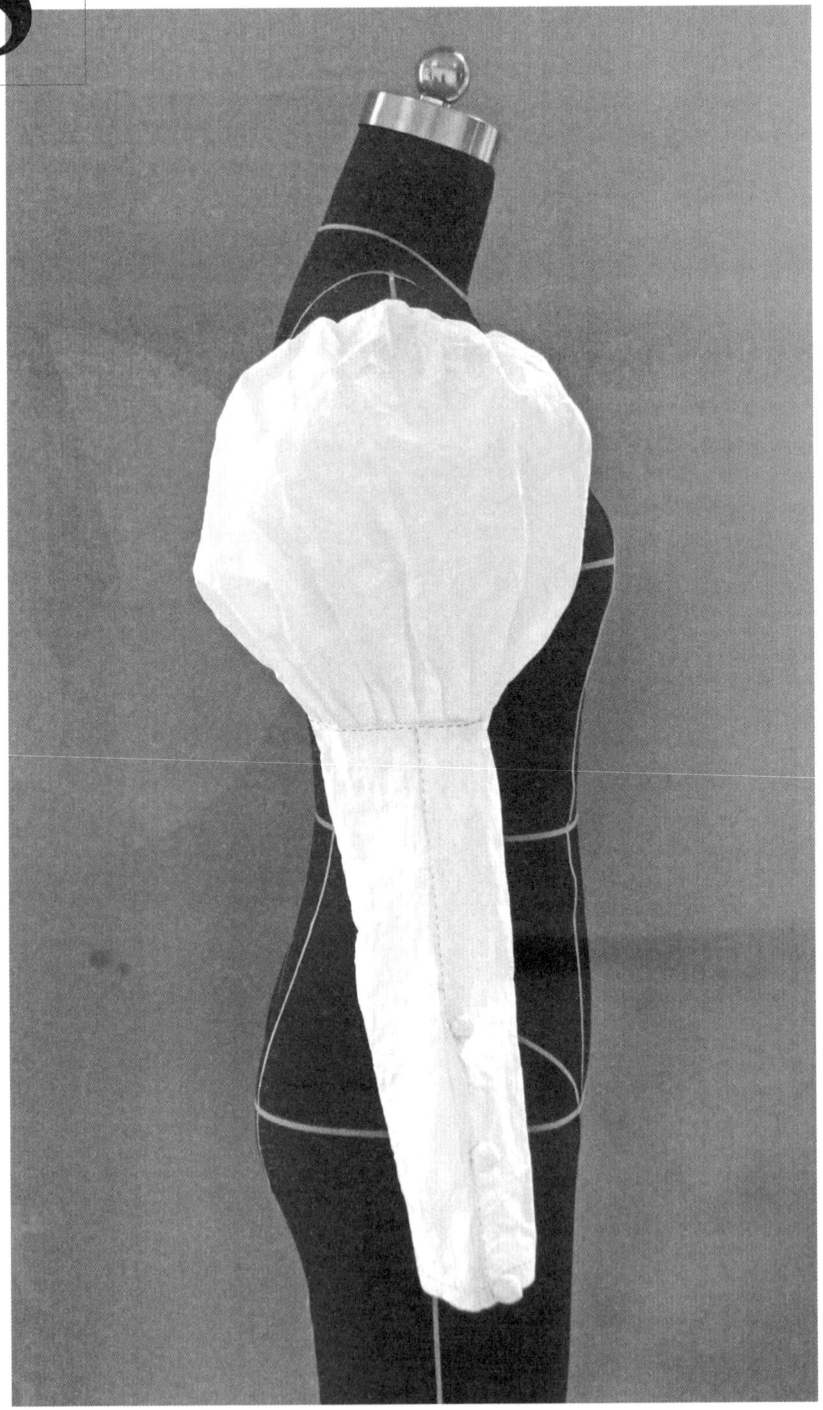

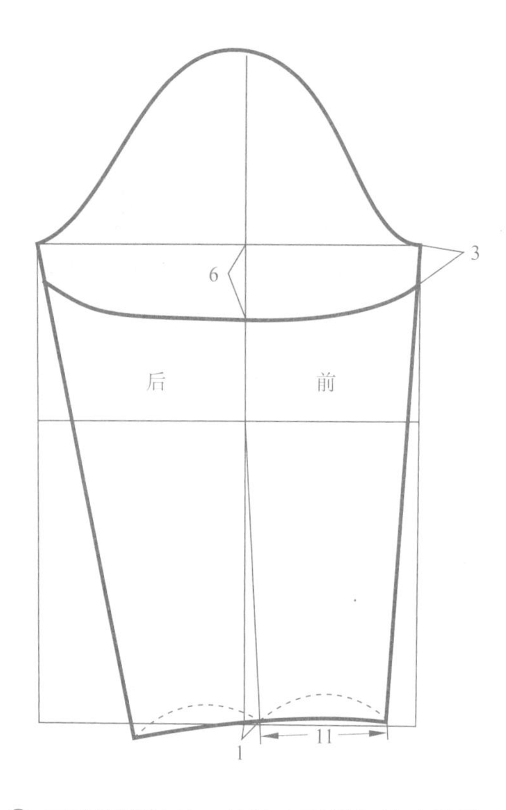

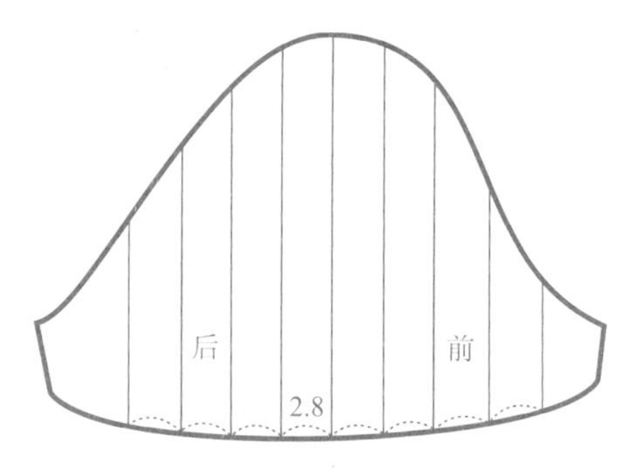

② 将分割出来的袖片进行等分，等分的份数按照设计的要求而定。

① 运用原型袖片，从袖山深线与袖中线的交点沿袖中线向下 6cm 确定一个点，两侧袖缝线从袖山深线处各向下 3cm 确定点，连出分割弧线。再从袖肘线处将袖中线前倾 1cm，然后确定袖口的大小。后袖缝线适当向下延伸，以辅助袖型能更贴切人体手臂的自然形态。

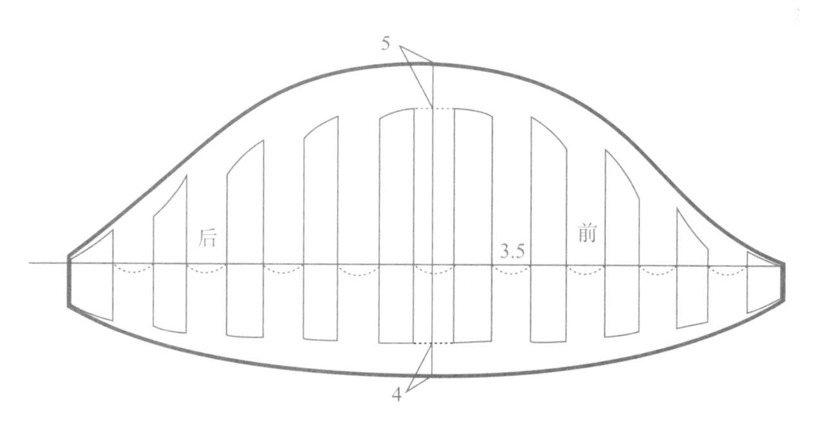

③ 沿着等分线切开，将每个切片各间隔 3.5cm 排开，然后沿袖中线在袖山顶端抬高 5cm，在下方放出 4cm，顺滑连出弧线。间隔的数字和抬高、放出的量供参考，可以依据设计调整。

款式
19

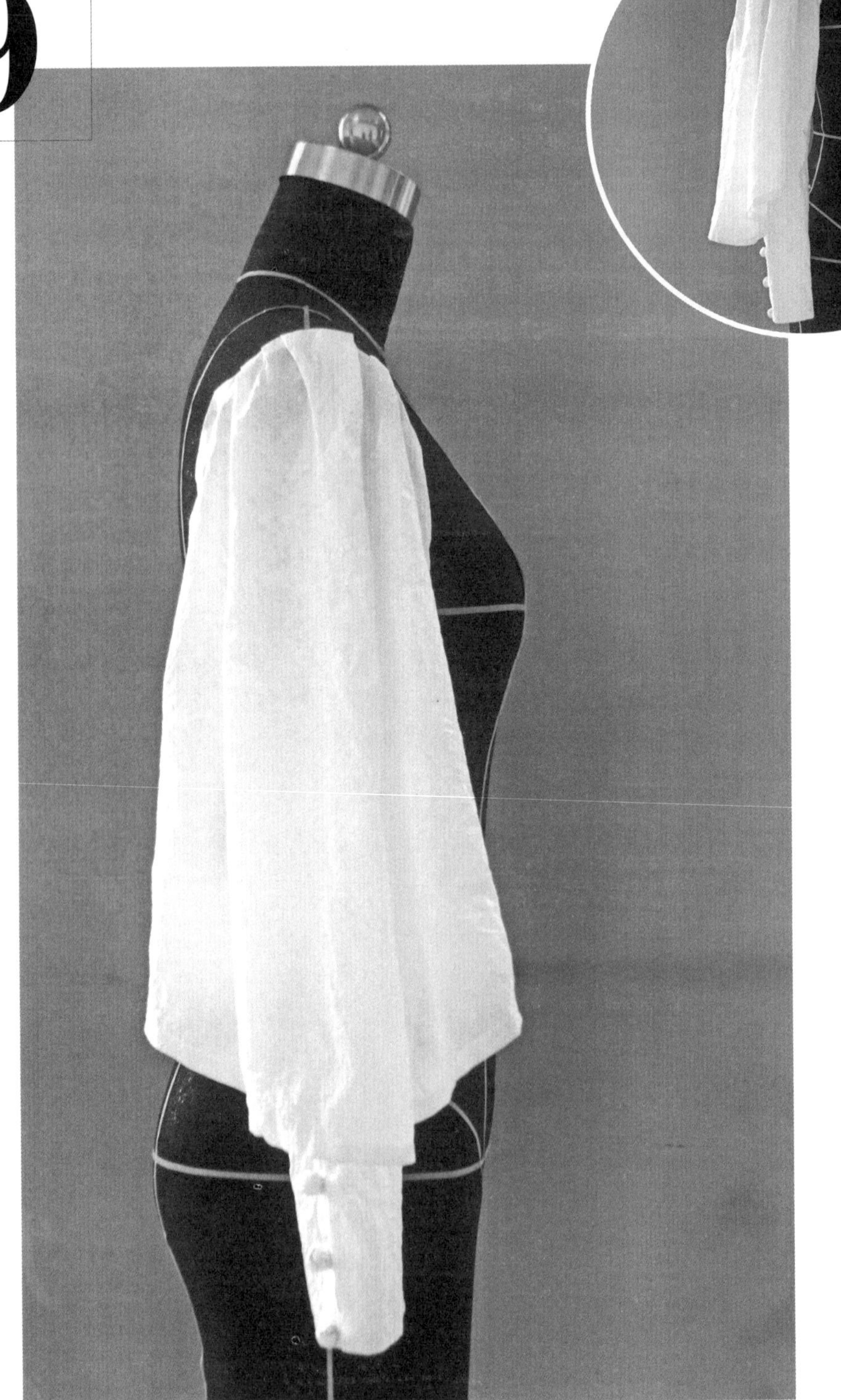

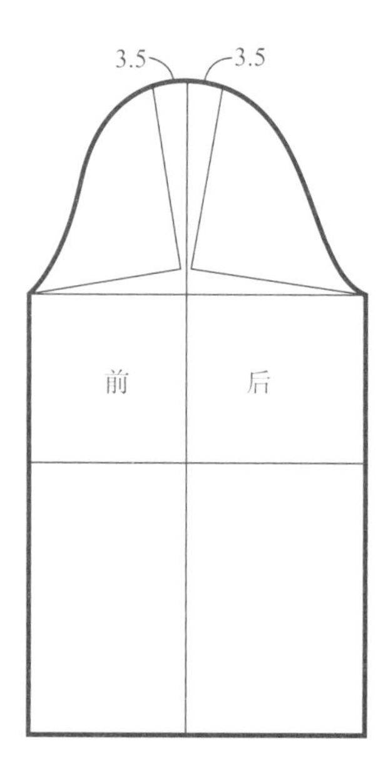

① 运用原型袖片，沿袖中线和袖山深线切开，袖山顶点向左右各展开 3.5cm。

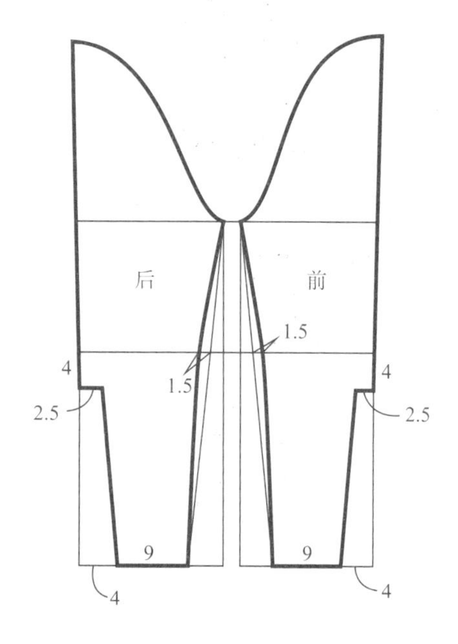

② 沿袖中线将展开的袖片切开，分成前后两片，在袖肘线处各收进 1.5cm 确定一个点，沿袖中线在袖肘线往下 4cm 确定一个点，从此点向里画一条 2.5cm 长水平线，在袖口处从袖中线向里 4cm 确定一个点，然后将此点与 2.5cm 长线段的端点相连接，定出袖口大小，连出袖缝线。

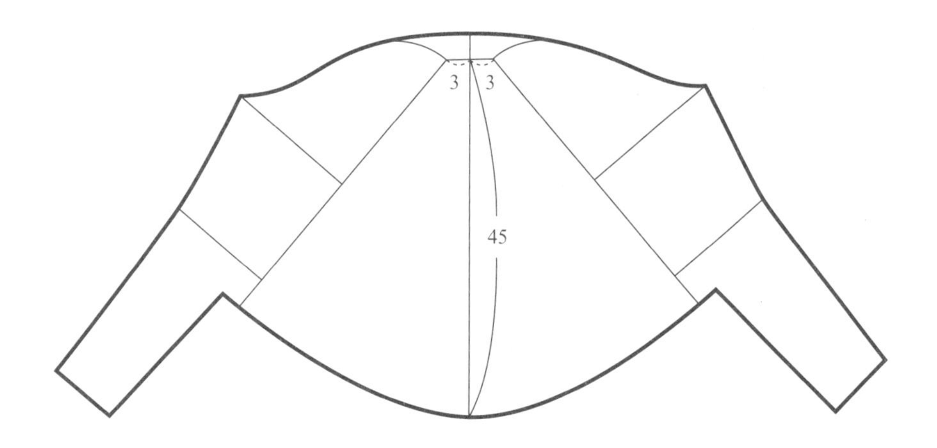

③ 画一条中线，将前后两片袖的袖山顶点各离中线 3cm 八字形摆放，打开的角度可自由设定，从袖中线向下 45cm 确定一个点，顺滑连出弧线，同时将袖山顶部也画顺。

款式 20

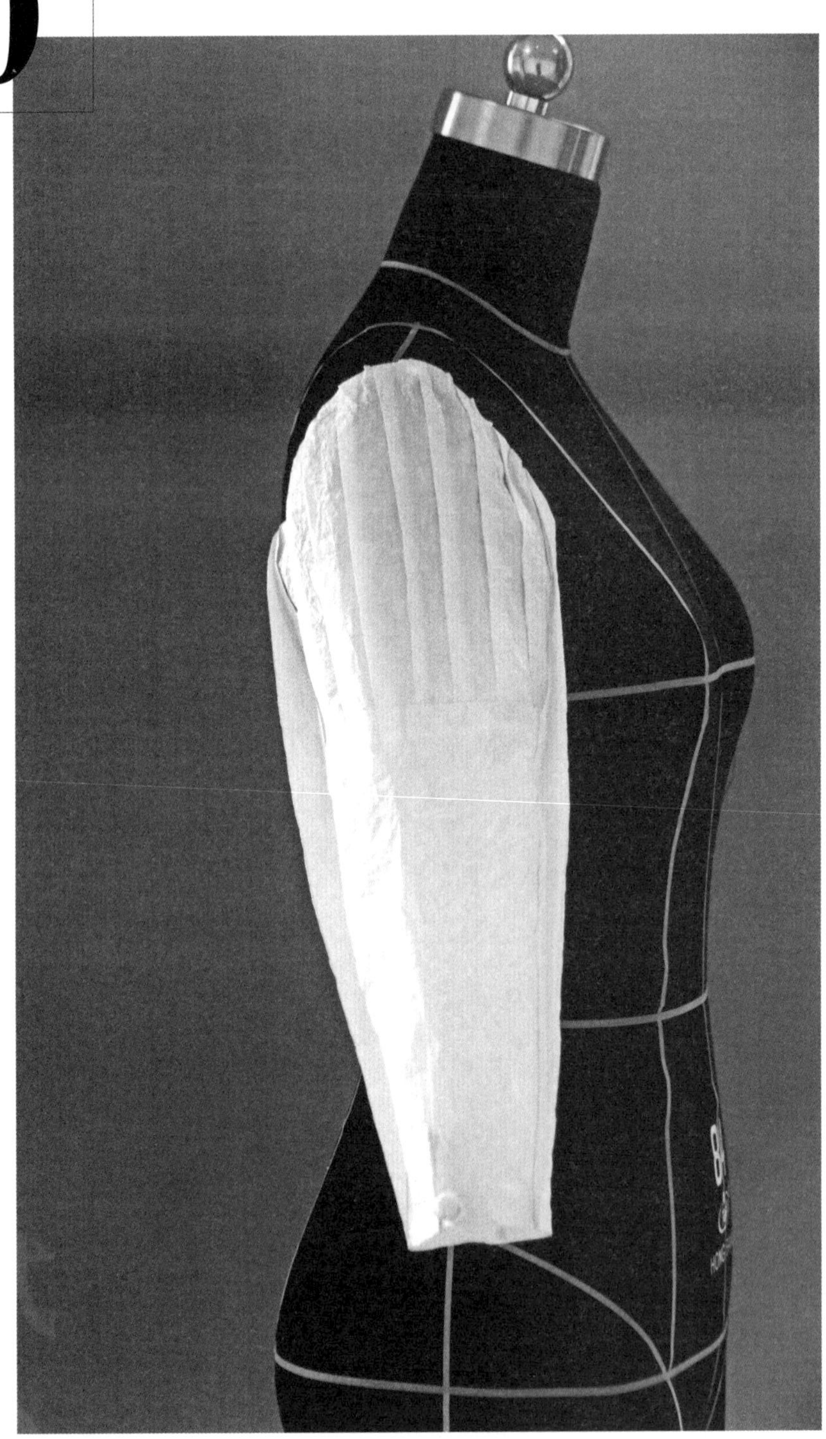

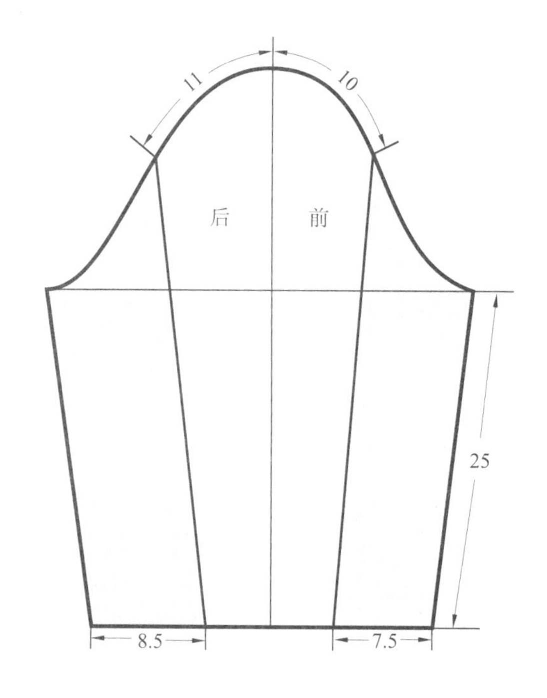

① 运用原型袖片，将袖子的长度相对改短，袖山深线略加深，从袖山顶点起沿袖山弧线向后袖 11cm 确定一个点，向前袖 10cm 确定一个点，袖口处后袖向右 8.5cm 确定一个点，前袖向左 7.5cm 确定一个点，分别上下连线新设的点，画出分割线。

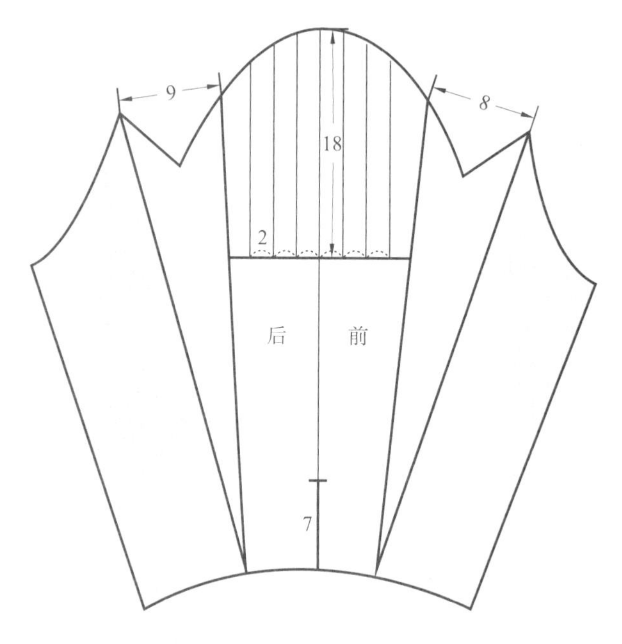

② 沿分割线从袖山处切开展开，后片展开 9cm，前片展开 8cm，然后将袖山中间一片进行等分。在袖口处沿袖中线开一个衩，既起到装饰作用，又非常实用。

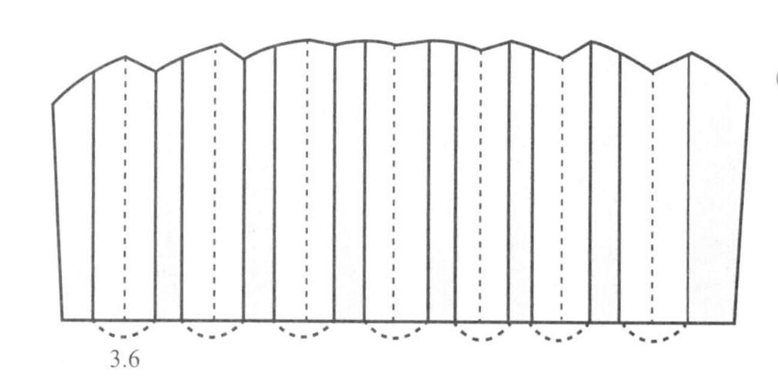

③ 将等分的袖山片切开，并每间隔 3.6cm 展开，然后按照褶的倒向将袖山弧线画顺。

款式 21

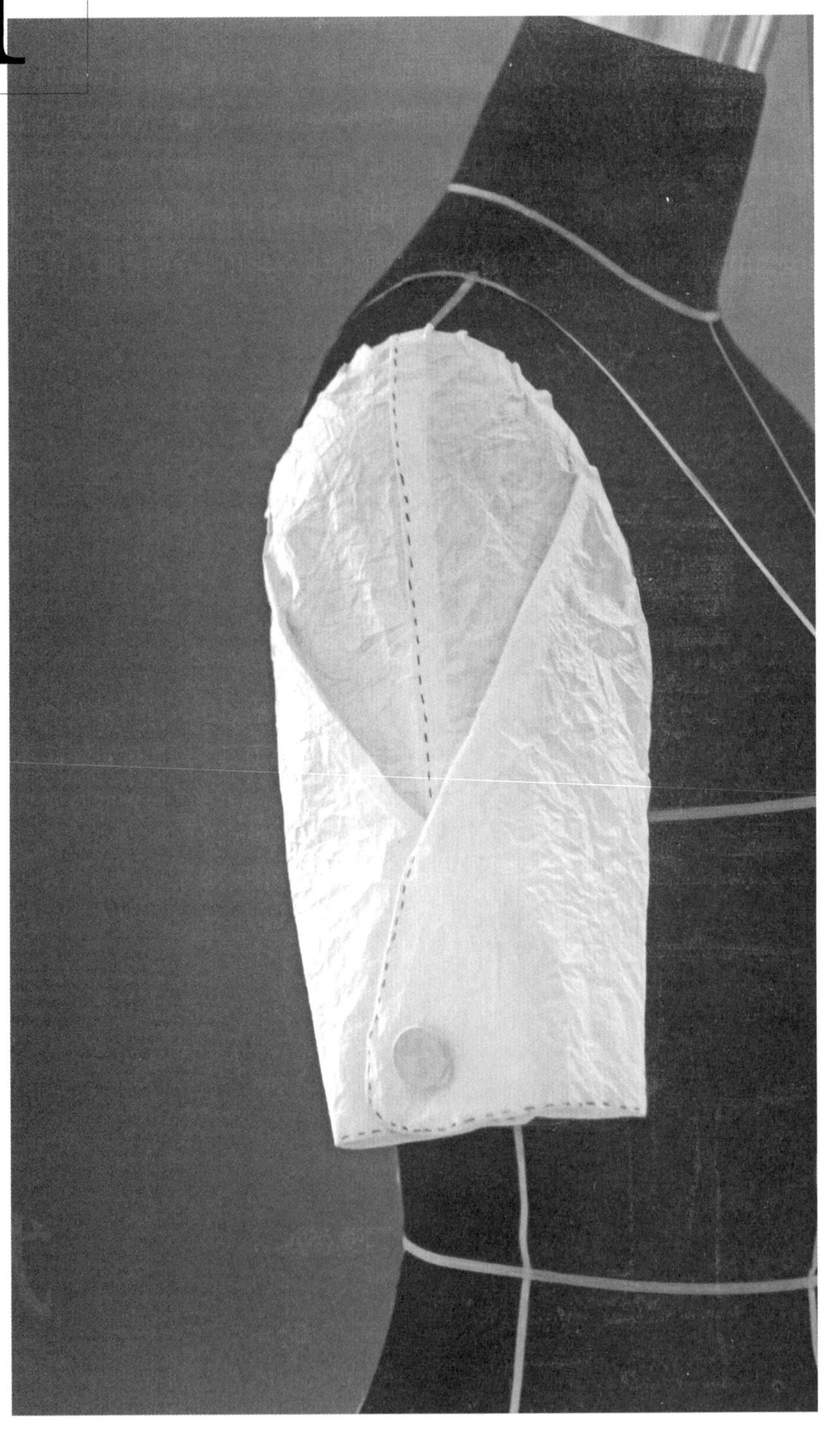

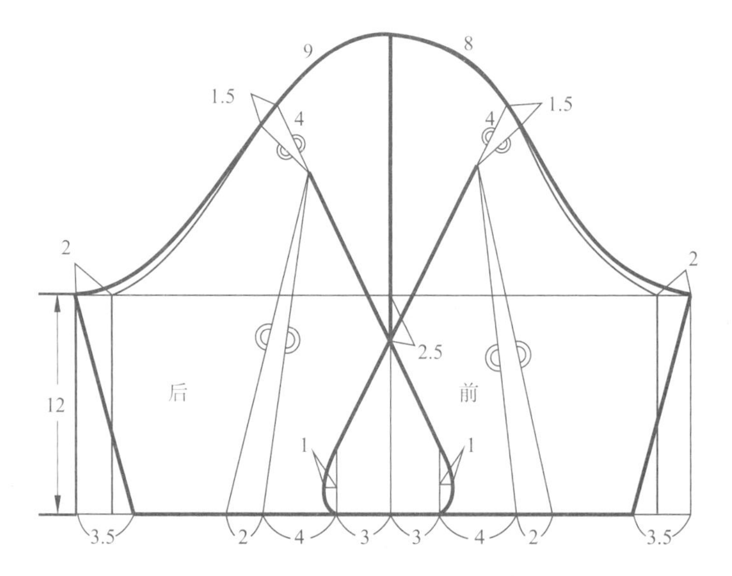

① 运用原型袖片，袖肥左右各放出 2cm，以扩大袖山弧线的长度，以袖山顶点为基准，前袖山弧线上向下 8cm 确定一个点，后袖山弧线向下 9cm 确定一个点，用来折叠两个 1.5cm 的小褶。取一个理想的短袖长度，袖口辅助线处前后袖处各收进 3.5cm，确定袖口的大小。以袖中线为中心在袖口线上向两侧 3cm 各确定一个点，从此点分别向上画一条垂直辅助线，在辅助线的 1/2 处画 1cm 的水平线段，从线段的端点出发各自向袖山弧线画两条斜直线，在袖中线处相交。

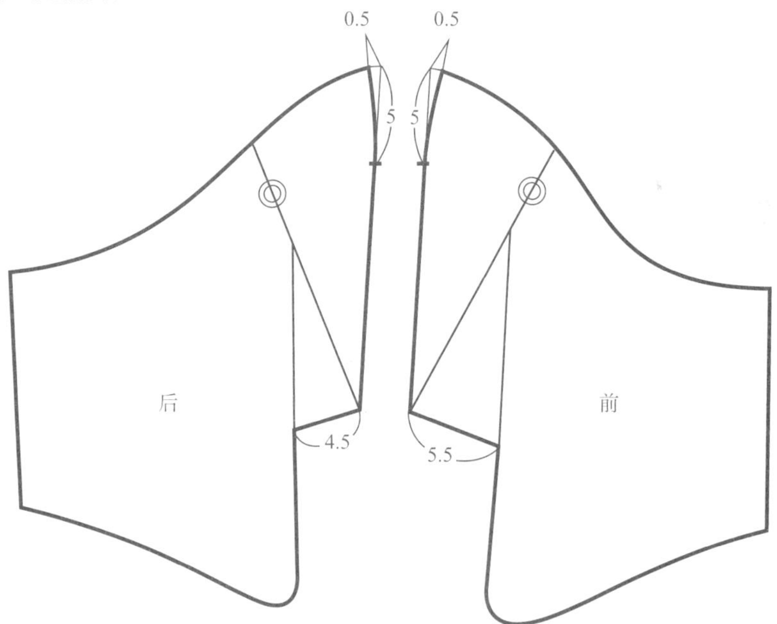

② 在袖口线 3cm 点处出发各自向左右 4cm 确定一个点，再从此点各自向左右 2cm 处再确定一个点，然后分别连线与袖山处的两个小褶相交，同时做折叠处理，切开相交的斜线，展出一个活褶的量。然后将新获得的袖片在袖山弧线顶端修掉 0.5cm，与袖中线下 5cm 处接圆顺。

款式 22

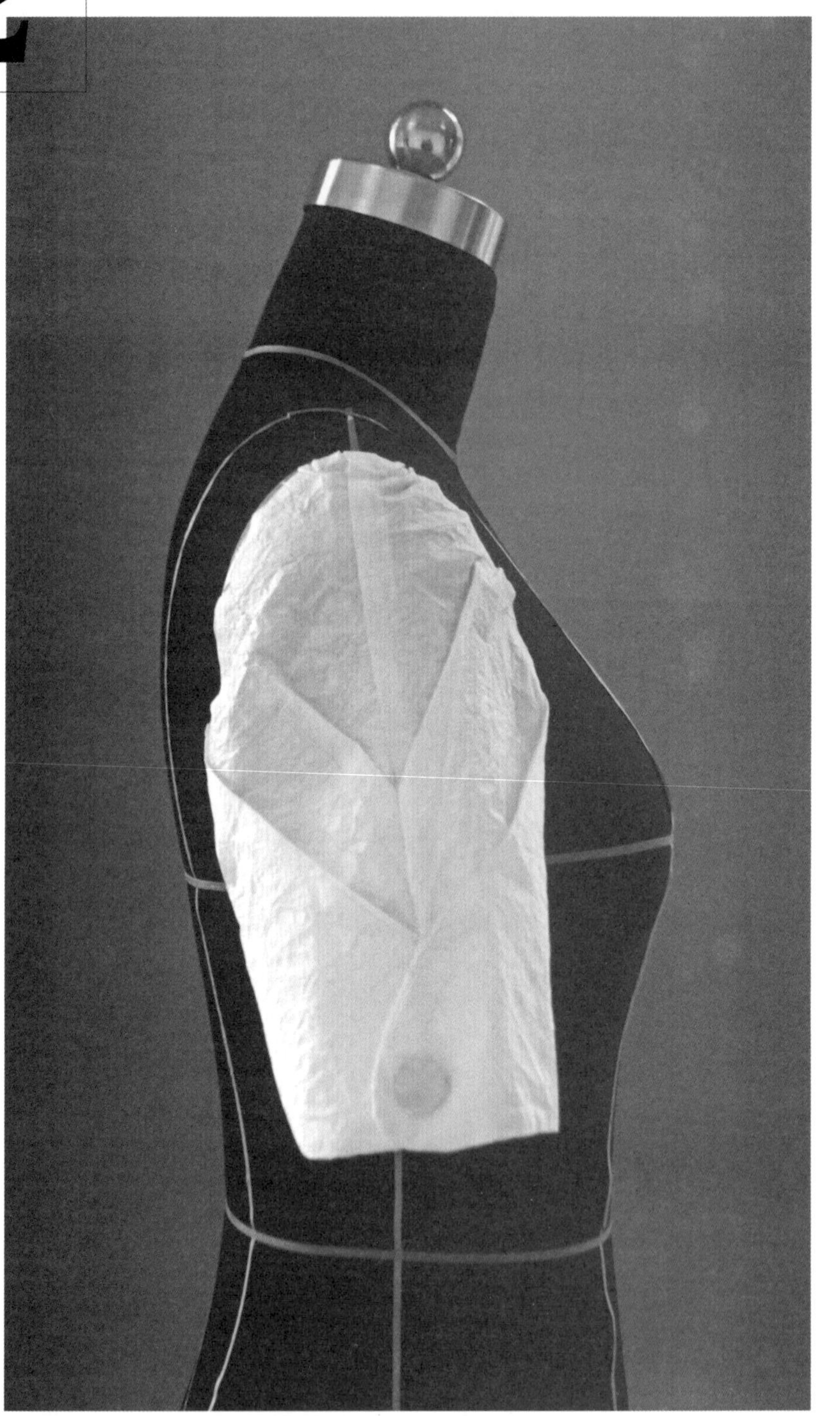

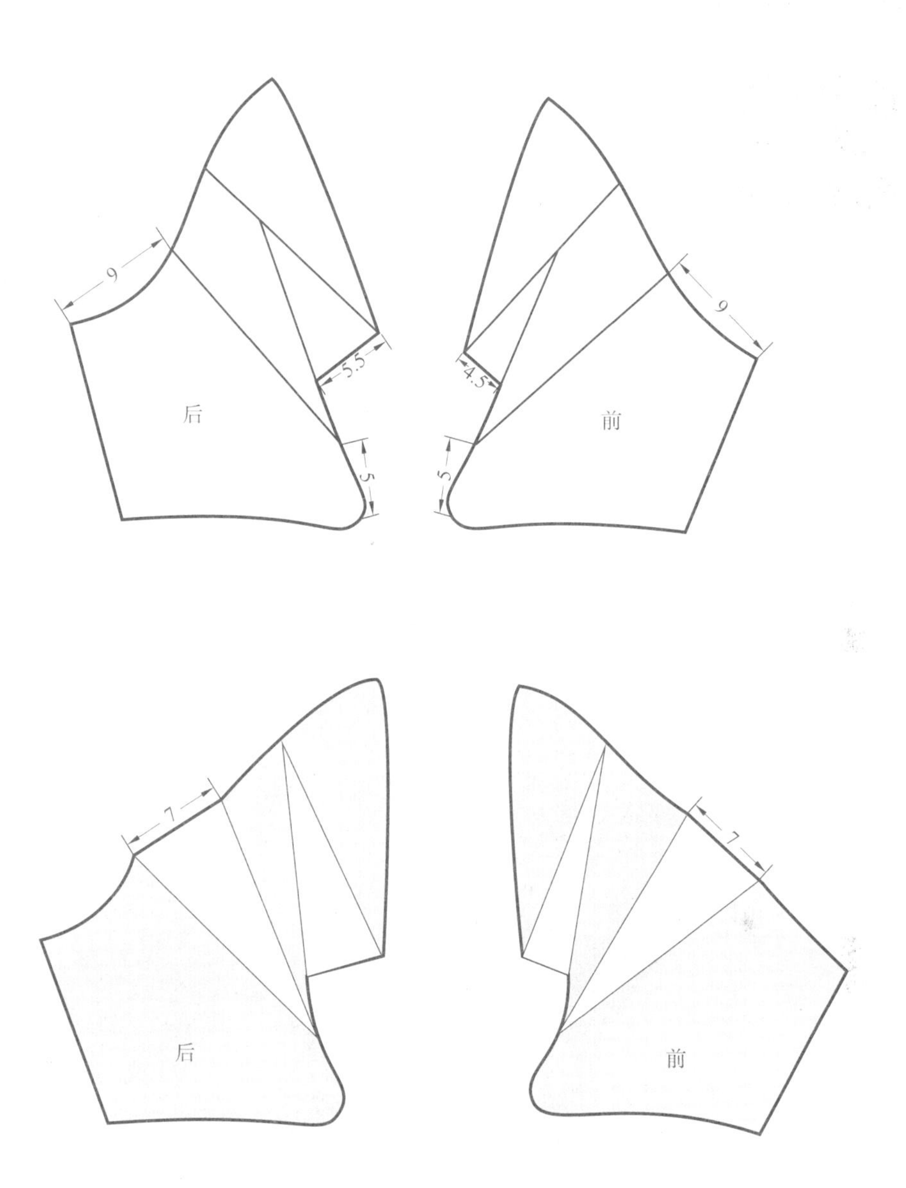

此款为款式 21 的延展款。在上面袖子结构的基础上，在前后袖山弧线上各取一个点，切开、展开又产生一个活褶。

款式 23

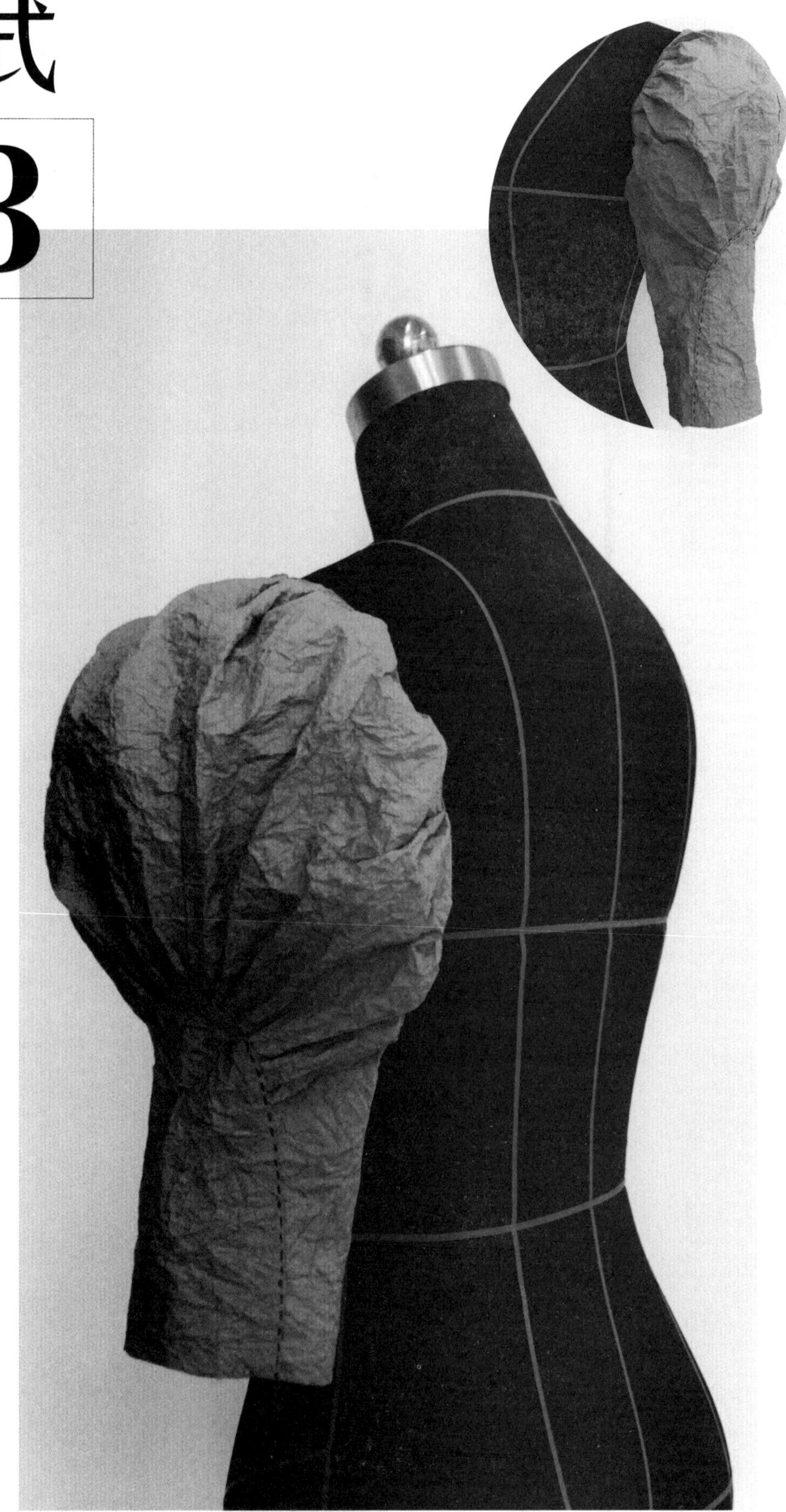

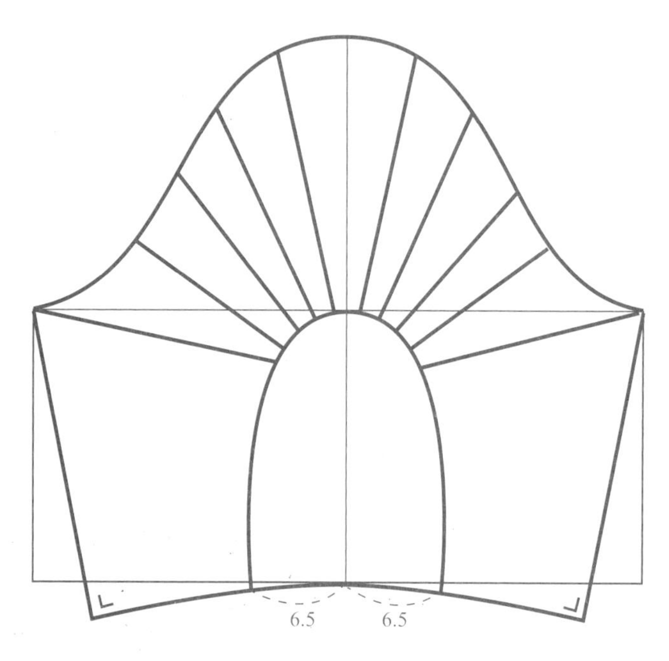

① 运用原型袖片，取中袖长度，按照臂围大小确定袖口尺寸。前后袖缝线向下延伸，与袖口线相交形成直角，以保证袖口造型的水平。以袖中线为准线，在袖口处向左右两边6.5cm处各确定一个点，然后将其同袖中线与袖山深线的交点连接成弧形分割线，再将袖山部分进行放射性等分。

② 将等分后的袖山沿分割线切展，并将袖山弧线和内弧线画顺。

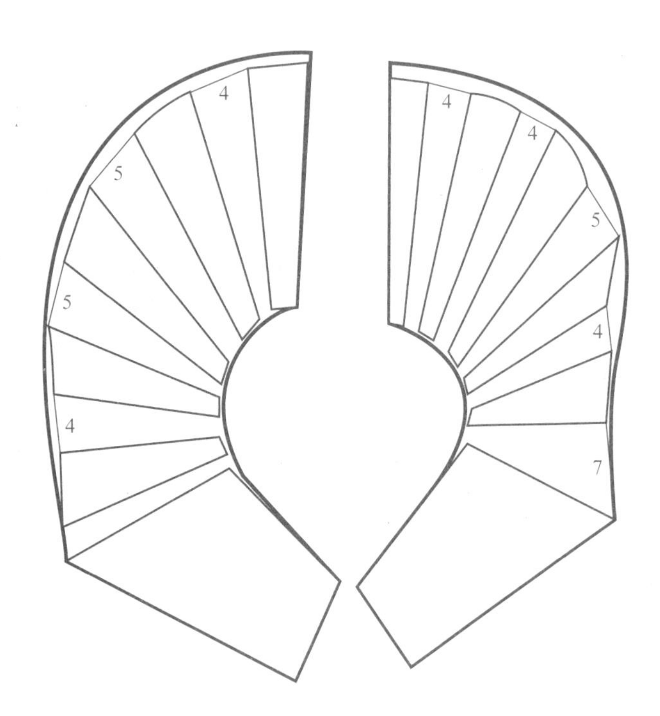

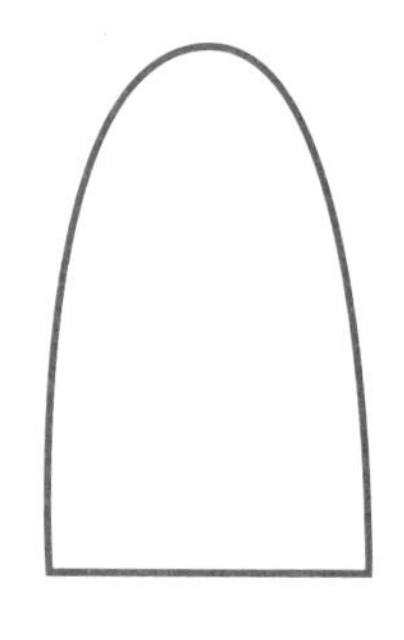

本章小结

1. 袖子的构成有袖山高、袖肥、袖窿深、袖窿弧线等要素组成。

2. 袖山的高低、袖窿的曲线决定着袖子的造型。

3. 袖子从结构上分大致可以分为：一片袖、一片半袖、两片袖和插肩袖。

4. 在掌握袖子基础结构原理的基础上可以通过分割，切开、展开，重组等手法进行创意、拓展设计。

思考题

1. 一片袖、一片半袖，两片袖在结构上和造型上有什么区别？

2. 袖山高决定了袖子造型宽窄，那么袖山的高低有极限吗？为什么？

3. 人体手臂有一个自然前倾度，那么怎么在袖子的结构处理上更吻合人体结构？

4. 插肩袖的结构设计依据是什么？插肩袖可以做什么样的变化？

第4章
上衣结构创意设计实例

课题名称：上衣结构创意设计实例

课堂内容：运用原型结合省道转移的技巧，结合领子、袖子的基础结构知识与变化手法，进行整体上衣的拓展创意设计练习。

课题时间：50课时

教学目的：要求学生在50课时的上衣结构拓展创意训练中牢牢掌握和巩固上衣结构的基础知识。并打开创意设计思路，设计更多既实用又有艺术感的上衣款式。

教学方式：通过模仿范例练习，老师进行实例分解讲述，引导学生的创意思维，进行个别辅导。学生的每件作品完成后进行自我介绍，然后教师点评，这样可以让每个同学看到彼此的想法、做法和存在的问题。

教学要求：要求学生在理解和掌握原型、省道、领子、袖子等结构构成原理的基础上，能够熟练地将掌握的这些知识点综合运用，并且要运用的合理、唯美。

课前（后）准备：课前提倡学生多阅读关于服装创意设计的书籍，课后对所学的理论通过反复的操作实践进行消化。

款式 1

本款无袖上衣主要是通过胸省和腰省的转移在肩胸处产生褶皱，在腰围线以下部分切展增量产生波浪。

① 前片原型，腰围线以下加放 20cm 长度，领宽放大 4cm，领深加深 1.5cm，从新的领点深沿前中线向下 6cm 确定一个点，从此点向左作一条 5cm 的垂线，从胸围线向上 3cm 作一个点，然后画出胸口的弧线造型。

② 腰围线在侧缝处收进 2cm，以 W*/4+1cm+1cm+ 省确定腰围大小。

③ 从新确定领宽点沿肩线下 7cm 确定一个点，胸围线向里 13cm 画一条直线，如图所示设计出一条切开结构线。

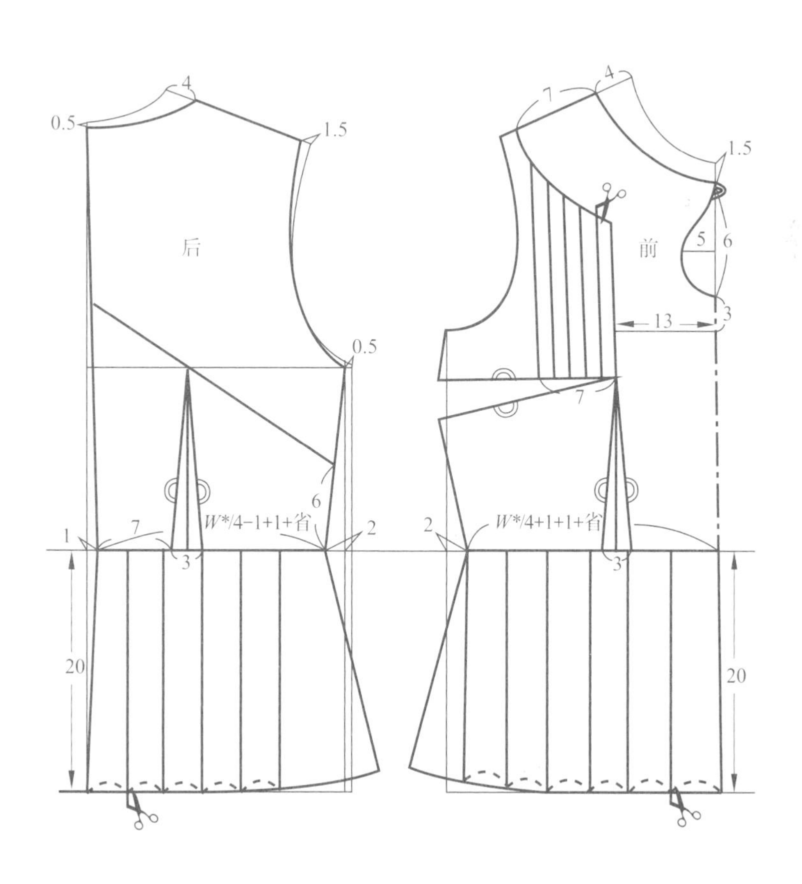

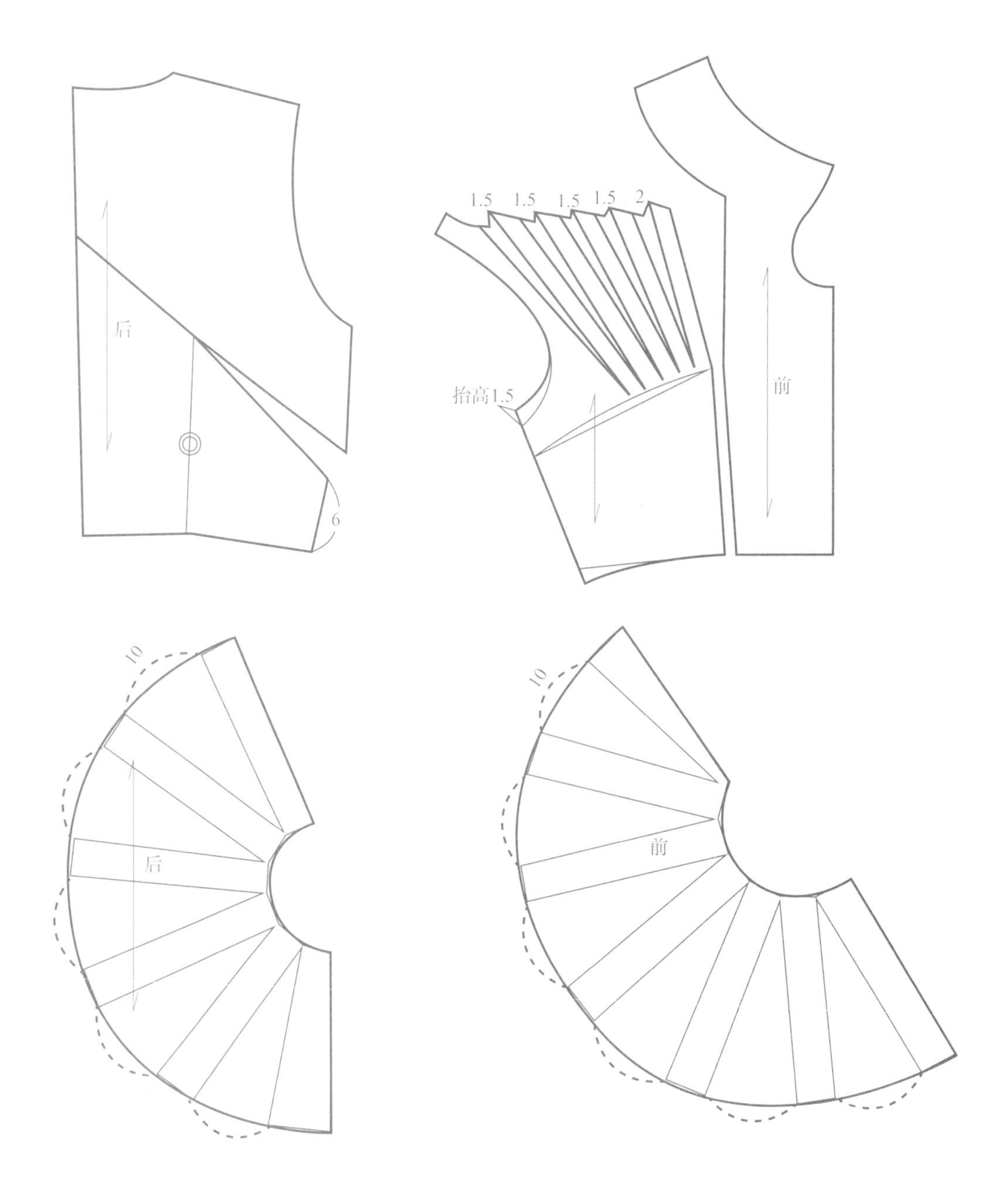

④ 从 BP 点沿胸省向侧缝方向 7cm 确定一个点，作等分垂线。

⑤ 闭合胸省和腰省，沿设计的结构线切开纸样，并展开加放褶皱量。

⑥ 等分腰围线以下的部分，并如图切开展开。

⑦ 运用后片原型，腰围线以下加放 20cm 确定衣长，后领宽放大 4cm，后领深加深 0.5cm，肩端点收进 1.5cm，胸围收进 0.5cm，后中线在腰围线处收进 1cm，侧缝与腰围线相交处收进 2cm，以 *W**/4−1cm+1cm+ 省确定后腰围的大小。如图确定后腰省的位置。

⑧ 侧缝处从腰围线往上 6cm 确定一个点，然后经过腰省省尖延一直线与后中线相交。

⑨ 闭合后腰省，切开新设的结构线。

⑩ 等分腰围线以下的部分，并如图切开、展开。

款式 2

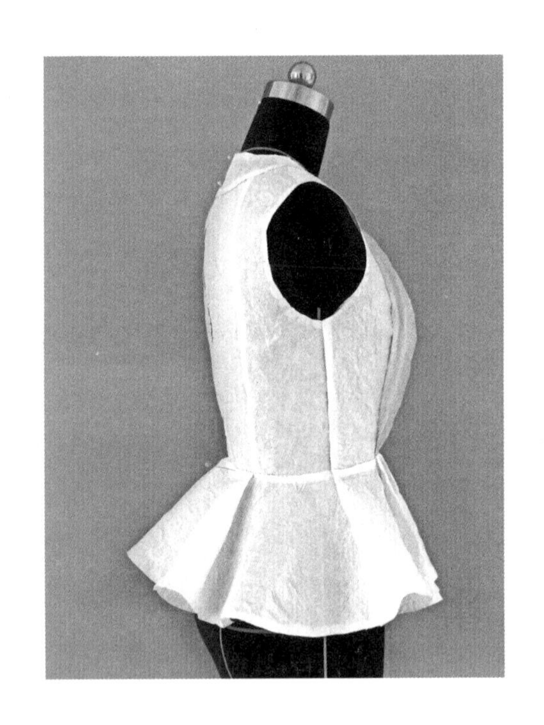

本款上衣腰围线断开，分为上下两部分，重点为省道转移和波浪设计。

① 画出带腋下省的原型，将腋下的省道转移到前中线上。前中线上从领口下落5cm取一点，肩部从颈肩点向外5cm取一点，用弧线连接两点。前、后肩端点收进1.5cm，袖窿底收进1cm，连顺袖窿弧线。前腰围处收进2.5cm，后腰围处收进1cm，画出新的侧缝线。

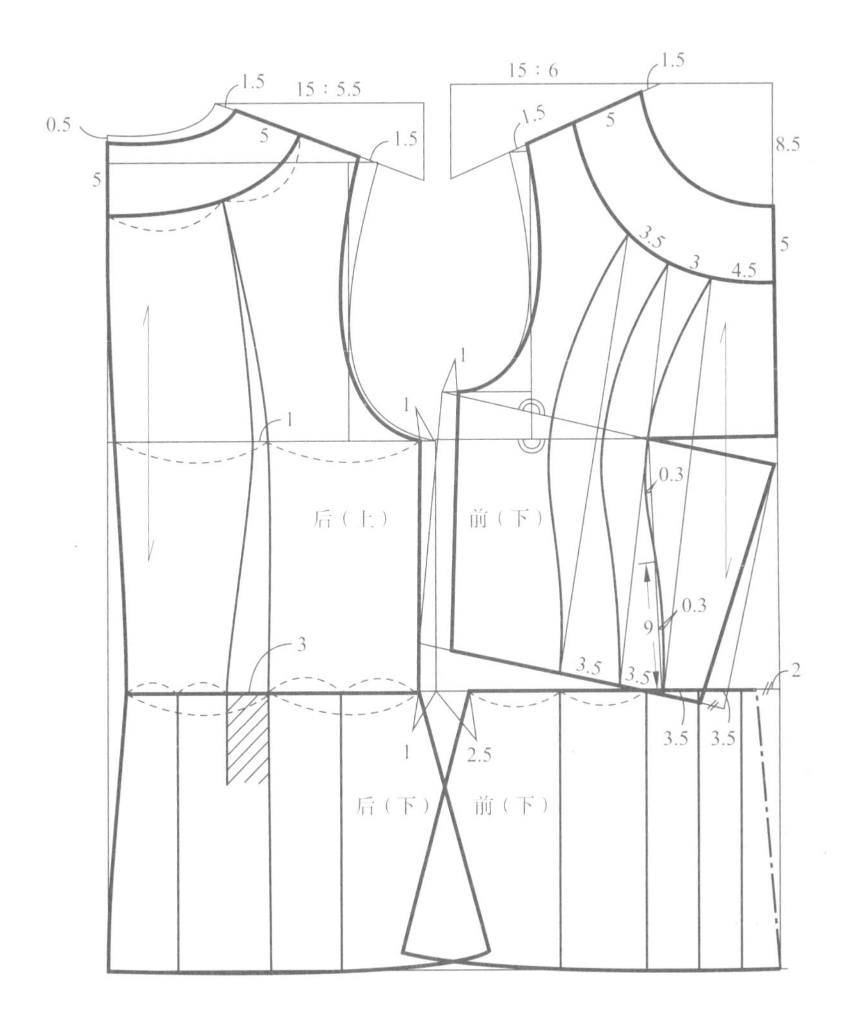

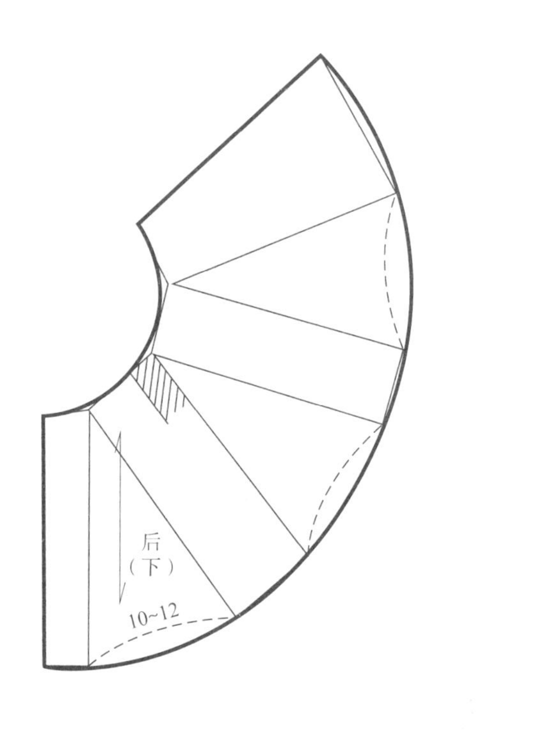

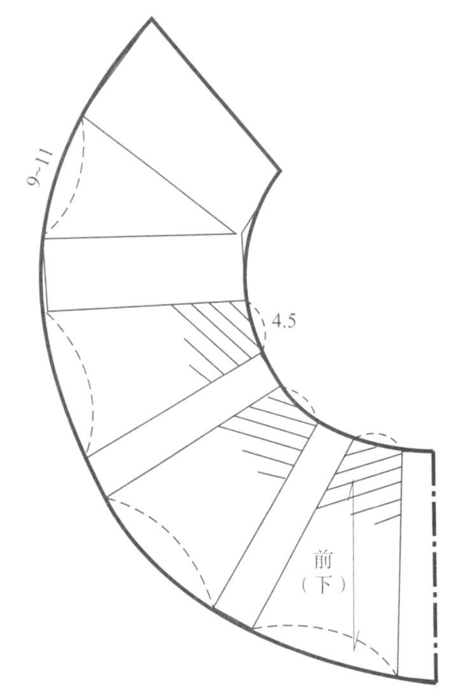

② 胸口三个褶裥的绘制：从步骤①绘制的领口分割线上取三个点，再从前中线开始往左依次取4.5cm、3cm、3.5cm，腰围线上对应取三个相同数值的点（3.5cm），腰部从前中线收进2cm，直线连接上下三个对应点，直线连接BP点和腰围线上靠近前中线的第一个点。如图绘制第一条弧线，根据第一条弧线的弧度依次画出后两条弧线，弧度保持一致。

③ 后片同理画出领口分割线，数值与前片对应。取领部分割弧线的中点与后胸围线的中点，弧线连接两点并垂直延长至腰围线，如图绘出分割线。

④ 下摆：前片下摆为一整片，前中线在腰围线处收进2cm。如图分割并做扇形等量打开，同时增加褶量，缝制时褶裥止口朝外，与上半身褶裥对应。后片下摆如图分割并做扇形等量打开，制作时将下摆的3cm省量以顺褶方式收回，止口朝外。

在裁剪时，将胸省闭合。胸前的三个褶裥重点在于曲线的把握。下摆展开量越大则波浪越大。腰围节线处褶裥上下一一对应。如运用较软面料制作，建议三个褶裥的里面附黏合衬。

款式

3

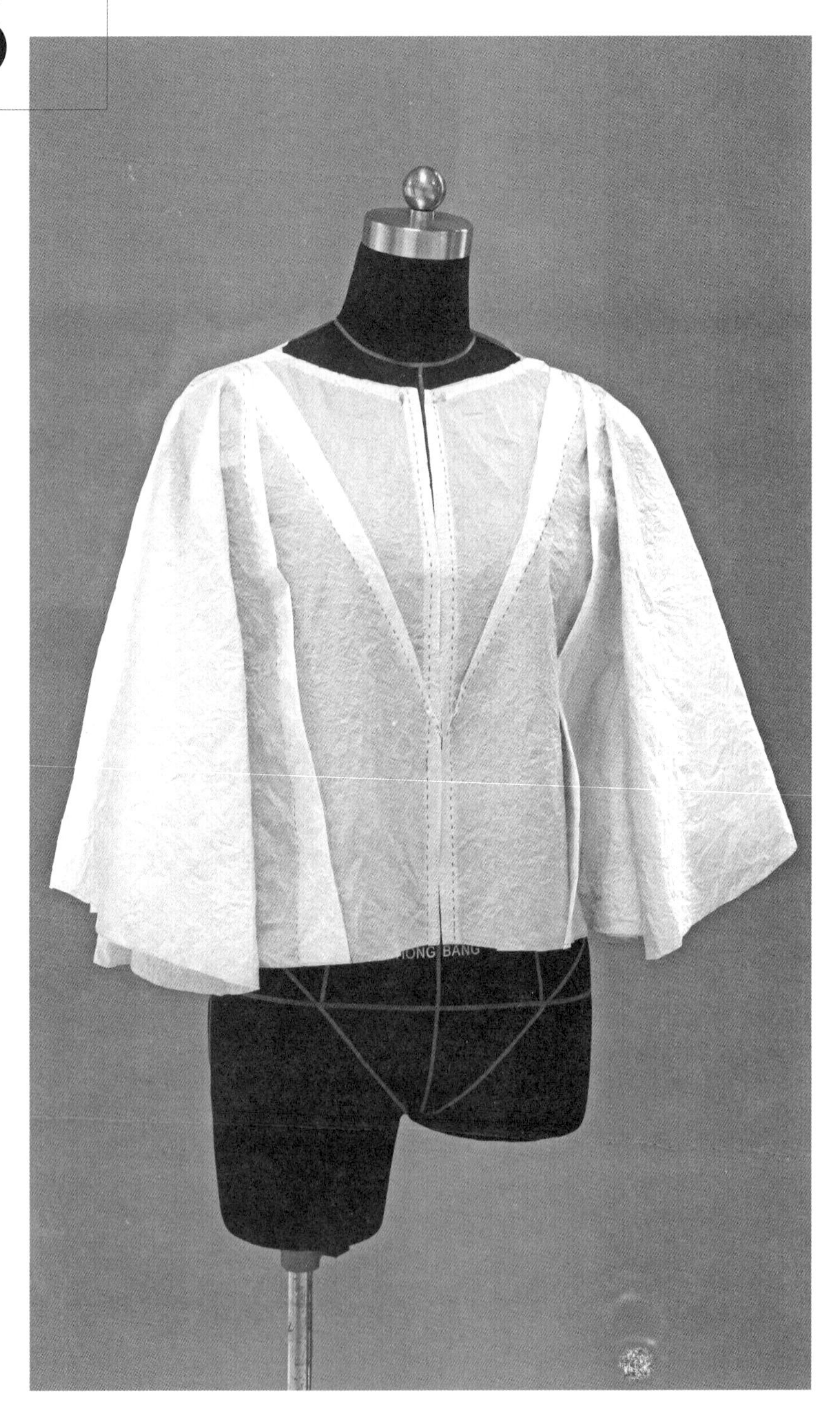

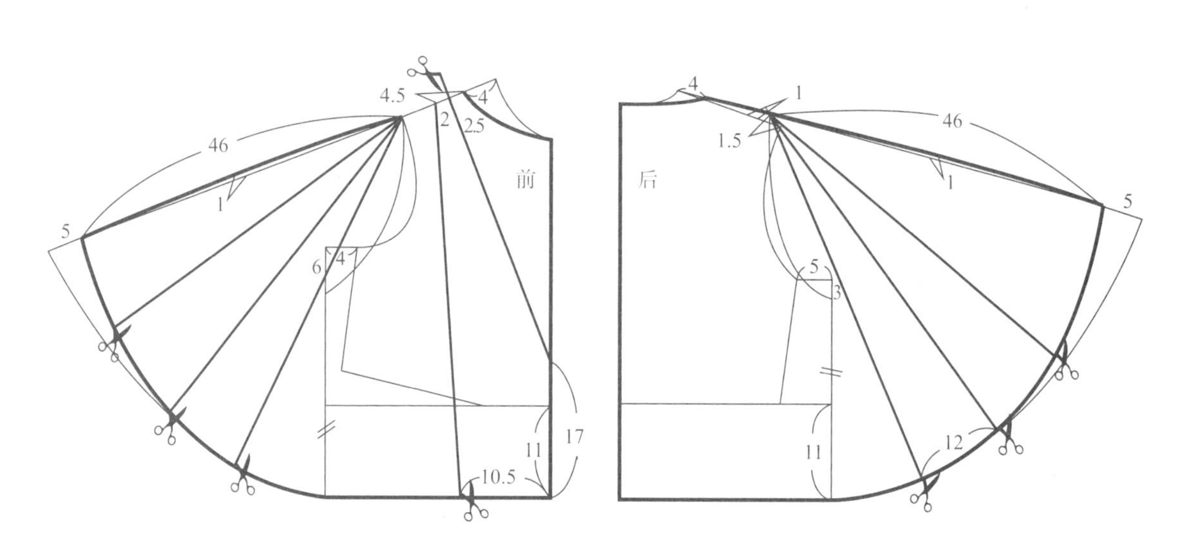

本款服装的结构亮点是将袖子和衣身融为一体。

① 运用前片原型，按照款式要求将前领宽放大 4cm，胸围放出 4cm，袖窿深下落 6cm，从腰围线（保留胸省量，以确保穿着后衣服下摆的水平程度）往下 11cm 确定衣长，画出前衣片的底边线。在前中线从底边线向上 17cm 确定一个点，从底边线向左 10.5cm 确定一个点，然后从新的颈肩点沿肩斜线向左 2.5cm 确定一个点，4.5cm 处确定一个点，上下连出

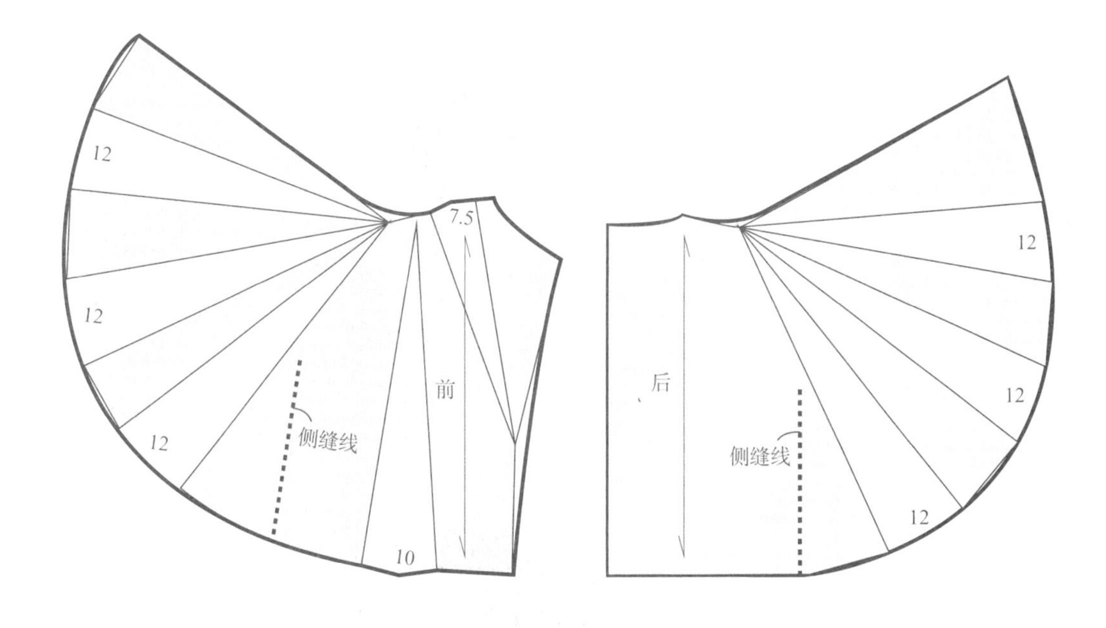

切开线。沿肩斜线从肩端点顺势延伸为袖长线，并与衣身底边线连出一条辅助弧线，在袖长线上往上 5cm 确定一个点，确定袖子的长度，在袖长线中央往外 1cm，使得袖子的造型更圆润。然后顺滑地连接出袖口弧线。从前肩端点画出放射性等分切开线与袖口弧线相交。

② 运用后片原型，按照款式要求将后领宽放大 4cm，胸围放出 5cm，后袖窿深下落 3cm，从腰围线往下 11cm 确定衣长，画出后衣片的底边线，肩端点抬高 1cm，并向里收 1.5cm（把原型肩省的量减去），沿肩斜线从肩端点延伸一根袖长线，与衣身的底边线连出一条辅助弧线，在袖长线上往上 5cm 确定一个点，确定袖子的长度，在袖长线中央往外 1cm，使得袖子的造型更圆润。然后顺滑地连接出袖口弧线。从前肩端点画出放射性等分切开线与袖口弧线相交。

③ 前衣片按照设定的切开线切开，放出所需要的量作为活褶，袖子部位也按照切开线切开，展开所需要的量。画顺所有的线。

④ 后衣片袖子部位按照切开线切开，展开所需要的量，画顺所有的线。此款衣服造型简洁圆润，工艺简单，只要拼合前后肩缝和前后袖中线，在前后衣片的侧缝处如图缉一段线，袖子就完成了。最后装一条细细的拉链。

款式 4

本款无袖上衣为 A 型、无纽扣系带宽松板型，衣长 72cm。

① 右前片：胸围线向外延伸 5cm 取一个点，连接颈肩点与该点并如图延长。前、后片侧缝如图向外延伸 2.5cm，起翘 1.5cm，连顺下摆弧线。裁剪时闭合腋下省。

② 左前片：加宽门襟 14cm，连接颈肩点与 BP 点，垂直延长至底边，闭合腋下省，将侧片沿中线五等分，分别扇形展开 12cm。

③ 领子为 2/3 的小立领。标记系带位置，系带孔宽 3cm，系带的长度可根据需要加长或减短。

前片的纱向均与门襟保持一致，使用柔软轻盈的面料制作效果更佳。

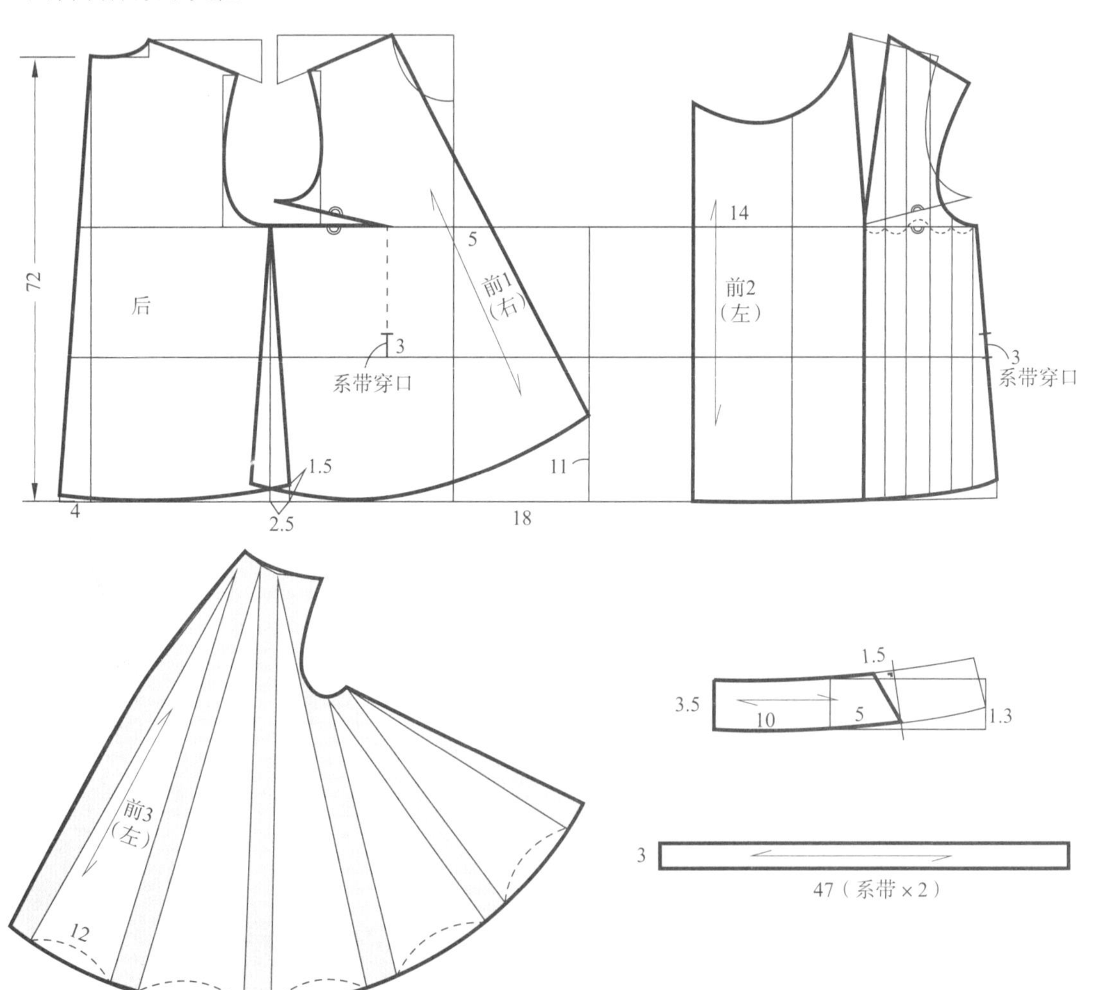

款式 5

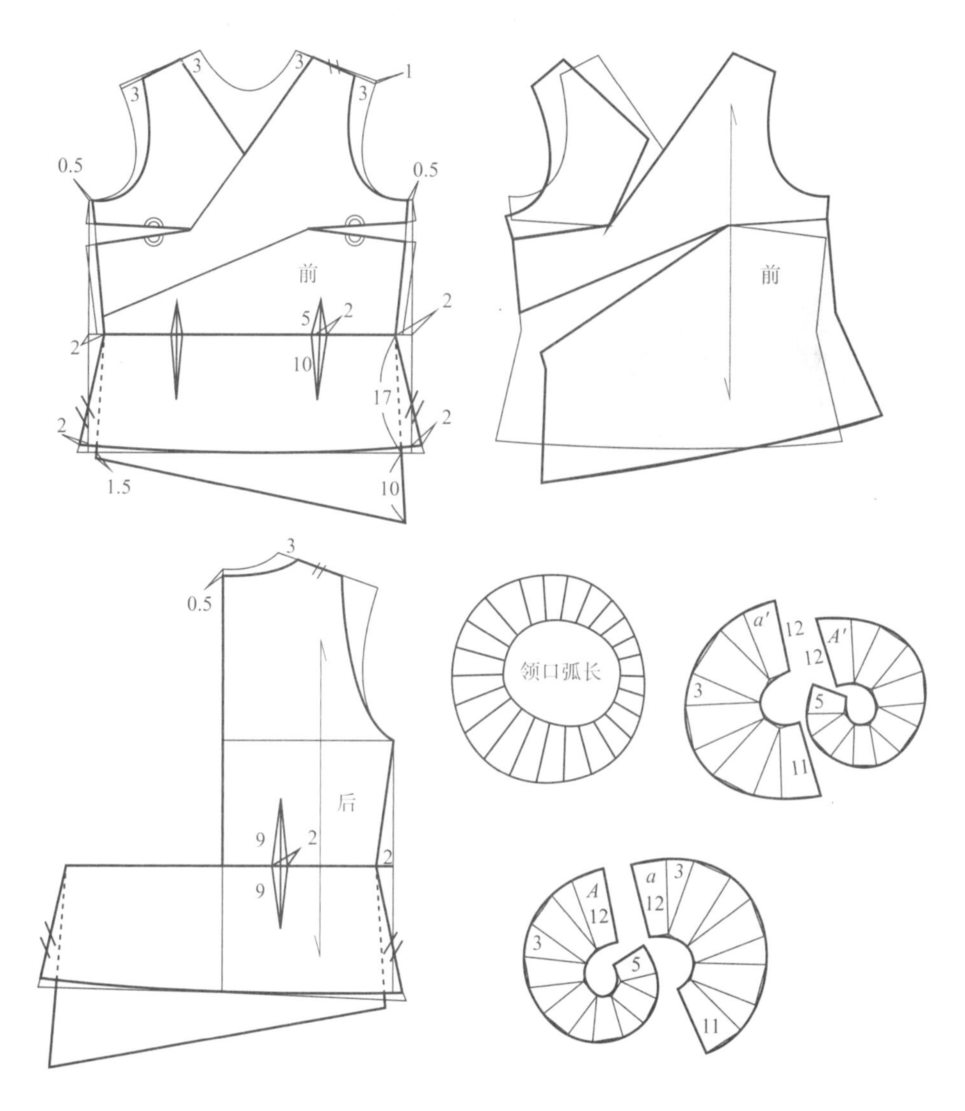

本款服装的结构亮点在于通过省道转移和领片切开展开的方式来呈现一款有节奏、有动感的领子。

① 运用前片原型，将省道转移至腋下，将领宽放大 3cm，肩线抬高 1cm，肩端点收进 3cm，胸围收进 0.5cm，腰围收进 2cm，从腰围线往下 17cm 画一条水平线，确定衣长。下摆在侧缝线放出 2cm，并起翘成直角以保证衣服穿着后的水平。腰围线处收两个腰省，并沿腰围线分割样片。腰围线处两片重叠，做不对称处理，层次感更分明。

② 从领口和侧缝线分别拉两条直线与胸省点相交，并切开，将腋下省道转移至领口和侧缝线。

③ 运用后片原型，后领宽加宽 3cm，开领深下落 0.5cm，取前肩线的长度，定出后肩线的长度，连出后袖窿弧线，腰围线处收 2 个腰省，并沿腰围线切开。与前衣片相同，画出重叠的下摆样片（2 片）。量出前后领口尺寸，画一个椭圆，如图进行等分，然后沿等分线切开展开，形成领口的褶裥。配一条细细的腰带，非常灵动。

款式 6

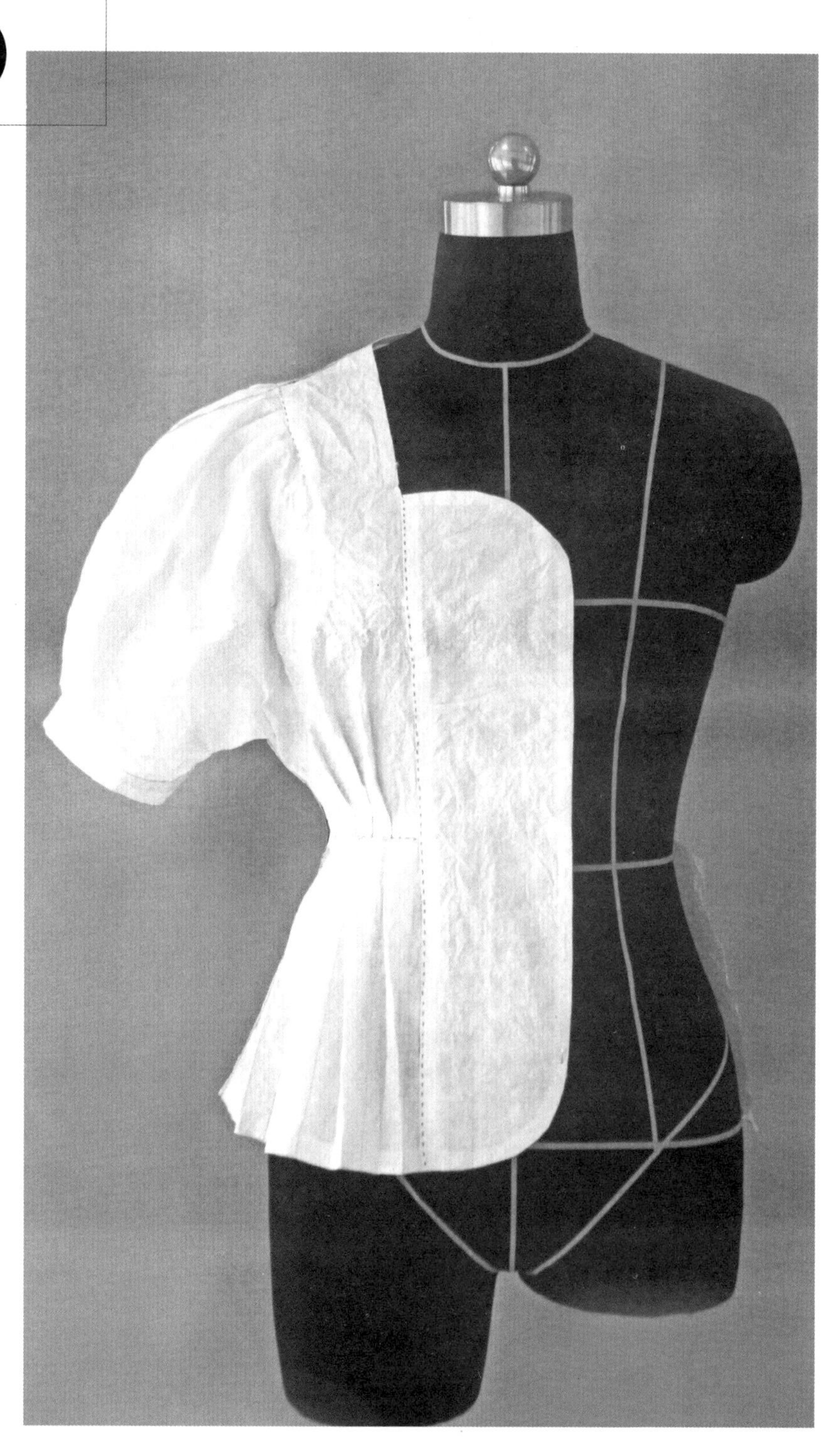

本款服装的结构亮点是将连身袖结构与泡泡袖造型完美结合在一起。

① 运用前片原型，加出搭门，定出衣长。加大领宽与领深，腰围线下落 1cm，确定前腰围的大小，并加 6cm 的活褶量。肩端点放出 1.2cm，连出袖长线，从肩端点向里 1.8cm 画一条长 11cm 的折叠线。胸围放出 2cm，从胸围线处起在侧缝线处下降 8cm，作袖缝线的辅助线，从连袖线向上垂直作出 10cm 作为泡袖抽褶的量，然后定出袖口的大小，袖口处适当放出一定的量，连成弧线状以确保袖型的饱满圆润。如图所示连出前衣片的各条分割线，并将下摆等分切开、展开完成百褶结构造型。

② 运用后片原型，将领宽、领深大小分别进行调整，与前衣片一样确定腰围线和后腰围的大小，肩端点收进 1cm，将颈肩点和肩端点分别抬高 0.5cm 和 1cm，使得肩线前移。从肩端点向里 2cm 画一条长 12cm 的折叠线。其余袖子和胸围的处理与前衣片相同，下摆在后中线处有 4cm 的重叠。

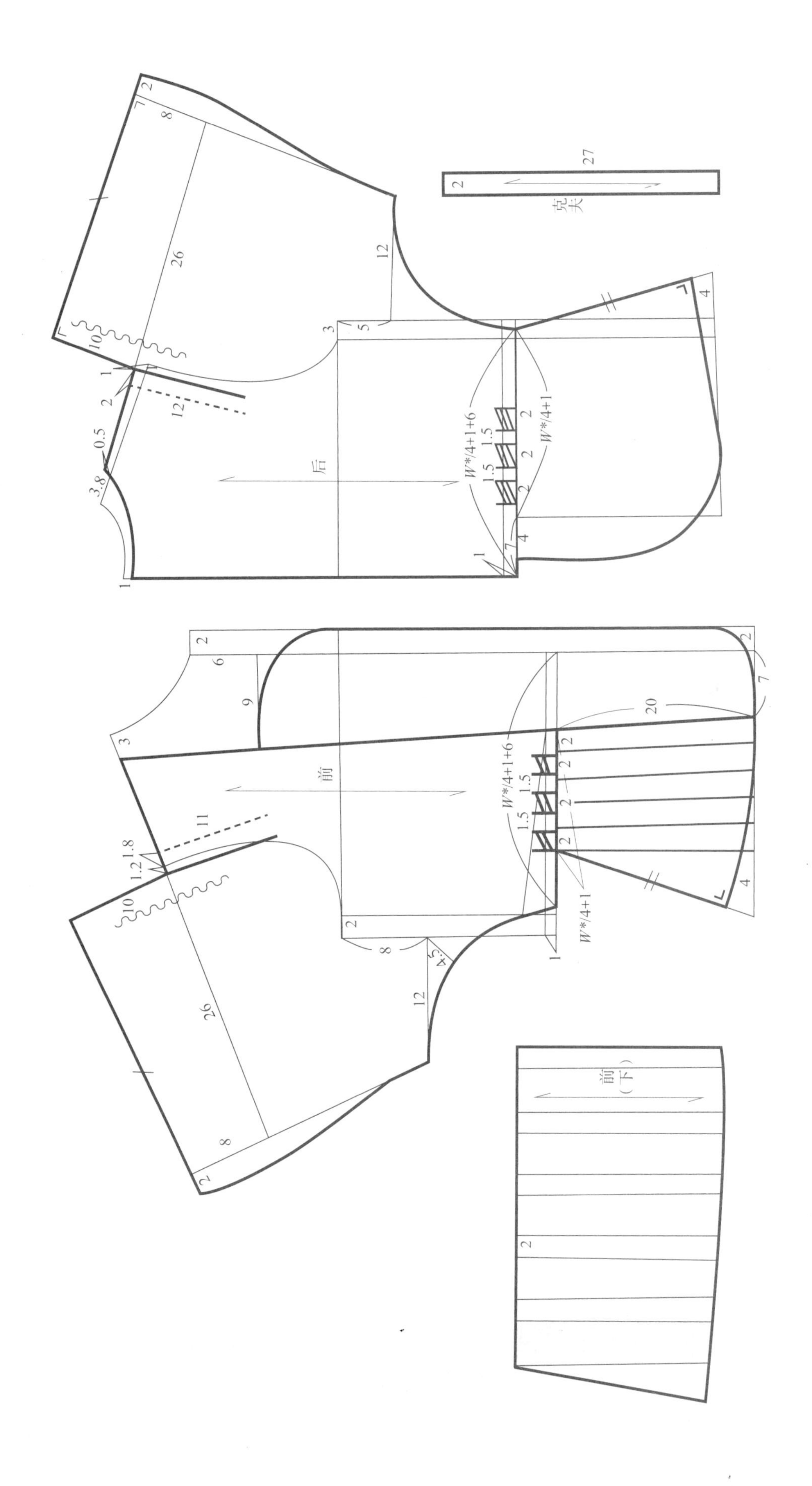

后
前
克夫
前（下）
W*/4+1+6
W*/4+1
27
26
12
20

款式 7

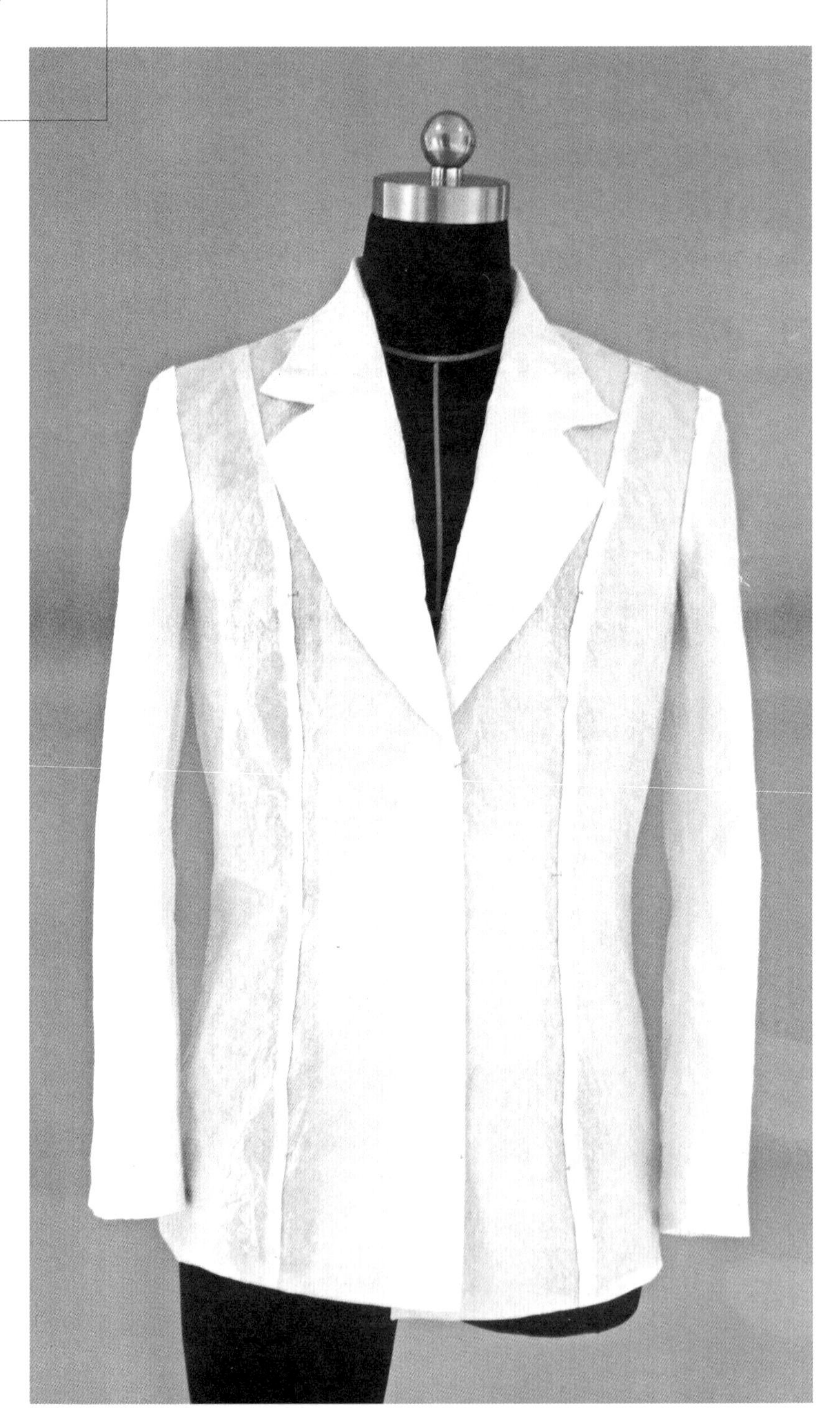

女士西装以三开身和四开身最为常见。本款为公主线分割、四开身女士西装（另常见刀背分割线四开身造型）。

① 画出带腋下省的原型，衣长 72cm。画出公主线，闭合腋下省。

② 画出前、后片的公主线造型，腰围线省量如图所示。后片肩线抬高 0.7cm，肩端点往下 7~8cm 处开一个 0.7cm 的省道，补齐后袖窿弧线裁剪时闭合该省道。

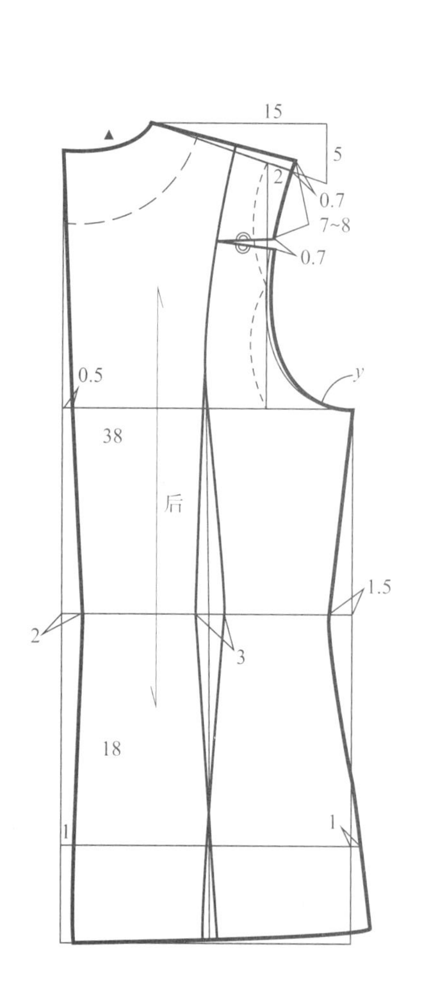

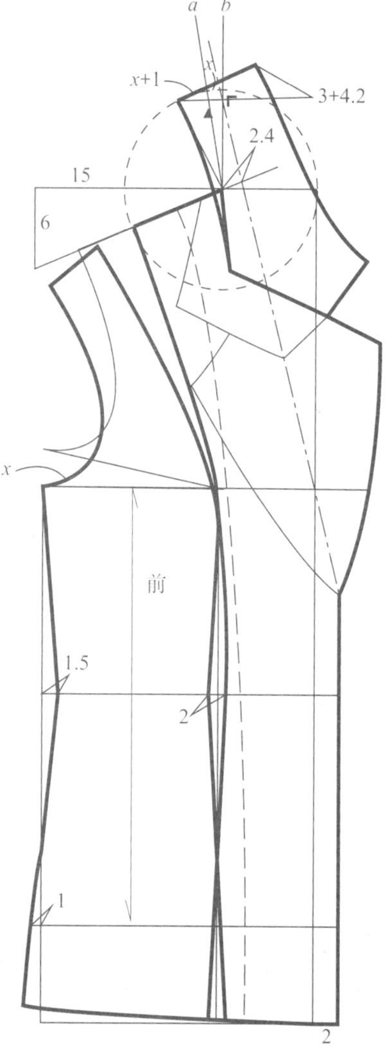

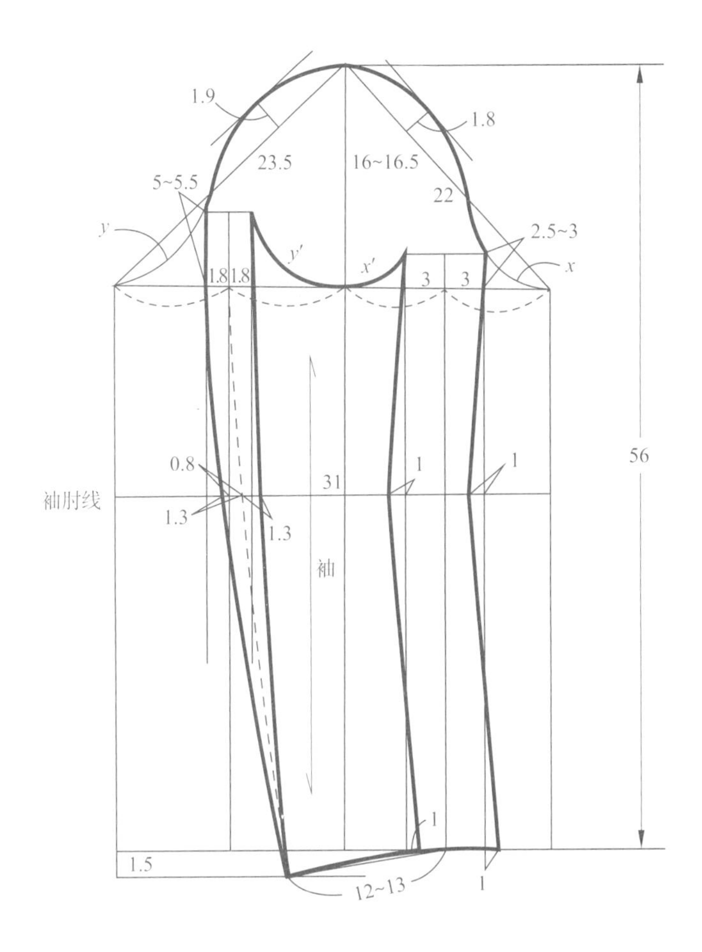

③ 西装领：画出 2cm 门襟，向上延长肩线 2.4cm 取一点，在前片领口处画出西装领子造型，用对称点划线连接该点与领子翻折点，以颈肩点为圆心，后领口弧线长度为半径，画一个圆，向上延长领口线 a，与 b 线夹角距离为 x，a 线往左取距离 x+1cm 得到领子后中点，画出领底辅助线，随后做出领子造型，领子总宽 7.2cm（3cm 领座 +4.2cm 翻领）。

④ 两片袖的袖山弧线：画出辅助框架，袖子总长 56cm，袖山高 16~16.5cm，前袖窿弧长 22cm 左右，后袖窿弧长 23.5cm 左右（以实际衣身袖窿为准），分别将袖子前半部分和后半部分等分作垂线，前半部分从等分中点两侧各取 3cm 作垂线，从袖窿底线向上取 2.5~3cm；后半部分从等分中点两侧各取 1.8cm 作垂线，袖窿底向上 5~5.5cm。复制前后袖窿弧线段 x、y，顺势作大袖的袖窿线，将 x、y 对称到小袖位置得到 x'、y'。

⑤ 前袖缝线：从袖山高点往下 31cm，作袖肘线，在 3cm、3cm 垂线上，袖肘线处分别内收 1cm，在袖口处各向外放 1cm，用弧线连顺前袖缝线。

⑥ 袖口：从前二等分线垂线与袖口辅助线交点起，在袖口往下 1.5cm 作一条水平线，作一条 12~13cm 的直线交于 1.5cm 水平线上，用弧线连顺袖口弧线。

⑦ 后袖缝线：从后袖窿底线的等分点作垂线交于袖肘线，袖肘线向右 0.8cm 取一点，连接等分点、0.8cm 点和袖口端点。以该连线为辅助线，在袖肘线上各向左、向右 1.3cm，画出后袖缝线。

款式 8

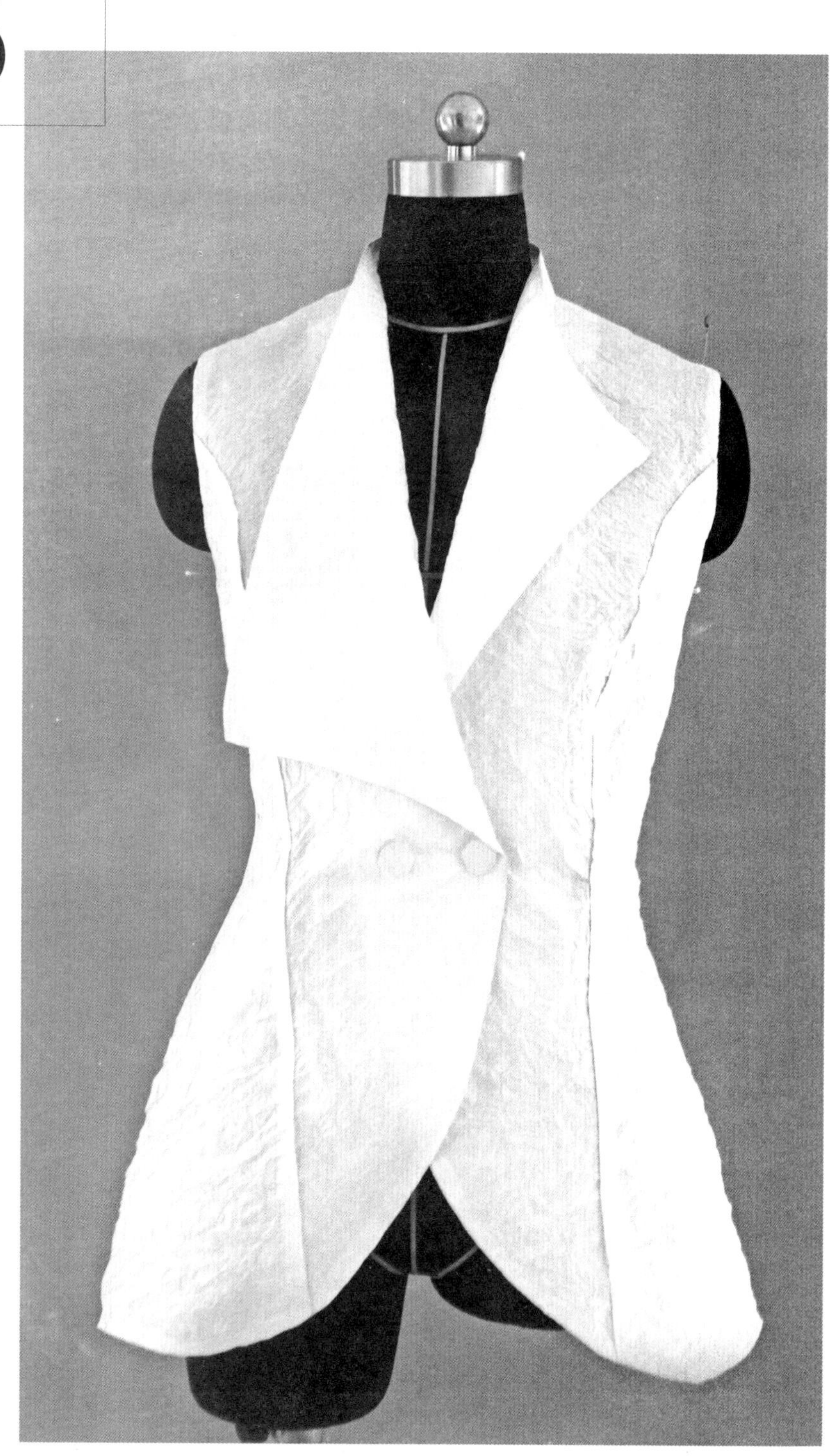

本款为西装的变形款，由款式 7 的公主线西装款变为刀背分割线，门襟为双排扣，领型如图左右不对称。

① 衣身绘制方法可参考款式 7，衣长 72cm，6cm 双排扣门襟。

② 刀背分割：前片侧缝腰围线处收进 1.5cm，取中线与收腰点的中点，作垂线，腰省为 3cm（左、右各 1.5cm），从袖窿弧线画出分割线，分割线穿过省道点和臀围线交于辅助线交点，下摆交叉约 3cm。后片刀背绘制方法同前片，作出后中线与侧缝线，后背省道为 3cm，下摆交叉 1cm，侧缝线起翘。

③ 领子：延长领口线，取后领口长，以颈肩点为圆心，后领口长度为半径画圆；从颈肩点向上作垂线，与领口延长线夹角长度为 ●，再往左取一个 ●+1cm 长度，连接颈肩点，即为领的倾斜角度。本款领子后领座为 3.5cm 的小立领。

④ 挂面：将前片挂面颈肩点部分（灰色面积）转接到后领贴上，以避开与领子重合部分。

本款可以作为背心款，也可以为其配一个两片袖作为外套，两片袖方法参考款式 7。

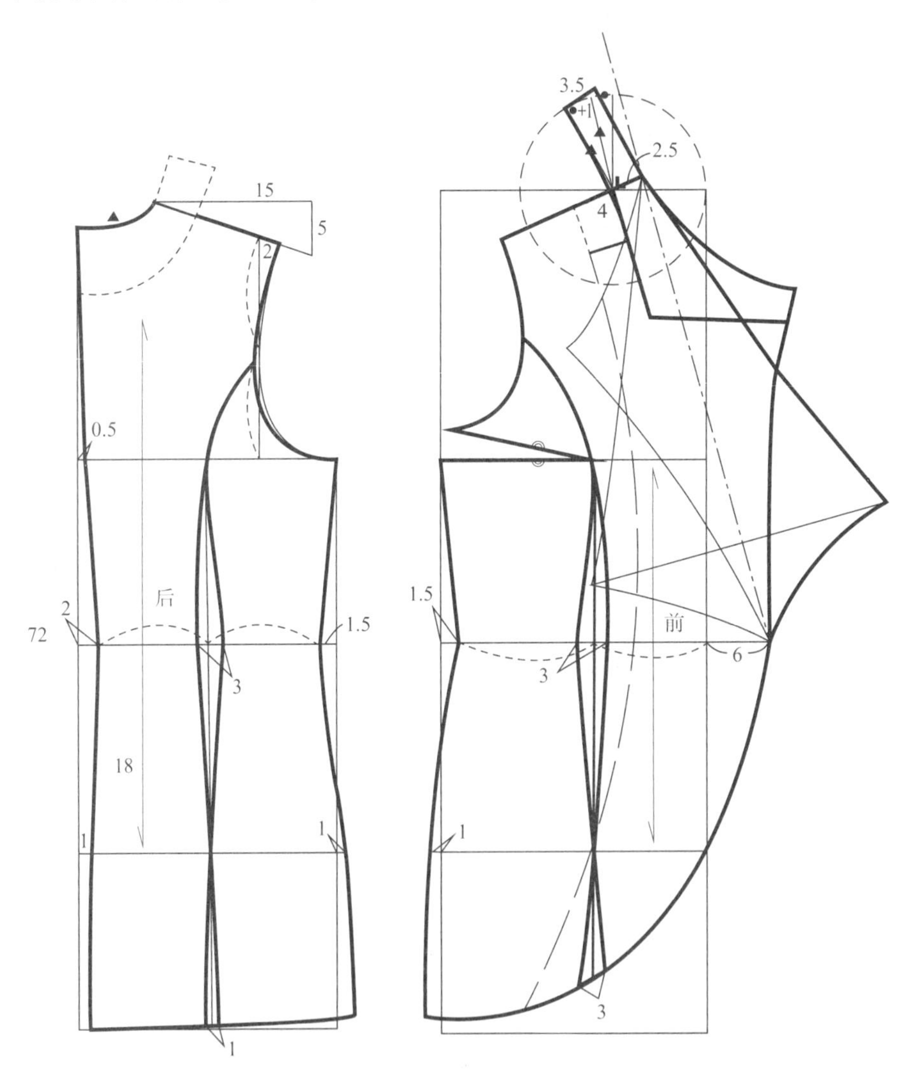

款式

9

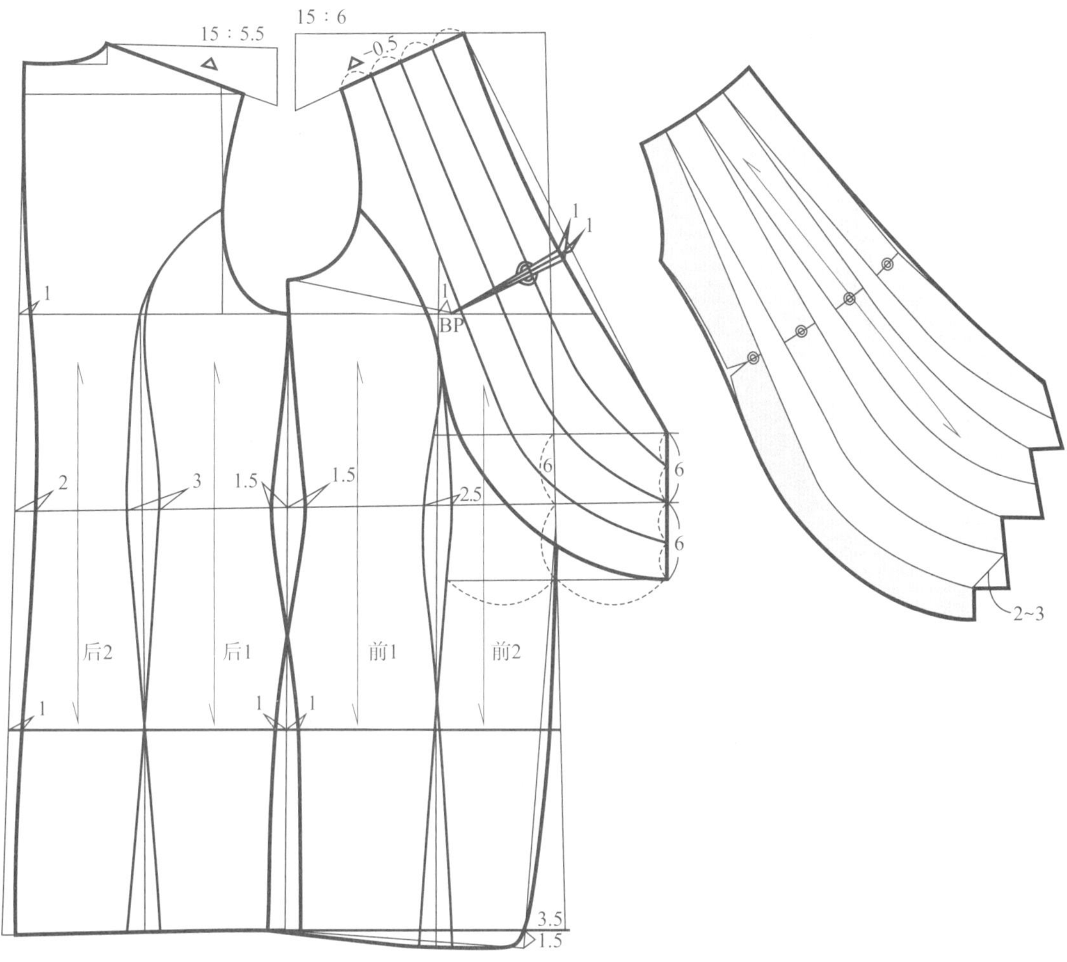

本款是一见无袖无领背心，主要结构变化在胸前。

① 分割线方法参考款式 8，无门襟。前中下摆撇进 3.5cm，向下延展 1.5cm。

② 画好四片衣身后，在前中线处以腰围线为中线上下分别取 6cm 长度，作水平线，水平线向左延长的长度与向右延长至省道的长度相同，连接两根水平线并等分成 4 份，肩线也等分为 4 份，用曲线连接两端等分点，弧线曲势保持一致。从 BP 点出发向领口边缘线作垂线，以垂线为中线作一个 1cm 的省道。

③ 将装饰片复制下来，剪开三条弧形分割线，分别闭合胸省，再将四片等量展开，展开约 2~3cm，制作时以顺着方式收回，褶皱止口朝上。该装饰片需要附一层里衬，里衬的样板即为分割前的样板。

款式 10

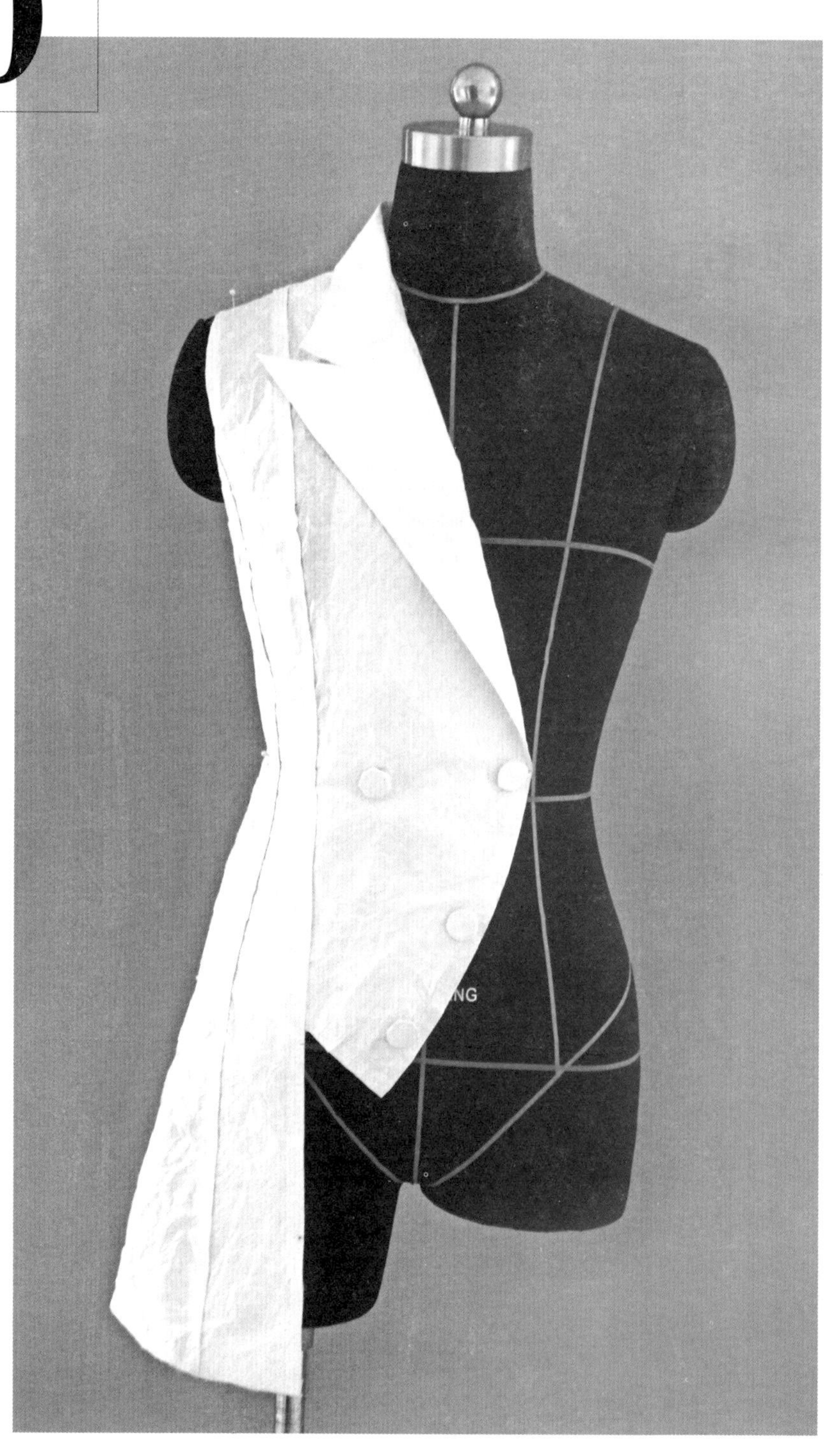

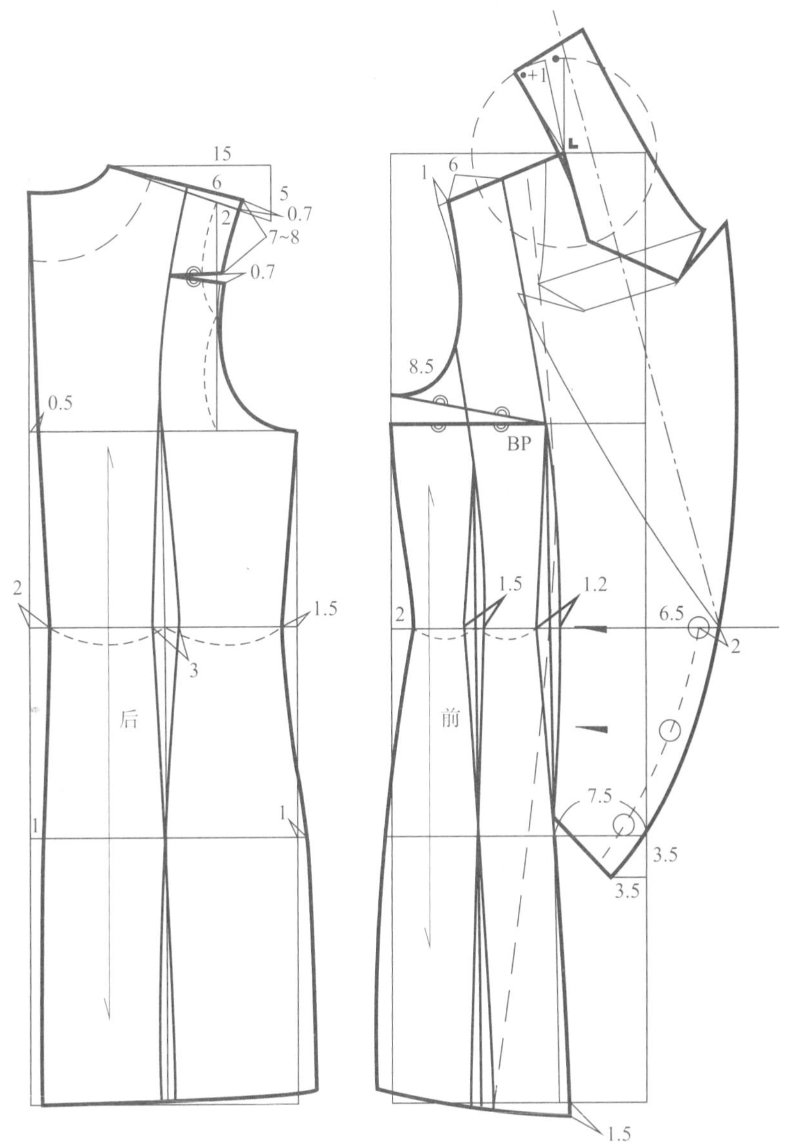

本款为西装款的变形款，双排扣设计，衣长为 78cm。

① 前片：将公主线的四开身西装款前片，拆分为公主线和刀背三片，在臀围线上，从前中线向左取 7.5cm，从肩端点向上 6cm 取一点，用弧线过 BP 点，连接该两点，并延长至臀围线。公主线省道宽 1.2cm，画出省道交于下摆并延长 1.5cm。

② 将剩余的侧面腰围线两等分，等分点为省道中点，省道 1.5cm，从袖窿底向上 8.5cm 处画出分割线，经过省道，交于下摆。

③ 后片：后片为公主线分割。后中腰围线处收进 2cm，侧缝处收进 1.5cm，画出后中拼缝线和侧缝线，在腰围线上取中点，确定腰省量 3cm。抬高肩线 0.7cm，从肩端点向上 6cm，从该点画弧线穿过省道线交于底边。从肩端点向下 7~8cm 取一点，画水平线交于分割线，以水平线为中线，画一个 0.7cm 的省道，补齐袖窿弧线。在裁剪时，将该省道闭合。

备注：前片挂面从肩缝线开始一直到下摆，需要盖过公主线。领子具体制板参考款式 7。

款式 11

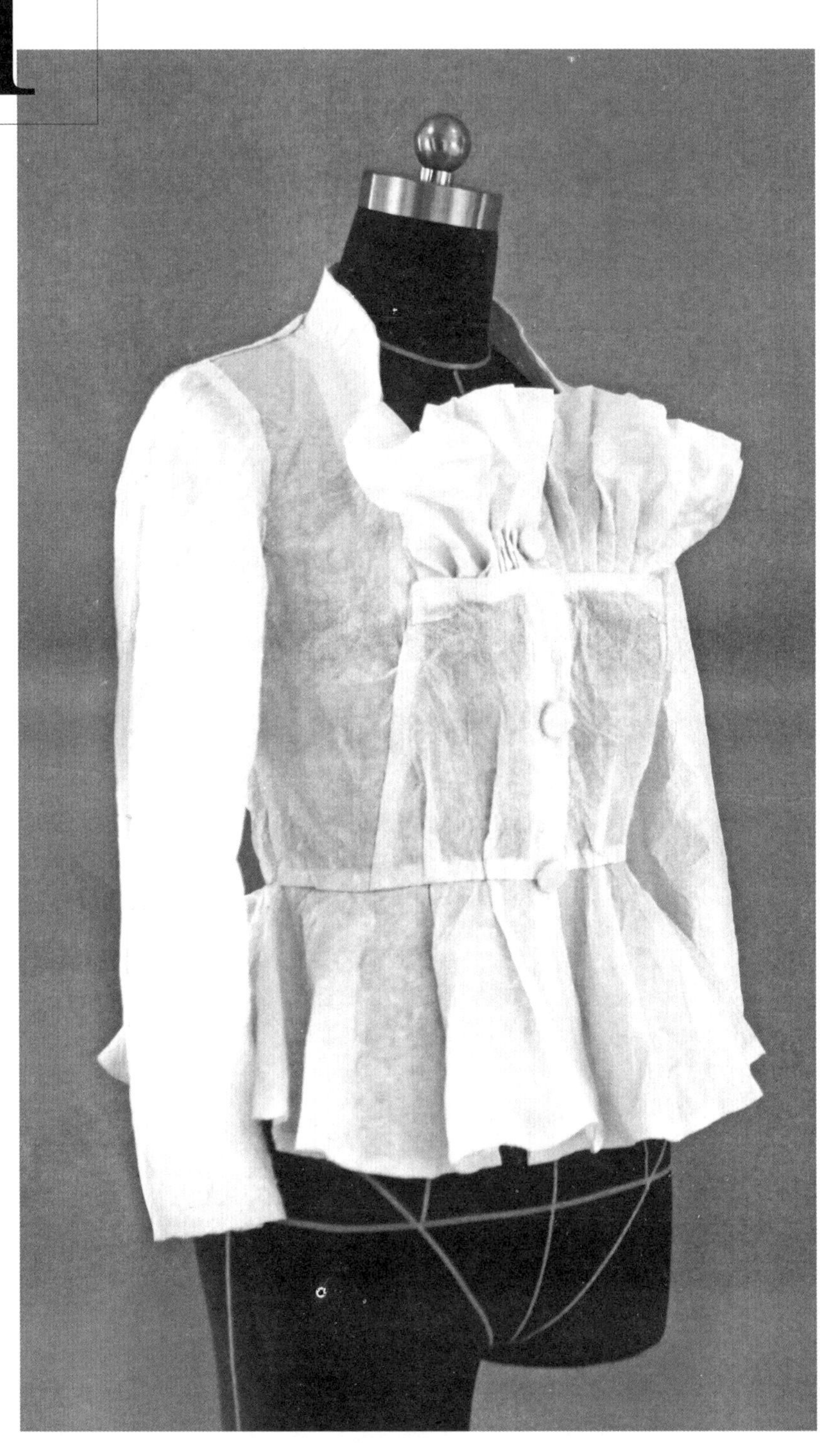

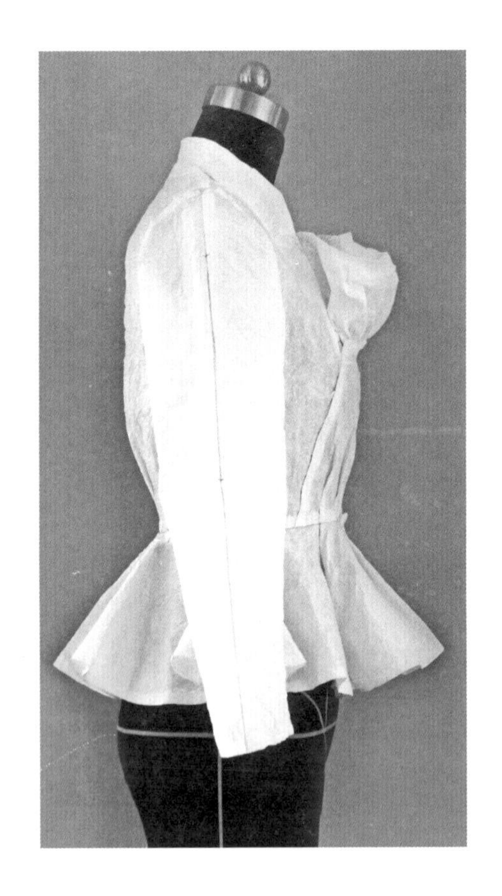

本款服装的结构亮点是通过胸省的转移和领子的结构变化将前胸的褶皱装饰与服装融为一体。

① 运用后片原型，从腰围线往下 16cm 确定衣长，胸围放出 1cm，后中线在腰围线处收进 1cm，下摆放出 8cm，起翘 4cm，如图等分下摆。

② 运用前片原型，同后片方法确定衣长，胸围放出 0.5cm，然后放出搭门，领宽放大，领深下降，如图画出造型分割线，依据后领口弧长画出后领。定出腰部的褶量，下摆放出 8cm，起翘 4cm。

③ 将胸省转移至分割线，等分下摆。并将等分的下摆切开、展开。

④ 运用原型袖片，做个袖肘省，打开袖中线，袖山稍作调整，使得袖子造型变得纤细且又前倾。前胸处抽褶花边的弧度和宽度参照衣片的尺寸。

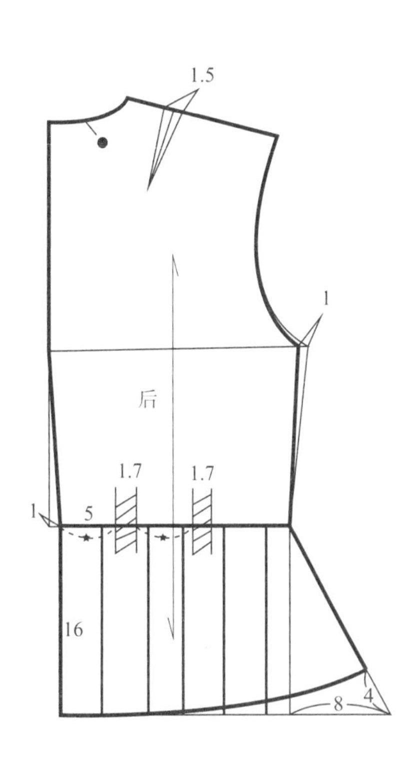

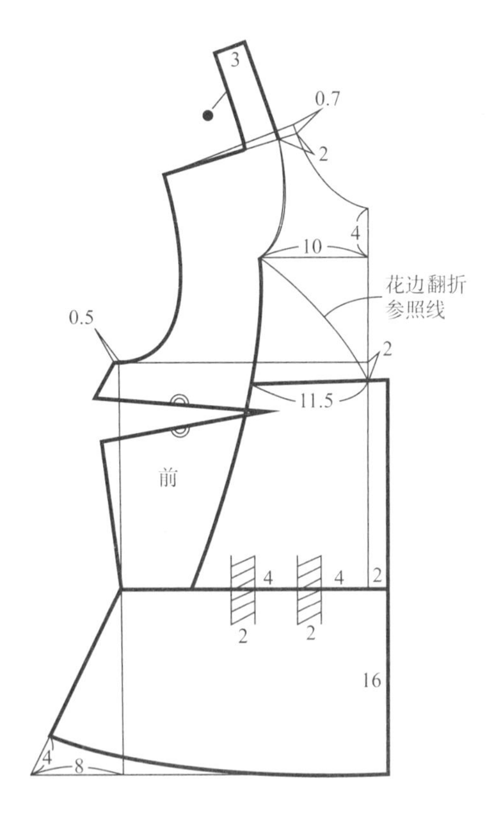

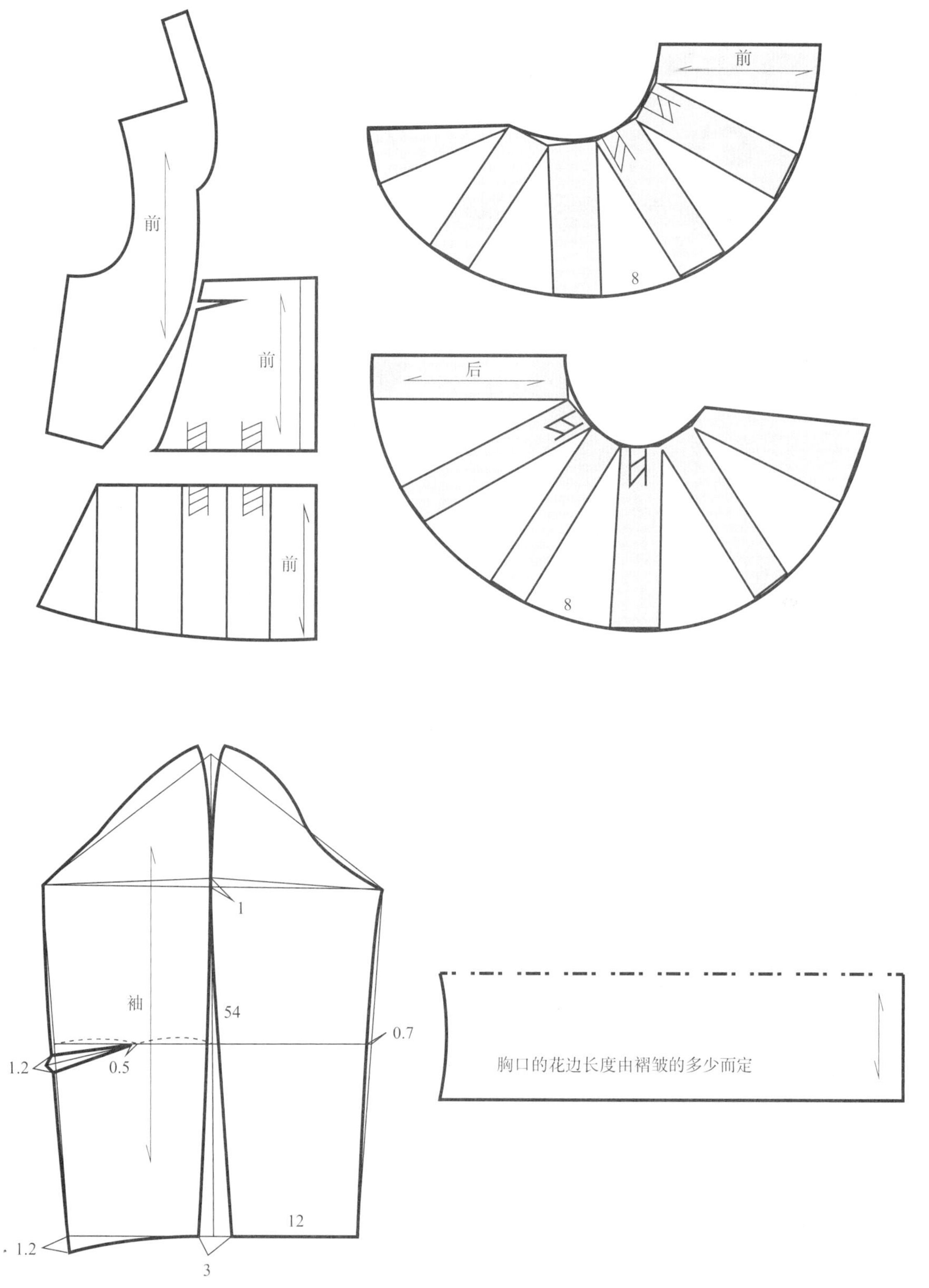
前
前
前
前
8
后
8
1
袖
54
0.7
1.2
0.5
12
1.2
3
胸口的花边长度由褶皱的多少而定

款式 12

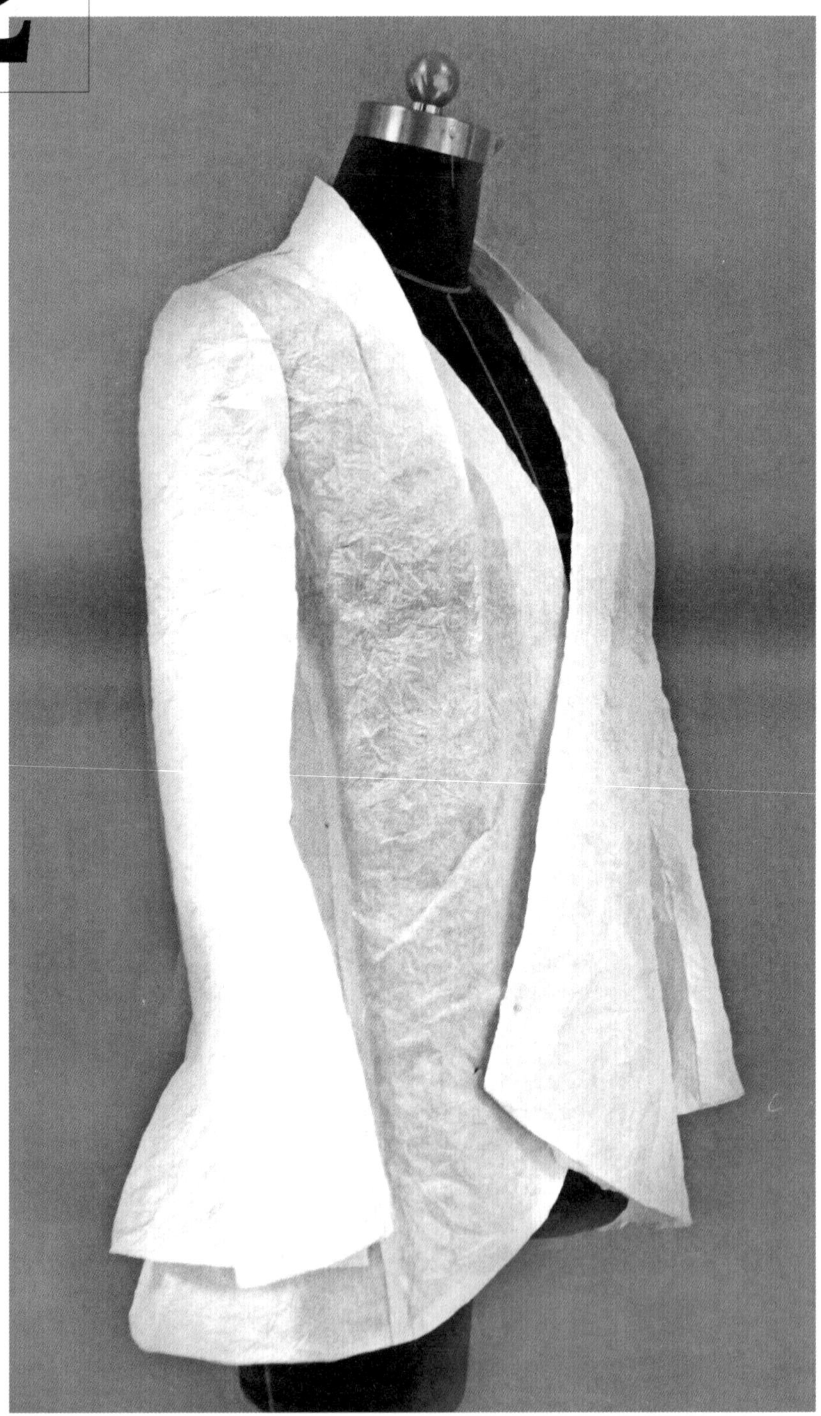

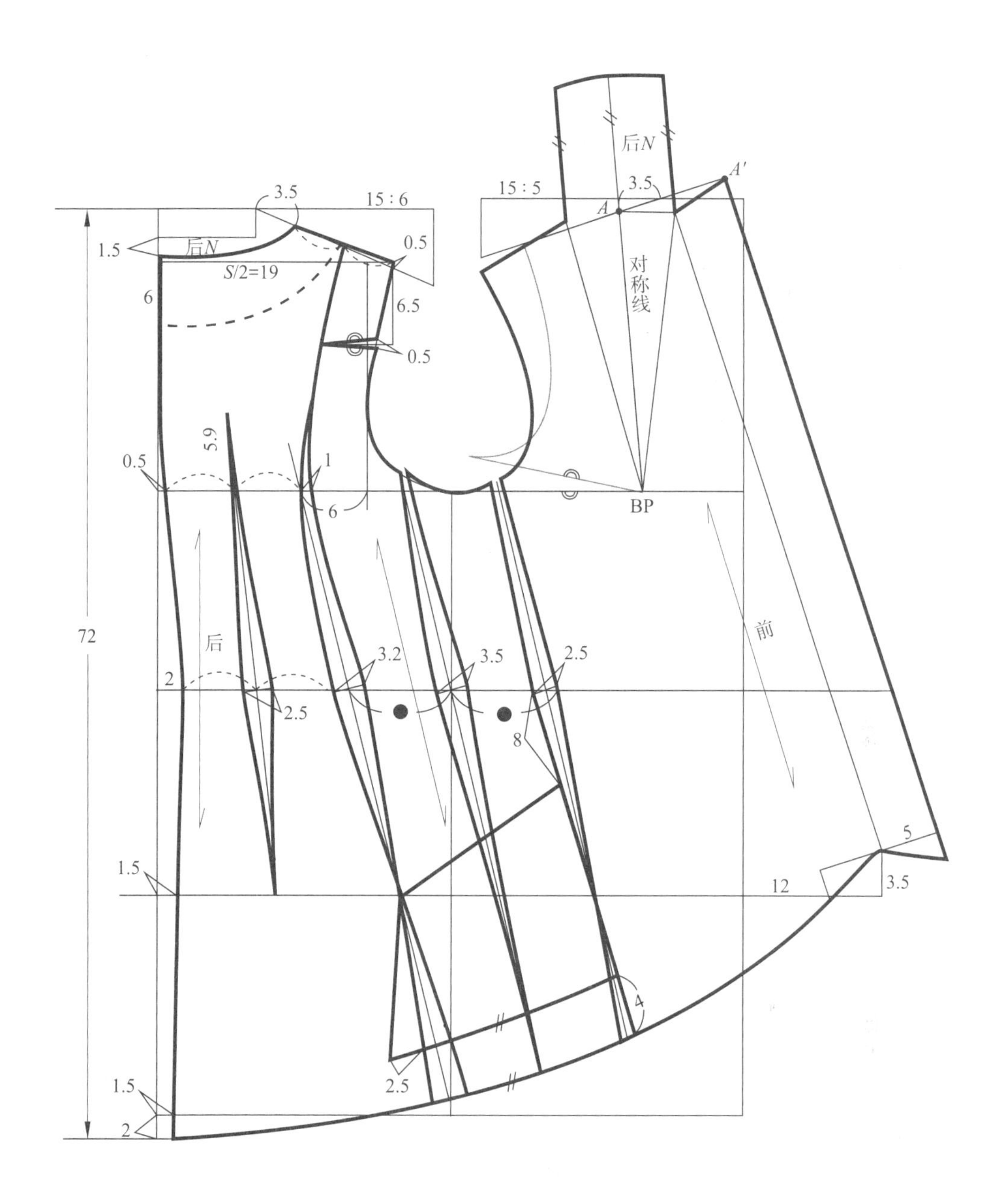

本款西装的设计特点有二：其一，在于通过省道的转移，将领子和省道合二为一；其二，本款外套将省道设计成倾斜样式，通过分割线的走向来修饰衣身，衣长为72cm。

① 画出带腋下省的原型，前、后领宽分别开大3.5cm，后领口中线对应下降1.5cm。将腋下省转移到颈肩，再以颈肩点与BP点连线为对称线，对称画出一个省道量，延长对称线，长度为后领口弧线长度。以对称线为基准，从两省道端点起作该线的平行线，长度也为后领口弧线的长度，用弧线连接三条线的端点。

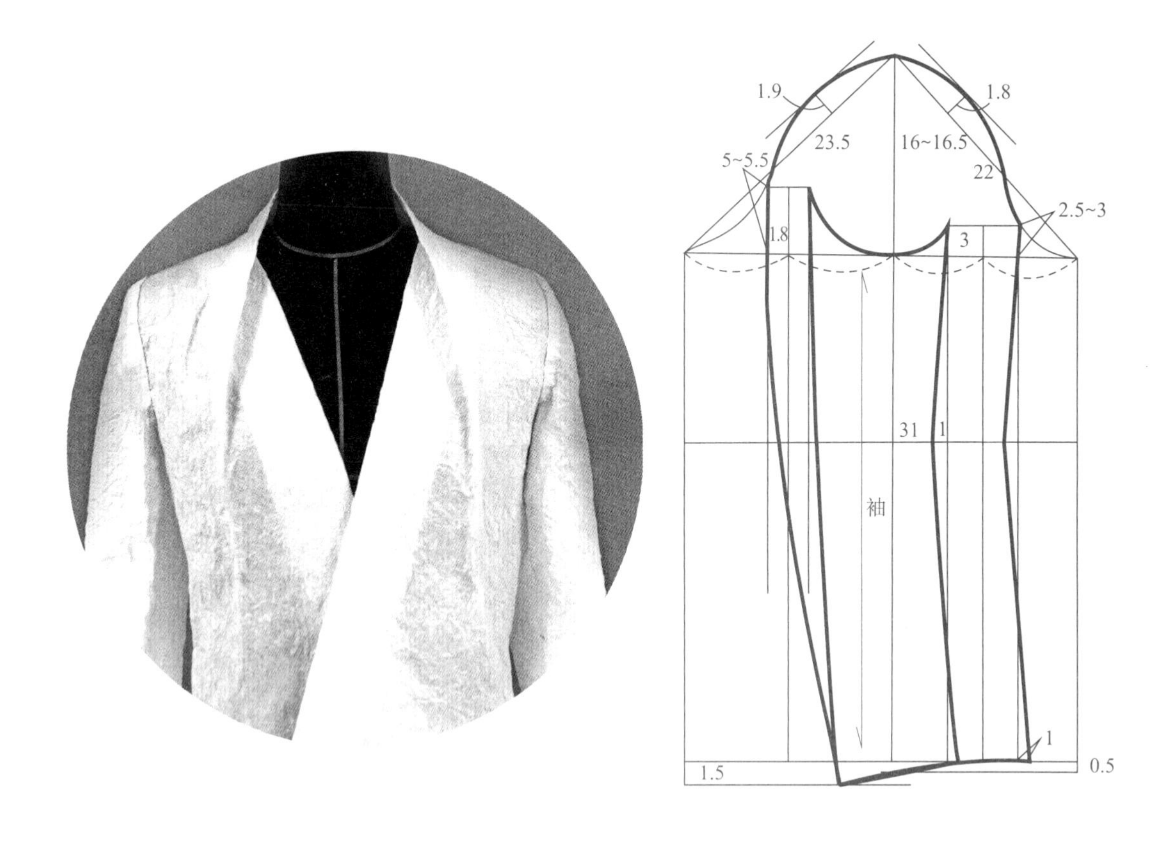

② 向右延长臀围线 12cm，向上 3.5cm 取一个点，连接该点和对称省道的端点，以此连接线为对称线，对称画出 5cm 宽的挂面。

③ 后中在胸围线、腰围线、臀围线分别收进 0.5cm、2cm、1.5cm。下摆向下延长 2cm。用弧线连接后拼缝线；并用弧线画出下摆。

④ 省道线：从后袖窿弧线的辅助线向左 6cm 确定一点，直线连接该点与下摆和侧缝线交点，以连接线为省道中线，二等分后肩线，从肩线等分点开始，作分割线过省道中线与胸围线和臀围线相交，顺势延长交于下摆，该省道宽为 3.2cm。分别等分该省道至后中拼缝线的胸围线、臀围线距离，两等分点的连线即为后中片省道的中线，省道宽 2.5cm，上端过胸围线 6.5cm。以公主线省道的中线为参考，过侧缝辅助线作一条该中线的平行线，作出侧缝省道 3.5cm，以侧缝省与公主省之间的距离，向右等距离作一条平行线，前侧省的宽度为 2.5cm。

⑤ 画出后肩线，肩线抬高 0.5cm，从肩线向下 6.5cm，在分割线上设一个 0.5cm 的省，在裁剪时将该省道闭合。

⑥ 完成以上步骤后，在侧片下部分如图画出活页造型。活页部分里外板型相同。

挂面与衣身相连，缝制时直接沿翻折线翻折挂面。

款式 13

本款服装的结构亮点是收腰阔摆型的连袖短上衣。更适合挺括有韧性的面料。

① 运用后片原型，胸围放出 3cm，确定衣长，腰围线下降 2cm，确定腰部两个褶的位置，将后领宽放出 1.5cm，肩端点下降 0.5cm，从肩端点延长 13cm 作一条辅助线，如图作它的垂线确定袖子的倾斜度，从肩端点起画出袖长，并从肩端点往下 1.5cm 定出胳膊的厚度，也是袖子倾斜的拐点。最后确定袖口大小与侧缝线连出袖缝线。

② 运用前片原型，首先将胸省转移肩部，留出一个活褶的量，确定衣长，放出 6cm 的搭门，腰围线降低 2cm，确定两个腰省的位置，胸围放出 1cm，在腰围线以上确定驳口点，从颈肩点沿肩线延长的领座宽点即“基点”如图连出驳口线，取驳领宽 8.5cm 交与串口线，延长领座线的辅助线，取后领口弧线长为半径，颈肩点为圆心画圆，通过颈肩点引出一条垂直线，与领座辅助线形成一个夹角设定为 y 值。将 y 值加上领面与领座的差数即为驳领的伏倒量，取后领口弧长构成新的领座线。（夹角加领面与领座的差数是构成驳领伏倒量的基本定律，但是由于受到面料厚薄、质地松紧以及驳领款式等因素的影响，要依据实际情况进行调整。像驳领领嘴的张角在驳领中就起到翻领容量的调节作用。而本款驳领为无领嘴的青果领，所以它的伏倒量要多加 0.5cm。）从肩端点延长 13cm 作一条辅助线，如图作它的垂线确定袖子的倾斜度，从肩端点起画出前袖长（袖长减 0.8cm，以使得袖型向前弯曲），并从肩端点往下 1.5cm 定出胳膊的厚度，也是袖子倾斜的拐点。最后确定袖口大小与侧缝线连出袖缝线。

③ 画出下摆的省道，画出切开、展开线。

④ 将下摆切开、展开，并将弧线连顺滑。

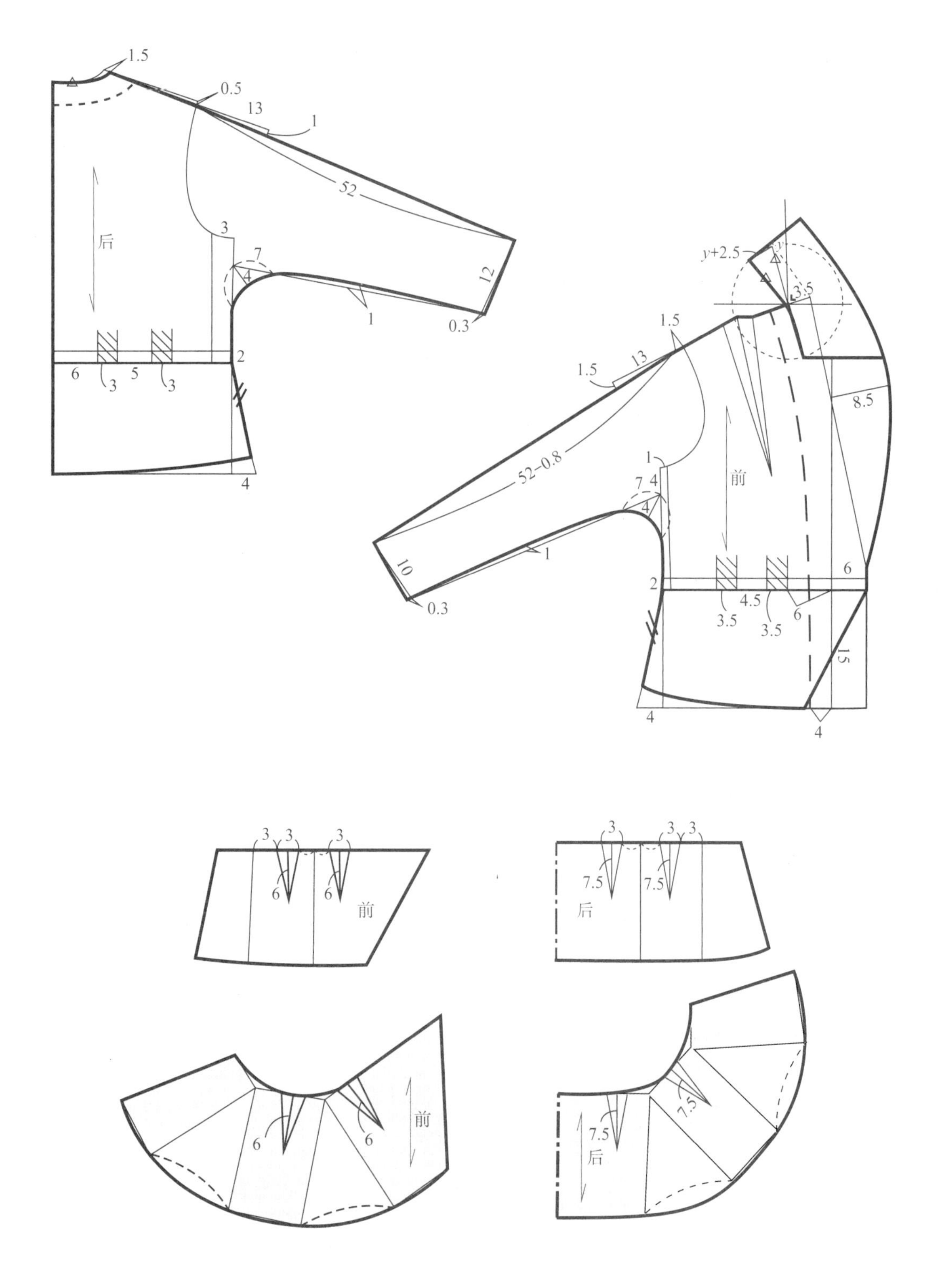

1.5
0.5
13
1
52
后
3
7
4
12
1
0.3
2
6
3
5
3
4
y+2.5
y
3.5
1.5
13
1.5
8.5
52−0.8
1
7 4
4
前
1
10
0.3
2
6
4.5
3.5
3.5
6
15
4
4
3 3 3
6 6
前
3 3 3
7.5 7.5
后
6 6
前
7.5
7.5
后

款式 14

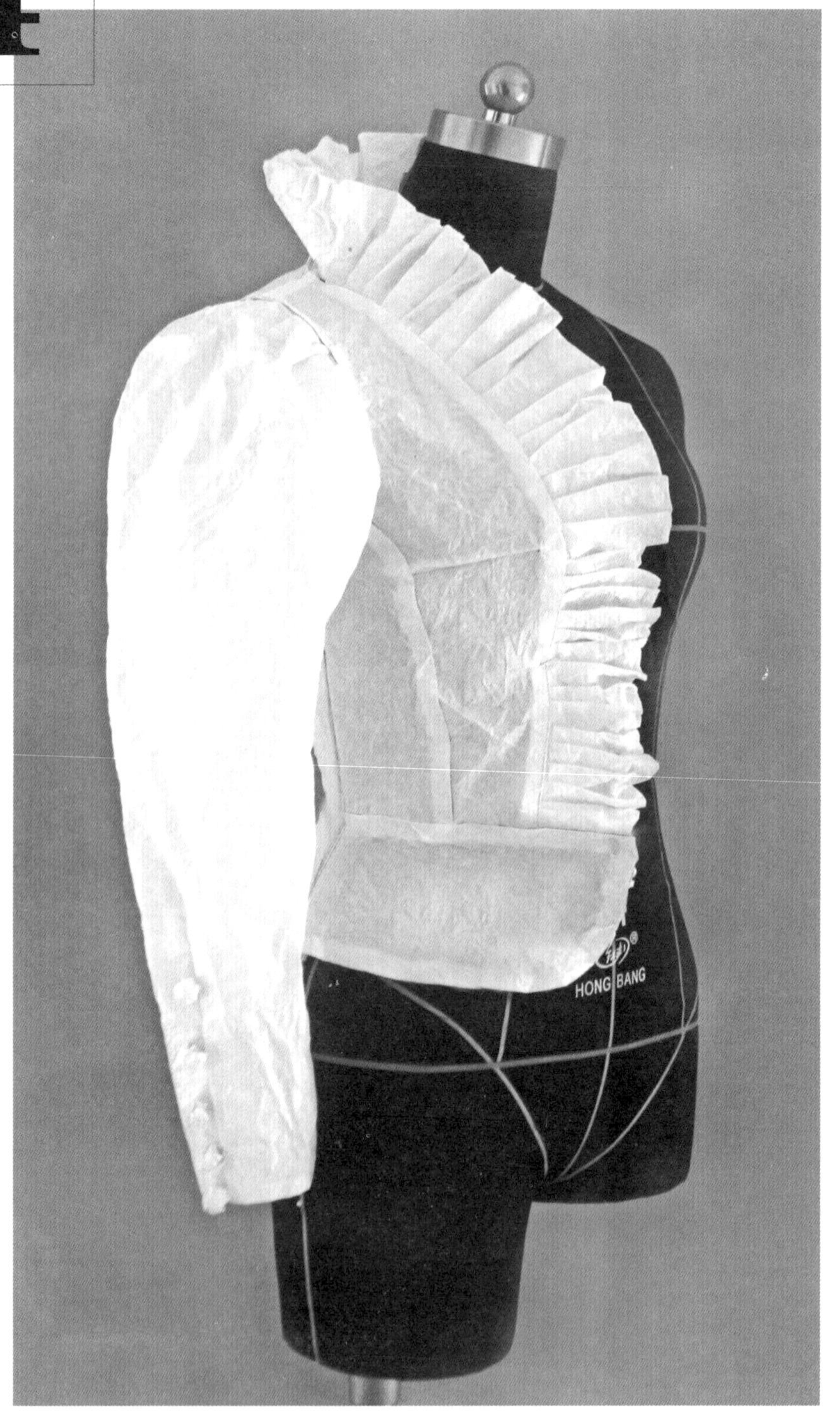

此款服装的结构亮点是通过胸省、腰省的转移使得上衣非常合体，再配一个廓形夸张的袖子，形成对比。而胸前大量的褶皱又与袖子产生呼应。

① 运用后片原型，从腰围线以下定出衣长。领宽放大、肩线抬高0.5cm，将肩省转移，胸围、腰围同时收进0.5cm，袖窿收进0.2cm，因为袖子是个大泡泡袖，所以袖窿要适当地往里收一点。腰围线处在后中和侧缝分别收进1cm和0.5cm，定出腰省的位置和省量2cm。

② 运用前片原型，胸围收进1cm，袖窿收进0.5cm，在前中线胸围线处设一条分割线，如图在袖窿处设一条刀背缝，在腰围线处从前中进7cm。颈肩点沿肩线收进7cm，连一条弧线，并取后领口弧长延出后领。

③ 将胸省转移至刀背缝，腰省转移至前中线，从腰围线往下延长10cm确定衣长，如图画出造型。

④ 闭合前中省，打开肩领相交的分割线，将衣、领相连的那片等分并进行切开、展开。

⑤ 运用原型袖片，确定袖口造型，从袖肘线到袖山弧线画等分线，然后切开展开。在袖中线上画出袖衩线。

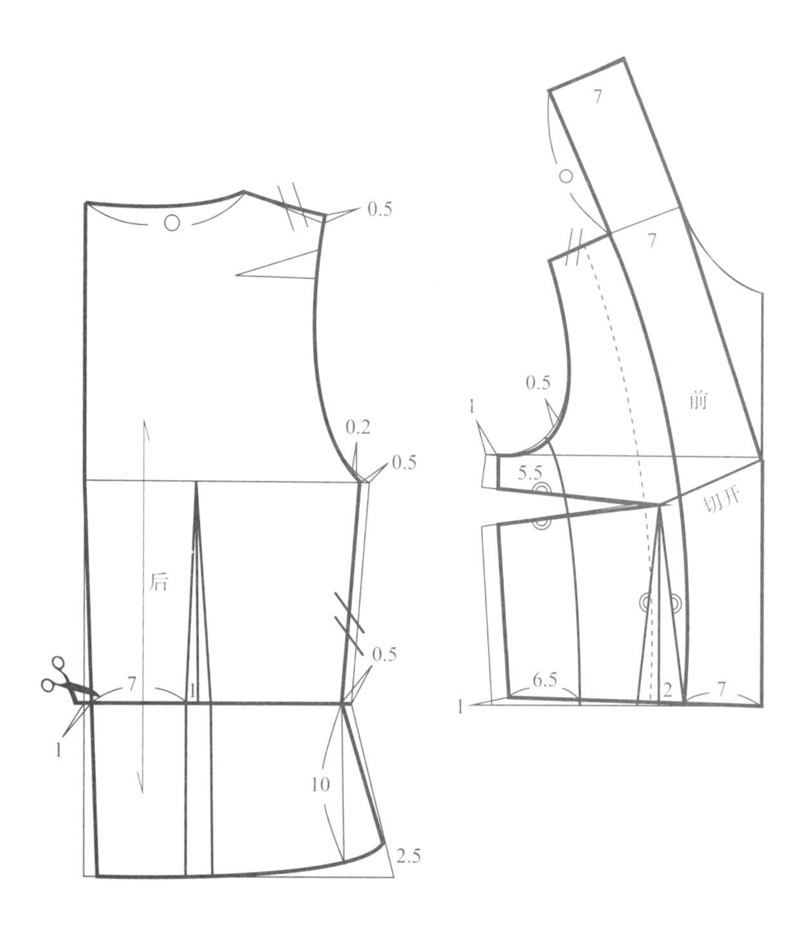

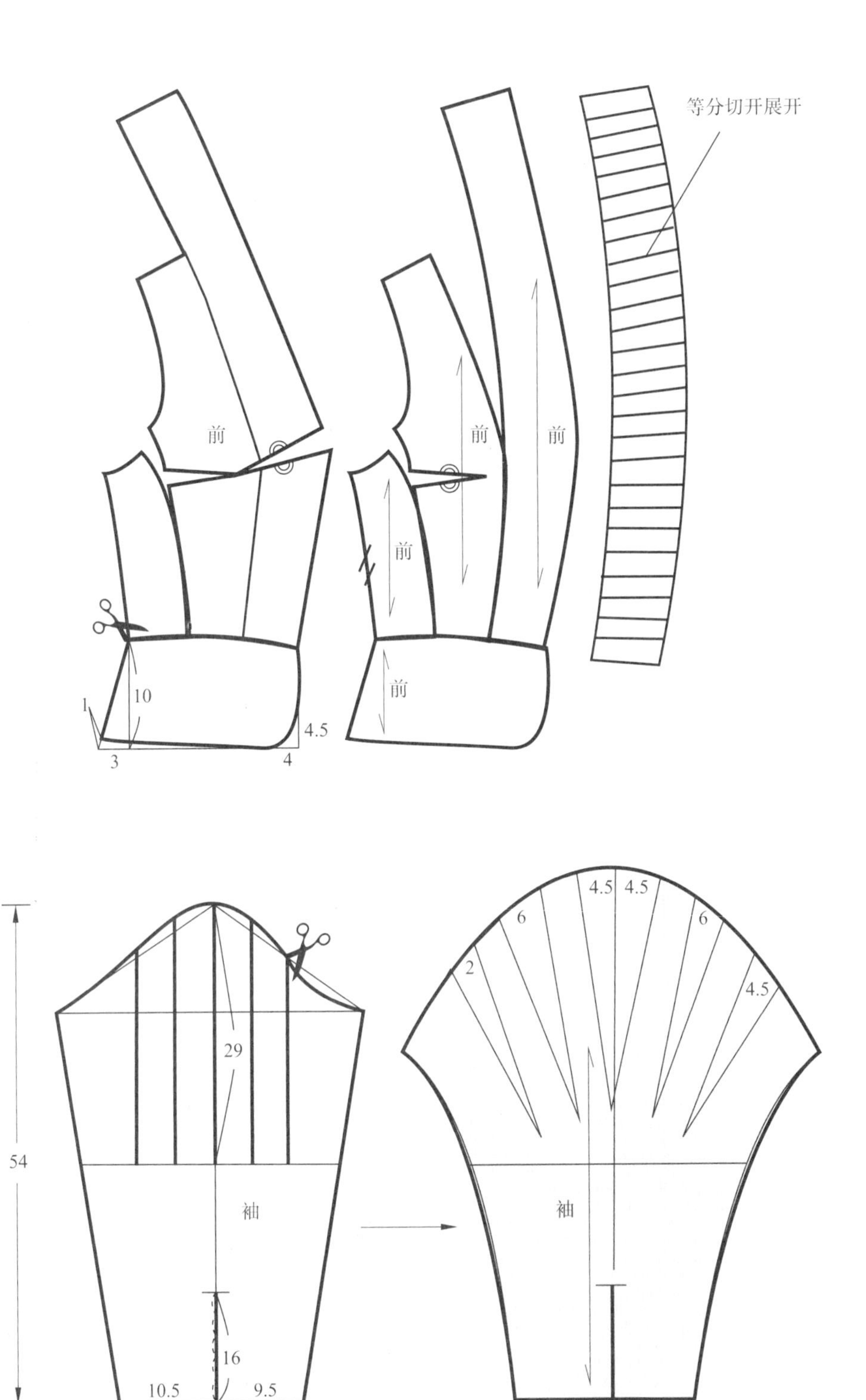
等分切开展开
前
前
前
前
前
10
1
3
4
4.5
54
29
16
10.5
9.5
袖
4.5
4.5
6
6
2
4.5
袖

款式 15

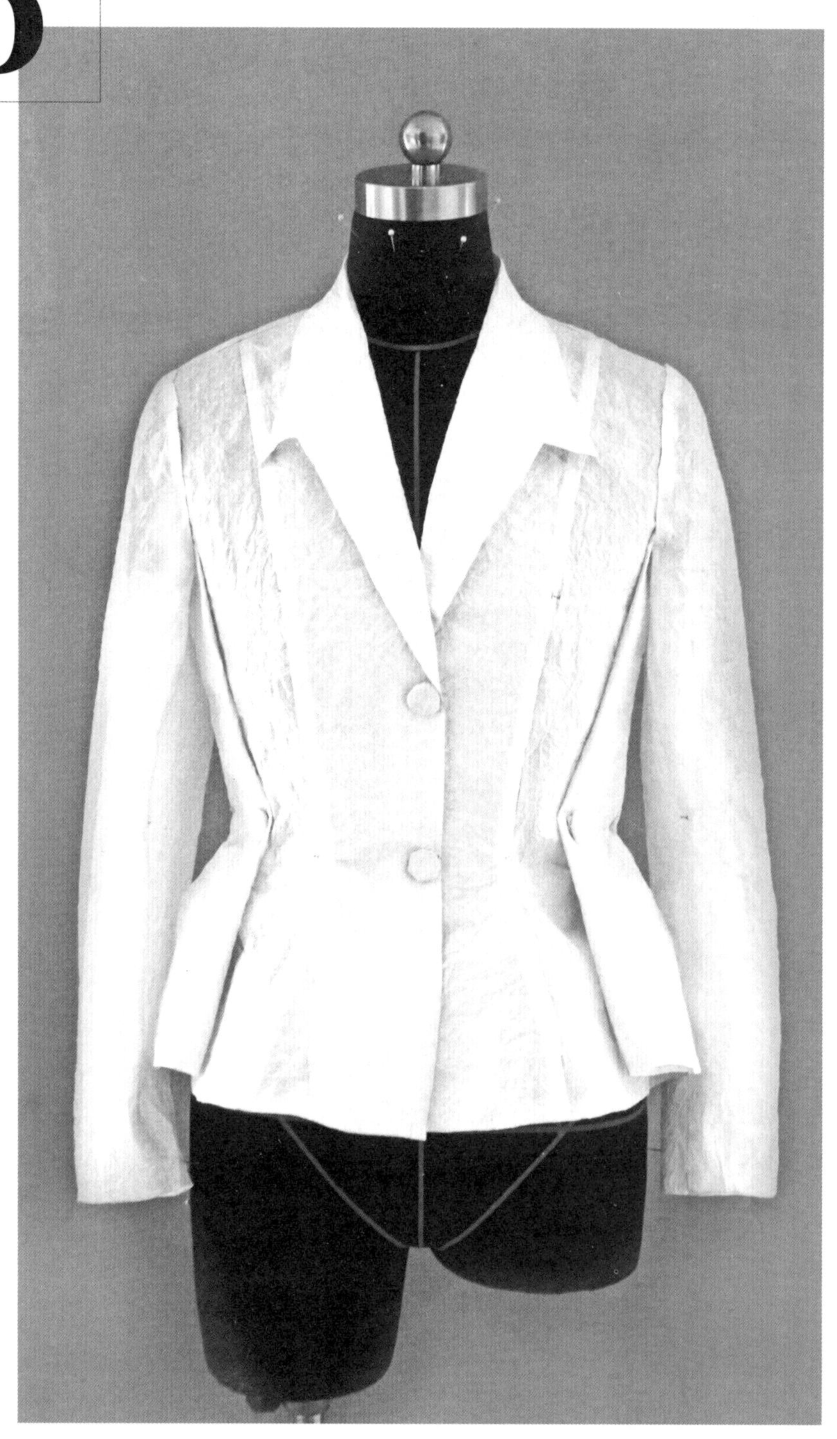

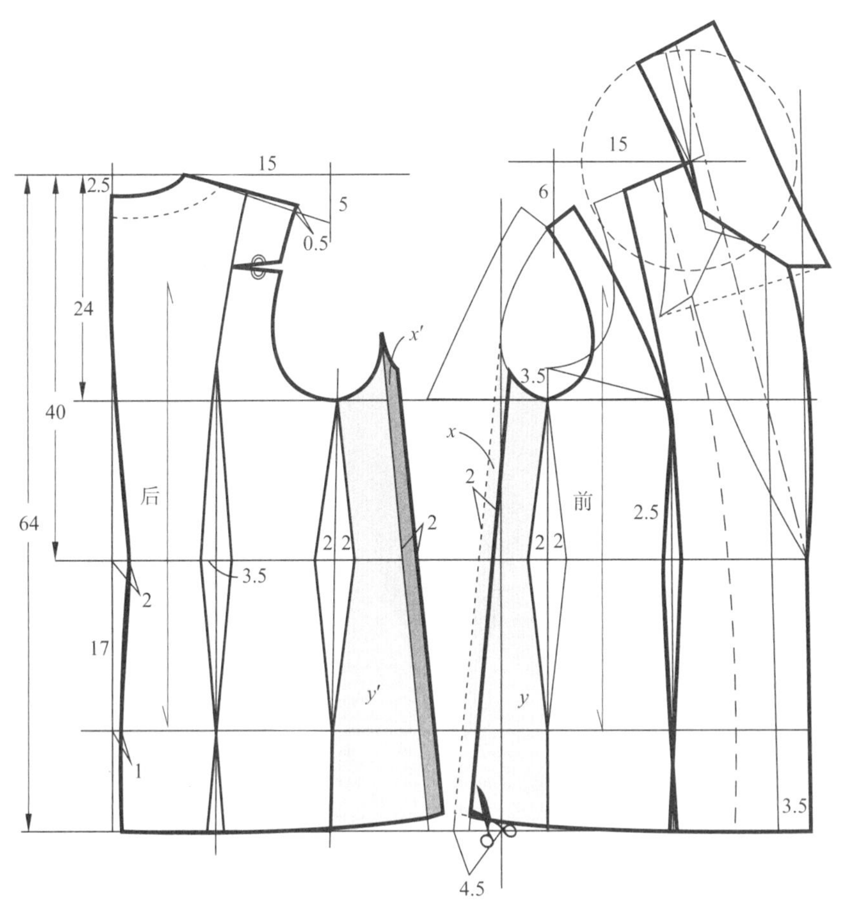

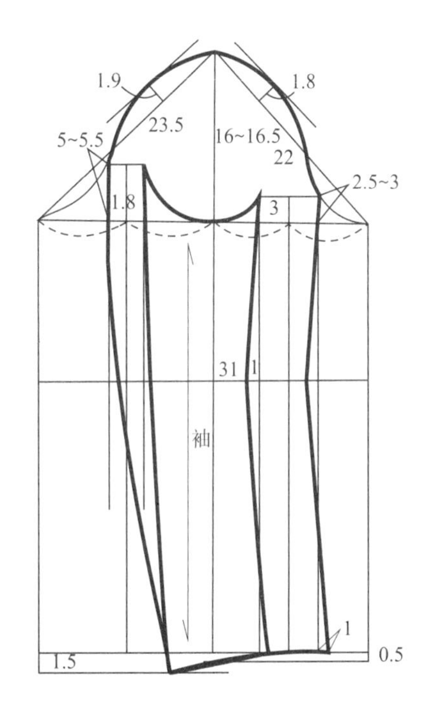

本款西装的变型主要在腰侧的折叠设计。

① 绘制四开身公主线西装原型，方法参考款式 7，在原型的基础上，按侧缝辅助线为对称线复制前袖窿弧线，在复制的袖窿弧线最外沿处作斜线，交于底边，距侧缝辅助线 4.5cm，画出侧缝省道，得到灰色块 y，将 y 复制到后片侧缝线，得到 y'，再从前片的 y 上裁下一条宽 2cm 的 x 部分，剪切到后片上为 x'。此步骤可以将折叠部分的拼缝线藏到内侧。

② 领型为无缺嘴驳领，绘制方法可参考款式 7 领子。

③ 袖子配以两片袖原型，绘制方法参考款式 7 两片袖。

款式 16

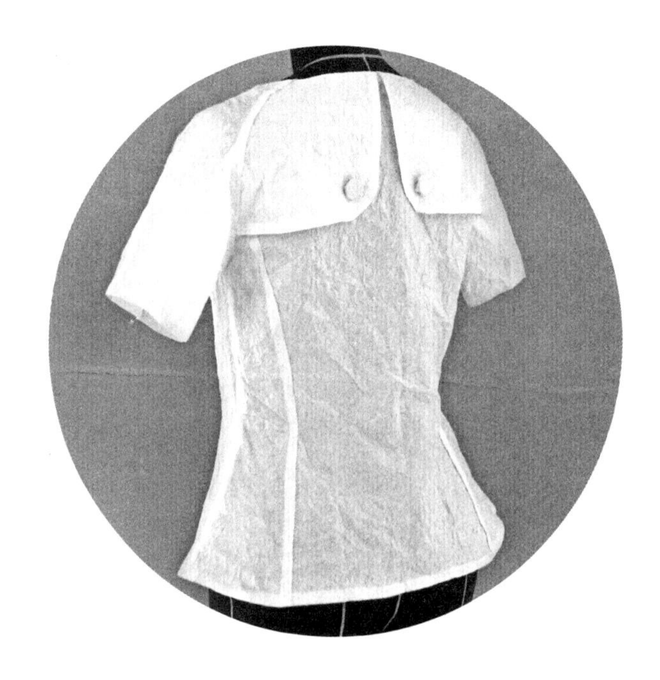

这是一款带变化的插肩袖拉链衫。装饰的领片与袖片合为一体。

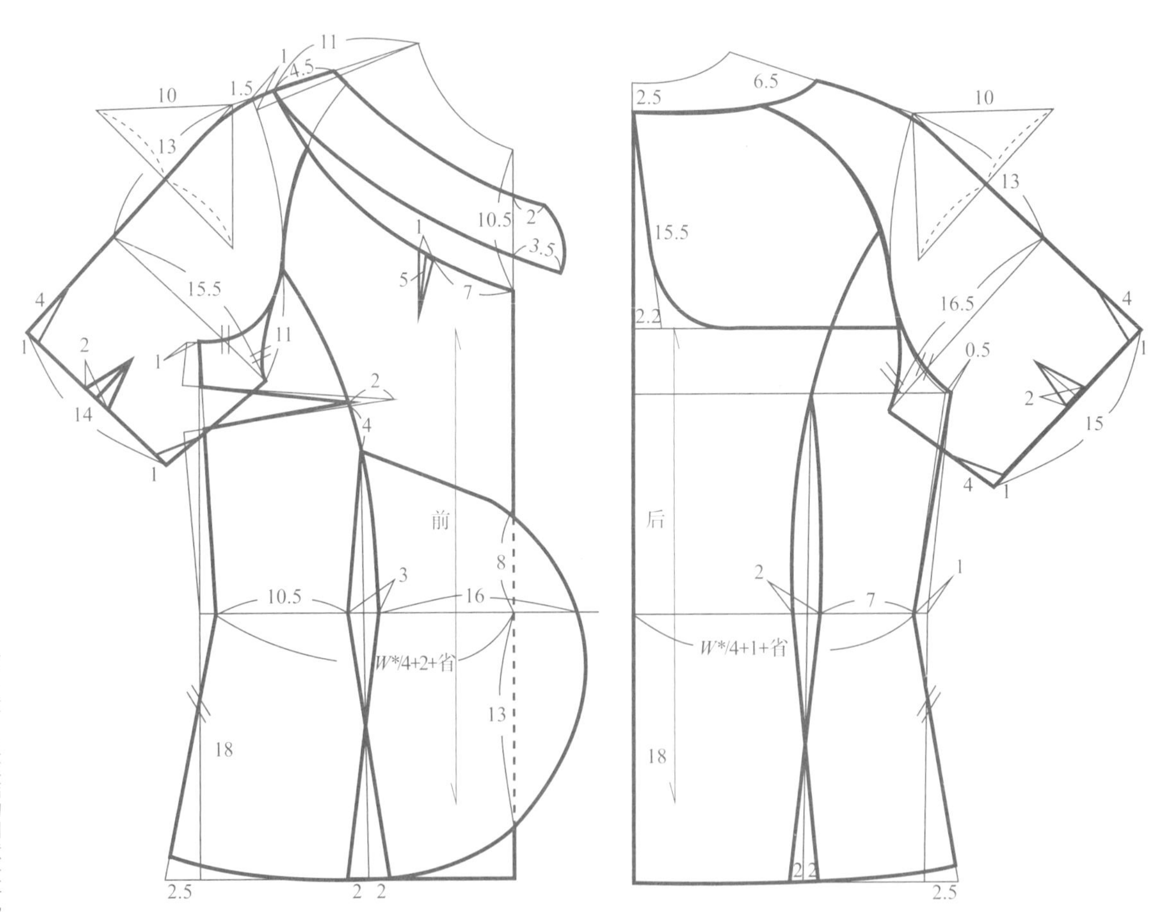

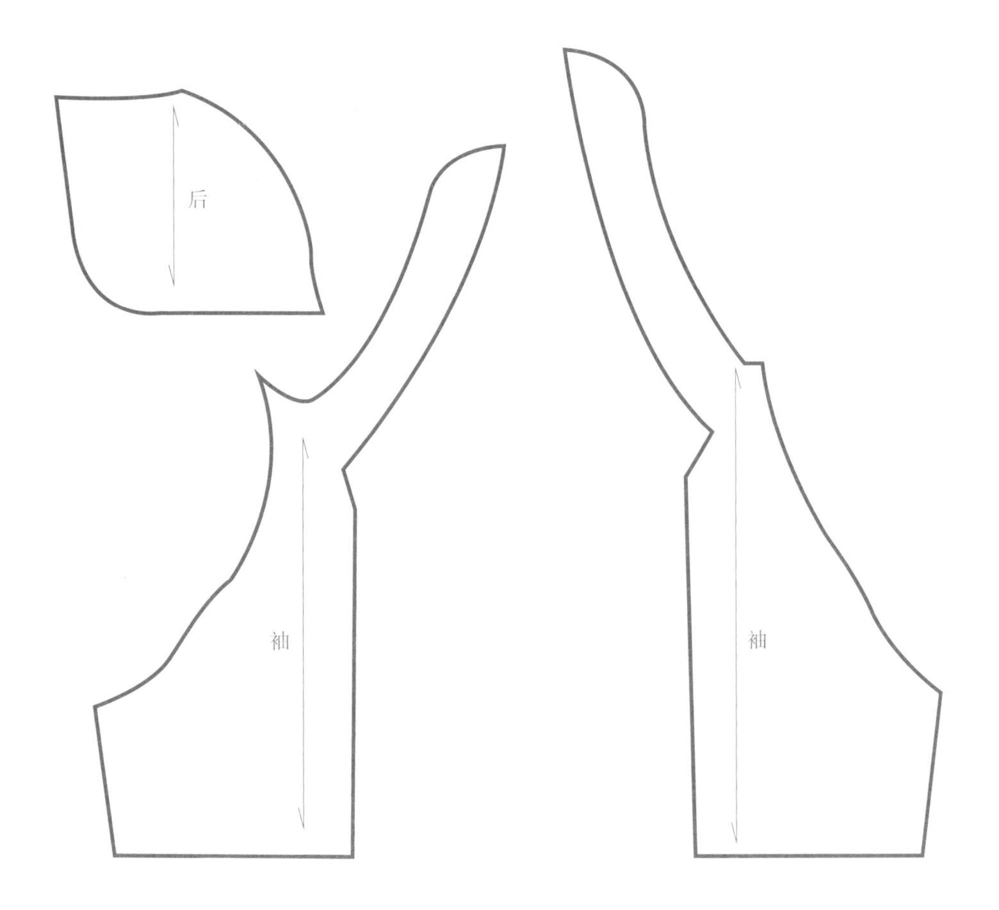

① 运用前片原型，胸围收进 1cm，腰围线往下 18cm 确定衣长。在腰围线处从前中线往侧缝通过 $W^*/4$+2cm+ 省计算得到前腰围大小，然后如图连出侧缝线，确定腰省的位置连出刀背缝，肩线抬高 1cm，并延长 1.5cm（胳膊的厚度），在此点作一个直角三角形，等分三角形底边，以三角形底边的等分点作为插肩袖的倾斜度，画出袖长线，定出袖山高和袖口大小，画出插肩袖的弧线，袖口处收 2 个省道。领深降低 10.5cm，从颈肩点至肩端点 11cm 确定一个点，然后再往上 4.5cm 确定一个点，如图画出装饰领片。由于领口比较大，所以收一个领口省，使得造型更为合体。再如图画出前腰装饰片的造型。

② 运用后片原型，胸围收进 0.5cm，从腰围线往下 18cm 确定衣长。在腰围线处从后中线向侧缝通过 $W^*/4$+1cm+ 省的计算得到后腰围大小，如图连出侧缝线。确定后腰省的大小和位置，连出刀背缝。将领宽、领深分别放大，同前衣片一样在肩端点作直角三角形（因为原型后片肩线本来就含 1.5cm 的肩省量所以就不用再设 1.5cm 的肩厚度了），确定插肩袖的倾斜度并画出袖长线，定出袖山高和袖口大小，画出插肩袖的弧线，袖口处收 2 个省道。再如图画出后背的装饰育克造型。

③ 将装饰领片与前后插肩袖片相连，拓片。装饰育克也同样拓片。

款式
17

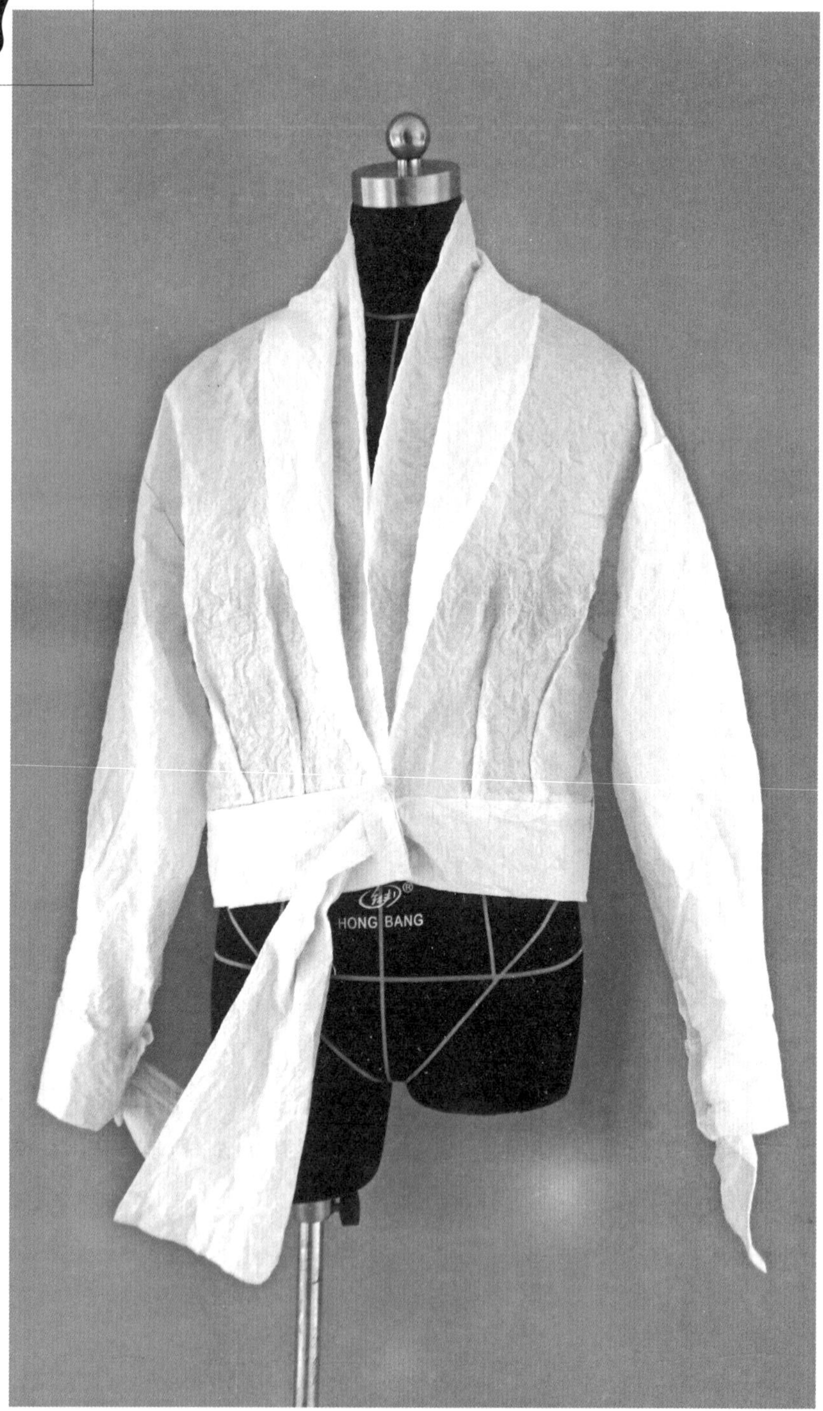

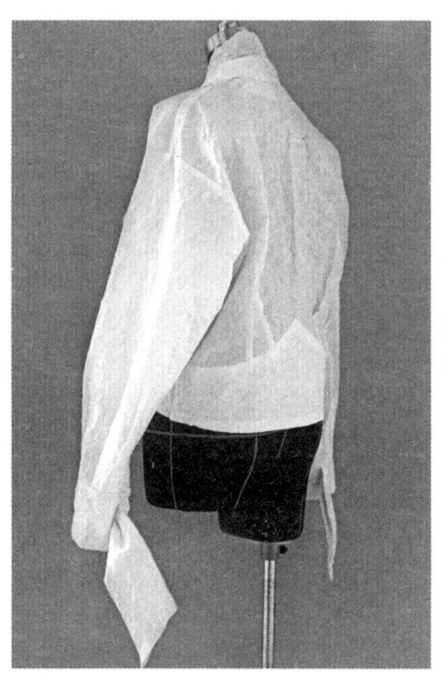

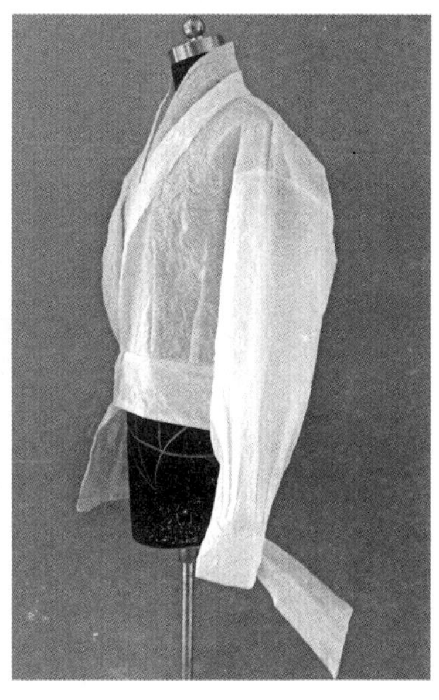

这是一款宽松型，无省道，无搭门，双层青果领上衣。仅限双面可用的面料。

① 运用后片原型，胸围放大 7cm，肩宽放大，从腰围线往下 17cm 确定衣长，如图降低胸围线，使得袖窿变大，袖窿弧线拉平直，标出 2 个活褶，画出后腰箍的造型。

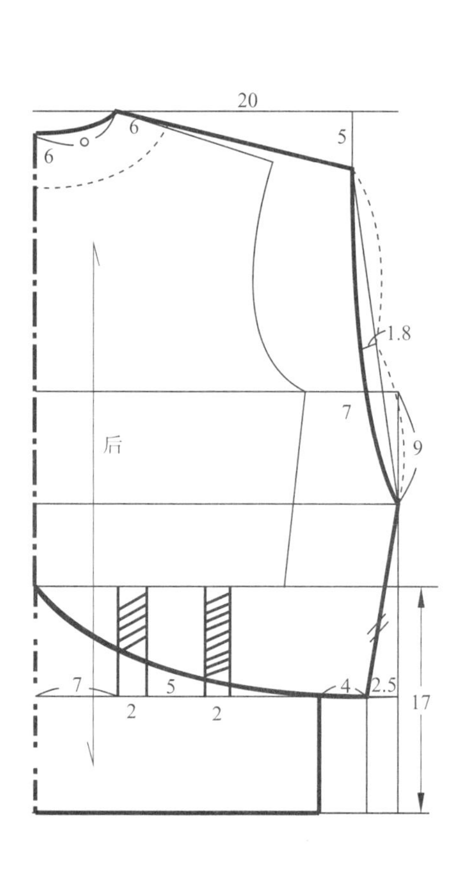

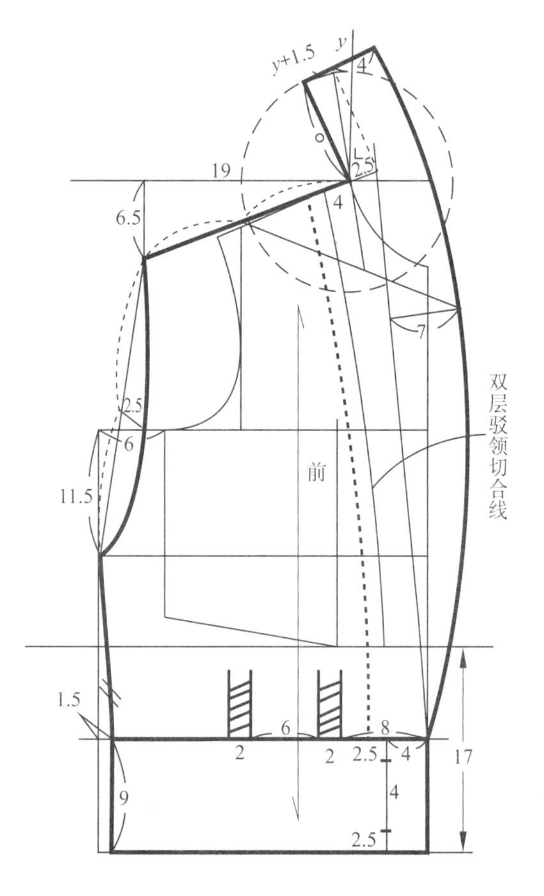

② 运用前片原型，胸围放大 6cm，肩宽放大，从腰围线往下 17cm 确定衣长，如图降低胸围线，使得袖窿变大，袖窿弧线拉平直，标出 2 个活褶，画出前腰箍的造型。前腰箍一边开一个 4cm 长的孔，另一边加长 37.5cm，两端放出一定的量用于穿过孔完成打结的造型。如图在颈肩点延长肩线 2.5cm 确定基点，连出驳口线，将肩线 2 等分，连出串口线，垂直于驳口线画一条 7cm 的线段确定青果领的宽度，再通过颈肩点作一条与驳口线平行的线段，作为领座线的辅助线，再从颈肩点延出一条垂线，与领座辅助线形成一个夹角 y，取后领口弧长为半径，颈肩点为圆心画一个圆，将夹角 y 加领面与领座的差数（1.5cm）为驳领的伏倒量，画出新领座线，然后连出驳领的整个造型。

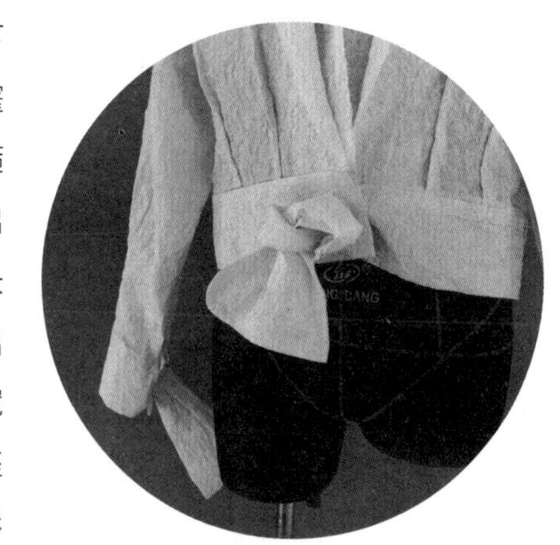

③ 取 5cm 的袖山高，46cm 的袖长，再分别取前袖窿弧和后袖窿弧的长度，画出袖片框架，确定袖口大小和褶量，画出整个袖片。

④ 如图画出袖克夫，袖克夫也是穿孔打结的形式。

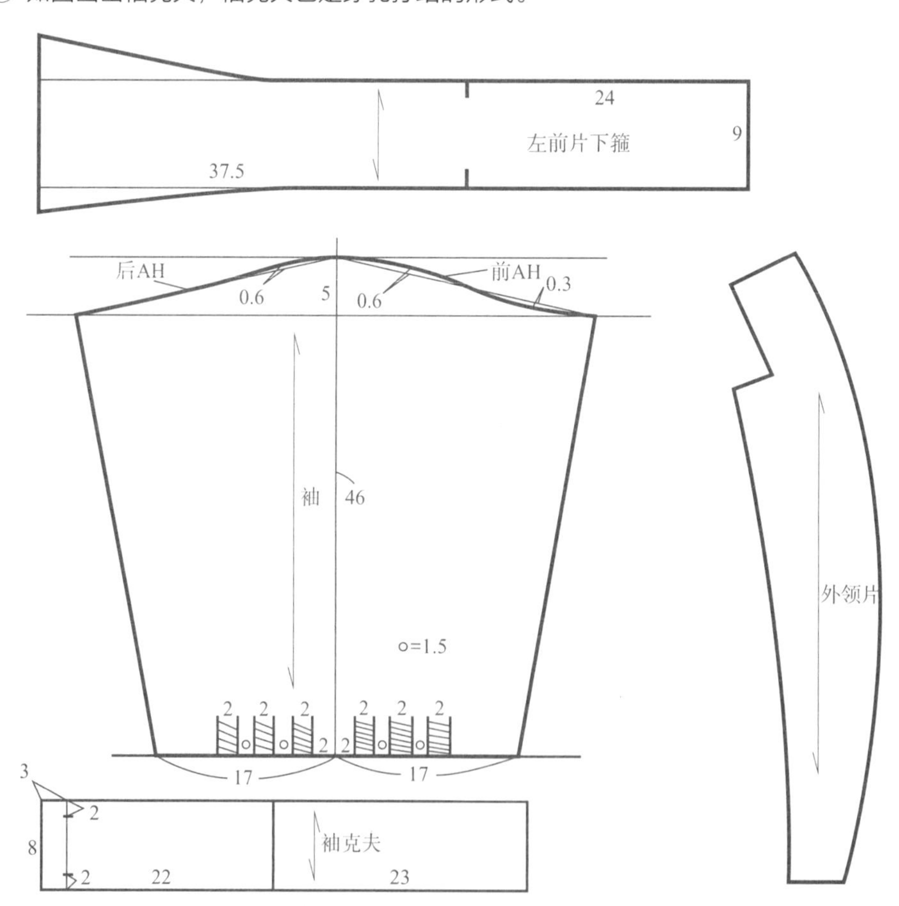

款式

18

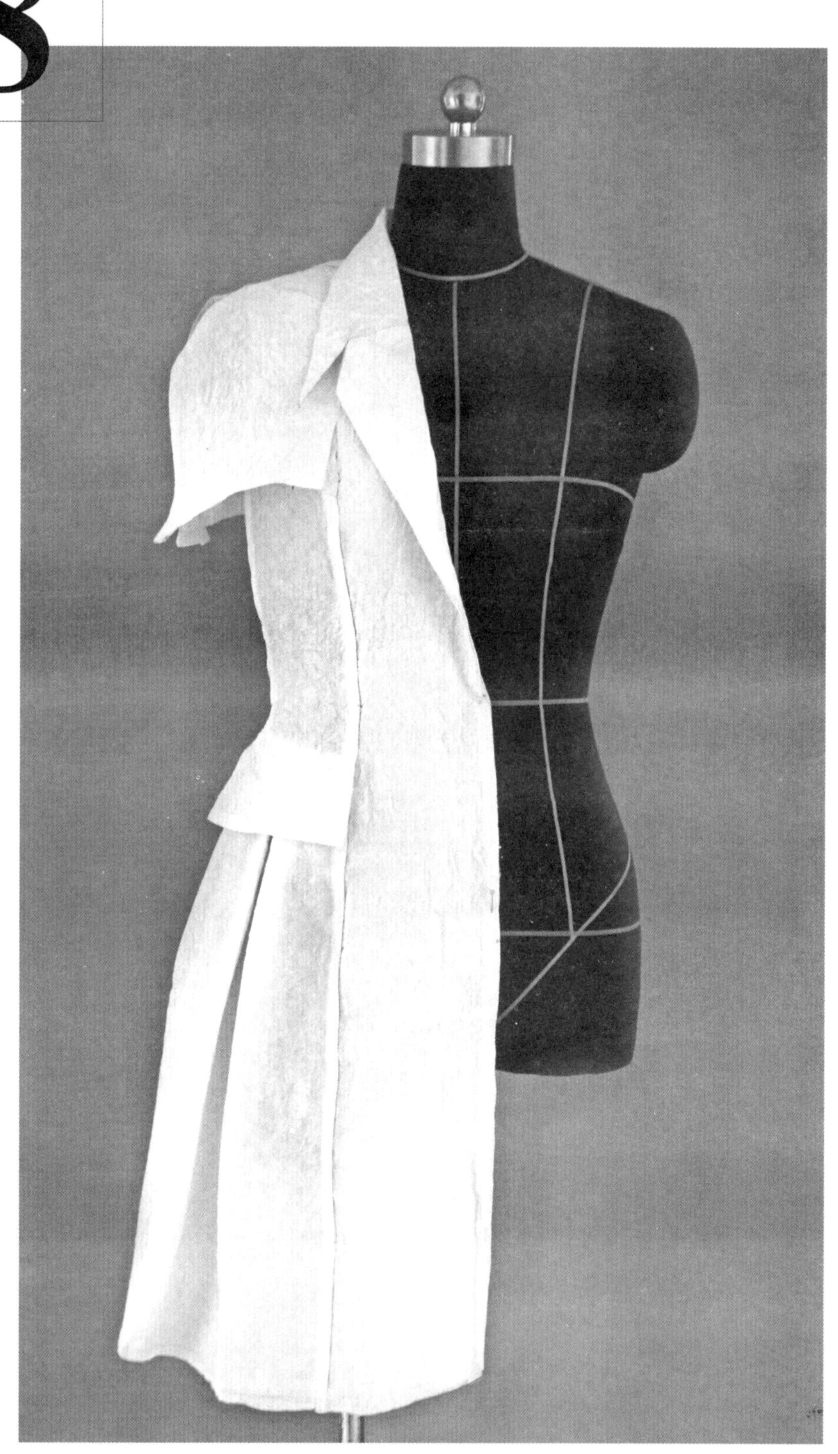

本款西装款斗篷风衣的变型主要是袖子，利用插肩袖的板型，与前中片衣身相连，衣长96cm。

① 以四开身公主线西装板型为基础，画出四片衣身，后中腰节线收进2cm，两边腰围线各收进1.5cm，从BP向下作垂线作为前腰省中线，前腰省宽2cm，臀围线交叉2cm。臀围线交叉3cm，绘制方法同前片。后片取腰围线等分点作垂线作为后腰省中线，后腰省为3cm；肩端点向外1cm，作45°斜线，取21cm长度，向里收进3cm，以弧线连接到BP点下1cm处。后片同理绘制。

② 前后的里层均为公主线分割的左右两片。前侧片分为上下两片，在口袋处断开，下侧片向外加宽4cm，制作时口袋中点用工字褶收回4cm。

③ 领型为燕子领延伸款，具体制作方法参考款式7。画出挂面与后领贴。

④ 缝纫时，里外层分开缝制。袖子的肩线单独缝合至肩端点，从肩端点往下袖子部分前后不缝合。缝制时的难点在于前后省道与袖子活页的拼合处，袖子活页与衣身相连处需要烫好黏合衬，并打剪口，以保证缝制时不脱丝，缝合服帖。

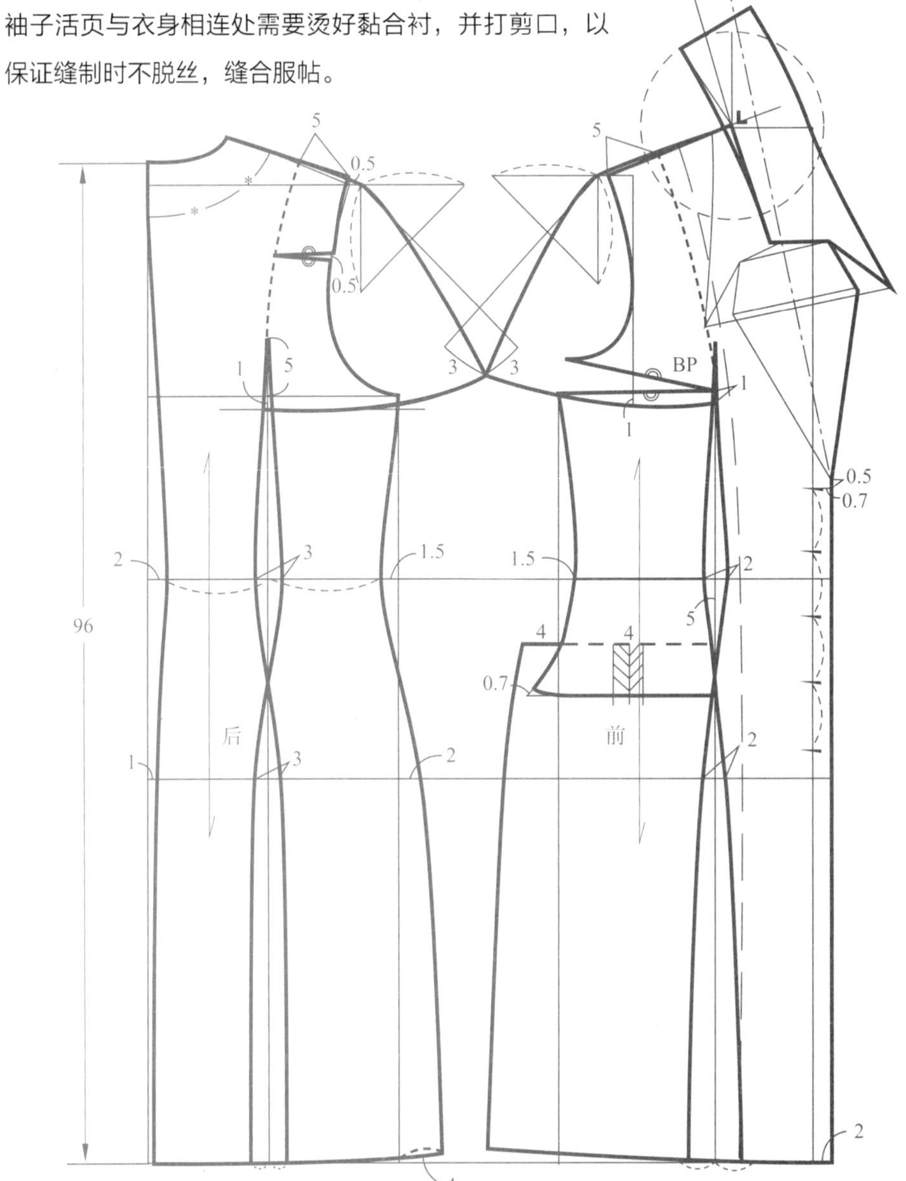

款式
19

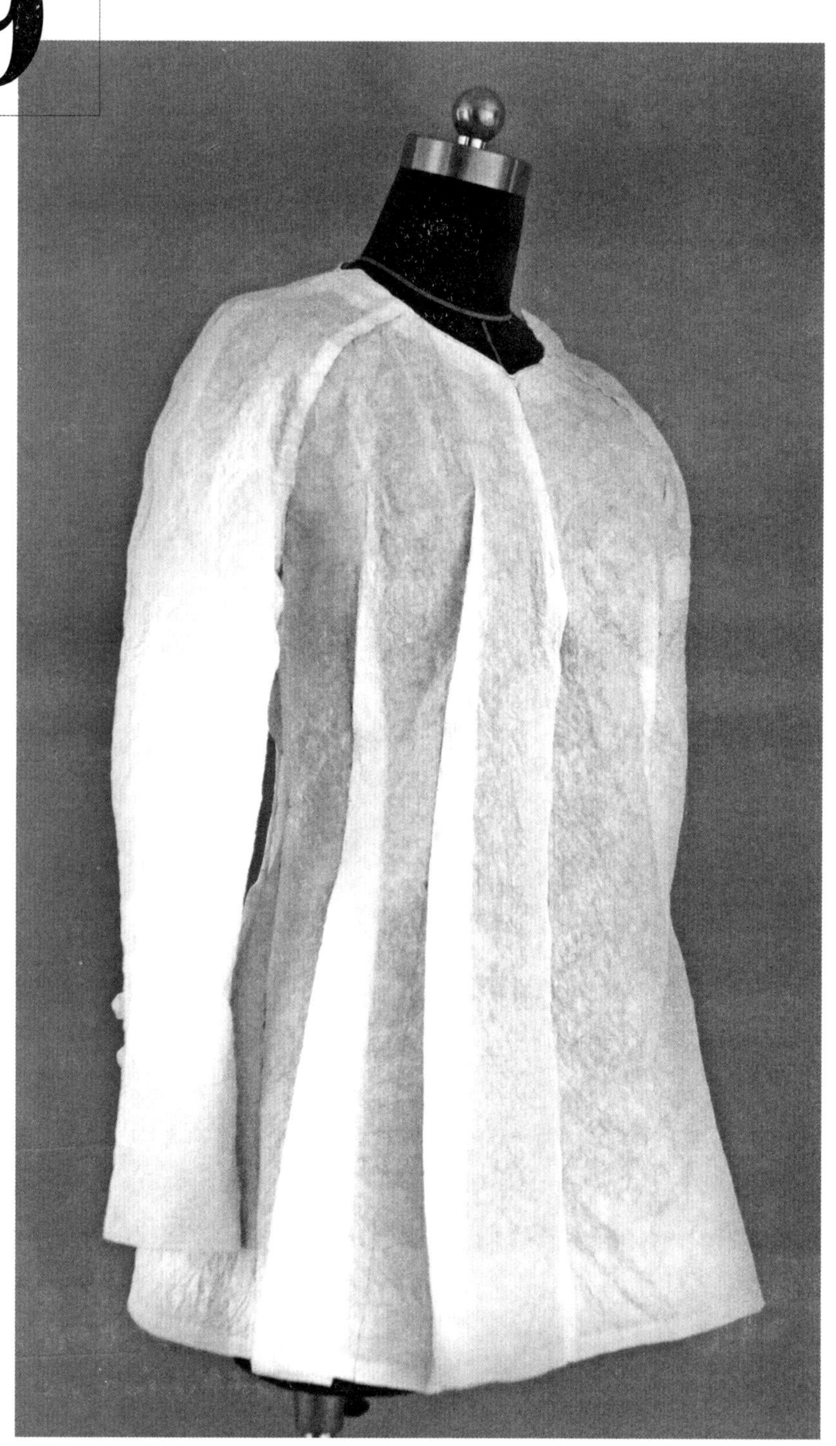

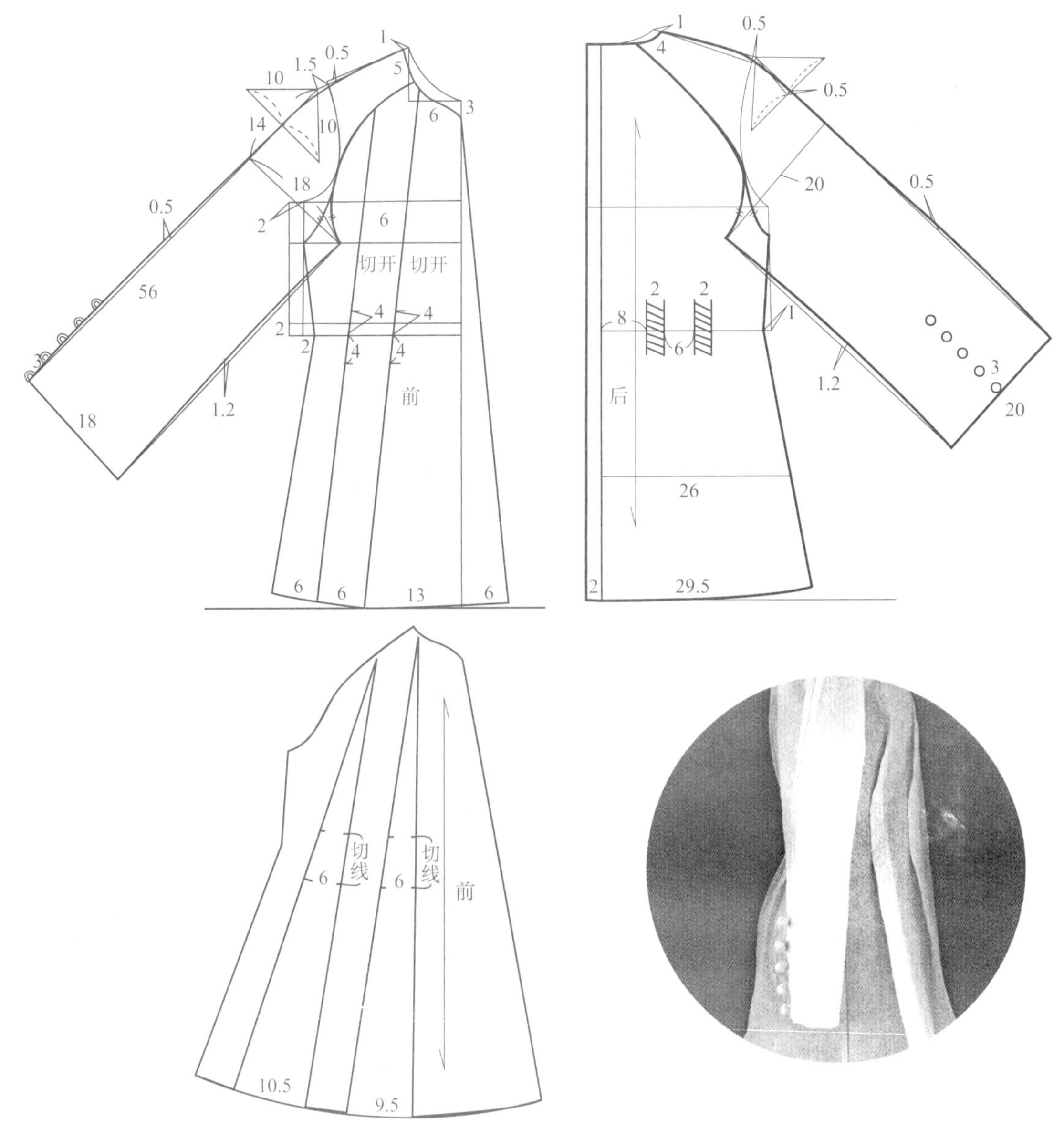

这款上衣为后背扣扣子，前片展开在腰部又收紧，大袖口插肩袖结构，通过纽襻和纽扣的组合来塑造袖口的造型。

① 运用上衣原型前片，确定衣服的长度，如图胸围收进 2cm，腰围线下降 2cm，腰围线处再收进 2cm，领宽、领深各放大 1cm 和 3cm，肩线在肩端点下降 0.5cm。依照前面所讲的插肩袖的结构制图方法画出袖子的结构，袖中线向外弯出 0.5cm，袖缝线向里收进 1.2cm。前中在底摆处放出 6cm，然后以图中所标尺寸画出切开线并展开需要的量。

② 运用后片原型，确定衣服的长度，放出 2cm 搭门，原型侧缝在腰围线处收进 1cm。腰围线上设定两个活褶，确定臀围和底摆的尺寸连出整个侧缝线。领宽放大 1cm，肩线在肩端点抬高 0.5cm，作直角三角形，等分三角形底边，从底边等分点抬高 0.5cm 确定袖子的倾斜度，和前片一样如图画出袖子的结构。

款式 20

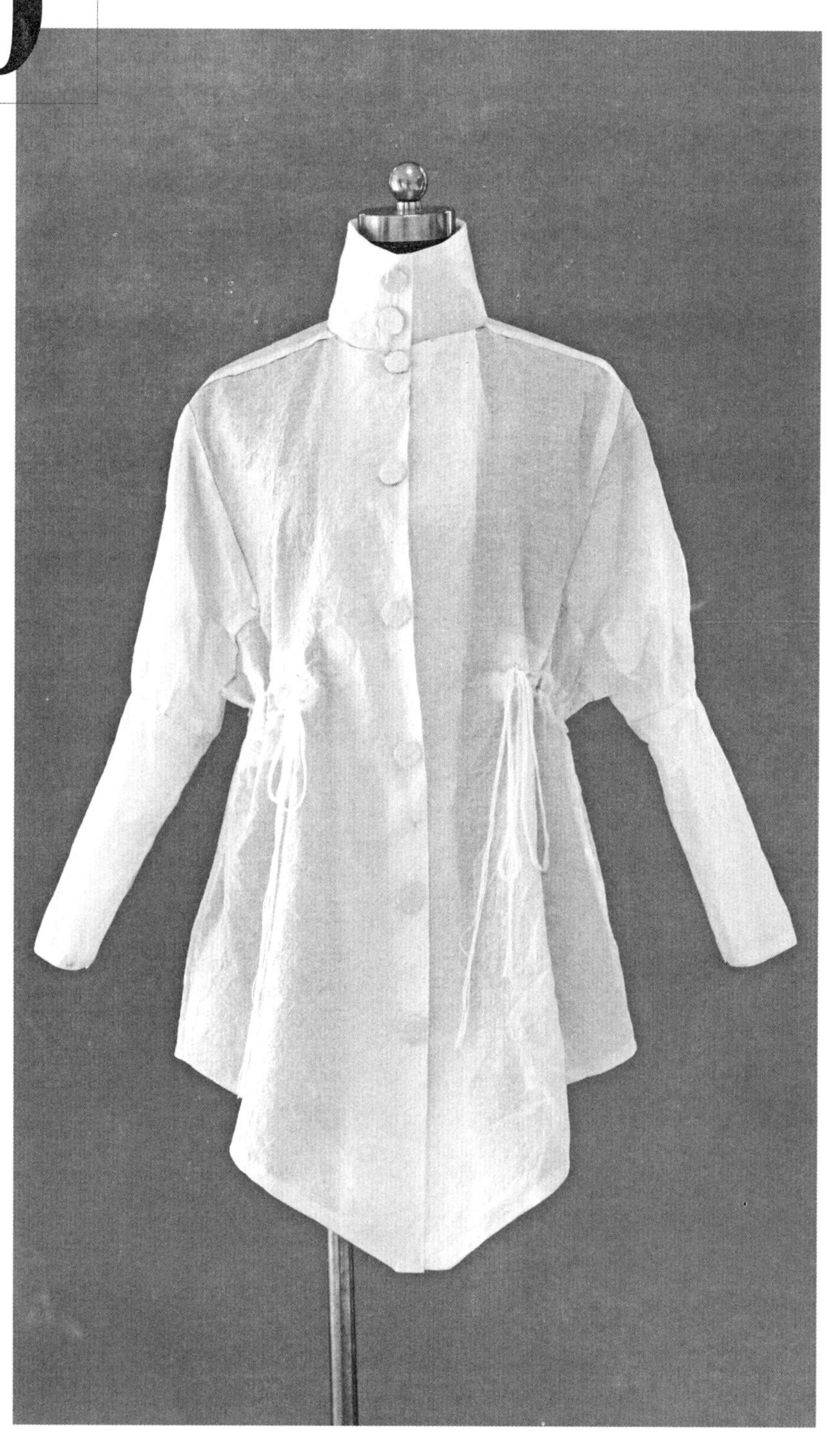

这是一款对插肩袖进行解构设计的宽松时尚外衣，结构的亮点在袖子上，袖子可以采用梭织面料与针织面料相拼接的组合来完成。

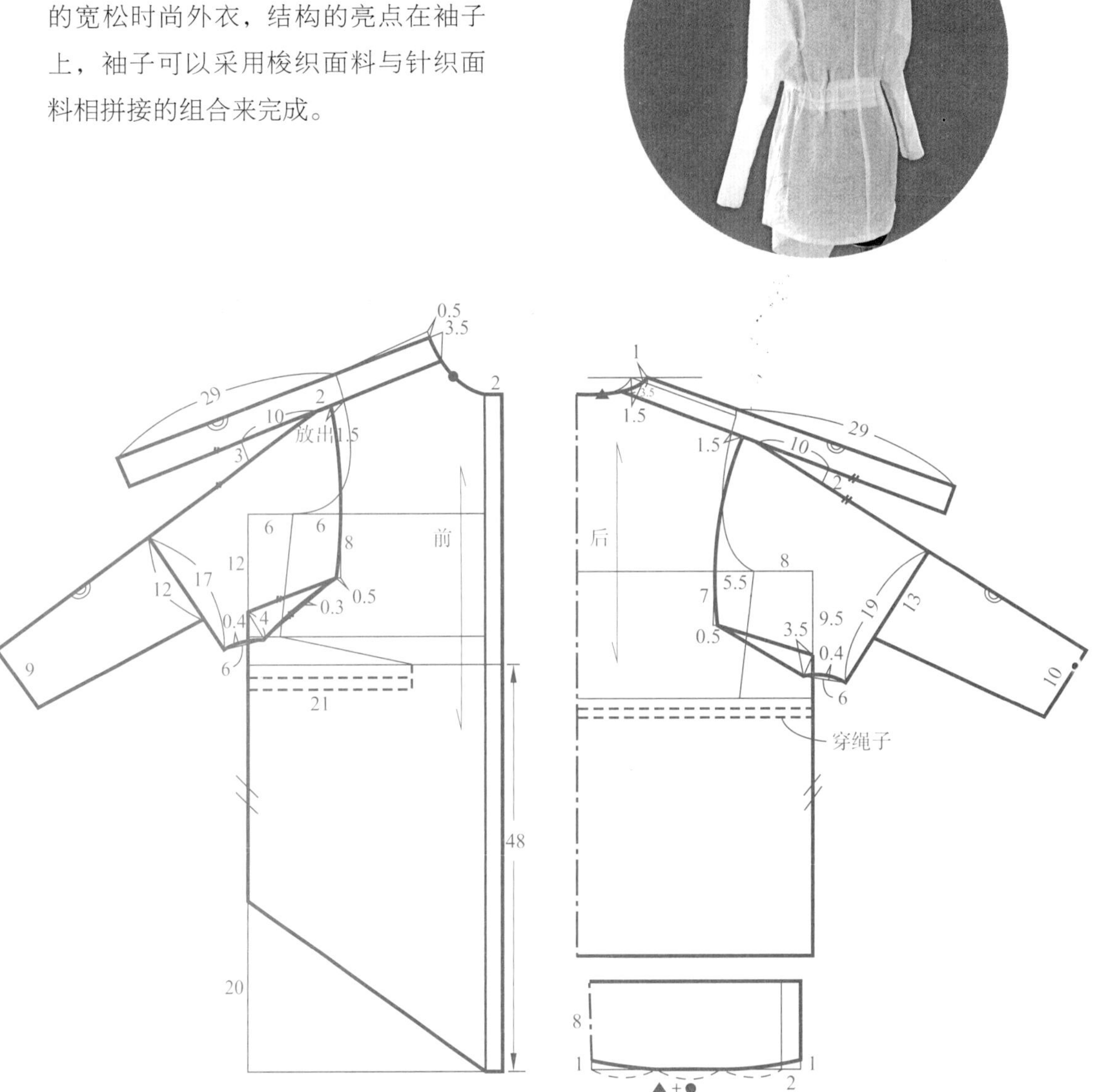

① 运用前片原型，将胸围放出 6cm，确定前长，放出 2cm 搭门，颈肩点下降 0.5cm，然后在领口弧线上如图取 3.5cm 点，将前肩育克与袖子连成一体。在新连出的肩袖线上如图画出插肩袖的倾斜度和插肩袖的袖肥及袖长。在腰围线以下，侧缝向前中线 21cm 处定出穿绳气眼的位置。

② 运用后片原型，领宽 1.5cm，肩线抬高 1cm，胸围放出 8cm，腰围线下降 1cm 确定衣长，和前衣片一样如图画出插肩袖的倾斜度与整个造型。

③ 前、后领口弧相加画出领子的结构图。

款式 21

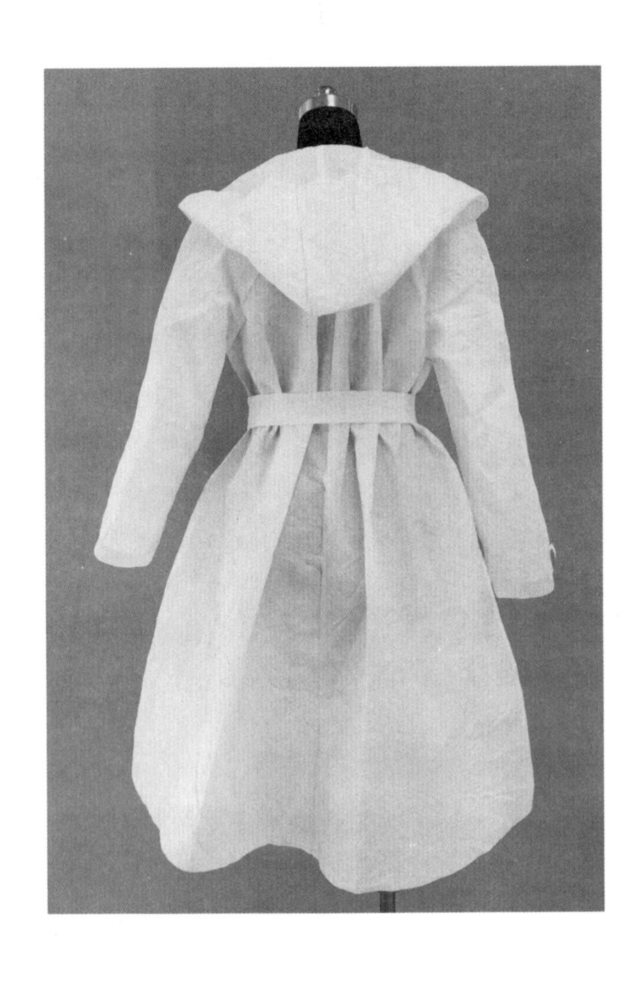

这是一款带帽的宽松风衣。结构上有多处展开，非常灵动。

① 运用后片原型，腰围线以下放出衣长，胸围放出 4.5cm，后中线下摆处放出 5cm，连至胸围线，侧缝出放出 10cm，并起翘保证下摆的水平。领宽放大 2cm，后领深下降 0.6cm，肩线抬高 1cm，肩端点收进 1cm，微调袖窿弧线。肩端点延长 2cm（胳膊厚度），作直角三角形，等分三角形底边，从等分点抬高 0.5cm 确定插肩袖的倾斜度，为袖型的前倾奠定基础。定出袖山高、袖肥和袖口大小，连出插肩袖的各条弧线。袖缝线在袖肘处收进 1.2cm 使得袖型更美观。画出后片的切开、展开线。

② 运用前片原型，腰围线以下放出衣长，前领深下降 0.5cm，撇胸 1cm，胸围放出 3.5cm，前中放出 9.5cm 连到帽子上。侧缝底摆处放出 10cm，起翘保证下摆水平。从肩端点延长 2cm（胳膊厚度）画直角三角形，等分三角形底边，从等分点下降 0.5cm 确定插肩袖的倾斜度，画出袖长线（袖长尺寸减 0.8cm，以辅助袖子造型的前倾）。和后袖的程序一样连出袖片的所有弧线。帽子高为头高加 2cm 左右，帽子深为头围 /2−2cm 左右，帽子的后底弧线与后领口弧相等。

③ 如图将前袖片画出等分线，然后切开展开，后衣片按照切开线切开并展开。

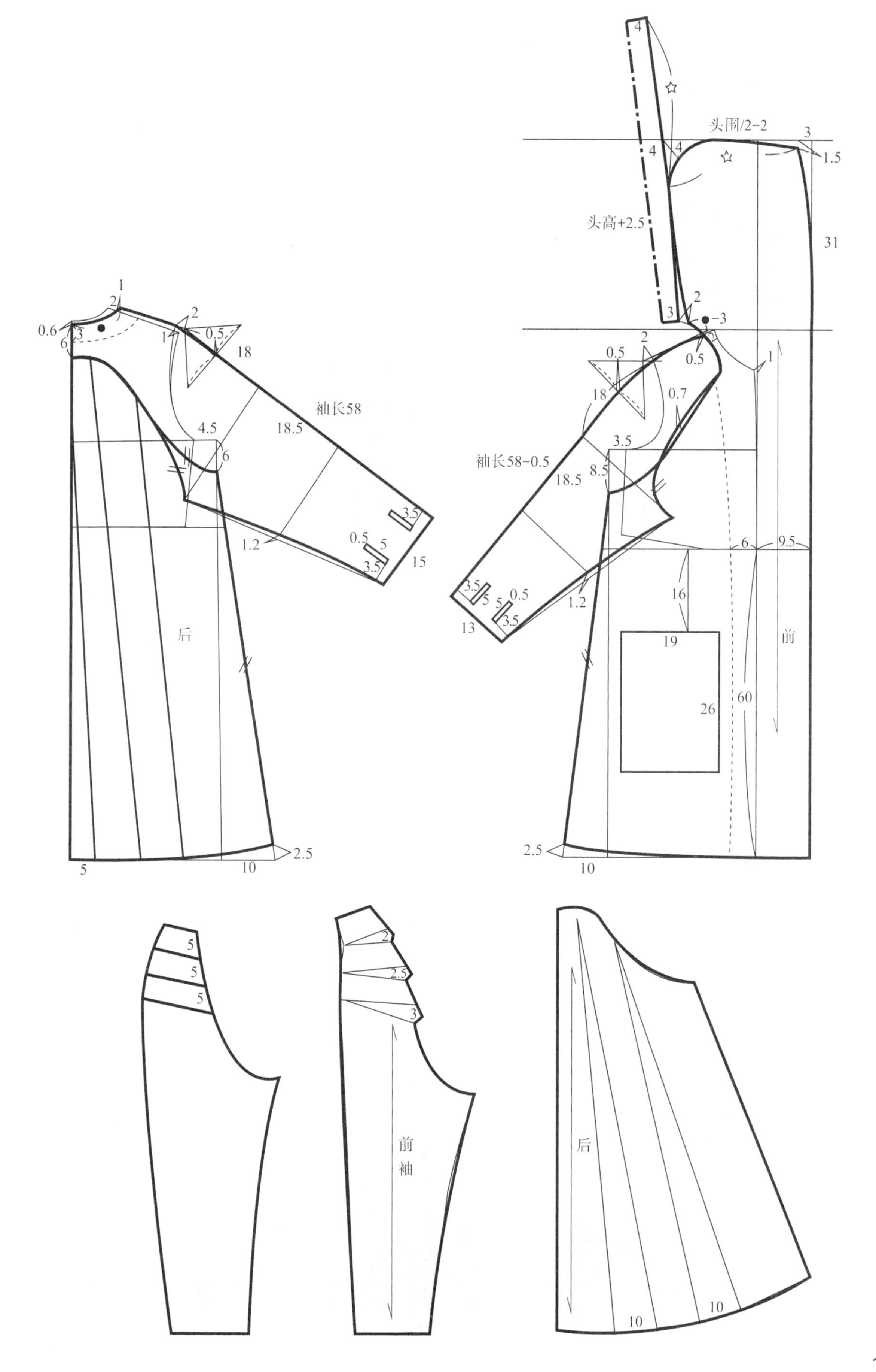

头围/2-2
3
1.5
4
4
4
头高+2.5
31
3
2
-3
0.5
1
1
2
0.6
3
6
2
1
0.5
18
袖长58
4.5
18.5
6
1.2
3.5
0.5
5
3.5
15
后
5
10
2.5
0.5
2
18
0.7
3.5
袖长58-0.5
8.5
18.5
6
9.5
16
19
3.5
5
0.5
5
3.5
13
1.2
26
60
前
2.5
10
5
5
5
2
2.5
3
前袖
后
10
10

款式 22

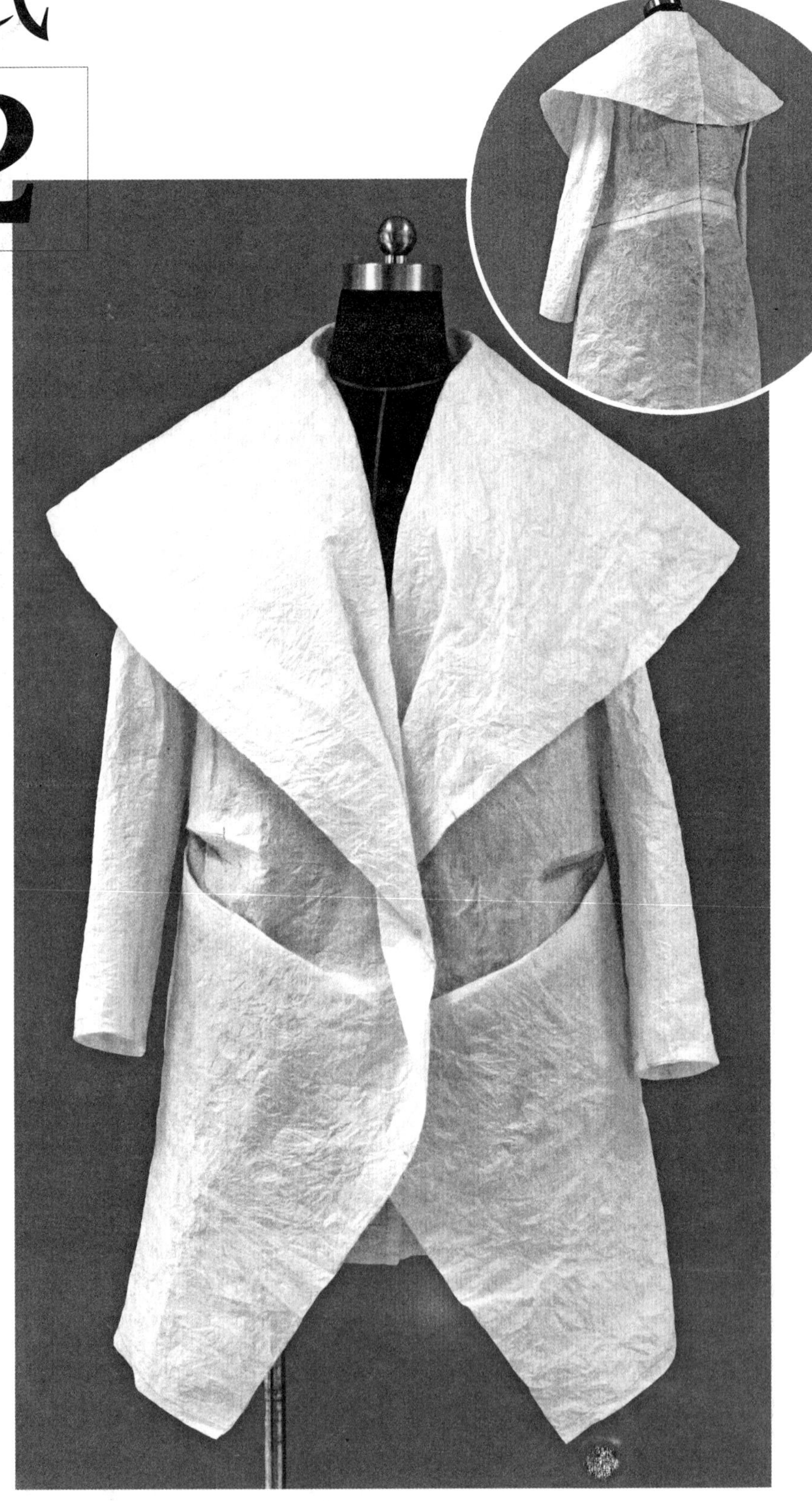

这是一款前后衣片为一体的大驳领大衣，通过后衣片腰部的褶裥缉合，形成前长后短的造型，并将口袋暗藏其中。

① 运用前片原型，将胸省转移至肩部，省尖点离 BP 点 4cm。

② 将转移好省道的原型前片与后片胸围各放出 2cm 放在一个平面上，从腰围线以下放出大衣的长度。前袖窿放出 1.5cm，后肩收进 1.5cm（原型的肩省量），抬高 0.7cm，将前后袖窿修圆顺。

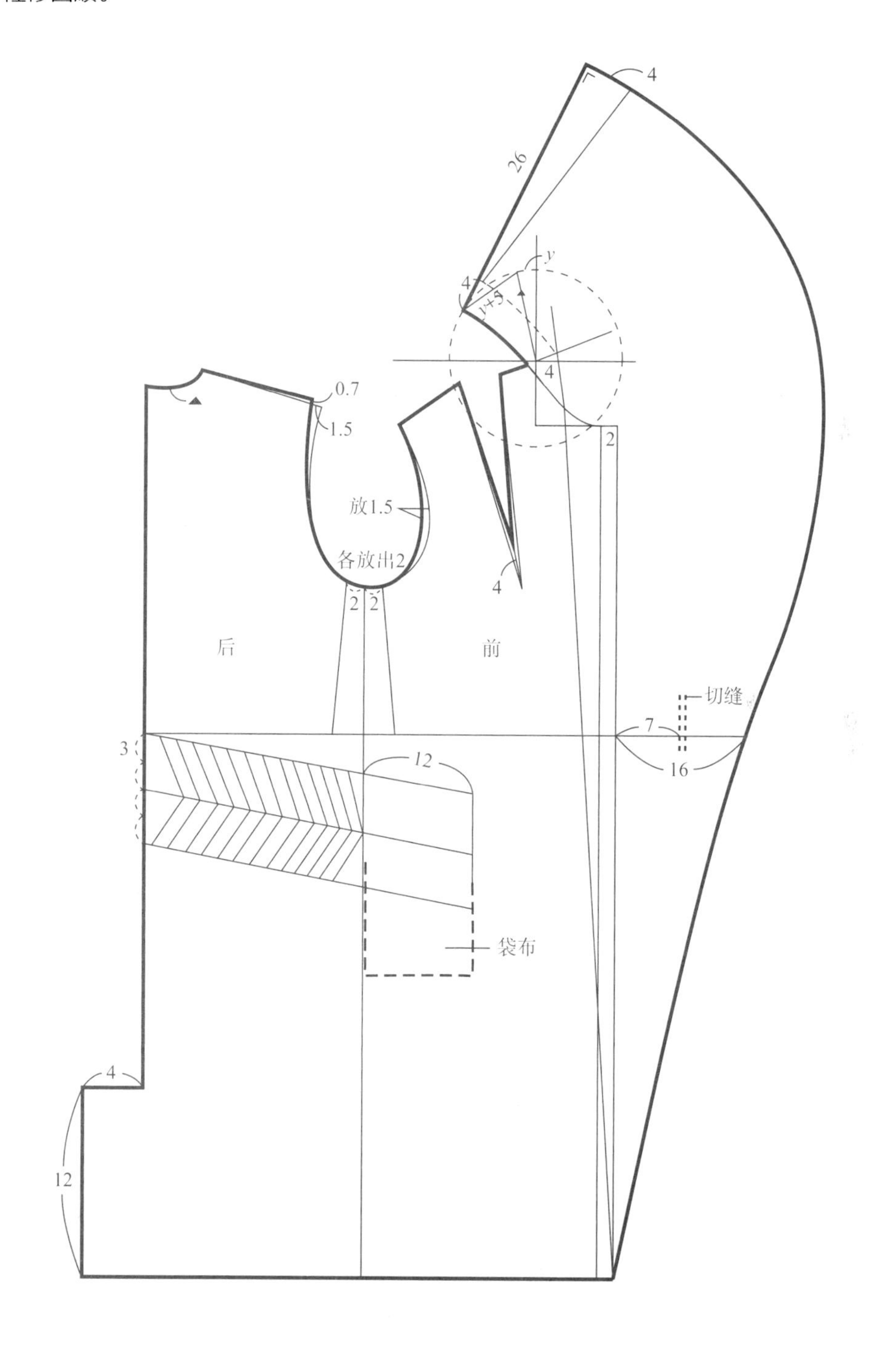

③ 如图从前颈肩点沿肩线放出领座宽 4cm 设为基点，从底边前中处放出 2cm。连接出驳口线。从颈肩点延长一条线与驳口线平行，作为领座线的辅助线，再从颈肩点延出一条垂线，与领座辅助线形成一个夹角 y，取后领口弧长为半径，颈肩点为圆心画一个圆，将夹角 y 加 5cm 为驳领的伏倒量，画出新领座线（由于翻领领面比较大，所以倾倒的角度不是按照常规的方式来计算，而是在领子的后中线处放出一定的量，使其翻到后更贴合人体）。在腰围线处从前中线放出 16cm，然后连出驳领的整个外形。在 16cm 线上取 7cm 为一个点，纵向切一道线，使驳领产生立体结构的造型。

④ 后片从腰围线向下等分 4 份，画斜线连向前片，后片打工字褶缉线；如图前衣片留 12cm 袋口。

⑤ 袖子配以两片袖原型，绘制方法参考款式 7 两片袖。

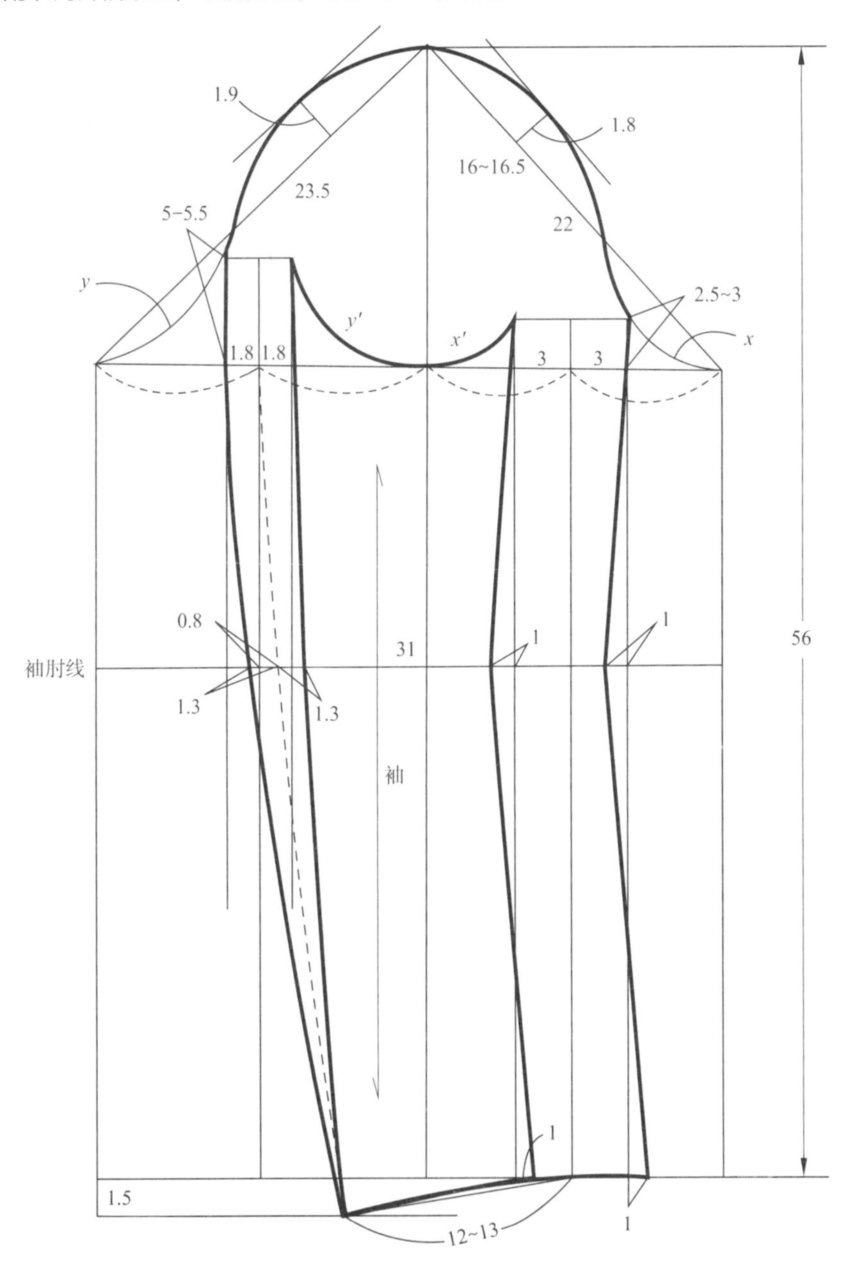

款式 23

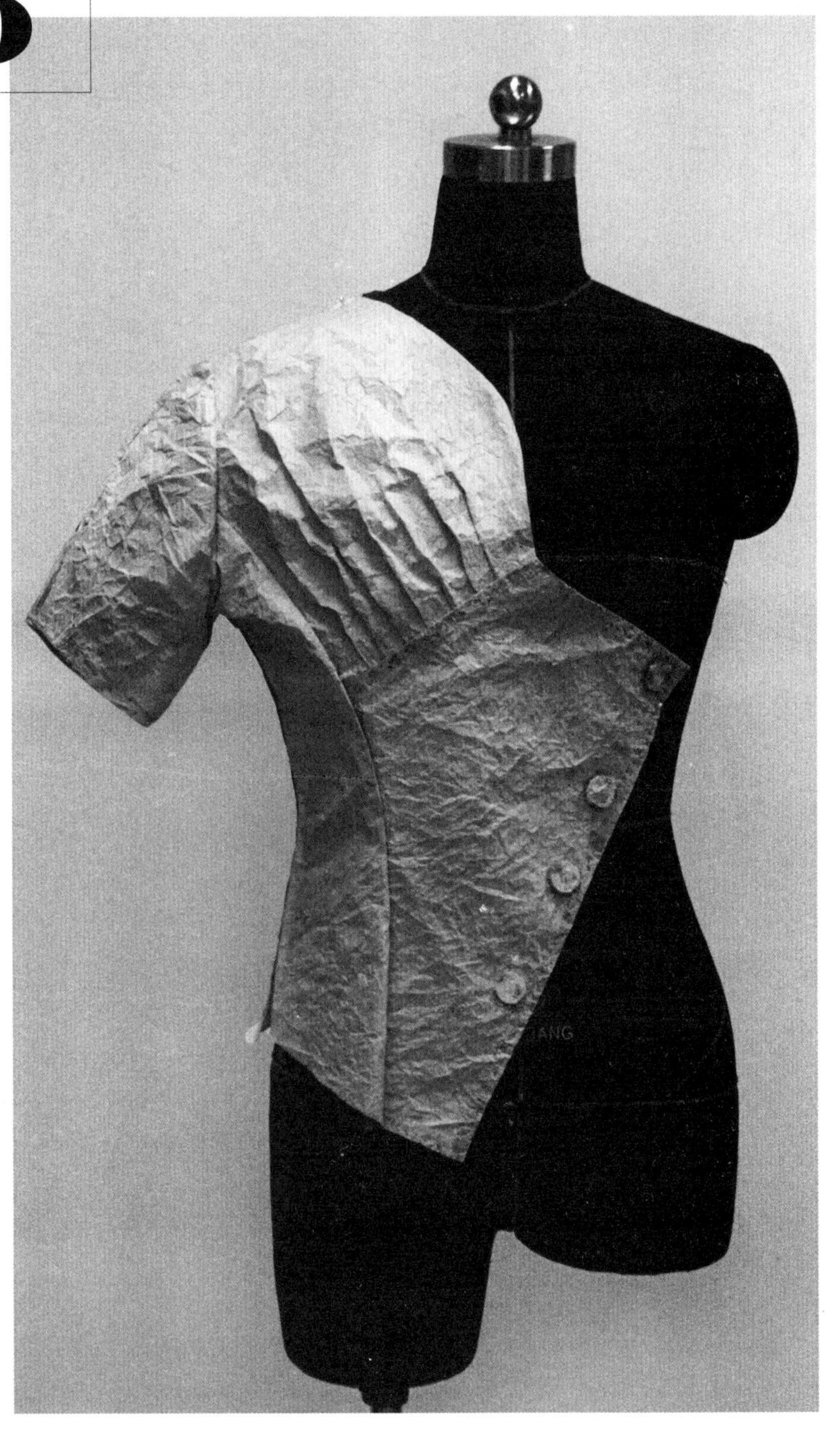

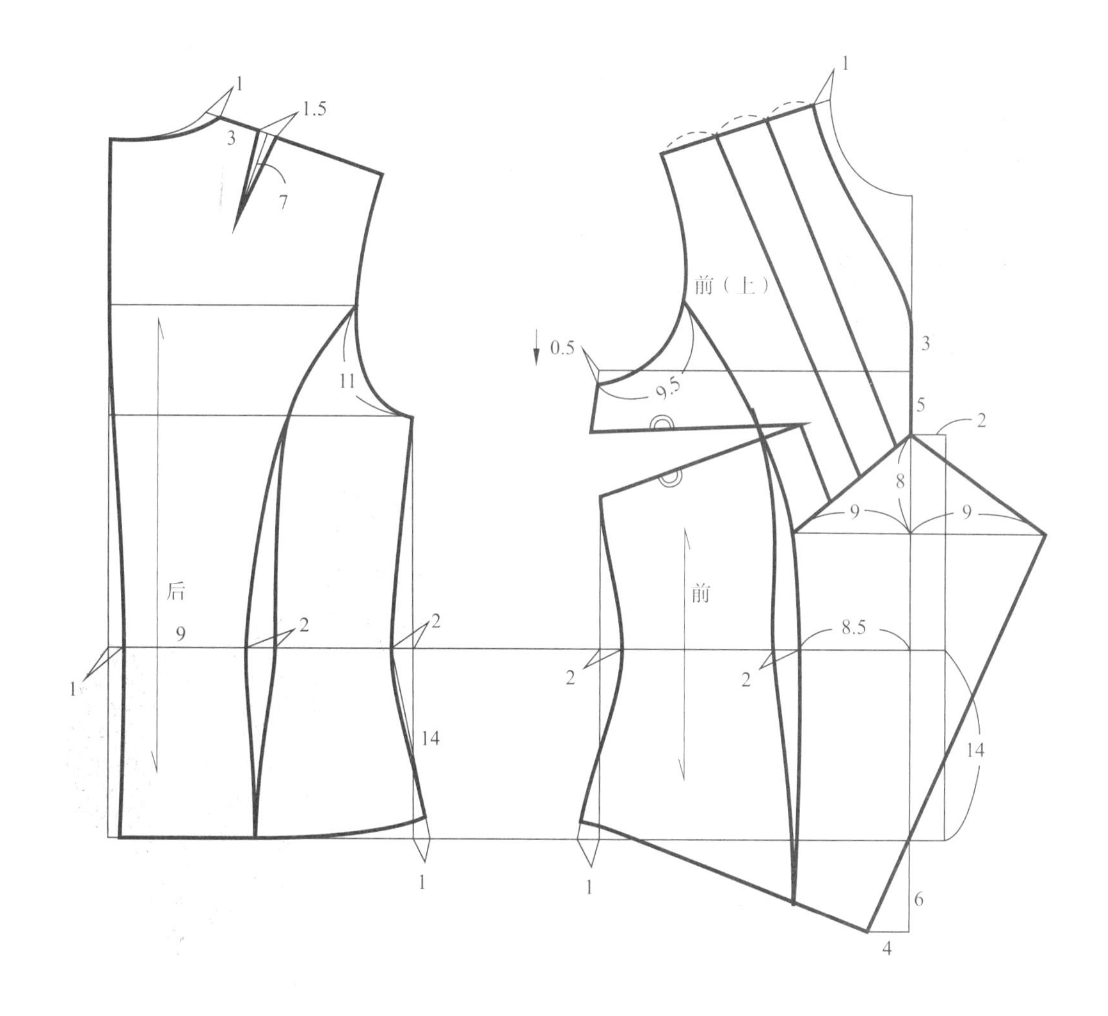

此款为运用省道转移和分割、切开等手法来设计的时尚收腰短袖上衣。

① 运用前片原型，从腰围线以下确定衣长，领宽放大 1cm，从胸围线向上 3cm 确定一个点，连出新的领口弧线。再从胸围线往下 5cm 确定一个点放出 2cm 的搭门。袖窿线在胸围线处下降 0.5cm，调整前袖窿弧线，腰间收进 2cm。如图确定刀背线的位置和腰省的位置，从搭门线往下 8cm 确定一个点，然后画一个等腰三角形，在底边将搭门线延伸 6cm，再往左画一条 4cm 的线连接创意的前搭门造型。然后将肩线三等分，从等分点向等腰三角形画切开线，闭合前胸省，打开刀背线和切开线得到新的样片。

② 运用后片原型，从腰围线以下确定衣长，领宽放大 1cm，后腰中缝收进 1cm，侧缝收进 2cm，如图确定刀背线的位置和腰省的位置。

③ 运用原型袖片，左右各放出 2cm，以扩大袖山弧线的长度，取一个理想的短袖长度，以袖山中心为基准，在袖山弧线上前袖向下 8cm 确定一个点，后袖向下 9cm 确定一个点，然后设两个 1.5cm 的小褶。在袖口线从左右侧缝处各收进 3.5cm 确定袖口的大小。以袖中线

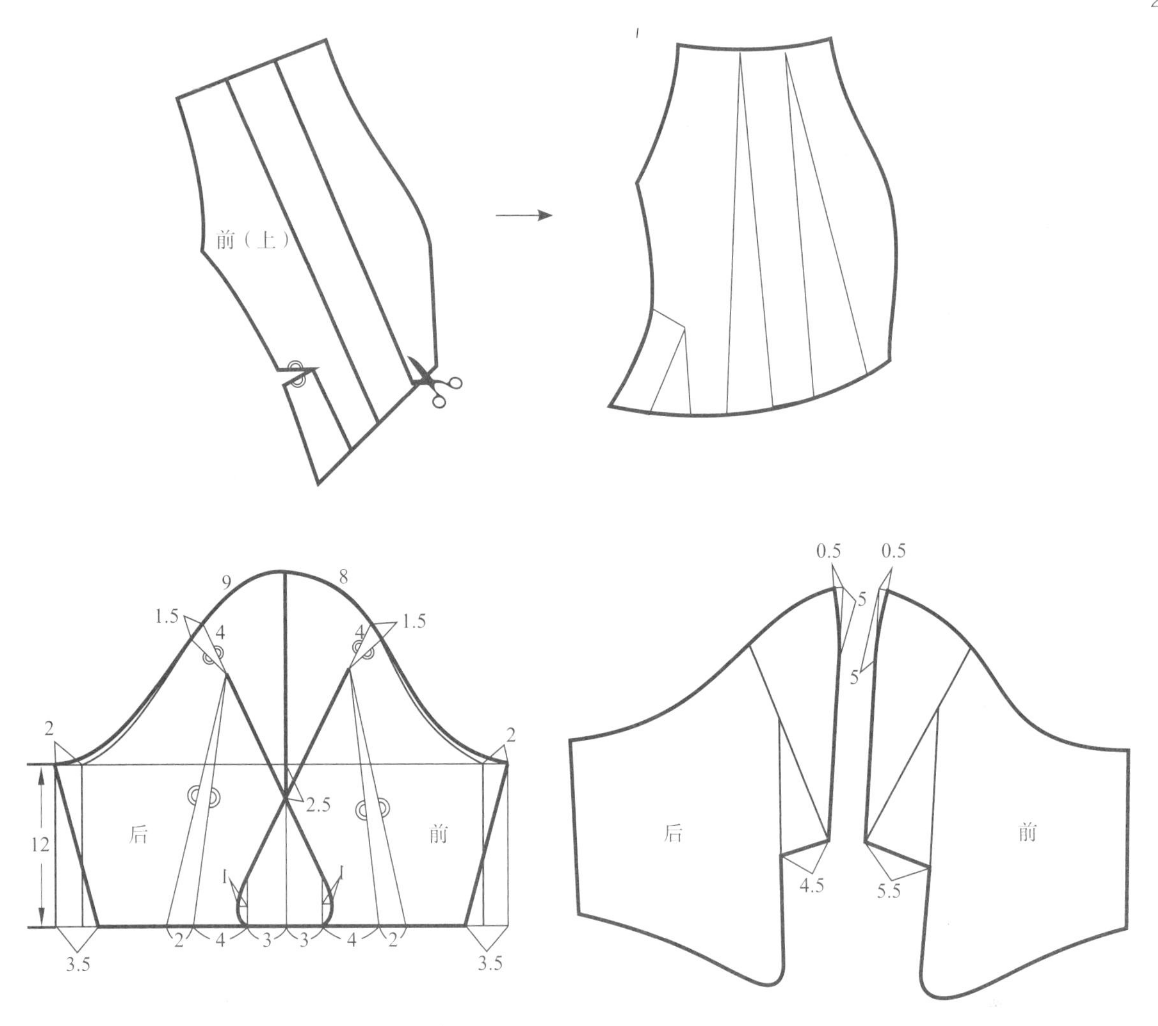

为中心在袖口线上各向左右 3cm 确定一个点，从此点分别向上画一条垂直辅助线，在辅助线的 1/2 处画 1cm 的水平线段，从线段的端点出发各自向袖山弧线画两条斜直线，在袖中线处相交。在袖口线与袖中线相交点 3cm 点处出发各自向左右 4cm 再确定一个点，再从此点各自向左右 2cm 在确定个点，然后分别连线与袖山处的两个小褶相交，同时做折叠处理，切开相交的斜线，展出一个活褶的量。从而得到一个全新视觉效果的袖子。

本章小结

1. 上衣原型的实际运用。
2. 省道与服装造型的完美结合。
3. 领、袖解构设计与整体统一。
4. 上衣样片的切开、展开手法的合理应用。

思考题

1. 样片的切开、展开的手法与立体裁剪有何区别?
2. 如何将省道转移的手法与样板切开、展开的手法最合理地融合在一起?
3. 有多少种方法可以将胸省与领子的造型结构结合在一起?
4. 你对结构创意设计有何自己的独立想法?

第5章
裙子的基本构成原理与创意

课题名称：裙子的基本构成原理与创意

课堂内容：裙子的基本结构与人体的关系

裙子原型结构

裙长和裙下摆宽度的比例

半身裙创意结构实例分析

连衣裙的分割方式

裙子的常见分类

连衣裙创意结构实例分析

课题时间：50课时

教学目的：让学生了解并掌握裙子的结构与人体的关系，以及裙子原型的构成依据与原理，裙子的长度与下摆的比例关系，并在此基础上要让学生掌握裙子原型的结构拓展技法，掌握上衣原型与裙子原型结合组成连衣裙的结构技法，并进行多方位的创意拓展训练。

教学方式：教师PPT讲解基础理论知识，做实样操作演示。学生在阅读、理解的基础上进行实样模仿操作练习，最后进行独立的创意设计练习，教师进行个别辅导，对每个同学的作业进行集体点评。

教学要求：要求学生理解和掌握女性下肢人体的结构特征，了解和掌握裙子的结构构成原理，省道的分配原理。在掌握裙子基础结构知识的基础上进行半身裙和连衣裙的拓展创意训练。

课前（后）准备：课前提倡学生多阅读关于裙子结构设计、连衣裙结构设计的基础理论以及相关裙子变化设计的书籍，课后对所学的理论通过反复的操作实践进行消化。

裙装可以分为半身裙和连衣裙，半身裙是包裹身体下肢部位的一种服装品类，连衣裙是将上衣前后片和半身裙连成一体的服装品类。裙装在服装史上多由女性穿着，也有代表性的男子穿着裙装的例子，我国男子商朝开始穿裙子，称之为“裳”，东南亚地区如斐济、缅甸、马来西亚在日常和节日庆典都有穿着裙装的习惯，苏格兰男子所穿的花呢“基尔特”（Kilt）更是成为苏格兰民族文化的标志。但是，女子穿着裙装在时间和地域的跨度上都远远大于男子。

当代女子裙装的穿着不受年龄的限制，通常依据款式的不同要求来选择日常服装、正装与礼服。针对不同季节、不同场合的要求，根据不同的面料和设计需要来完成裙装设计。

5.1 裙子的基本结构与人体的关系

女性下肢特征是腰细、胯大、腹部浑圆、臀部丰满，后腰至臀部的凹凸十分明显。因此裙子的基本结构就依据人体曲线进行设计，将腰臀之间多余的量用收省道的形式来进行调整，使得裙子更贴合人体。由于裙子的结构是没有任何牵连的桶状，人体的上下运动、坐立行走都不受其限制，所以在结构设计的过程中可以更多地去考虑小腹部的圆润和如何保证裙子的侧缝线走过人体侧面的中央等要点。腰围、臀围采用前片大后片小（前后差大约2cm）的形式能更好地满足以上要求。同时由于腹部的峰点要比臀部的峰点来得高一些，所以前片的省道要比后片的省道来得短一些。

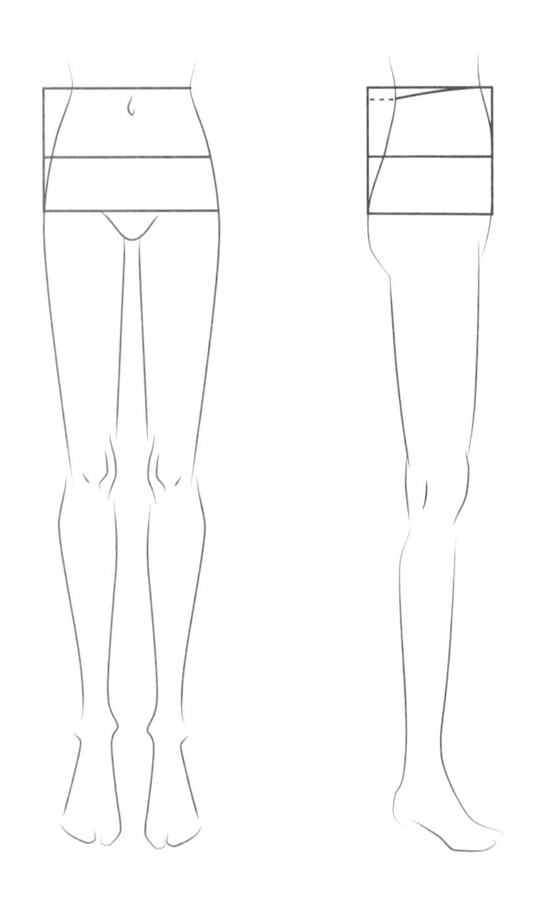

将前后片臀围与腰围的差数进行3等分，将其中的2份作为腰省的量，1份在腰围线侧缝处撇掉。由于人体的腰围线在后中呈现一个自然下落的状态，因此裙结构在后中要下落1cm左右。

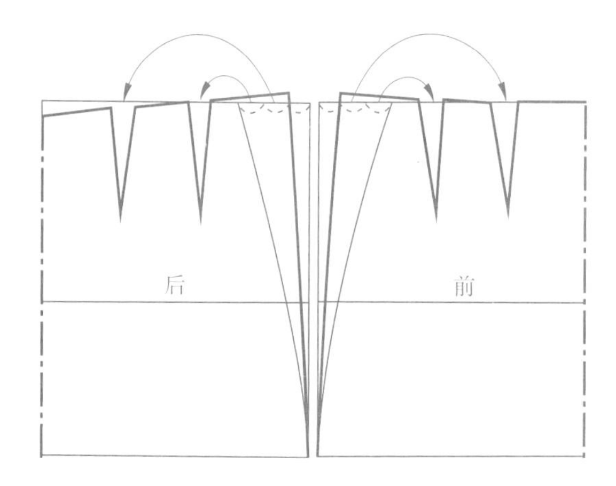

5.2 裙子原型结构

如图按照前面所述的裙子结构与人体关系的要点，我们可以来建立一个裙子的基本原型。步骤如下：

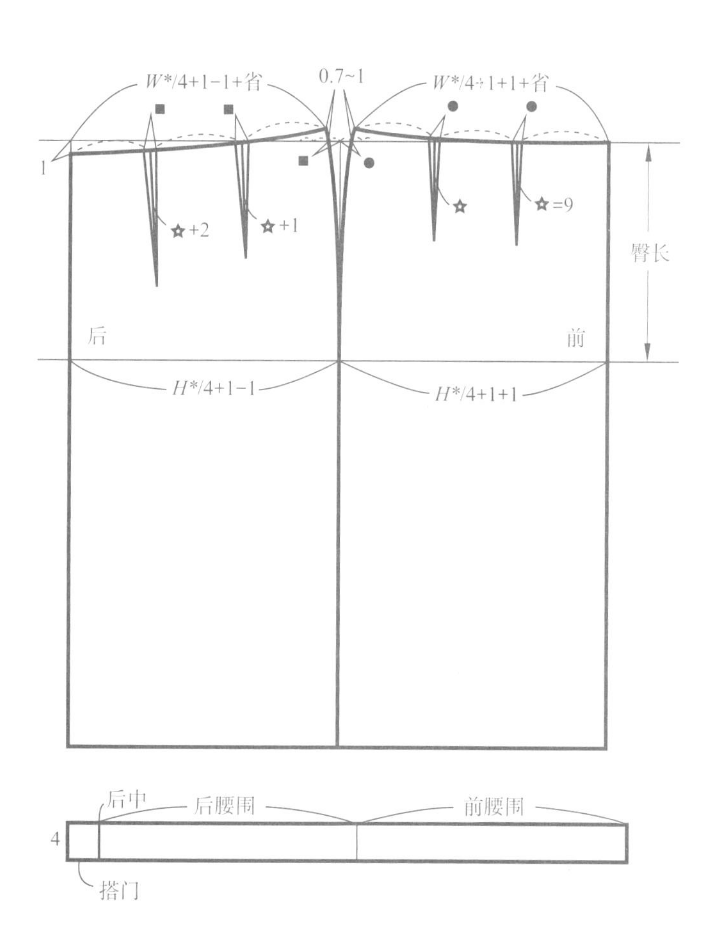

前片以裙长为长度，$H^*/4+1cm+1cm$ 为宽度建立一个长方形。

由臀长（臀长一般在 18~20cm）画出臀围线。

以 $W^*/4+1cm+1cm$ 确定腰围的尺寸，将臀腰之间的差数 3 等分，2 份作为省量，1 份在腰围线侧缝处撇进。然后起翘 0.7~1cm，圆顺地与前中线点连出前腰围线。

将腰围线 3 等分，等分点为省道的中心点，分别垂直画出两个 9cm 长的省道。

后片以裙长为长度，$H^*/4+1cm-1cm$ 为宽度建立一个长方形。

由臀长（臀长一般在 18~20cm）画出臀围线。

以 $W^*/4+1cm-1cm$ 确定腰围的尺寸，将臀腰之间的差数 3 等分，2 份作为省量，1 份在腰围线侧缝处撇进。然后起翘 0.7~1cm，后中下落 1cm，圆顺地与后中线点连出后腰围线。

将腰围线 3 等分，等分点为省道的中心点，分别以前省长度 +1cm 和前省长度 +2cm 的数值垂直画出两个后省的长度。

取前腰围的尺寸 + 后腰围的尺寸 + 搭门尺寸为长度，4cm 为高度绘制裙腰。

5.3 裙长和裙下摆宽度的比例

人体下肢部分的活动量较大，例如走、坐、蹲、跑、跳等姿势都需要裙装给予一定的活动松量。裙装没有裆，在蹲、坐这些静态动作范围只需要给予充分的臀围松量，或者在裙摆上设计开衩、波浪、褶皱来解决。裙装最主要的限制范围是走路时下摆围度与裙长的关系，即下摆围度是否能够满足步幅的需要。一般 165/84A 的女性步幅平均约为 67cm，由此可以估算出不同裙长与下摆围度的最小值。

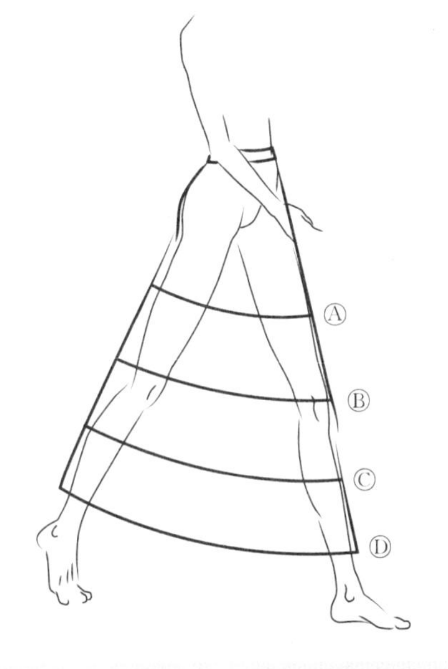

字母	裙名称	裙长（cm）	平均数据（cm）
Ⓐ（Ⓐ-Ⓑ）	短裙	40~60	80~94
Ⓑ	及膝裙	60~70	98~110
Ⓒ（Ⓑ-Ⓒ）	中长裙	70~80	110~135
Ⓓ（Ⓒ-Ⓓ）	长裙	80 以上	135 以上

5.4 半身裙创意结构实例分析

款式 1

本款短裙前片为一整片，左右分别展开，主要运用收碎褶的手法做造型。

① 画出一步裙原型，在前中省道左边0.8cm处取一点，用弧线连接该点和省尖点，并顺势延长至前中线，在该弧线上，从省尖点开始取三段3.5cm，在裙子侧缝线距离底边5cm处，向上取三段3.5cm，连接两端。

② 将步骤①的弧线从腰围线开始剪开至等分段结束将四条连线剪开，将前片两个靠中间的省道闭合，前片靠外侧省道则将省尖点另一端剪开，闭合省道；同时旋转剪开的部分，左右旋转相同的量，打开的扇形量越大，收回时褶裥越大。前片为一整片，左右旋转的量相等，也可只做一半，用对称的方法得到另一半。

③ 后片为一步裙原型，画出配套腰头，侧缝或后中装拉链。

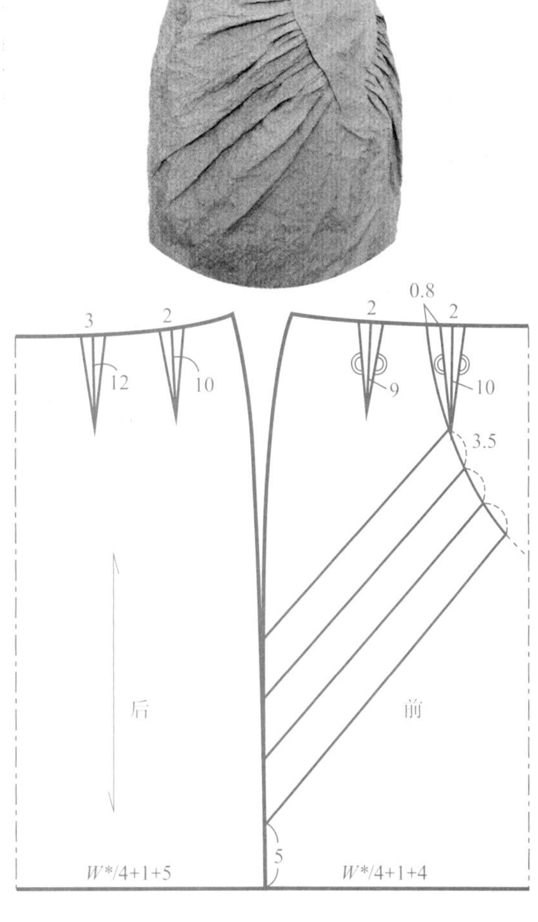

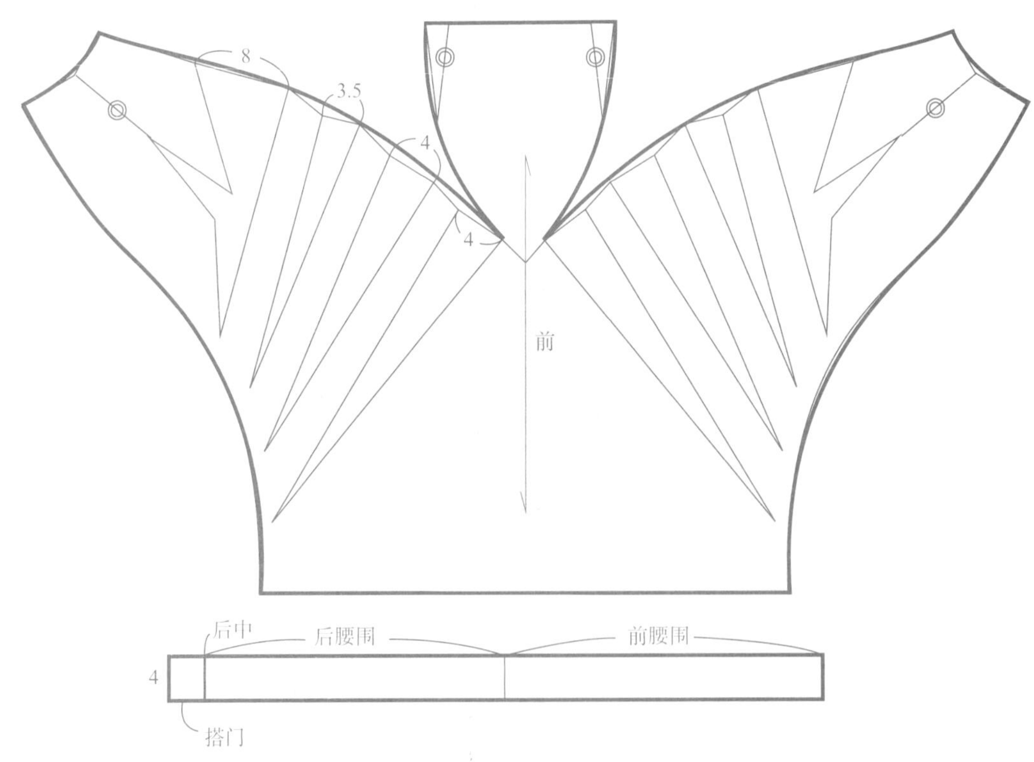

款式 2

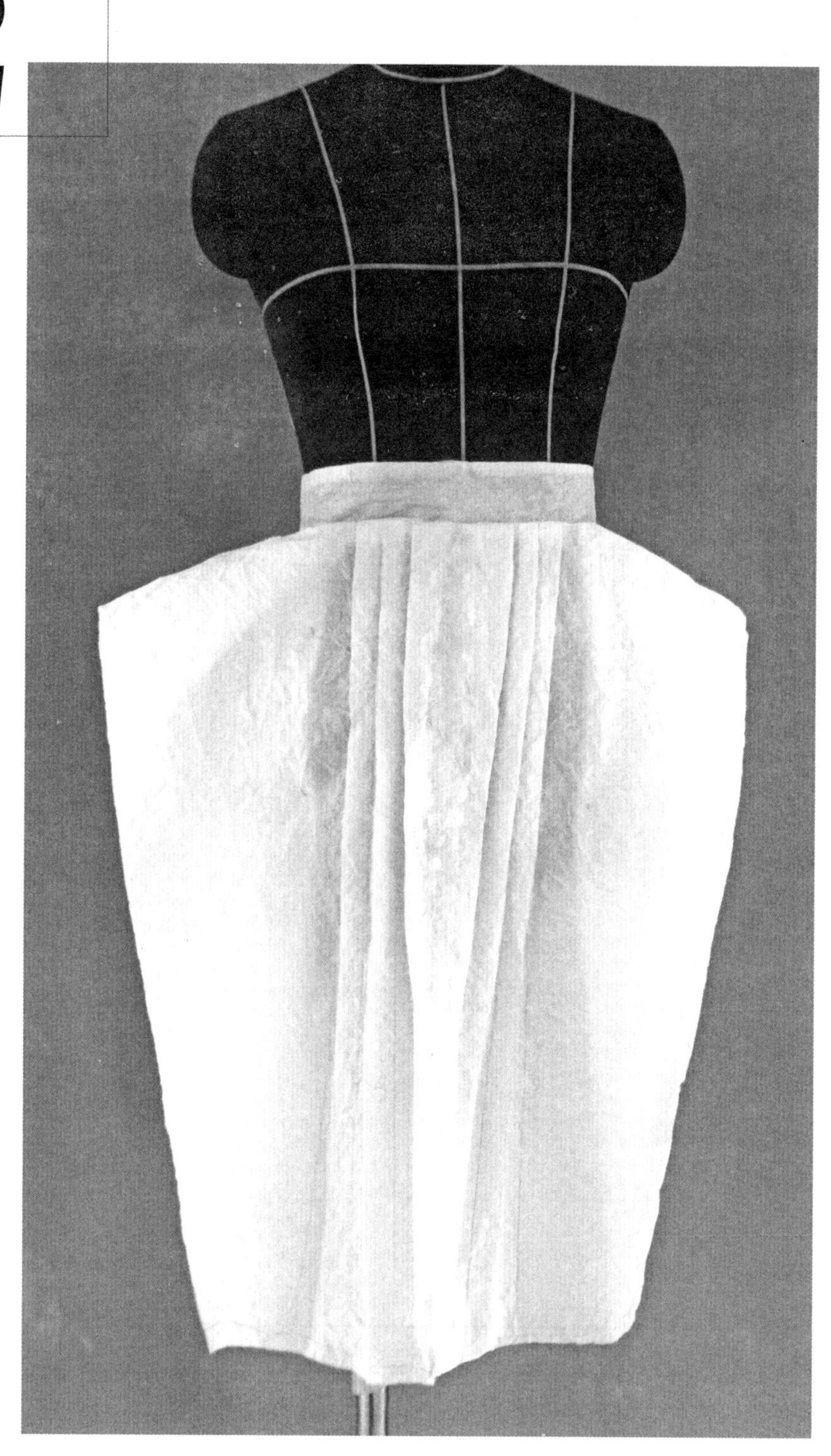

本款裙子为对称款，中线连口，前片是一整片。

① 画出一步裙原型，后片臀围放出 1.5cm，裙长加长到 62cm，侧缝顺势延长至下摆，并起翘，后片的两个腰省分别为 2cm 左右。

② 将前片中线向外延展 6cm，如图设置三个褶，褶大依次为 3cm、3cm、4cm（原省道量），褶的间隔均为 1.5cm。在腰围线上，从侧缝向里 6.5cm，作垂线，沿垂线剪开，并扇形打开侧片，打开长度为 42cm，以打开的 42cm 连接线为底边，作高为 15cm 的等腰三角形。前片没有省道，由三个顺褶代替。向上延伸的等腰三角制作时折回，作为里衬。

本款的展开面较大，需要用较硬挺的面料烫黏合衬来完成，后中或者侧缝装隐形拉链。

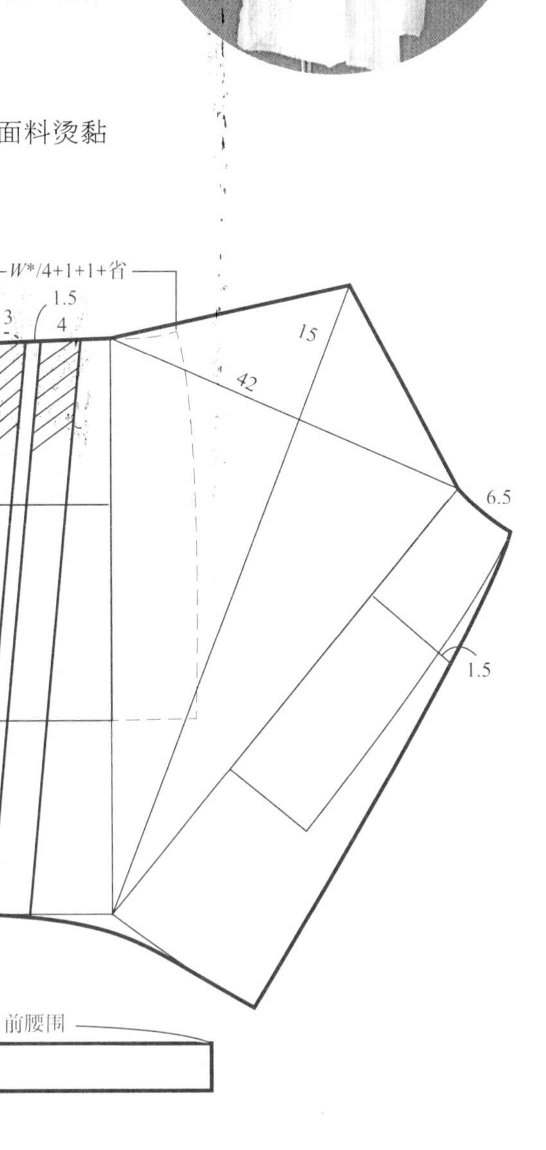

款式 3

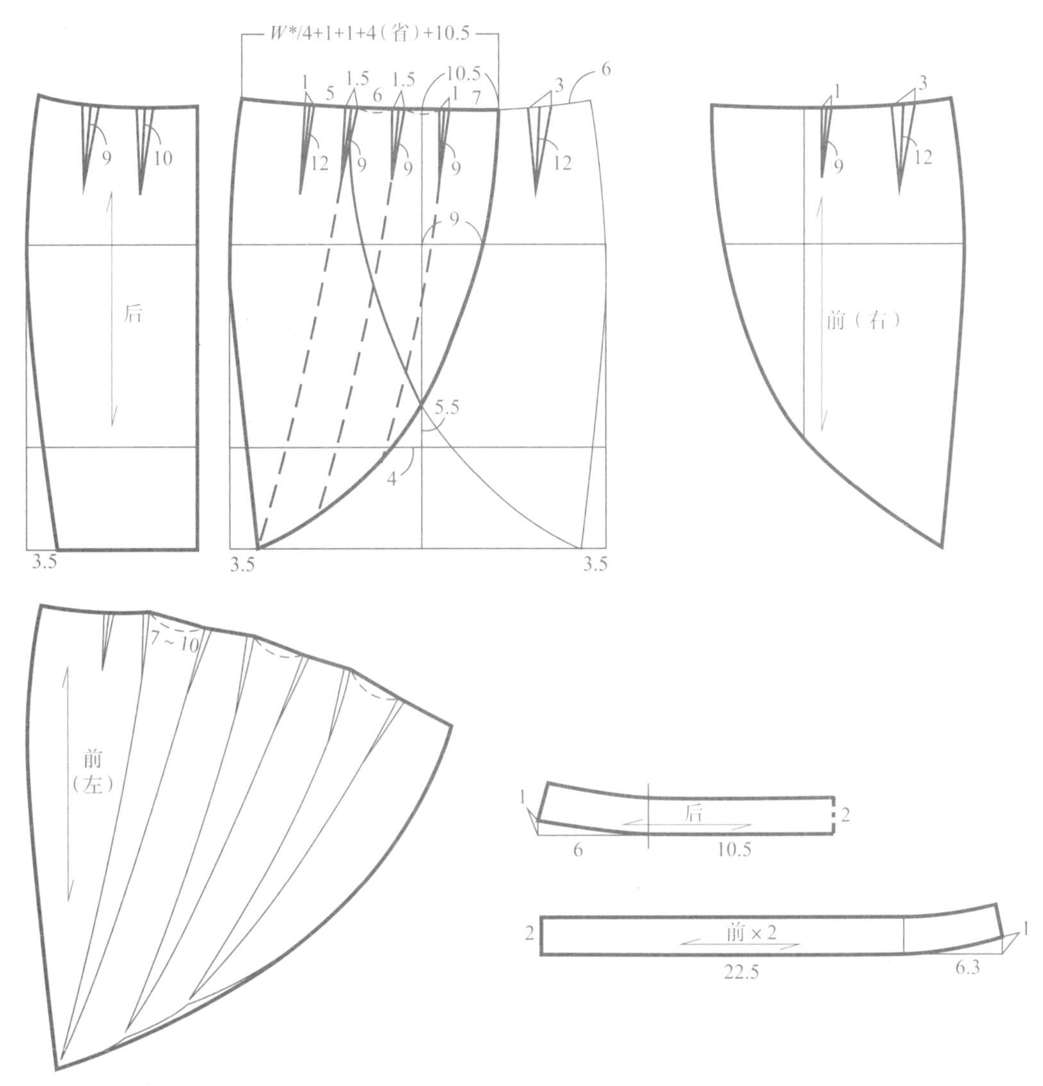

本款裙子为郁金香裙，下摆收拢，两前片交叠。

① 画出一步裙原型，裙长60cm。下摆向内收拢3.5cm。

② 前片的左右片省道不对称，左右片的大小为 W*/4+1cm+1cm+4cm（省道量）+10.5cm，交叠部分为10.5cm，边缘弧线的位置如图所示。前右片右数第一个省道，距右片边缘7cm，省道长9cm，宽1cm。依次往左5cm，作一个长9cm宽1.5cm的省，向左5cm，再作一个长9cm宽1.5cm的省道，再向左5cm，作一个长12cm宽1cm的省道。这四个省道都略倾斜，省尖点略向侧缝倾斜0.5cm。将前三个省道中线作弧线延伸线，交于下摆。左片为一大一小两个省道，大省道距侧缝6cm，长12cm，小省道是右片的第一个省道。

③ 将第②步骤得到的右片剪下，沿3条省道中心延长线将前片剪开，剪开后扇形展开，展开距离7~10cm为适宜，得到新板型。展开的量在制作时用工字褶方式收回。

④ 腰头分为后片腰头，和前片腰头，长度为去掉省道后的裙腰围线长度。在侧缝起翘1cm。

款式 4

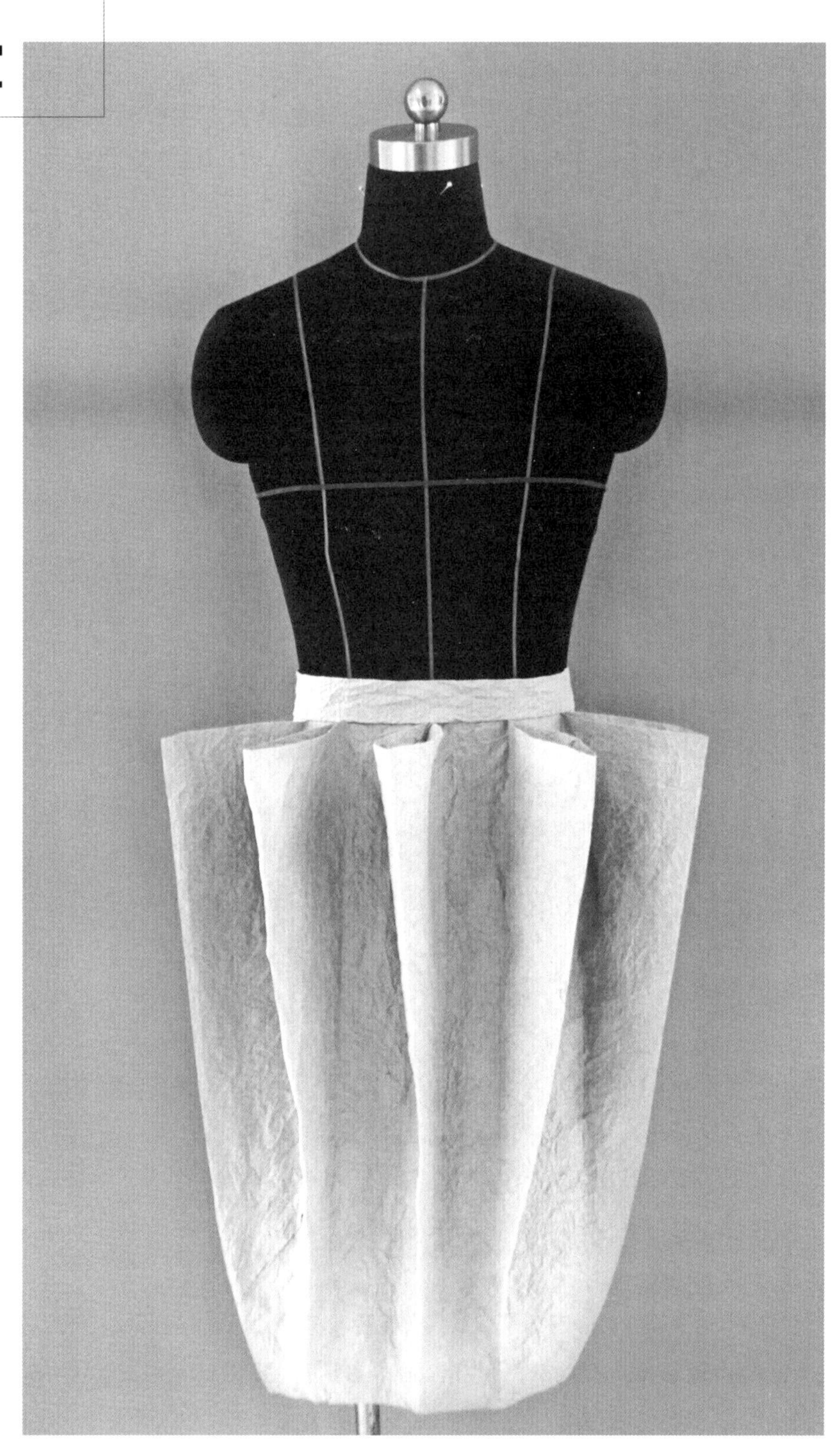

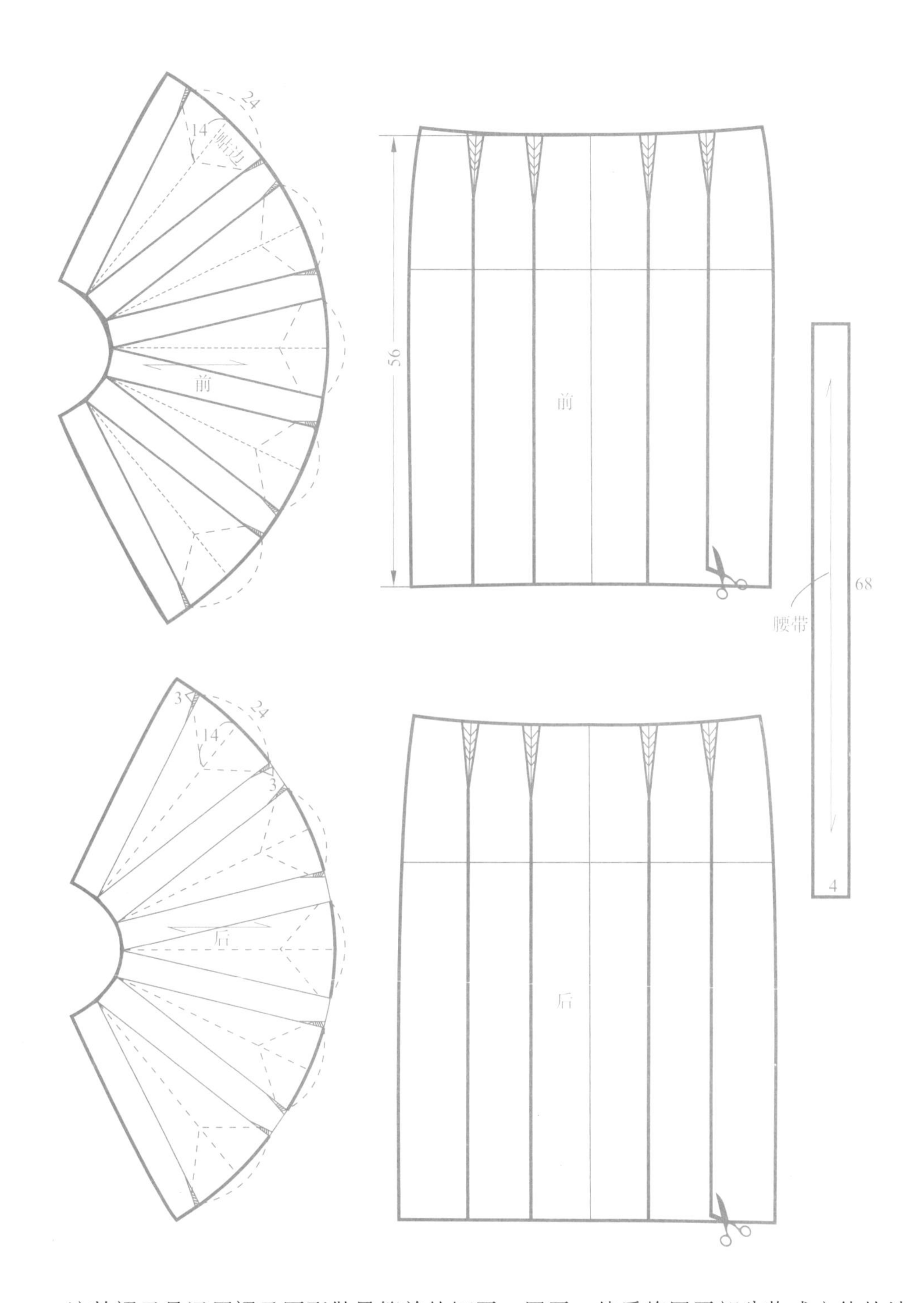

这款裙子是运用裙子原型做最简单的切开、展开，然后将展开部分收成立体的结构造型，适合用硬挺的面料来制作。

运用裙子原型，确定裙子长度，前、后片分别沿着省尖画垂线与底边相交，从腰口处切开所设的垂线和中线放出 24cm 的量，画顺上下两条弧线。如图加出 14cm 长的贴边。缝合的时候将省道的量缝合进去。

款式

5

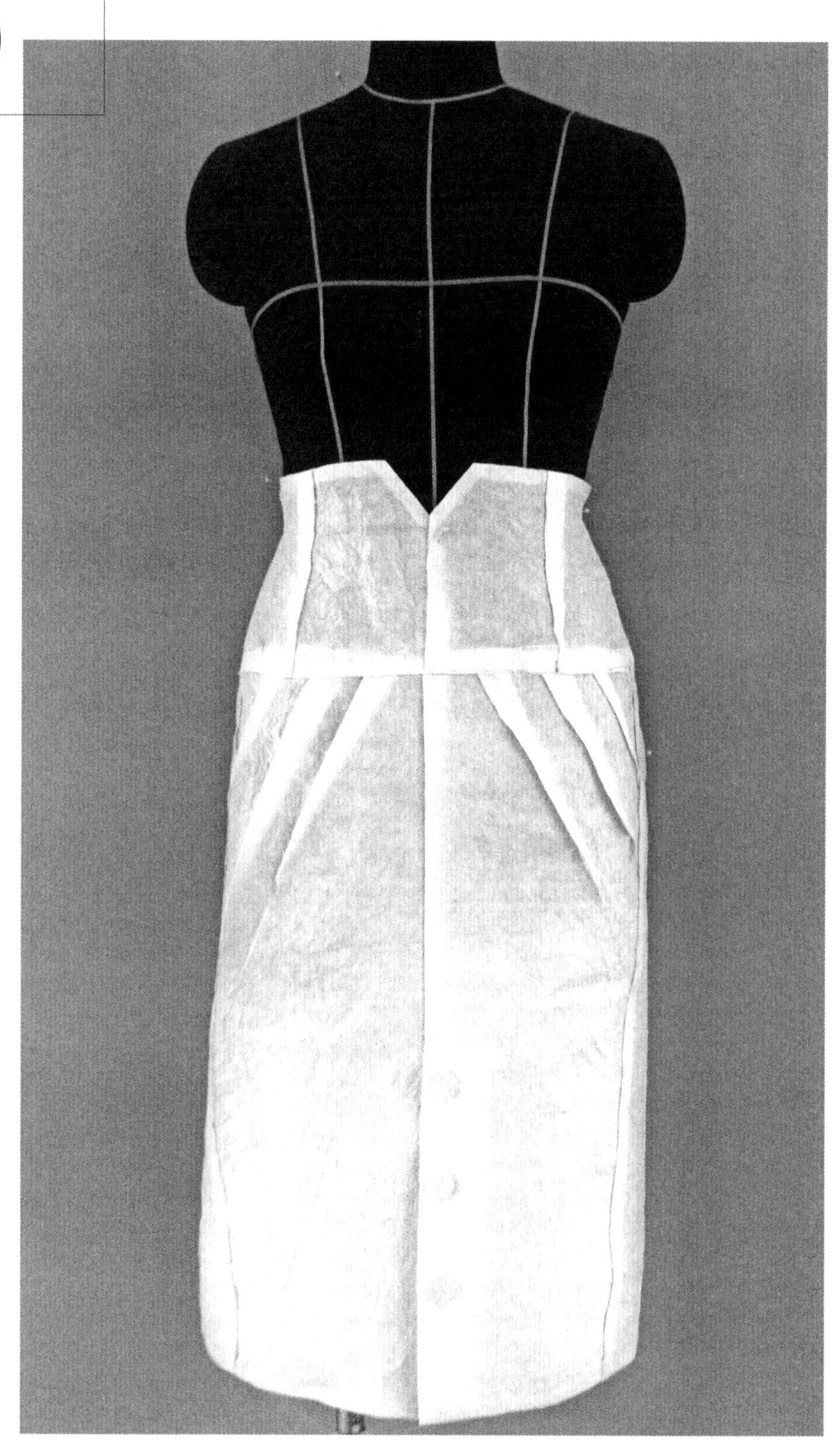

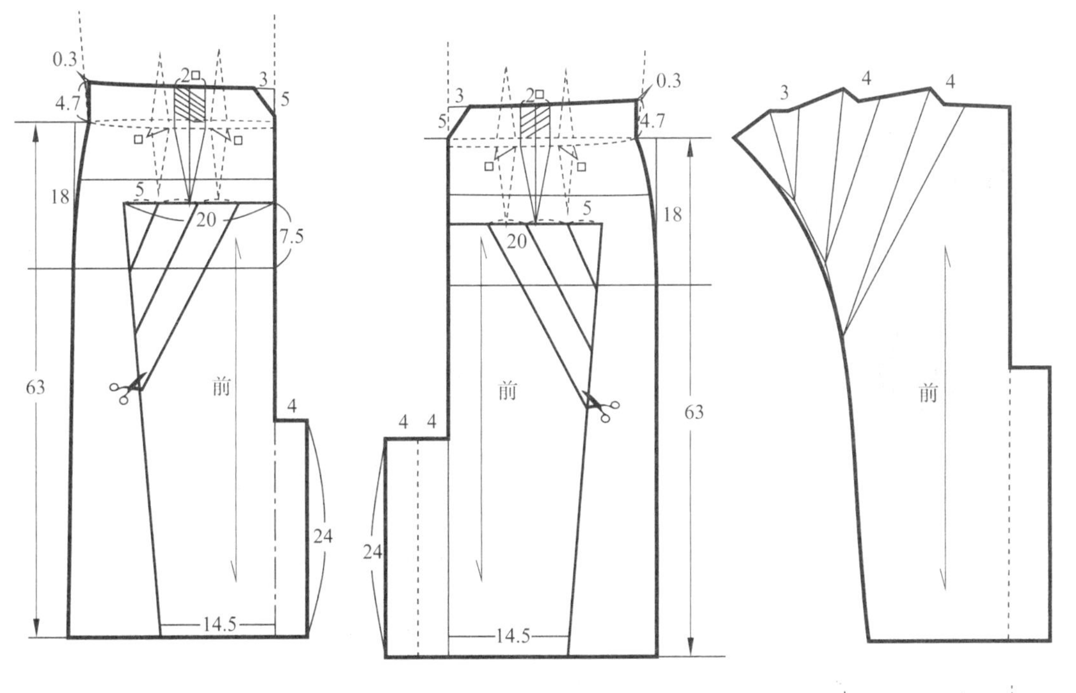

此款为中高腰，前开衩裙子，利用活褶制造裙子的立体感。

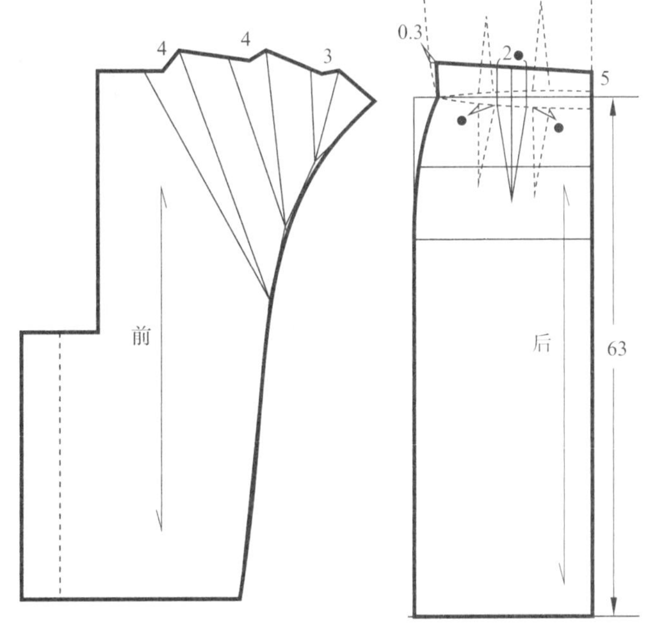

① 运用裙前片原型，确定裙长，将前中线向上垂直延伸，然后将原型样板垂直翻转，对齐延伸后的前中线，侧缝腰点重合，然后如图在前中从腰围线往上 5cm 确定一个点，侧缝从重合点向上 4.7cm 确定一个点，顺滑连接两点产生新的腰口线，侧缝腰口处各收进 0.3cm，并按照图示尺寸画出腰口的缺嘴。在原型两个省中央画一条垂直腰围线的直围线为高腰裙的新省道中线，省量为两个原型省量的和。经过省尖点，垂直前中线画一条 20cm 长的线段，将所画线段的终点与底边从前中线往里 14.5cm 确定的一个点连一条斜线。按图画出三条切开线和裙衩。

② 左片的程序和右片完全一样，只是裙衩宽加出一倍的量。

③ 左、右两片沿线分割出两块样片，沿所设的切开线剪开并展开打活褶的量。

④ 运用裙原型后片，确定裙长，将后中线向上垂直延伸，然后将原型样板垂直翻转，对齐延伸后的后中线，侧缝腰点重合，然后如图在后中从腰围线往上 5cm 确定一个点，侧缝从重合点向上 4.7cm 确定一个点，顺滑地连接两点产生新的腰口线，侧缝腰口处各收进 0.3cm，在原型两个省中央画一条垂直腰围线的直线，为高腰裙的新省道中线，省量为两个原型省量的和。

款式 6

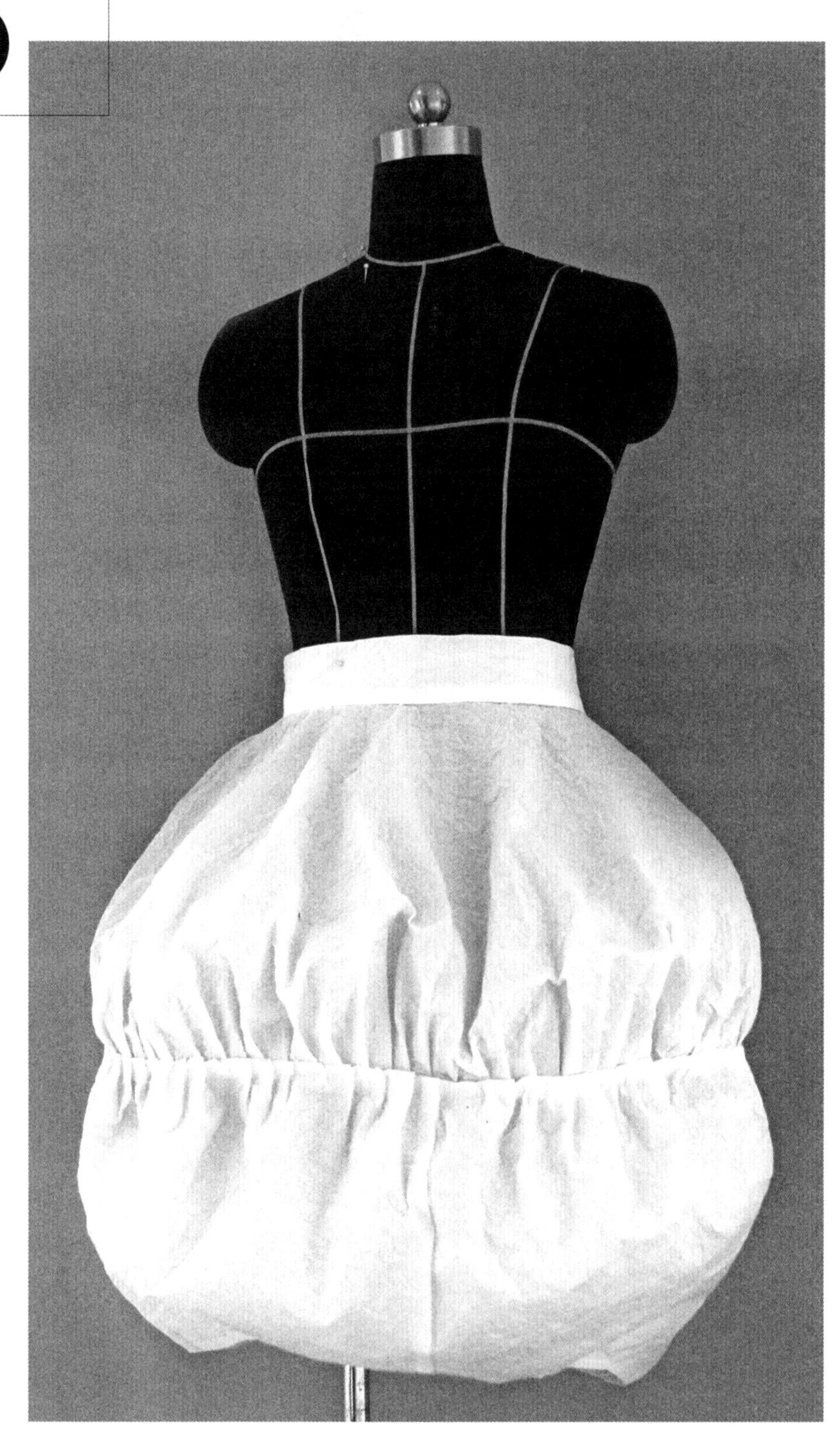

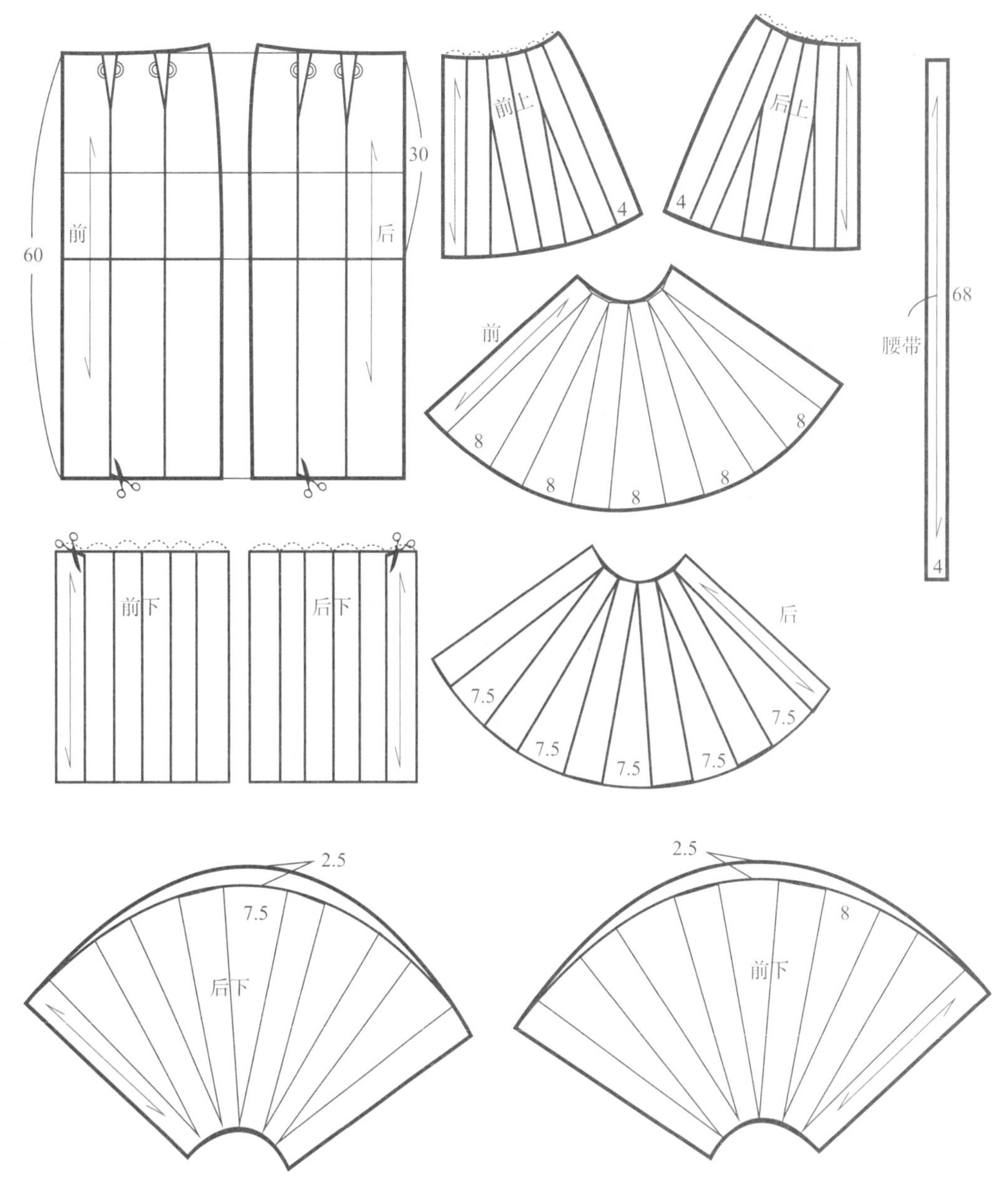

此款裙是通过将原型样板分成上下两截，然后分别进行切开展开抽褶的手法塑造出灯笼造型。适合较硬挺、可塑性强的面料。

① 运用裙子原型的前、后片，确定裙长，在裙长的 1/2 处画一条分割线将原型样片分成上下两截。从省尖延出切开线与底边垂直相交。

② 将前、后裙片分别切成上下两截，闭合前后省道，切开延长线，并将腰口进行 6 等分，然后延长等分线，切开延长线并展开抽褶的量，画顺两条弧线。

将前后裙片的下半截进行 6 等分，然后如图切开、展开上边，放出抽褶的量，画顺两条弧线。

款式 7

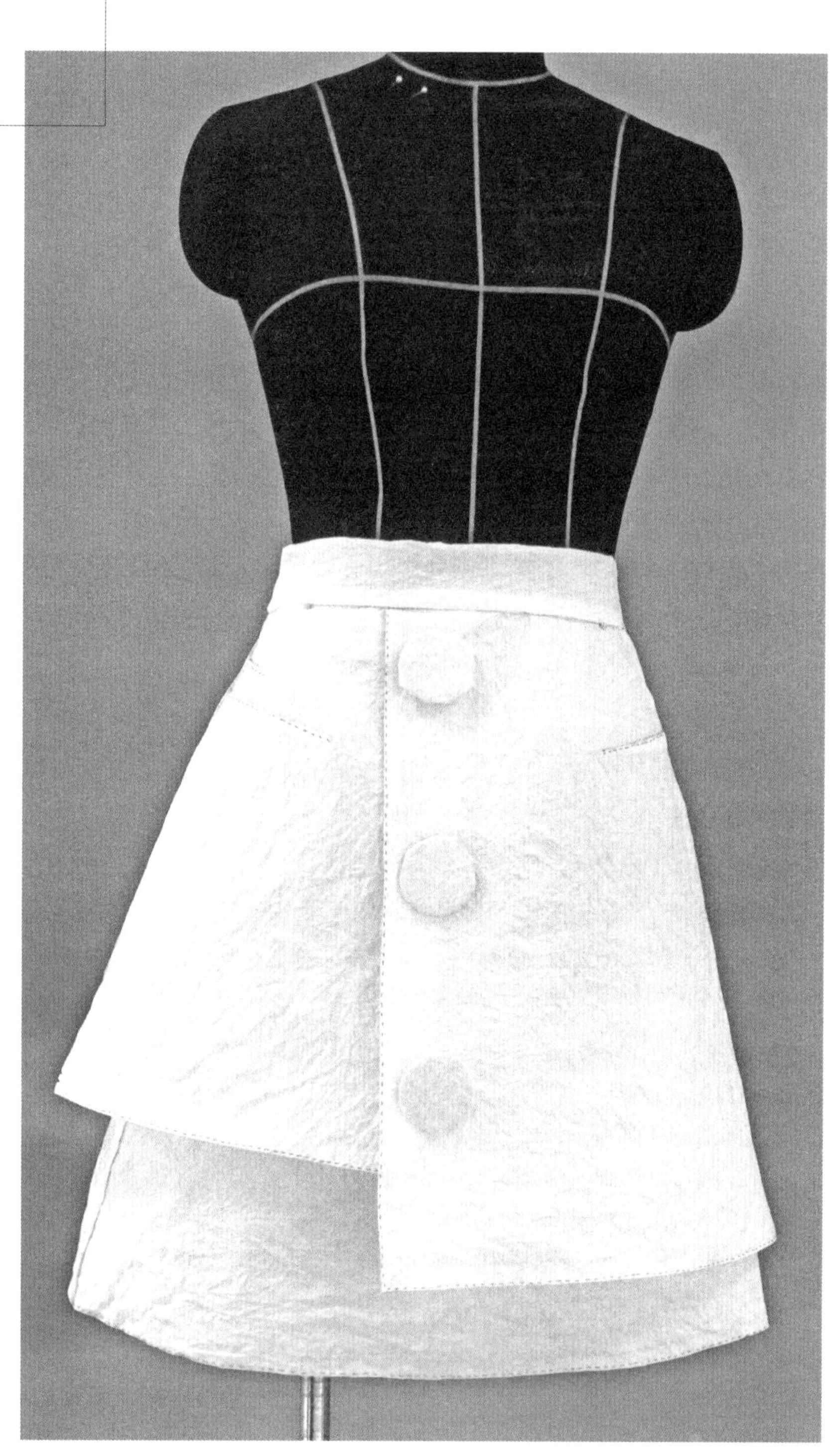

此款裙的结构主要是通过片与片的参差叠加产生一种块面节奏感。

① 运用前片原型，确定裙长50cm，底摆线侧缝两边分别放出6cm，成小A字形。确定叠加裙片左片的长度43cm，右片的长度35cm，两片在前中线处重叠6cm。两叠加片的侧缝在底边分别放出2.5cm。将叠加左右片的一个腰省长改短至5cm，分别在侧缝线从腰点下4cm画一直线与省尖相交，再往下2.5cm画一直线与另一省尖相交。为省道转移做好准备。

② 得到最里面一层的前裙样片。

③ 闭合叠加左右片的腰省，将省道的量转至侧缝。

④ 运用裙后片原型，确定裙长50cm，底摆线侧缝两边分别放出8cm，成小A字形。确定叠加裙片侧缝的长度一边为43cm，另一边为35cm，并各放出2.5cm。和前片一样，如图修改省道的长度，确定省道转移的基础线，确定后中拉链的位置。

⑤ 得到最里一层的后裙样片。

⑥ 闭合叠加片的腰省，将省道的量转至两边侧缝。

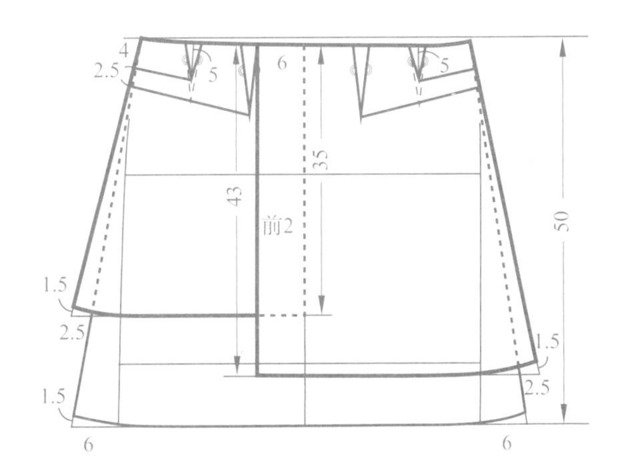

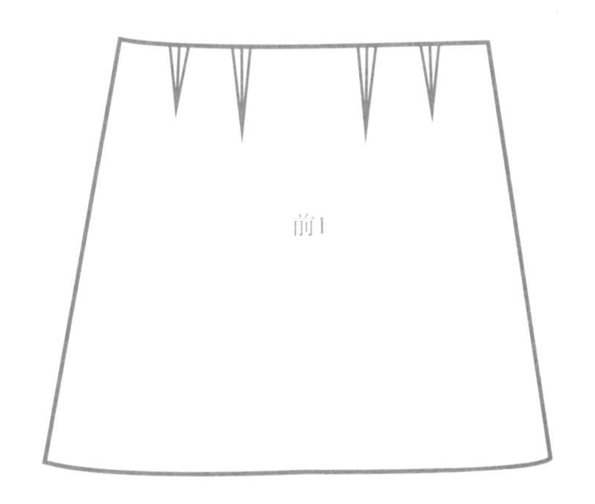

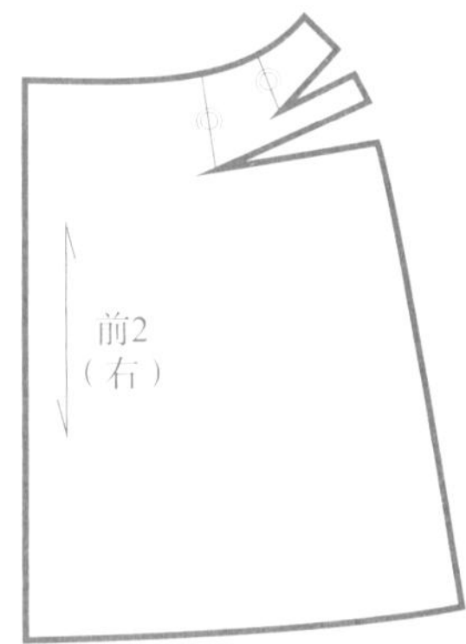

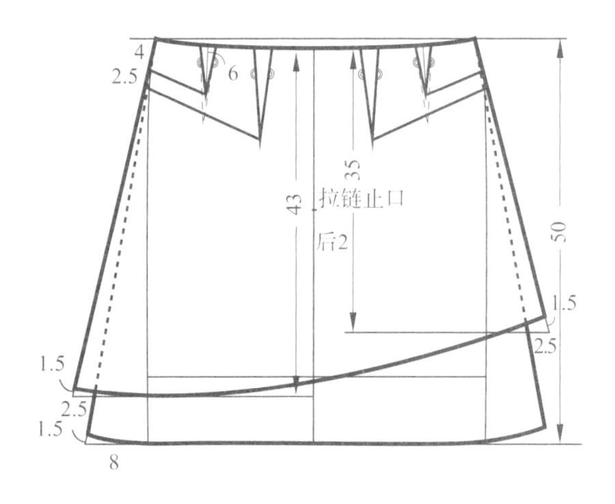
4
2.5
6
43
35
拉链止口
后2
50
1.5
2.5
1.5
2.5
1.5
8

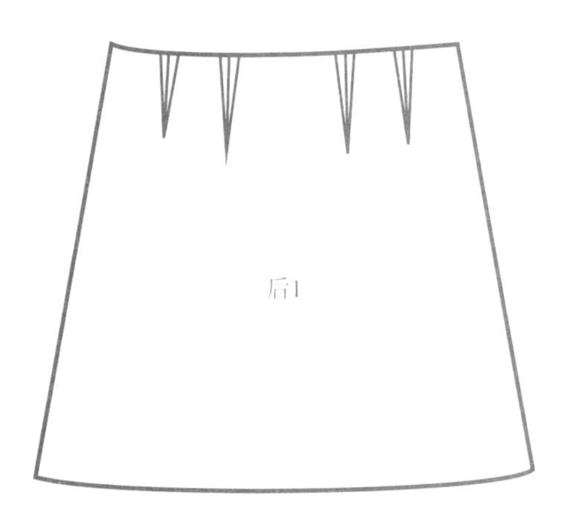
后1

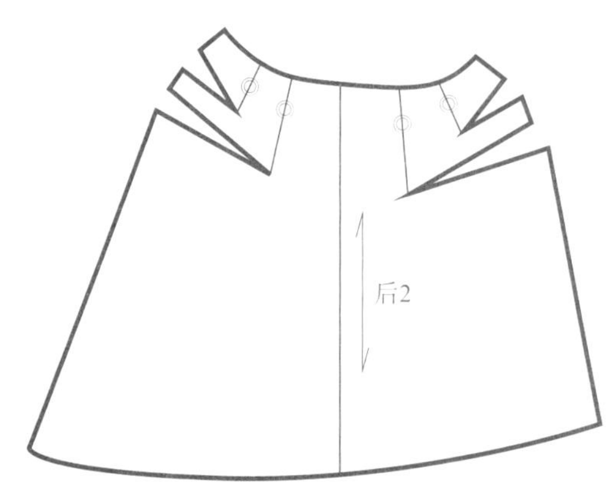
后2

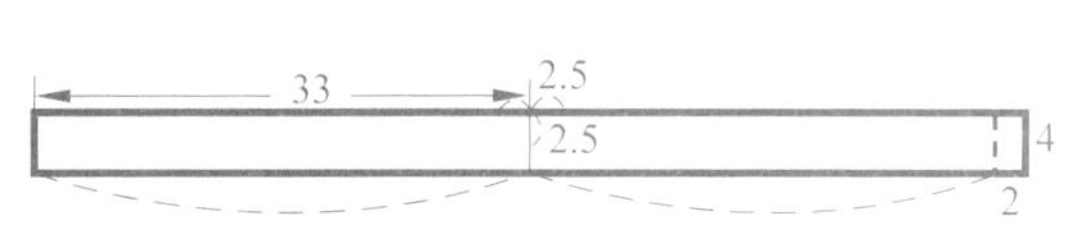
33
2.5
2.5
4
2

5.5 连衣裙的分割方式

5.5.1 连衣裙的纵向分割

连衣裙的分割方式可以分为纵向分割和横向分割。纵向分割线常见的有中线分割、公主线分割、刀背分割以及刀背和公主线结合中线分割，分割线可以代替省道的作用，即省道隐藏在分割线内；同时纵向分割线的设计可以对人体进行体型缺陷的修饰，如公主线可以起收肩、收腰、放下摆的作用，从而修饰三围。

中线分割　　公主线分割　　刀背分割　　三线分割

5.5.2 连衣裙的横向分割

连衣裙的横向分割线大致可以分为育克线、高腰线、常规腰线、低腰线和下摆线。育克可以分担部分胸省量和背部肩胛骨的省道量，同时修饰肩线。腰线的高低可以起到修饰上下身比例的作用，常规腰线在日常装中使用较为频繁；低腰线一般在腰围线和臀围线之间，设计低腰线需要注意衣长和上下身长度的比例关系；低于臀围线的称之为下摆线，下摆线的设计一般都伴随着下摆的褶皱处理或者拼色处理。

育克线　　高腰线　　常规腰线　　低腰线　　下摆线

5.6 裙子的常见分类

裙子无裆，做的是桶形的变化设计，下摆和臀围的数据把握可以做出不同廓型的裙子，加上运用褶裥、波浪、拼接等手法可以得到变化丰富的裙子造型。裙子常见的造型有直筒裙、A 字裙、波浪裙、O 形裙（茧型）等，另外还有鱼尾裙、铅笔裙（紧身裙）等。

5.7 连衣裙创意结构实例分析

款式 1

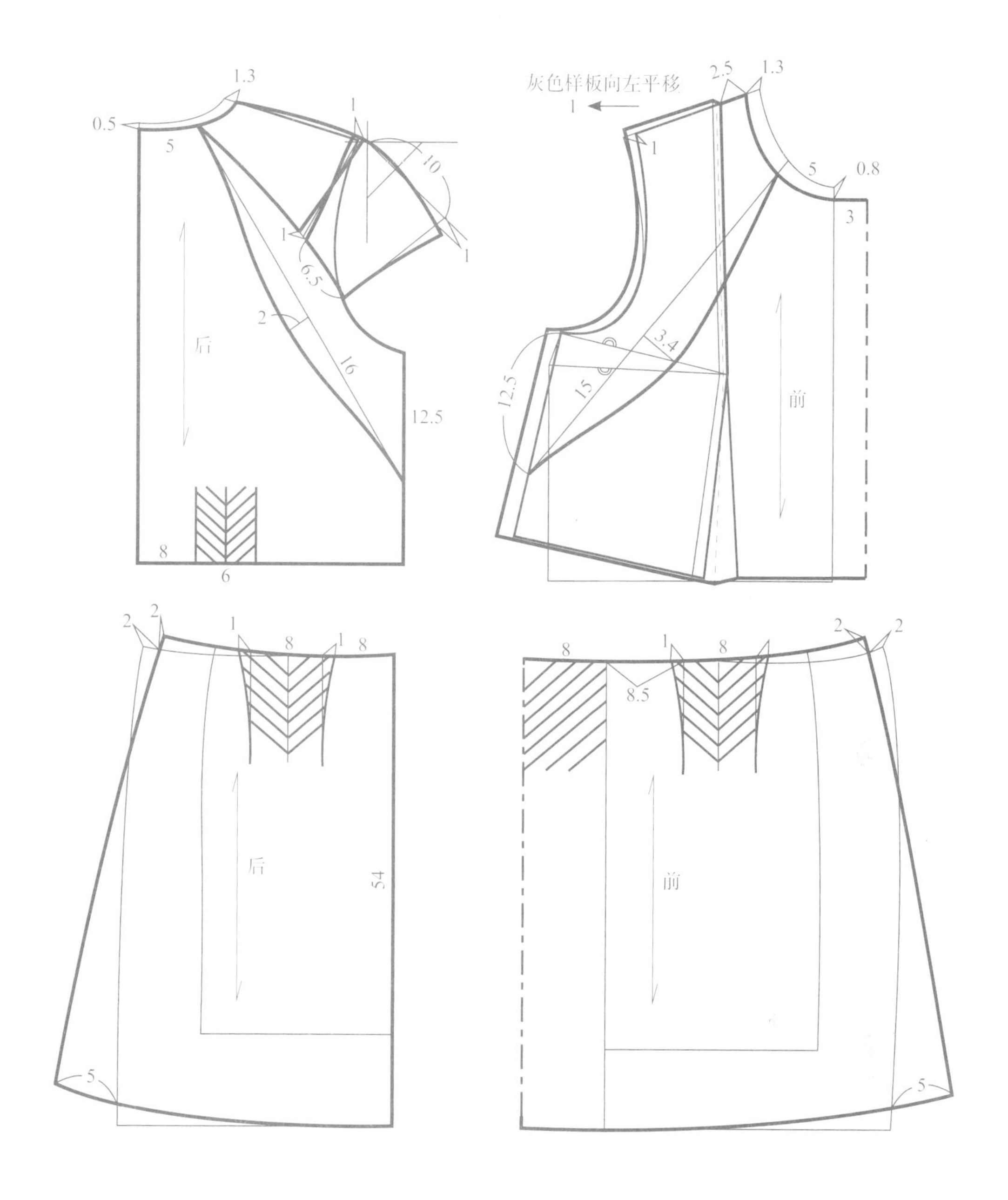

本款连衣裙上下片分开制板，上片的衣身前片为一整片，裙长 92cm。

① 画出带腋下省的上衣原型，前片领宽开大 1.3cm，领深加深 0.8cm。后片领宽开大 1.3cm，后中领深下落 0.5cm。前、后片肩端点向里收进 1cm。

② 将前片的腋下省转移到腰省，从新的颈肩点起往左 2.5cm 取一点，连接该点和 BP 点，复制一块灰色部分，将灰色部分板型向左平移 1cm，从而得到褶裥量，画出新的板型。

③ 在前领口上，取一个距前中线 5cm 的点，在侧缝线上取一个距袖窿底 12.5cm 的点，直线连接两点。从连线的下端向上 15cm，作 3.4cm 的垂线，从领口起画活页结构曲线，经过垂线端点交至连线端点。同理画出后片的活页。

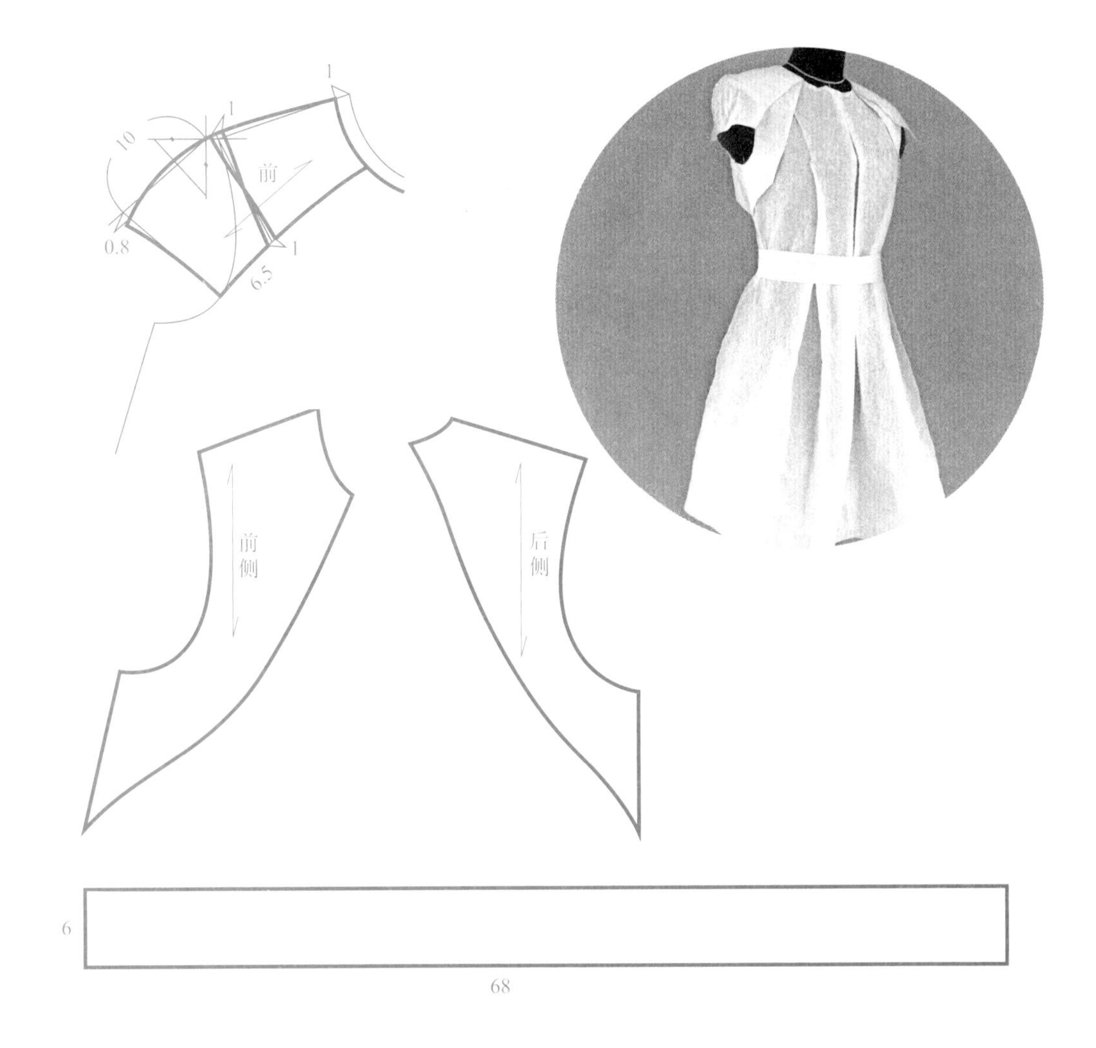

④ 袖子以插肩袖为基础，插肩袖长 10cm，从袖缝线往里 6.5cm 确定一点，连接肩端点，画出交叉线，两端各交叉 1cm，肩端点处交叉为重叠交叉，袖缝线交叉为去掉的量。满足肩部隆起效果，前、后袖片同理。

⑤ 后片腰围线上距后中线 8cm 处设一个 6cm 的工字褶。

⑥ 前下片中缝同样也是连口的，画出一步裙原型，裙长 54cm。将一步裙的前中线外移 8cm，前中线向里 8.5cm，画一个 8cm 的工字褶，并且工字褶两端各向外扩 1cm（一步裙原型上省道的量），侧缝向外移 8cm，腰围线收进 2cm（原一步裙的省道量），起翘 2cm，下摆放出 5cm 并起翘。同理画出后片。

⑦ 画出长 68cm、宽 6cm 的腰带。制作时，袖片、活页、衣身缝合于领口，袖片同样为活页。

前片上半身的活页线画于灰色部分平移前的板型上，因为缝纫的时候先将移出的板型收回，再与活页缝合。上前片省道在缝纫时做褶裥处理，开口向外，侧片的活页线条可以自行设计，但基本基于修饰上半身曲线的原则。下半身板型前片为一整片，注意工字褶与上片褶裥的对应关系，后中装隐形拉链。

款式 2

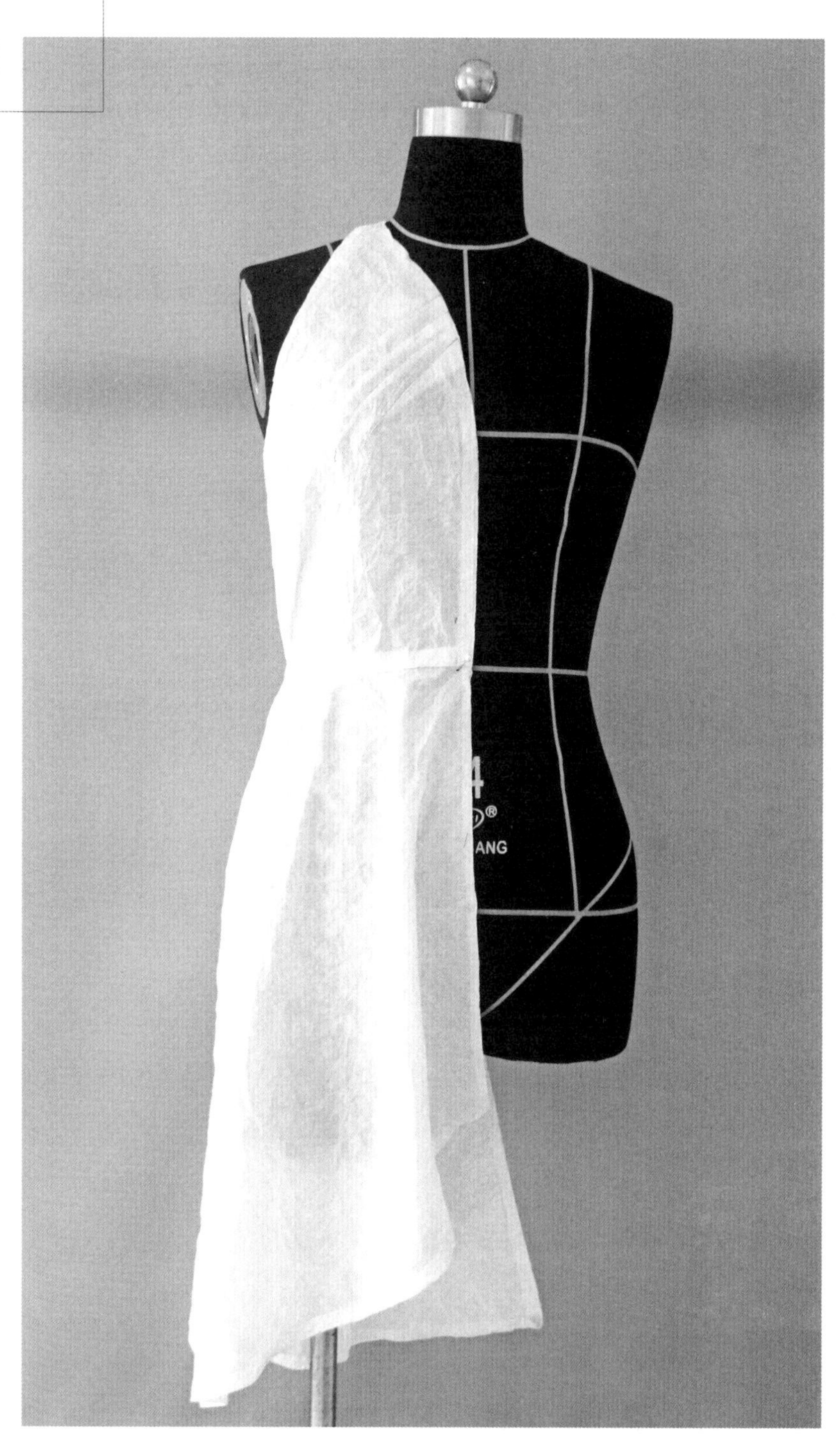

这是一款将胸省、腰省同时转移成装饰活褶且露背式的连衣裙，虽然简单，但是却用到了省道转移的多个技巧。

① 运用后片原型，胸围收进 1.5cm，垂直腰围线连一条线，从胸围线下降 1.8cm 确定一个点，后中线在腰围线处收进 1cm，然后往上 6.5cm 取一个点，然后将两个点连一线，以 W*/4+0.5cm+ 省量的方式确定腰围的大小，如图确定腰省的位置，并连出弧线。后领宽、领深同时放大 2cm，连出一条后领边。闭合腰省，得到一个新的后腰片。

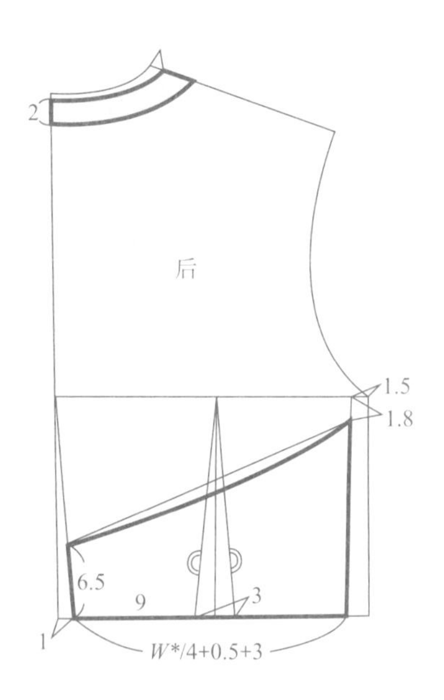

② 运用前片原型，领宽放大 2cm，从前中线往侧缝在腰围线上以 W*/4+1cm+ 省量的方式确定腰围的大小，胸围收进 1.5cm 与腰围连一条直线，在侧缝袖窿处下降 1.8cm 确定一个点，从胸围线向上 2cm 确定一个点，然后如图连出一条顺滑的前领口弧线和袖窿弧线。然后画 4 条分割线与胸省、腰省相交。

③ 将胸省、腰省闭合，切开分割线，展开褶量，修正腰围线和侧缝线。

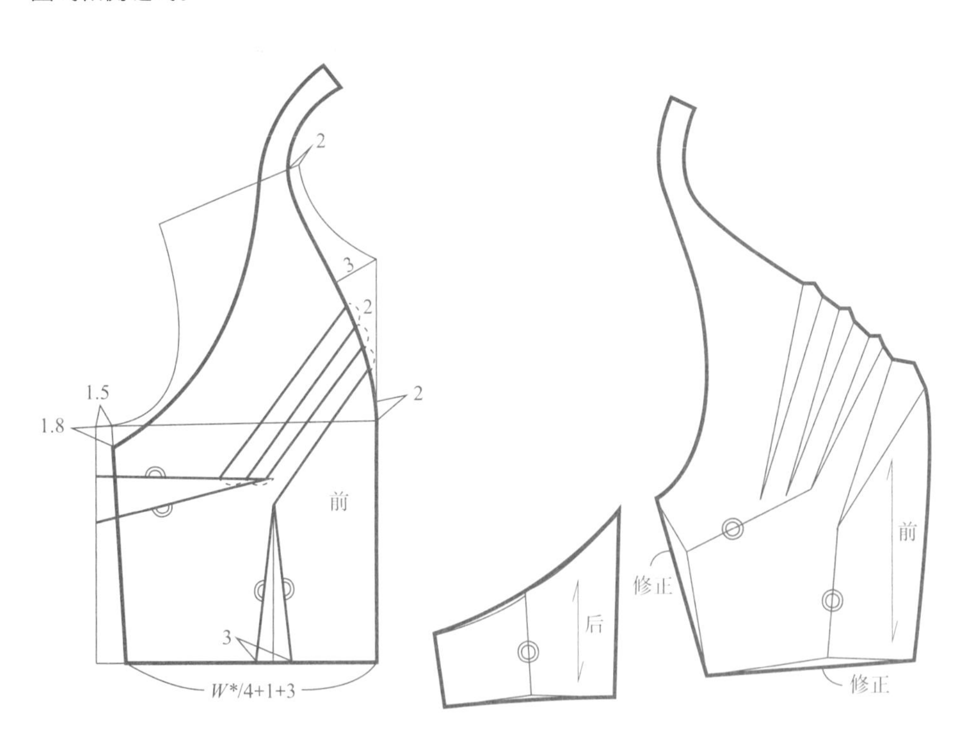

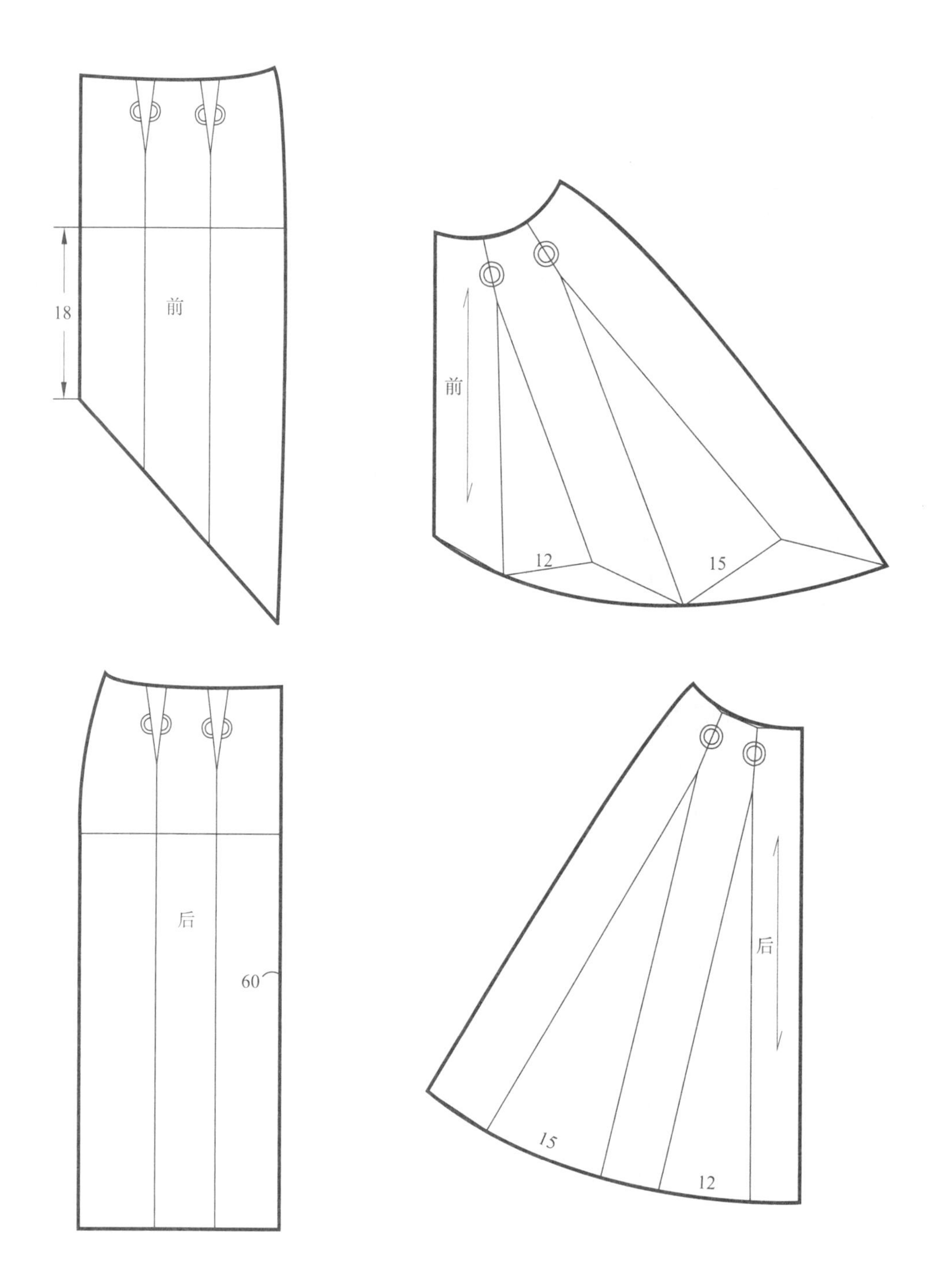

④ 运用裙原型前片，如图修改前中线的长度，沿省尖连出切开线，闭合腰省，切开分割线，展开起浪的量，将下摆弧线连顺。

⑤ 运用裙原型后片，如图沿省尖连出切开线，闭合腰省，剪开已设定的切开线，展开起浪的量，将下摆弧线连顺。

款式 3

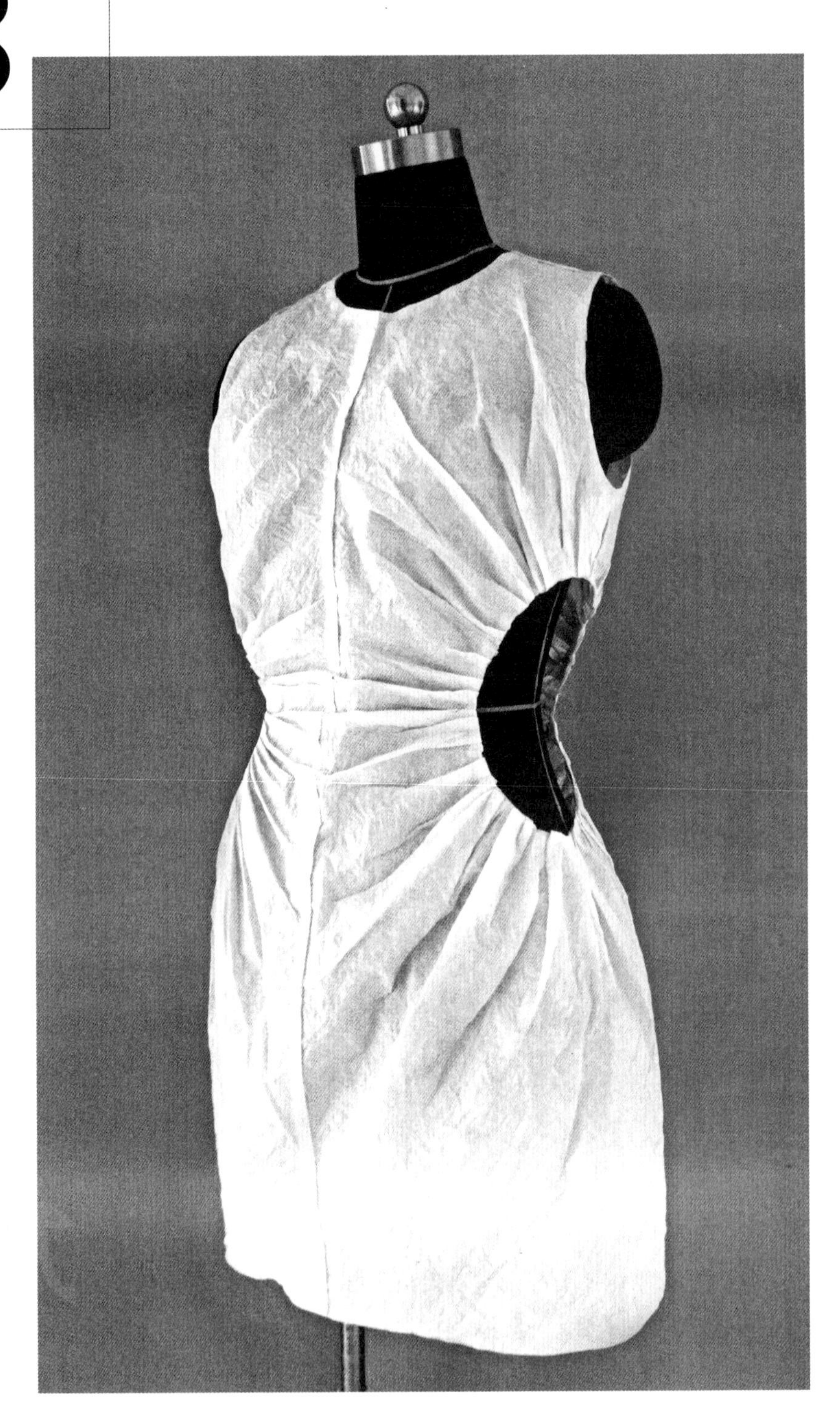

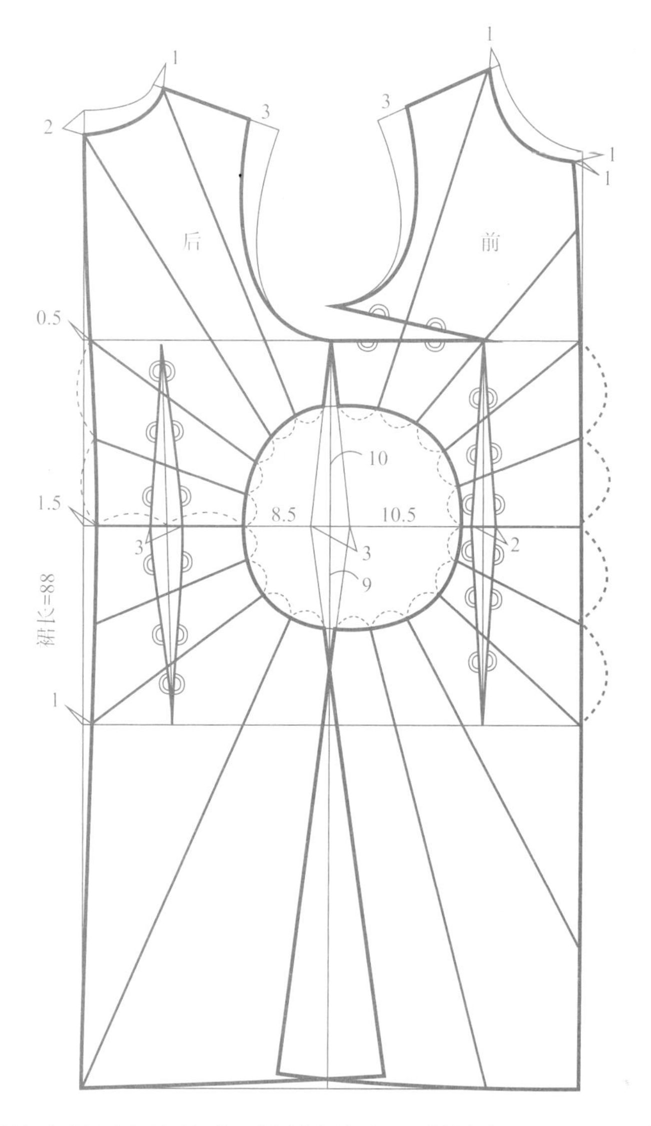

本款裙子以连衣裙原型为基础，挖掉腰部板型做镂空，主要运用抽碎褶的制作手法，裙长 88cm。

① 画出带腋下省的原型，在原型上画出裙长为 88cm 的连衣裙。后中胸围收进 0.5cm，腰围线收进 1.5cm，臀围收进 1cm，后中领深下降 2cm，用弧线画出新的后中线。后领口颈肩点开大 1cm，前领口颈肩点相应开大 1cm，前中领口向下 1cm，前中线收 1cm 劈门，连顺前、后领口。

② 前、后肩端点各收进 3cm，连顺前、后袖窿弧线。

③ 前、后片的侧缝线在腰围线上各收进 1.5cm，画出新的腰围线并顺势延长至下摆，并起翘。

④ 以侧缝辅助线和腰围线的十字交叉点为基础点，向上 10cm 取一点，向下 9cm 取一点，后片 8.5cm 取一点，前片右 10.5cm 取一点，经过这四点，画一个圆。将得到的圆分成 4 个 1/4 圆，将其分别等分。等分点如图以散射状与衣片边缘各点相连。

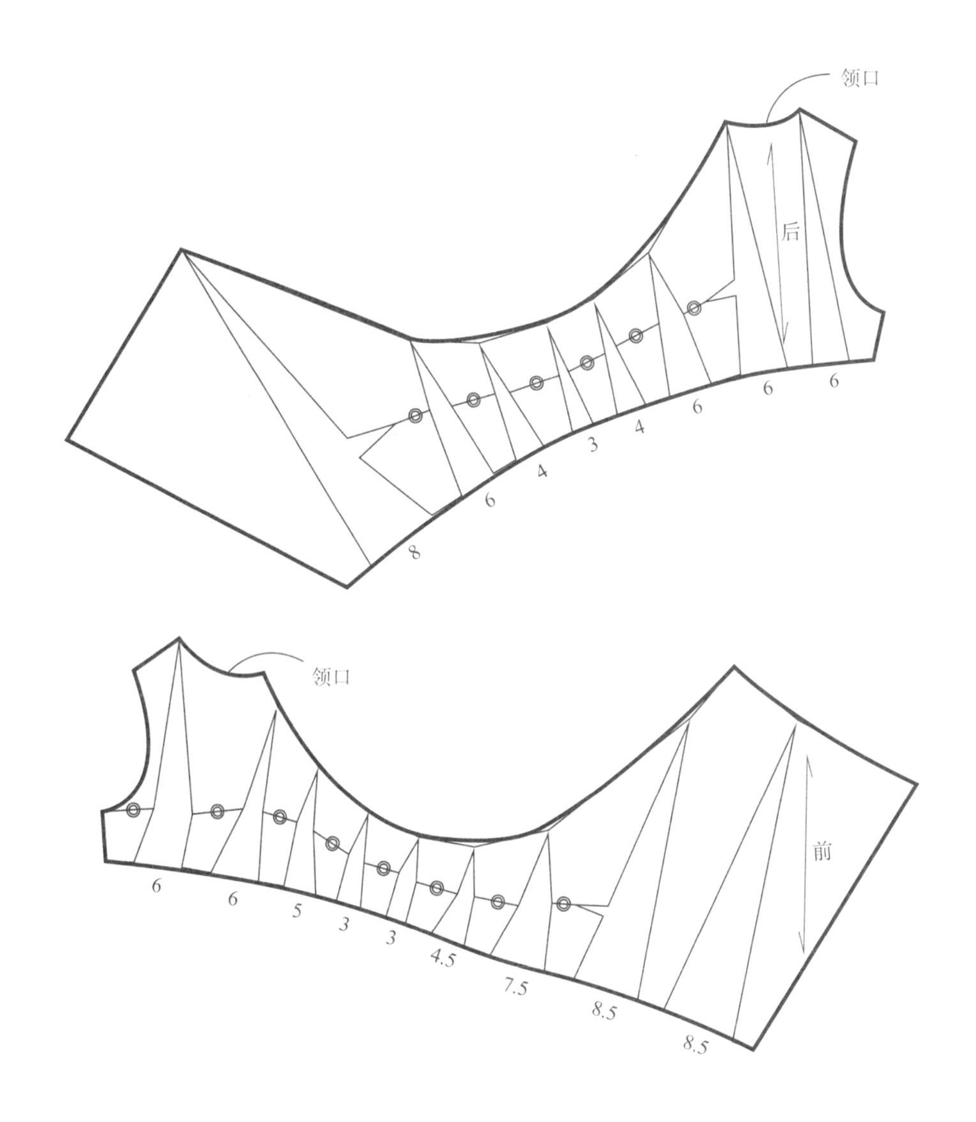

⑤ 在后片腰围线上，取后中线与圆边的中点，作垂线，至胸围线和臀围线，以垂线为省道中线，作宽 3cm 的省道。前片从 BP 点往下作垂线至臀围线，以垂线为省道中线，作宽 2cm 的省道。

⑥ 将前后片从圆形口剪开分割线，再分别扇形展开，展开距离如图所示，数值可以调整。同时闭合每一段腰省和腋下省，连顺展开后的板型，得到新板型。

展开的量在制作时以碎褶方式收回，建议用手针操作，单针缝一遍，慢慢调整碎褶的疏密。本款将碎褶用于腰围处，同样的手法，可以用于领口、袖口和下摆等部位。

款式 4

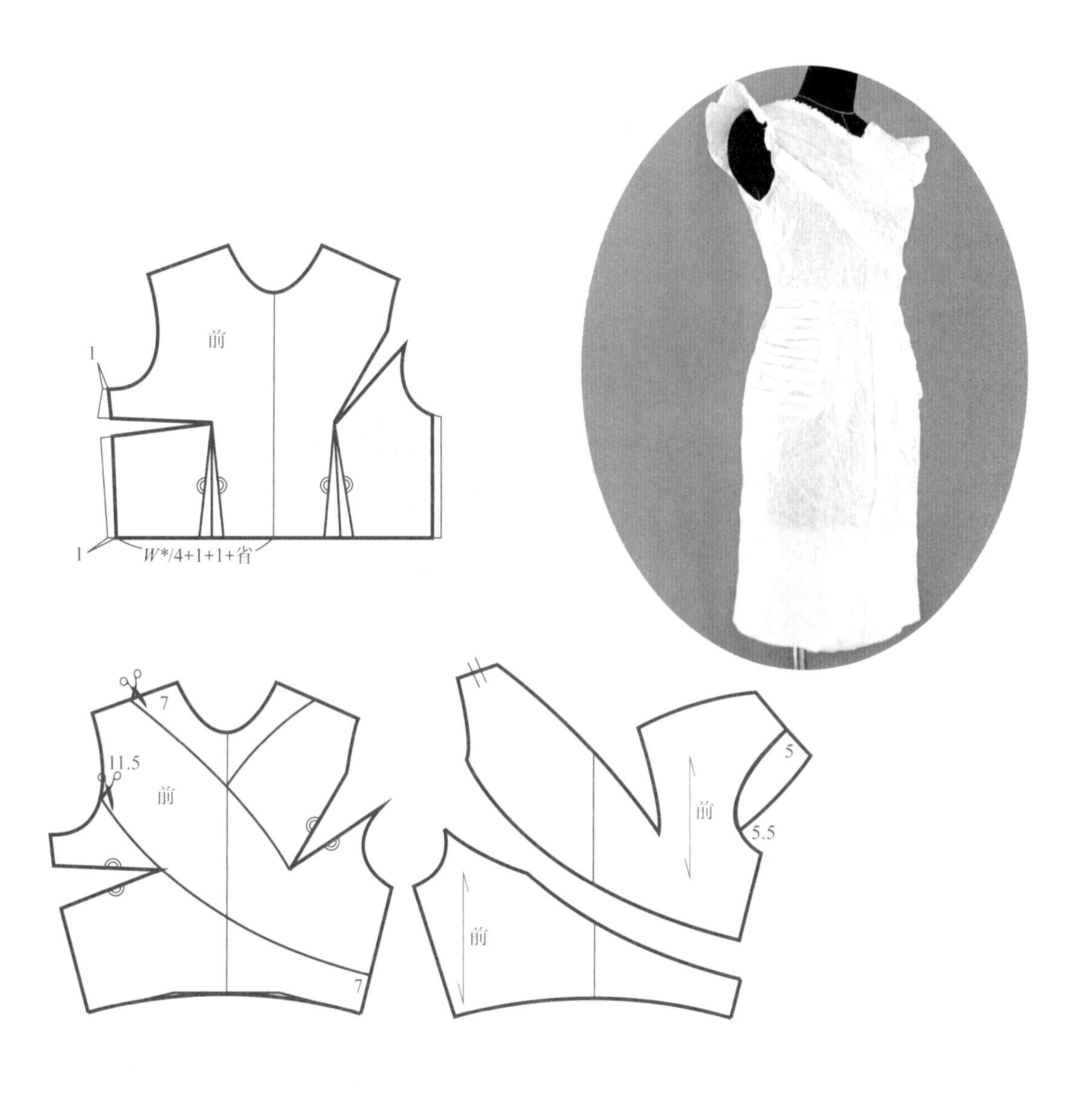

这是一款上下、前后通过各种不同的省道转移，切开、展开的结构形式完成的连衣裙。

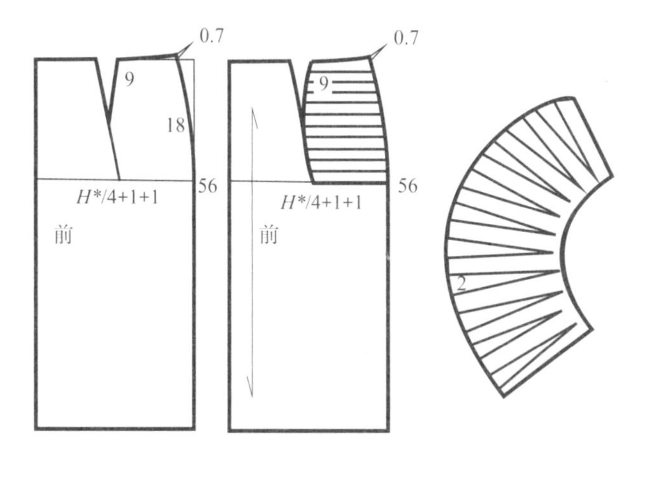

① 运用前片原型，胸围收进 1cm，如图用 W*/4+1cm+1cm+ 省的公式定出前腰围大小。

② 闭合腰省，将其省量分别转移至侧缝省和袖窿省中去。领宽点沿肩线左、右各向外 7cm 确定一个点，通过此点与省尖点连一条弧线，另一个点连出一条弧线与

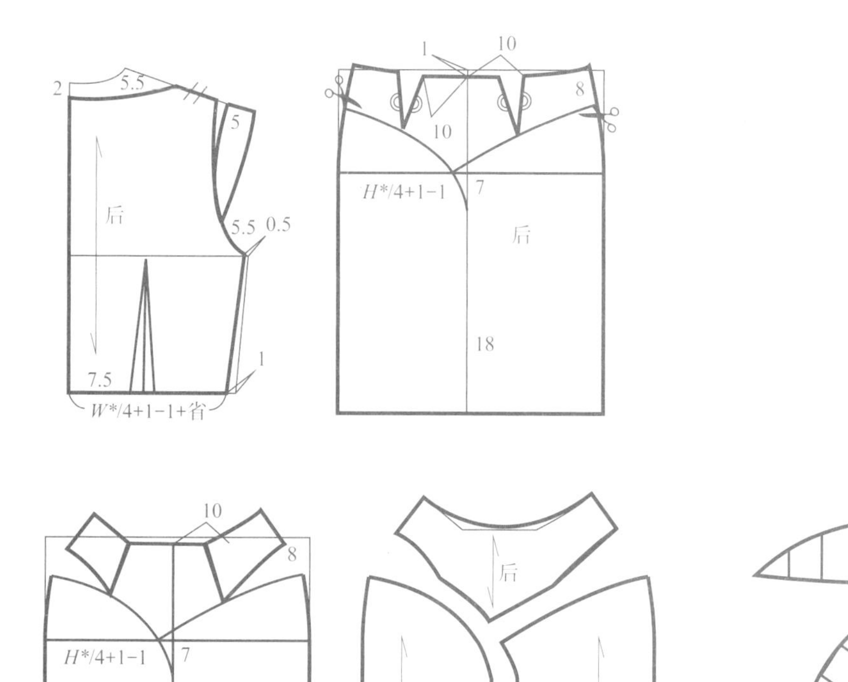

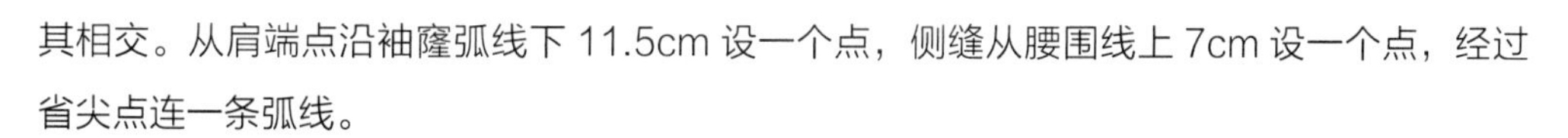

其相交。从肩端点沿袖窿弧线下 11.5cm 设一个点，侧缝从腰围线上 7cm 设一个点，经过省尖点连一条弧线。

③ 闭合两个省道，切开前面设定的弧线，将省道的量转移至分割线中。如图画出前袖。

④ 如图运用裙前片原型，将原型的两个省道合并为一个省道，并从省尖连出分割线。

⑤ 将分割线调圆顺，并等分分割片，随即切展获得新的样片。

⑥ 运用后片原型，如图从后中线起确定 *W**/4+1cm−1cm+ 省的公式定出腰围大小。领宽沿肩线放大 5.5cm，领深下降 2cm。画出后袖。将前、后袖片在肩线出合并，然后画出等分线，沿等分线切开展开。

⑦ 运用裙后片原型，如图将原型的两个省道合并为一个省道，并通过省尖连出分割弧线。

⑧ 如图合并腰省，打开分割弧线。画顺腰部弧线，得到新的样片。

款式 5

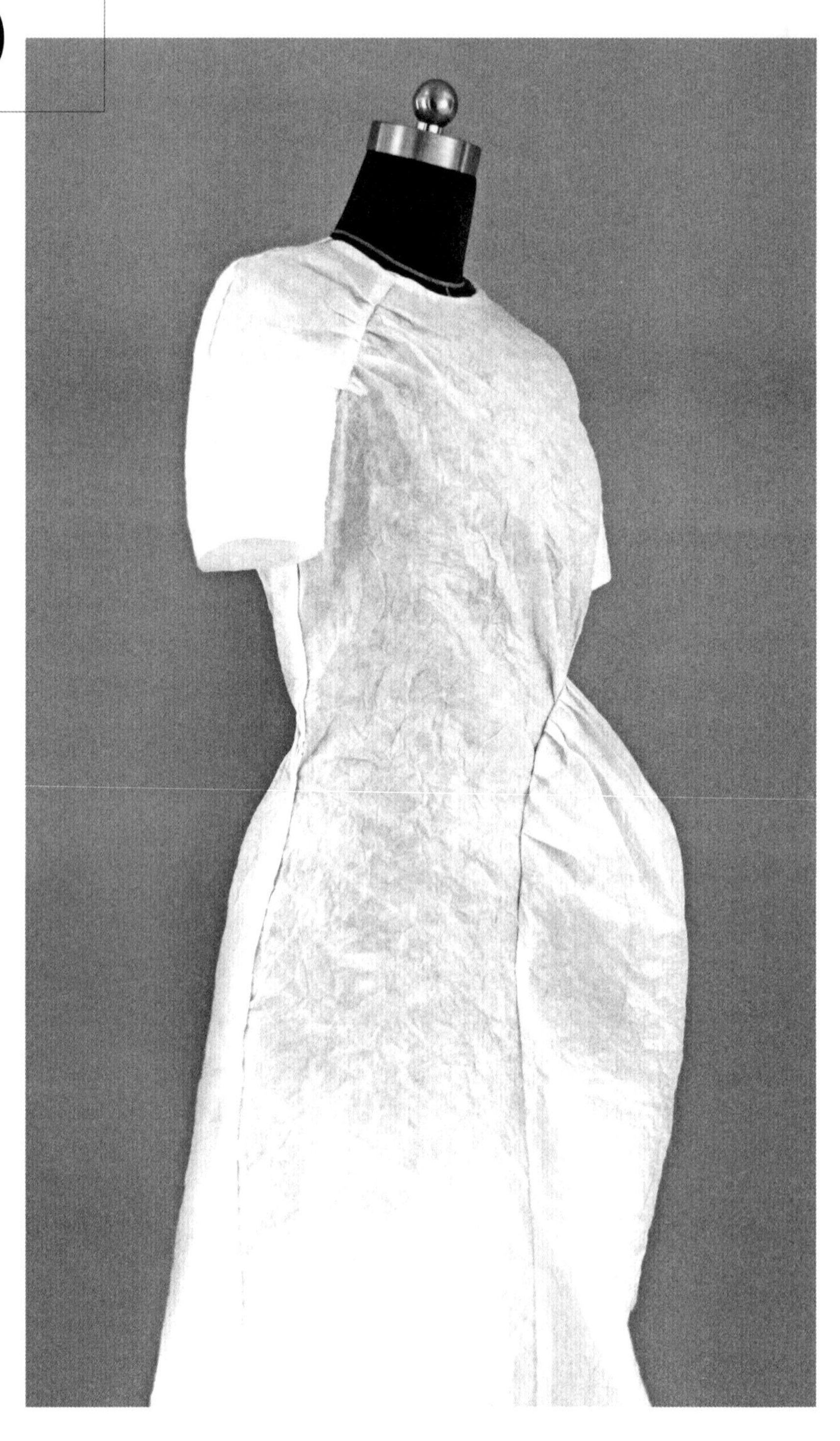

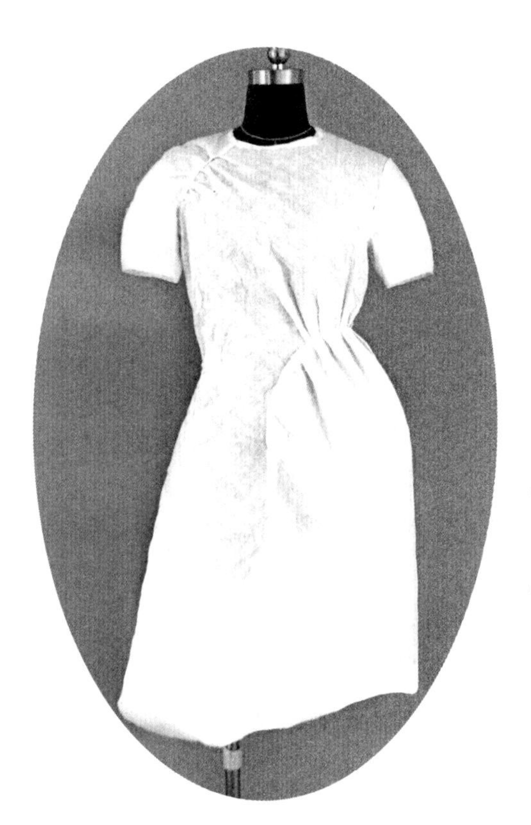

本款裙子为不对称款式，主要运用省道转移和抽碎褶的方式完成，裙长 94cm。

① 画出带腋下省的裙片原型，左边侧缝腰围线向上 2cm 取一点，以前中线和腰围线交点为基准，向右 4.5cm 取一点，向下 3.8cm 取一点，再向下 21cm 取一点，前中线底边向左 6cm 取一点，用弧线连接上述点，画出下摆，左下摆向外延伸 6cm，起翘 5cm。

② 右下摆侧缝向外延伸 5cm，中缝向右 4cm，连顺弧线，注意保持拼缝处为直角。

③ 右边腰围线侧缝收进 3.5cm，左边从 BP 点往下作垂线，以垂线为省道中线作一个 3.5cm 的省道。

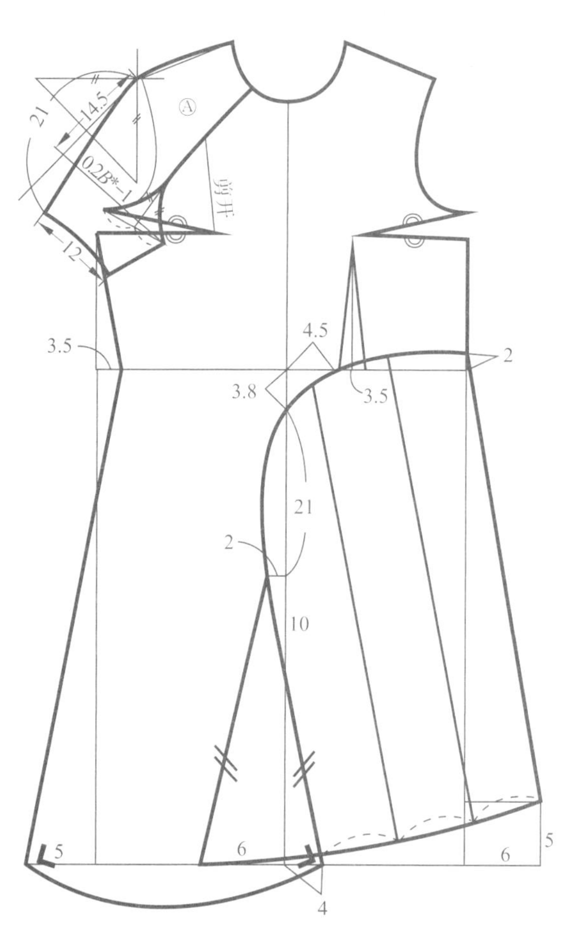

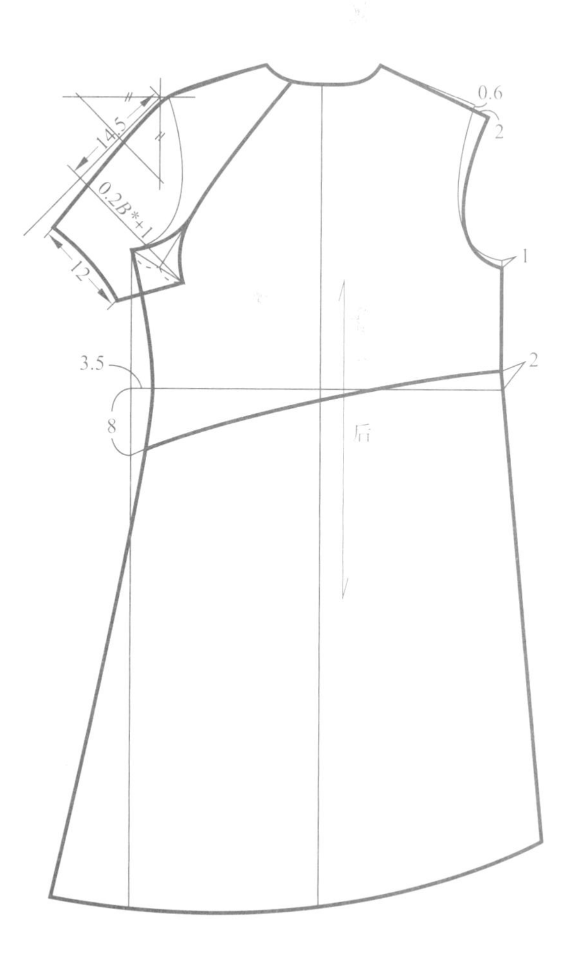

④ 右边袖子为插肩袖，袖长 21cm，插肩袖的前片Ⓐ切开，剪开后扇形打开，展开距离分别为 3cm。

⑤ 右边袖子的肩端点下降 0.6cm，肩线延长 2cm，袖窿底下降 1cm。

⑥ 左袖子：画一个一片袖原型，取一个袖长 12cm 的短袖，袖口围 24cm，画出袖口弧线。袖山高下降 2cm，袖山两端点下降 1cm，画出新的袖山弧线。以袖中线为基础，在袖窿底线水平线上左右各取 0.9cm，从袖山顶点连接该点至袖口中线。两条曲线为交叉线，使袖子隆起。

⑦ 上片前右片闭合腋下省，将省道转移到插肩袖拼缝线，用曲线顺滑拼缝线，多出的量制作时以碎褶方式收回。前左片将腋下省转移到腰省，使腰省开口更大，顺滑腰省的拼缝线，省道以碎褶方式收回。

⑧ 将左下摆不交叠部分均分为三段，向上作侧缝的平行线。从拼缝线处扇形打开，打开距离分别为 5cm。

⑨ 画出后片原型，根据前片插肩袖画出插肩袖后片。右肩端点下降 0.6cm，肩线延长 2cm。左边腰围线吸进 3.5cm。从左侧腰围线向下 8cm 取一点，右边腰围线向上 2cm 取一个，用弧线连接该两点。弧线向上拱，以修饰上下身比例。

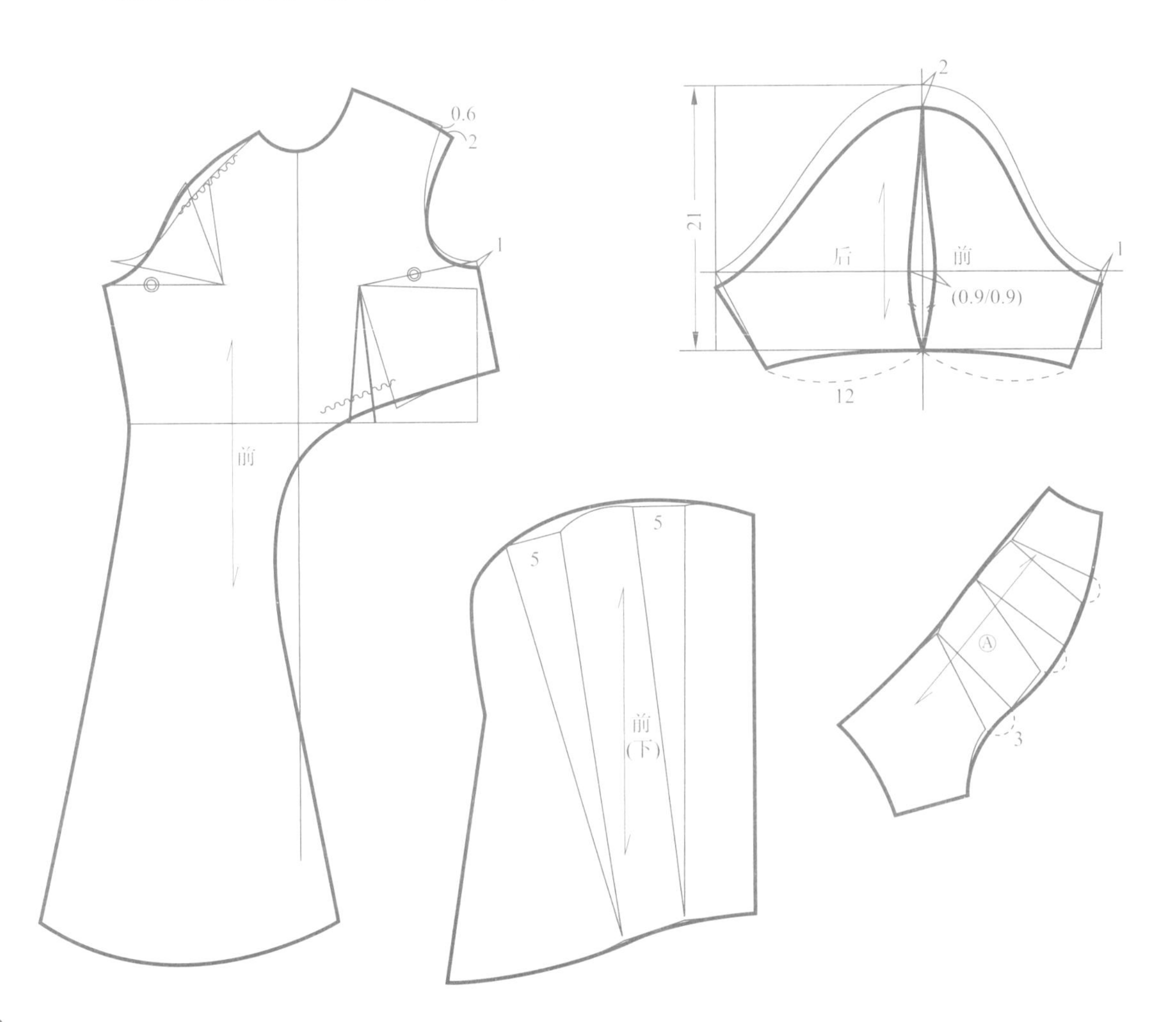

款式 6

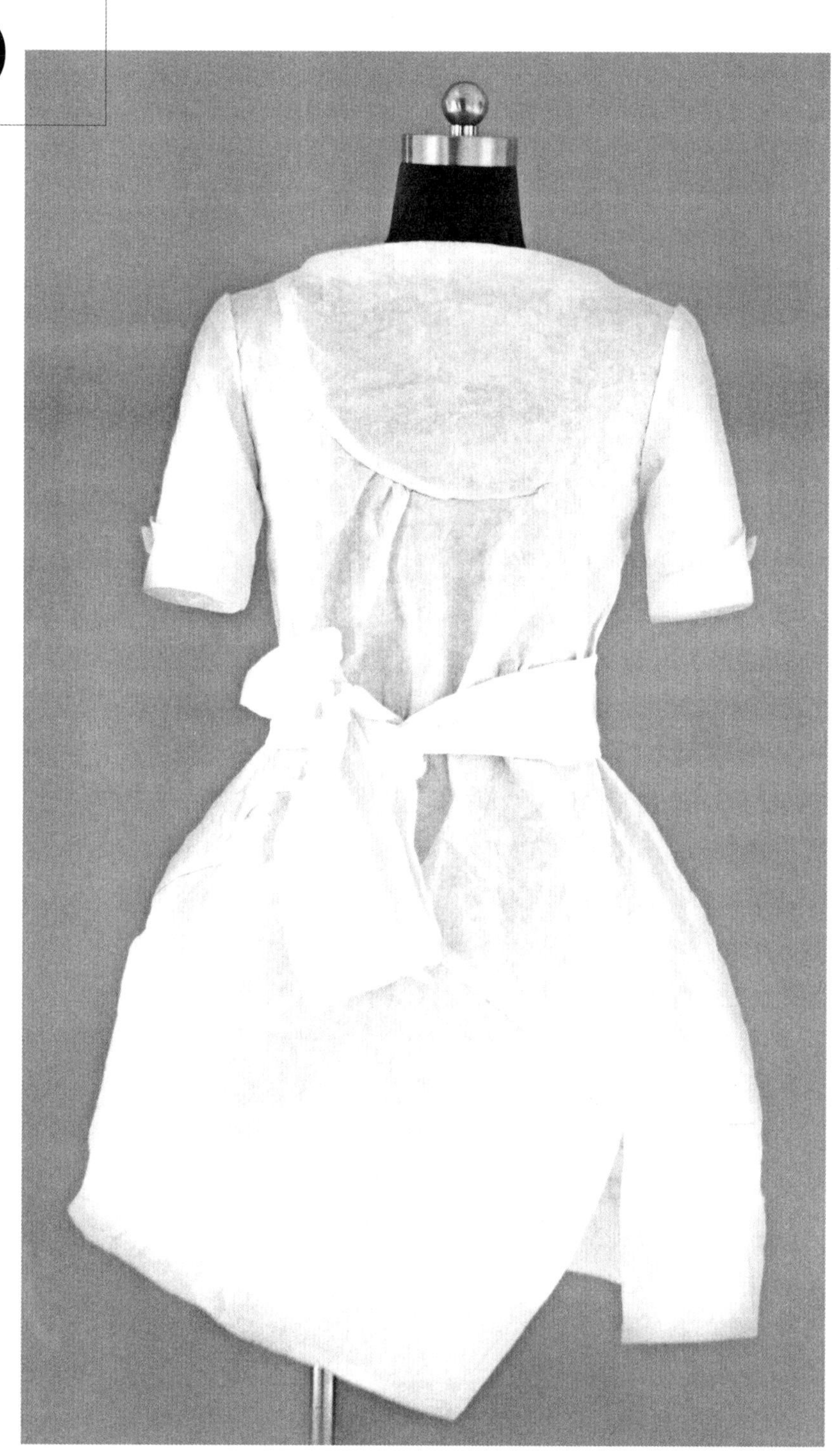

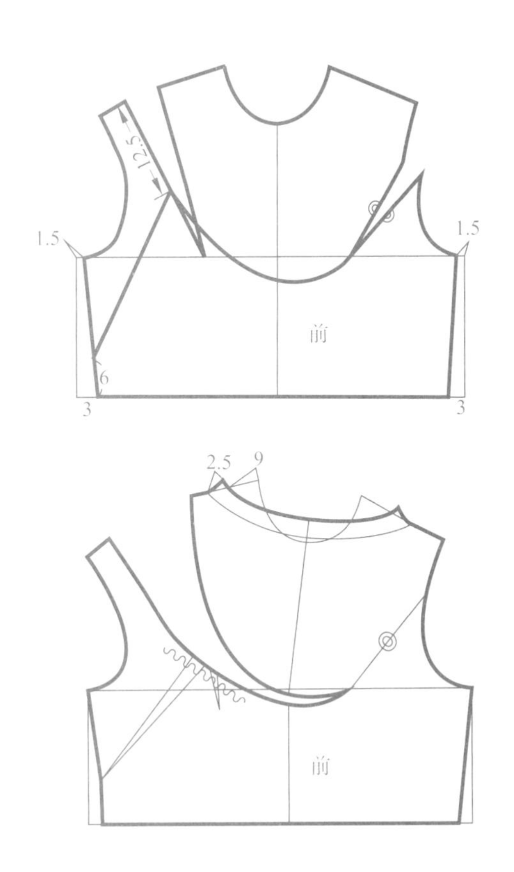

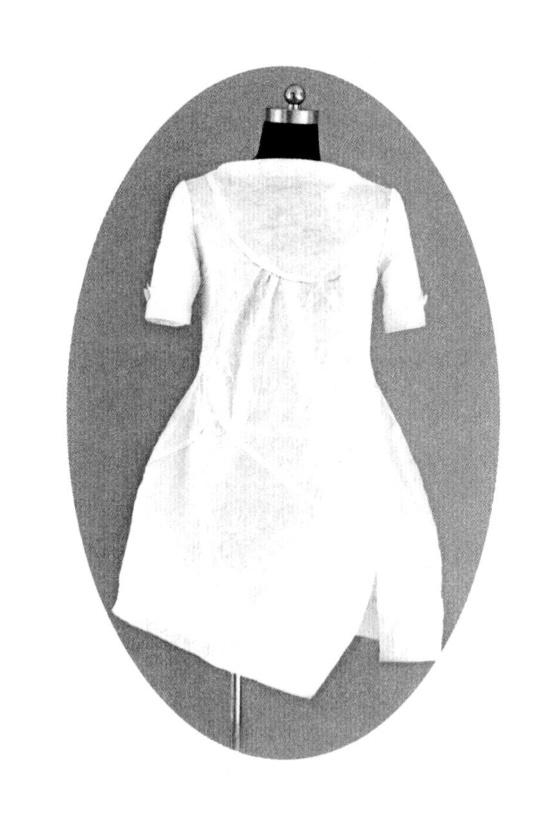

此款运用了胸省转移，无腰省，腰下裙身结构通过几何块面分割而得，造型具有现代感。此款连衣裙穿着时也可以不系腰带，展现不一样的视觉效果。

① 运用上原前片原型，将两个胸省分别移至肩部和袖窿处，胸围各收进 1.5cm。从肩省 12.5cm 处画一条弧线与袖窿省省尖相交。腰围线处左、右各收进 3cm，确定裙腰围的大小。从腰围线处沿侧缝往上 6cm 确定一个点，设一条与肩省线相交的分割线。

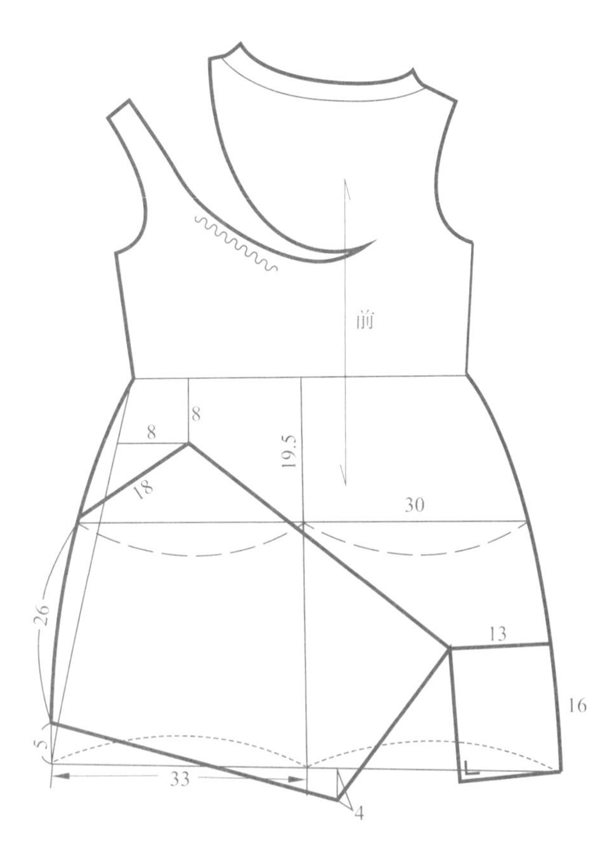

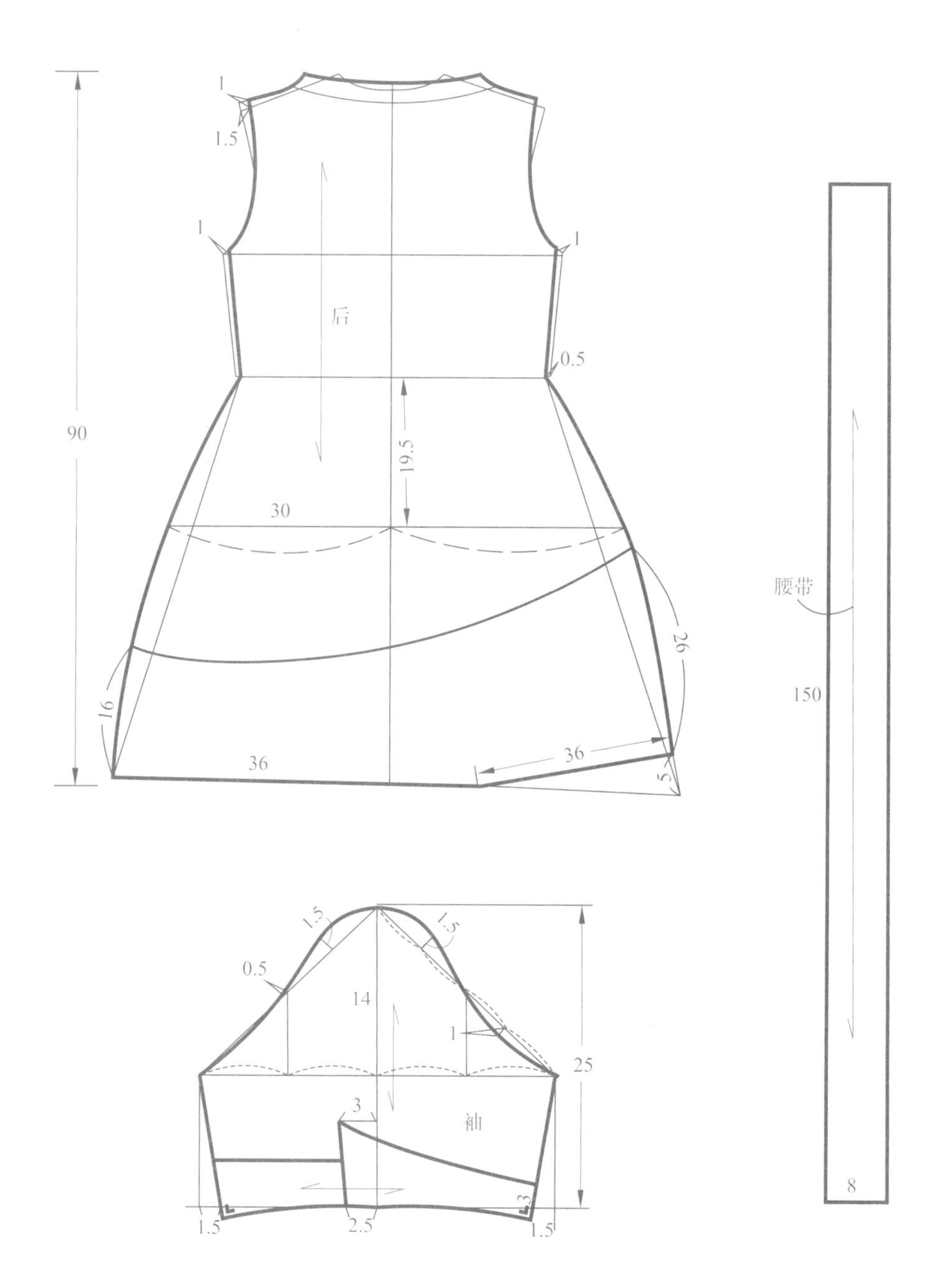

② 如图合并袖窿省，打开原先连出的弧线和直线，作为抽褶的量。将左、右领宽点分别沿肩线放大 9cm，并上翘 2.5cm 连出一字领的造型。

③ 确定裙长，将裙子的两侧缝画成饱满的弧形，然后如图分割成多个块面。

④ 运用后片原型，胸围各收进 1cm，腰围各收进 0.5cm，肩线抬高 1cm，肩宽收进 1.5cm，如图画出一字领形，将裙子的两侧缝画成饱满的弧形，画出分割弧线。

⑤ 运用袖子原型，确定袖长和袖口大小，画出袖口贴边的几何形。延长两袖缝线，保证袖口造型的水平。

款式 7

本款连衣裙上下身无分割，设计点在省道转移、斜省道和斜褶的处理，裙长 95cm。

① 根据带腋下省的上衣原型画出连衣裙原型，前、后领宽分别开大 3cm，后片领深下降 1.2cm，前领深开大 1.8cm，画出新的前、后领口弧线。

② 从新的前领亮点起，量取肩线 3.5cm，确定肩端点，连顺前袖窿弧线；后片同理。

③ 从前领口沿中线向下 3cm 取一点，用弧线连接该点和 BP 点，切开该弧线，合并腋下省，将省道转移到前中线处。

④ 从前肩端点往下沿袖窿线 13.5cm 取点，从 BP 点向下作垂线交于底边辅助线，垂线与腰围线相交的点为前腰省中点，前腰省宽 2cm（左、右各 1cm）。连接袖窿上的 13.5cm 的点与省道点，并顺势延长交于 BP 点垂线和底边交点。袖窿线 13.5cm 点再向下 1.5cm 取点，过省道作出分割线，顺势延长至距底边 0.8cm 处，两片交叠 4.5cm 左右。

⑤ 从袖窿分割线开始，依次取点距离为：5cm、1cm、2cm、3cm、1.8cm、3cm、1cm。腰围线上，从前省道开始取点依次距离为：2.5cm、2cm、1.5cm、2cm、1.5cm、2cm、1.5cm、2.5cm、1cm、2cm。在前省道分割线上，从臀围线向上 6cm 处取一点，作一根斜线交于侧缝辅助线和臀围线交点。在斜线上从左起 4.5cm 处取一点，依次对应连接上述点，保持基本一致的倾斜度。灰色面积为顺褶，止口方向朝前中。

⑥ 在臀围线上，从侧缝往左 5.5cm 取一点，往右 1cm 取一点，向下 20cm 作一条水平线，水平线向左 8.8cm 取一点，向右 8cm 取一点，画出后侧片的分割线。

⑦ 后中腰围线处收进 1cm，下摆放出 1cm，用弧线画出新的侧缝线。将后片腰围线如图等分，等分点向右取 2.5cm 作为省道宽。从后中起在胸围线上取 6.8cm 一点，画出省道中线，画出后片省道。

领口省道缝纫时，先缝合前中，然后将缝合处劈开熨烫，最后将弧形省道缝合。袖窿需要烫衬，防止制作侧片褶时被拉长。面料适合中薄型有垂感的面料，可令褶皱垂落更自然。

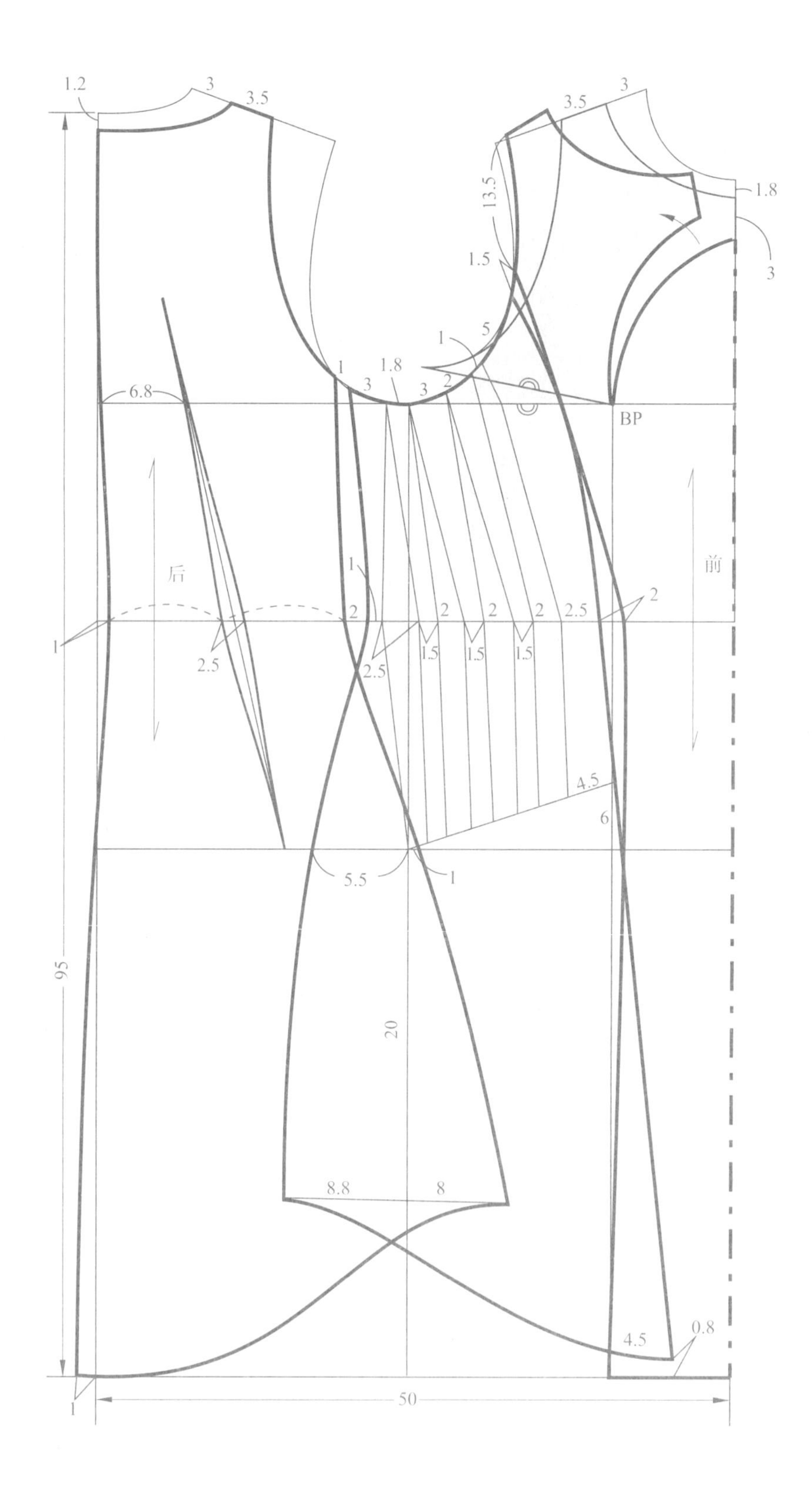

1.2
3
3.5
3.5
3
1.8
13.5
3
1.5
5
1
1
1.8
3
3
2
BP
6.8
后
前
1
2
2
2
2
2.5
2
1
2.5
2.5
1.5
1.5
1.5
4.5
6
5.5
1
95
20
8.8
8
4.5
0.8
1
50

款式
8

这是一款通过省道的不对称处理（一边用刀背缝，一边用袖窿碎褶）和波浪式弧线切开、展开的手法来完成结构设计的连衣裙。适合选用塔夫绸、重磅素绉缎等面料来表现。

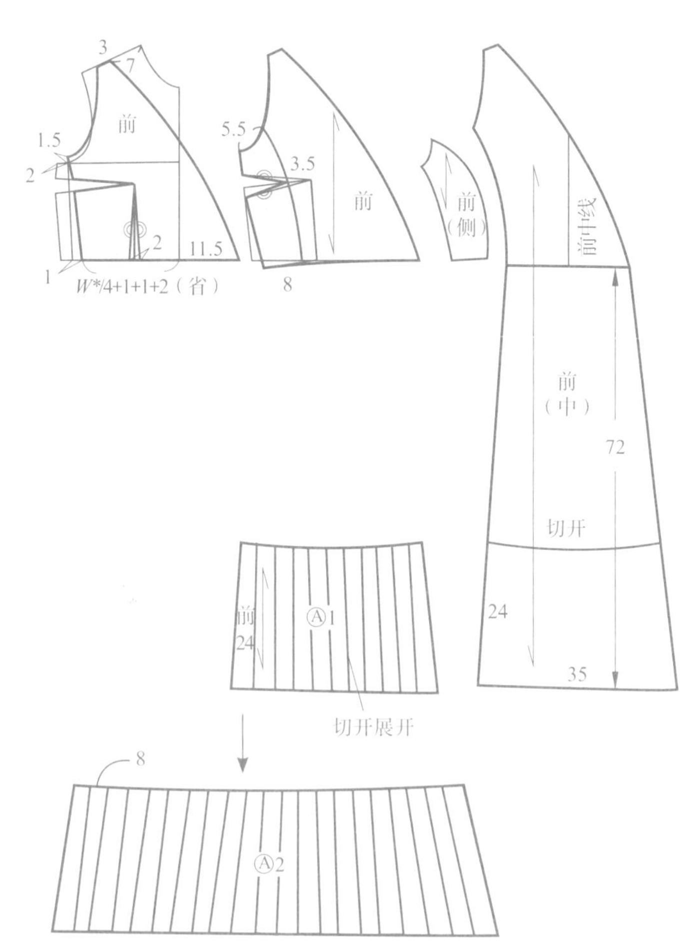

① 运用前片原型（右片），领宽沿肩线放大 7cm 确定一个点，从此点再沿肩线下 3cm 确定肩宽。胸围收进 2cm，袖窿抬高 1.5cm。沿前中线在腰围线处放出 11.5cm，作为前片左、右重叠的量。从前中线向侧缝以 $W^*/4$+1cm+1cm+ 省的公式确定前腰围的大小。

② 如图闭合腰省，将省量转至胸省，在袖窿弧线 5.5cm 处，腰围线从侧缝进 8cm 处连一条刀背缝。

③ 闭合胸省，打开刀背缝，将省量转至分割线。如图从腰围线往下放出 72cm，底边宽 35cm，并在从底边向上 24cm 处画一条弧形分割线。等分分割部分，并进行切展。

④ 如图取 74cm 长，前腰围乘以 3 为宽画出右裙片，并从底边沿前中线上 10.5cm，侧缝上 35cm 连出一条分割弧线，画出等分线，分割并切开展开。

⑤ 运用前片原型（左片），与右片一样定出肩宽和腰围的大小，重叠处多放出 2.5cm。

⑥ 如图从袖窿处上 5.5cm 画一条切开弧线。

⑦ 线通过省尖点，然后再画一条切开线与之垂直相交。

⑧ 闭合胸省和腰省，分别切开弧线和另一条直线，并展开 1.5cm 作为抽褶的量，画顺所有的线段。

⑨ 如图取 74cm 长，前腰围乘以 3 为宽画出左裙片，并从底边沿前中线上 10.5cm，侧缝上 46cm 连出一条分割弧线，画出等分线，分割并切开展开。

⑩ 运用后片原型，胸围收进 1cm，袖窿抬高 1.5cm，肩线在肩端点抬高 1cm，领宽沿肩线放大 7cm 定一

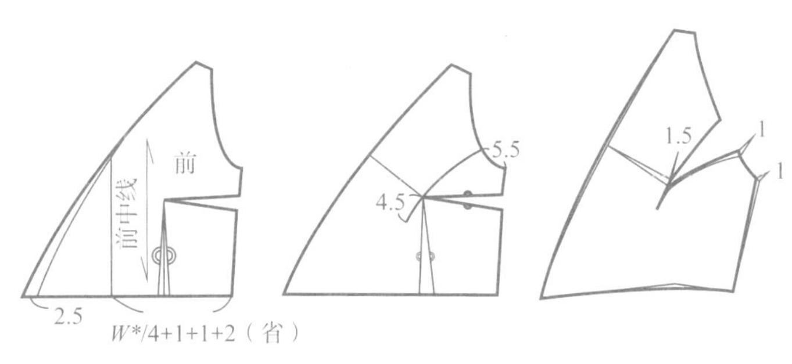

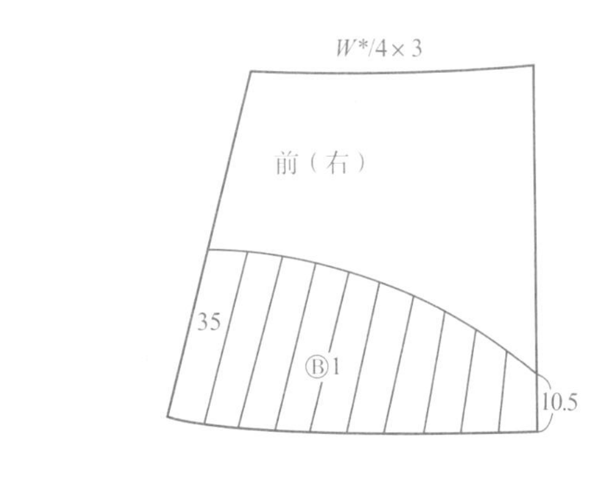

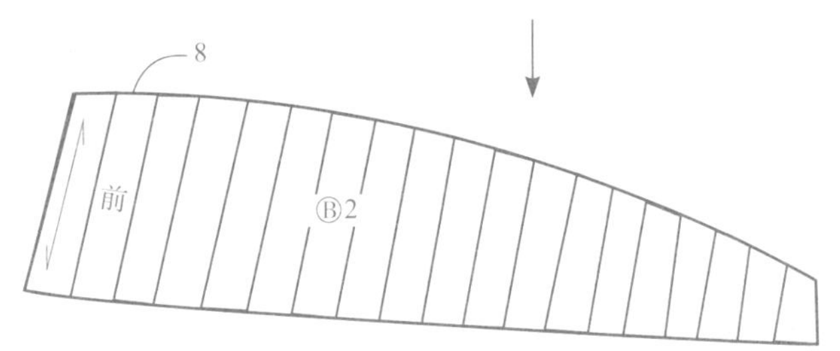

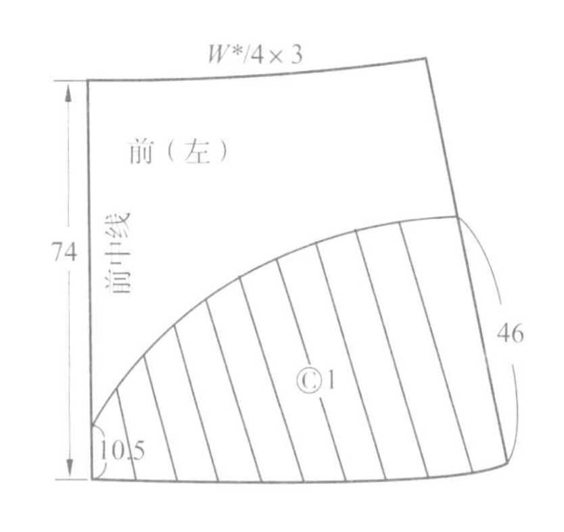

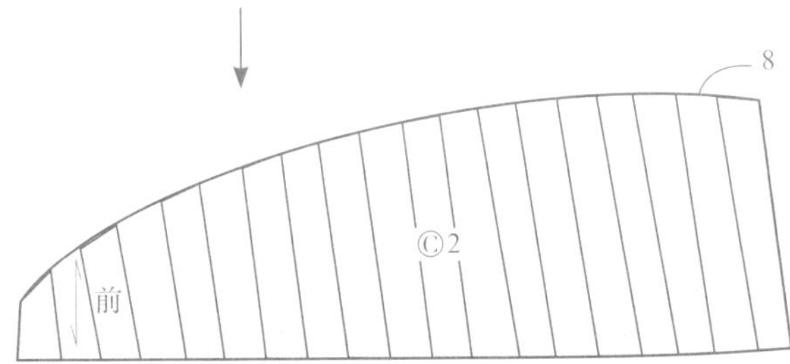

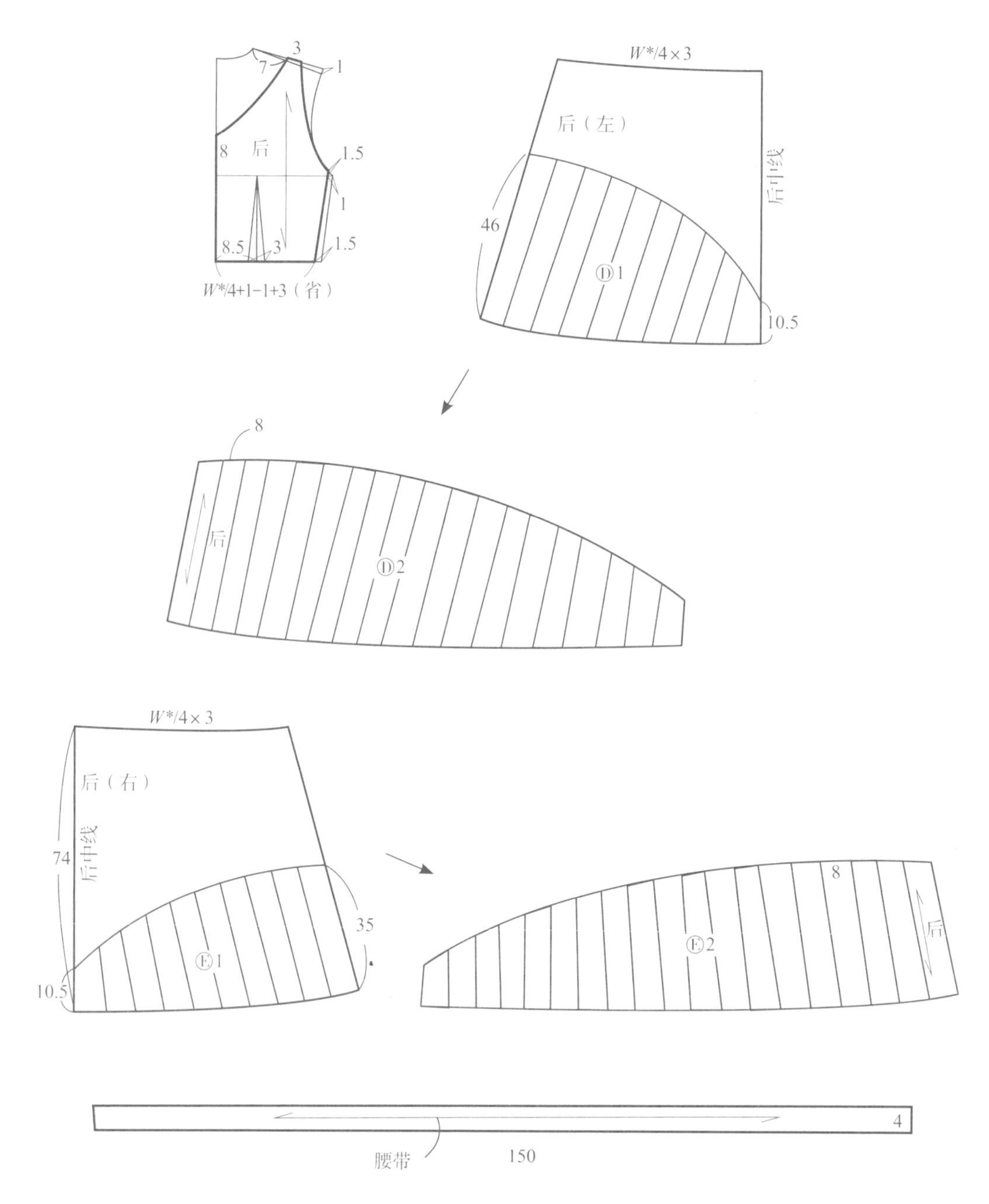

个点，从此点再沿肩线下 3cm 确定肩宽。领深降至胸围线以上 8cm，从后中线往侧缝取 W*/4+1cm−1cm+ 省确定后腰围的大小，在腰围线上从后中起往里 8.5cm 确定腰省的位置。

和前裙片一样，如图画出裙长和裙宽，画出分割线和等分线，然后进行切开展开。

款式 9

这是一款将胸省、腰省做成活褶，领口也做活褶，收腰、大摆有着古典气息的长款连衣裙。

① 运用前片原型，将胸省、腰省转至前中线，画顺腰围线，在颈肩点上翘 2cm，与后领相连，连出前领口造型，放出 1.5cm 的搭门。如图画出前胸和肩部的切开线以及挂面的大小位置。

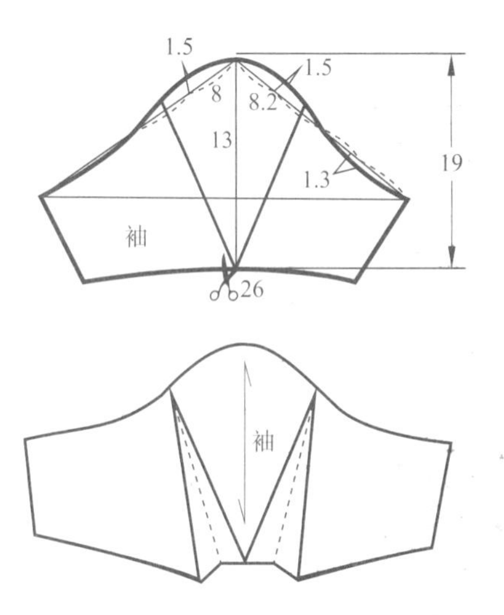

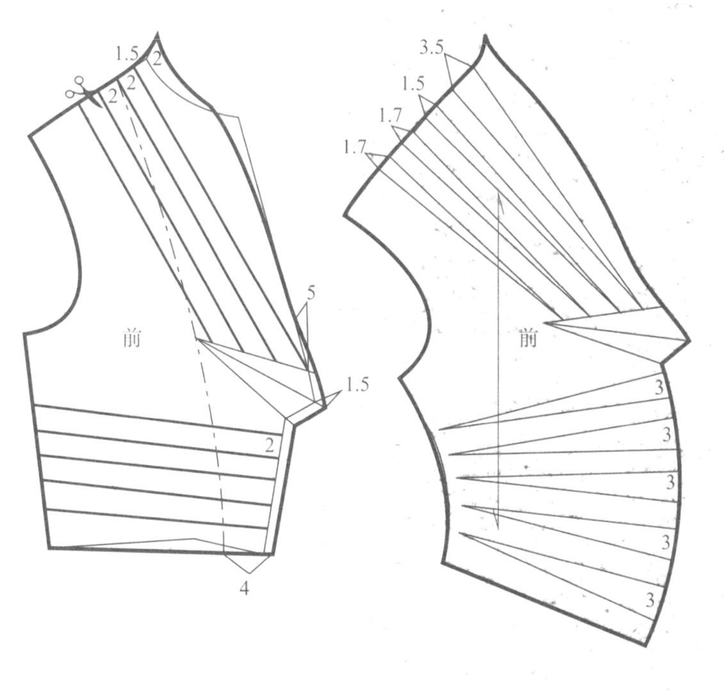

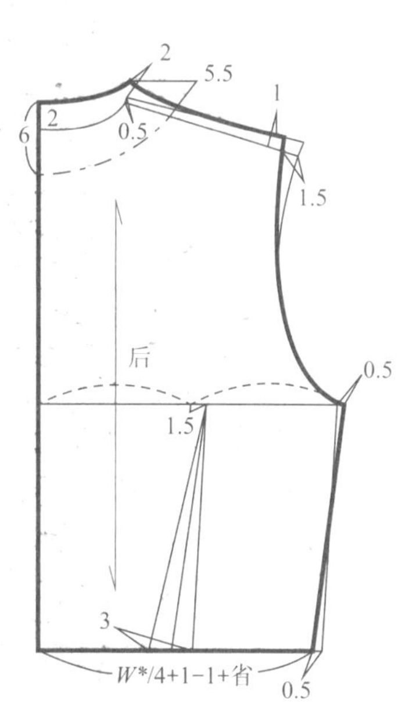

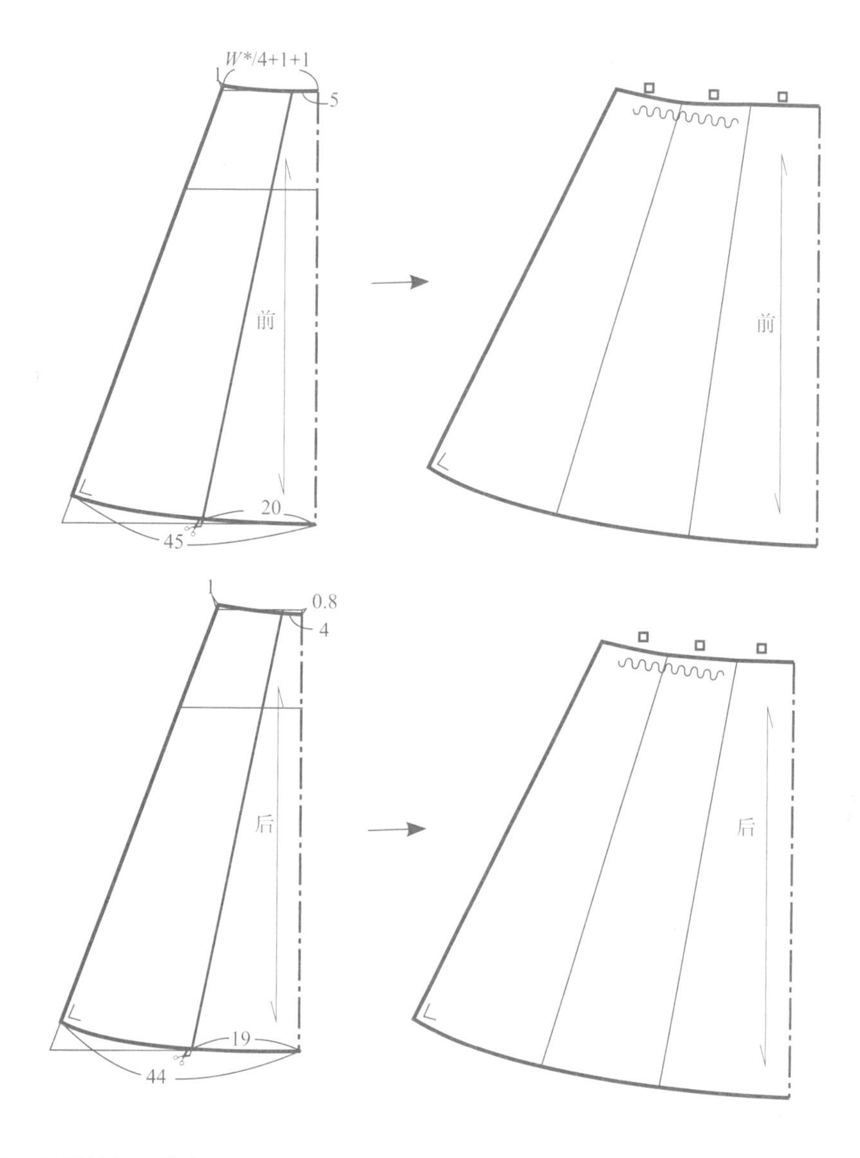

② 切开已设的切开线并展开抽褶的量，画顺弧线。

③ 运用后片原型，胸围放出 0.5cm，腰围线处收进 0.5cm，肩线在领宽处抬高 0.5cm，肩端点抬高 1cm，并收进 1.5cm。领深沿后中线和颈肩点抬高 2cm，作为后领高。等分腰围线中点作为腰省的中心点，等分胸围线，向侧缝移 1.5cm 为省尖点，收出一个 V 字形的腰省。再确定一条领口贴边。

④ 运用裙前片原型，如图确定长度和底摆的宽度。在腰围线处从前中线向侧缝 5cm 定一个点，在底边处向侧缝 20cm 定个点，连出一条分割线。

⑤ 上下平行展开，使得宽度为腰围 ×3 的量，作为两边抽褶用。

⑥ 运用裙后片原型，如前裙片程序一样画出后裙片。

⑦ 运用袖子原型，确定长度和袖口的宽。在前、后袖山斜线上分别向下 8.2cm 和 8cm 确定两个点，拉出两条切开直线与袖中线相交。

⑧ 切开已设定的线，展开打活褶的量。

款式 10

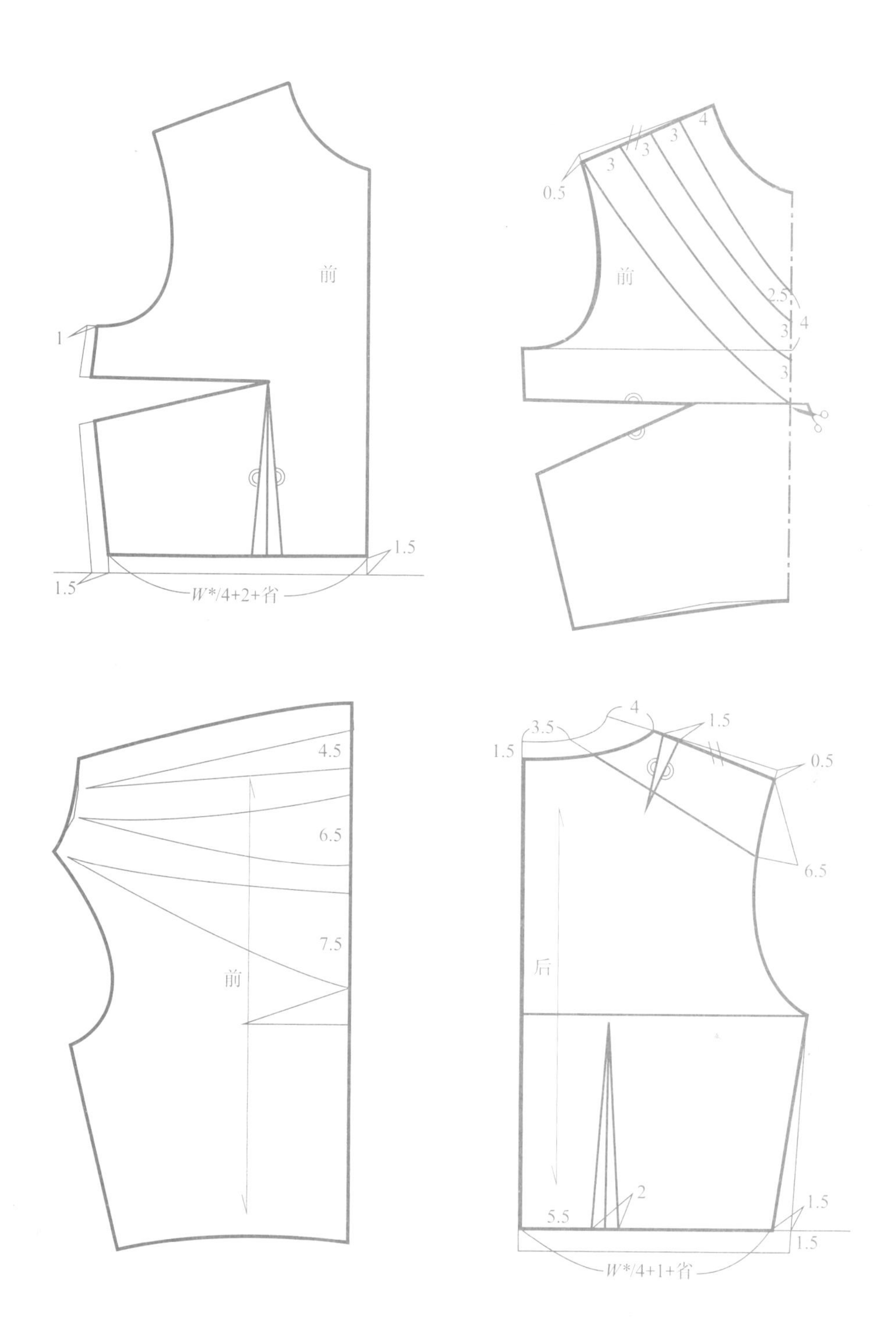

这是一款无袖、荡褶领，裙子通过省道转移为育克，并以切开、展开的形式来完成的连衣裙造型。

① 运用前片原型，胸围收进 1cm，腰围线抬高 1.5cm，在侧缝处收进 1.5cm，从前中线向侧缝取 $W^*/4$+2cm+ 省（由于腰围线抬高，所以腰围的松量适当加大）确定前腰围的大小。

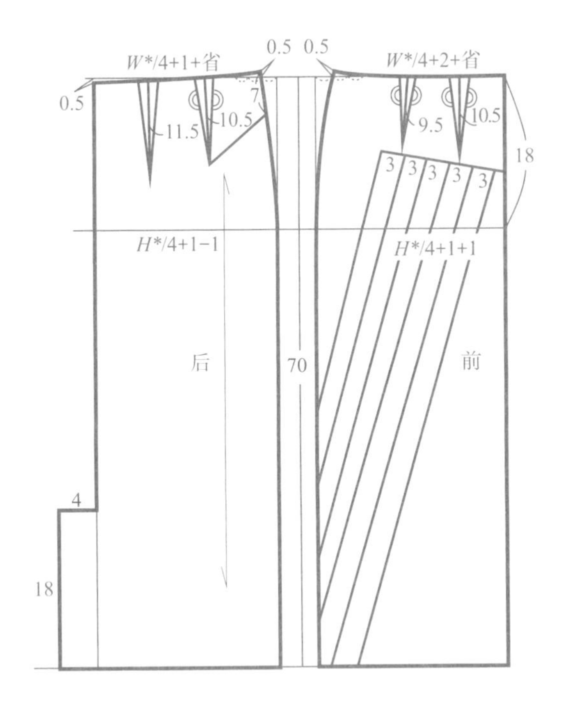

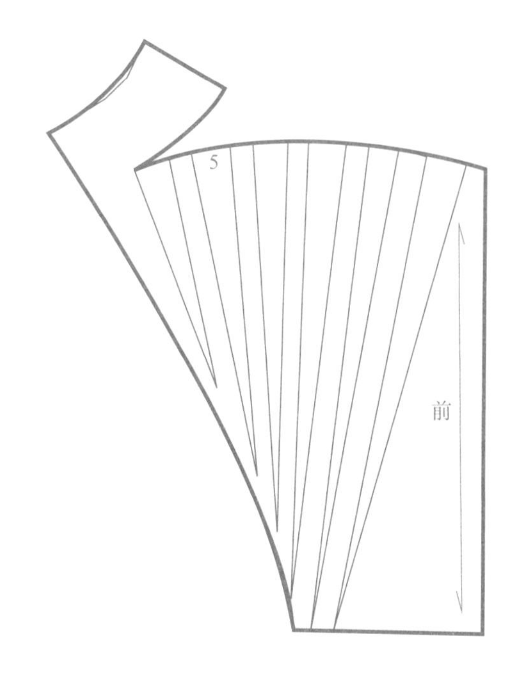

② 闭合腰省，将省量转至胸省，画顺腰围线。将肩线在肩端点下降 0.5cm，如图画出荡领的分割线（分割线为一定的弧线形），确定领口第一线的造型。

③ 闭合胸省，切开设定好的线，放出荡领下垂的量。

④ 运用后片原型，腰围线抬高 1.5cm，在侧缝处收进 1.5cm，在腰围线处从后中线往侧缝取 *W**/4+1cm+ 省确定后腰围的大小。肩线在肩端点下降 0.5cm，领深下降 1.5cm，领宽沿肩线放大 4cm，从肩端点沿袖窿弧线下 6.5cm 取一个点，后领弧线 3.5cm 取一个点，连出后肩育克，闭合肩省，将省量转至育克中。

⑤ 如图运用裙子原型，确定裙长画出前后裙片的基本造型。前片沿省尖点画一条分割线，垂直此分割线连出 6 条切开线，后片画出后衩，在侧缝处下 7cm 画一条省道转移线。将一个腰省转至侧缝。

⑥ 如图将前片省道闭合并沿设定好的线条切开、展开，得到一个新样片。

款式 11

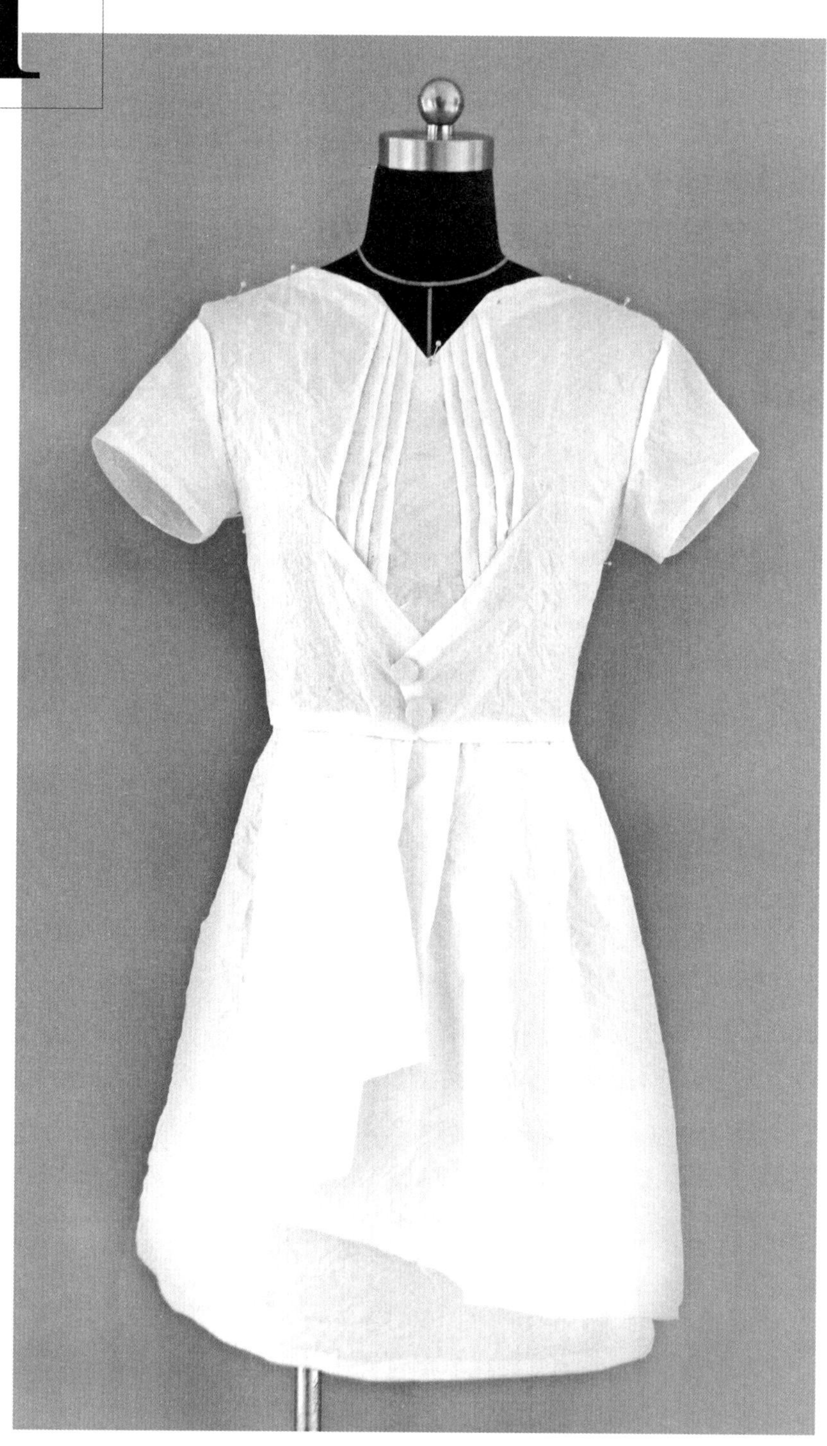

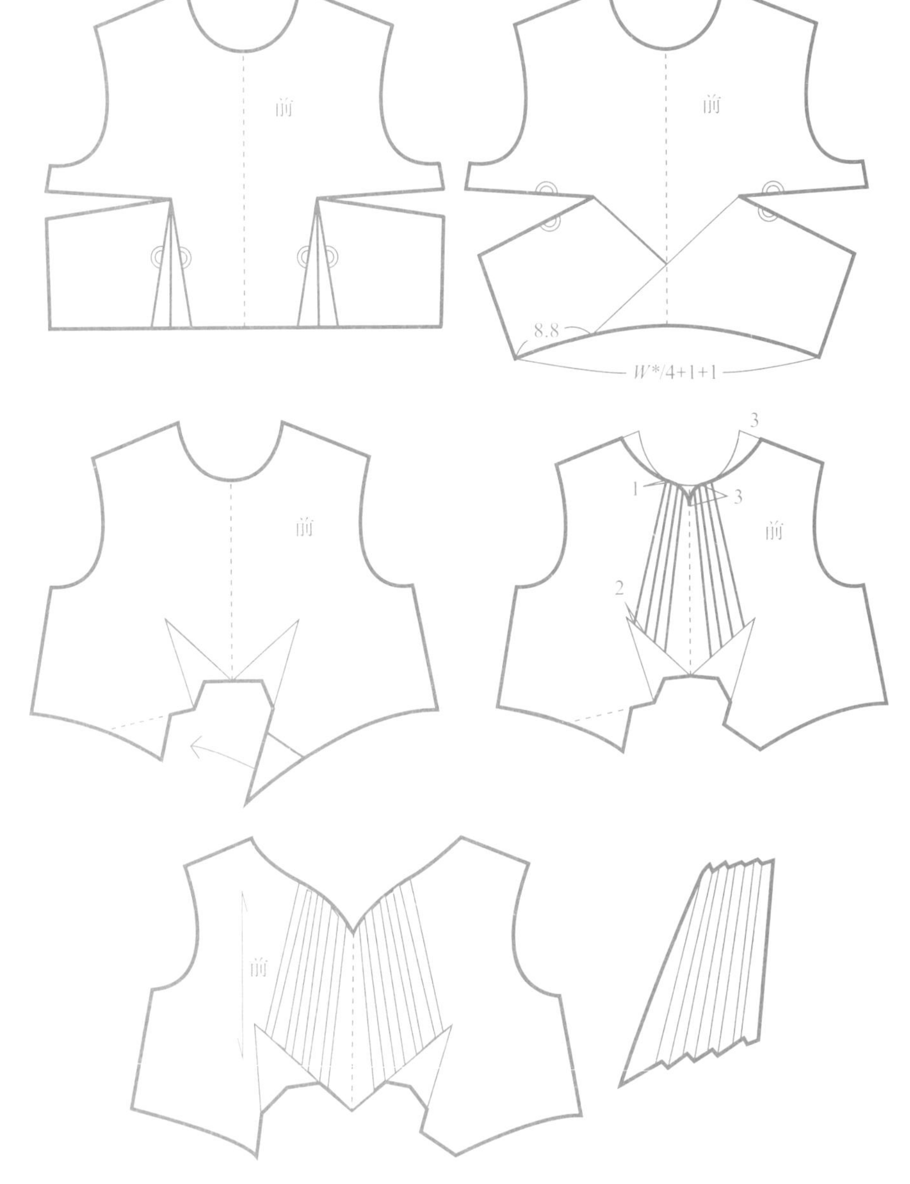

本款连衣裙主要还是通过省道的转换，以及线条来表现服装造型的线条美。

① 运用前片原型，确定好胸省和腰省的位置。

② 将腰省闭合，省量转至胸省，在腰围线上从侧缝向里 8.8cm 确定一个点画一条线与省尖点相连，再从另一省尖点画一直线与之相交，腰围线的尺寸调整至 W*/4+1cm+1cm。

③ 闭合胸省，切开两条直线将腰围线处右边一个角黏贴至左边。

④ 如图将领宽放大，在前中线下降 3cm 画出领口造型。左、右两片分别画出 4 条展开线，分别展开。

⑤ 运用裙前片原型，确定长度，以 W*/4+1cm+1cm+ 省定出前腰围尺寸。下摆各自放出 10cm 成 A 字形。离开省道点 1cm 画一垂直线与臀围线相交，并在此线往上 2.5cm 确定一个点，在腰围线处往中线方向 3cm 确定一个点，如图连出一块重叠在 A 字裙上的样片。

⑥ 等分上一步连出的重叠样片，并展开放出起浪的量。

⑦ 运用原型后片，领深下降 1.5cm，领宽沿肩线放大 3cm，从后中线向侧缝取 W*/4+1cm−1cm+ 省定出后腰围尺寸，并如图确定后腰省的位置。

⑧ 运用裙子原型后片，确定裙长，以 W*/4+1cm−1cm+ 省定出后腰围尺寸，下摆各自放出 9cm，成 A 字造型。闭合腰省，转至侧缝线。

运用袖子原型，确定袖长和袖口大小如图画出袖子。

款式 12

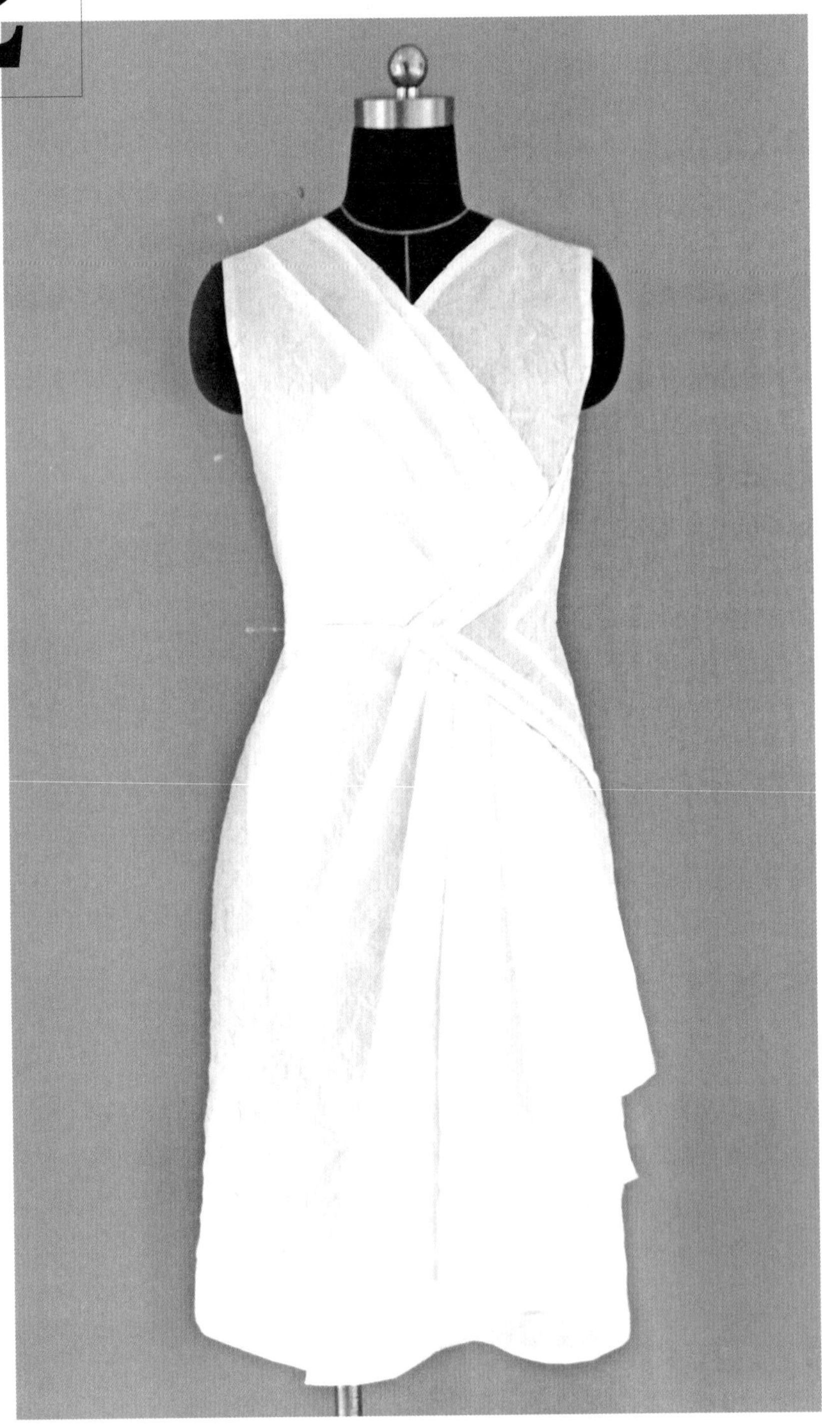

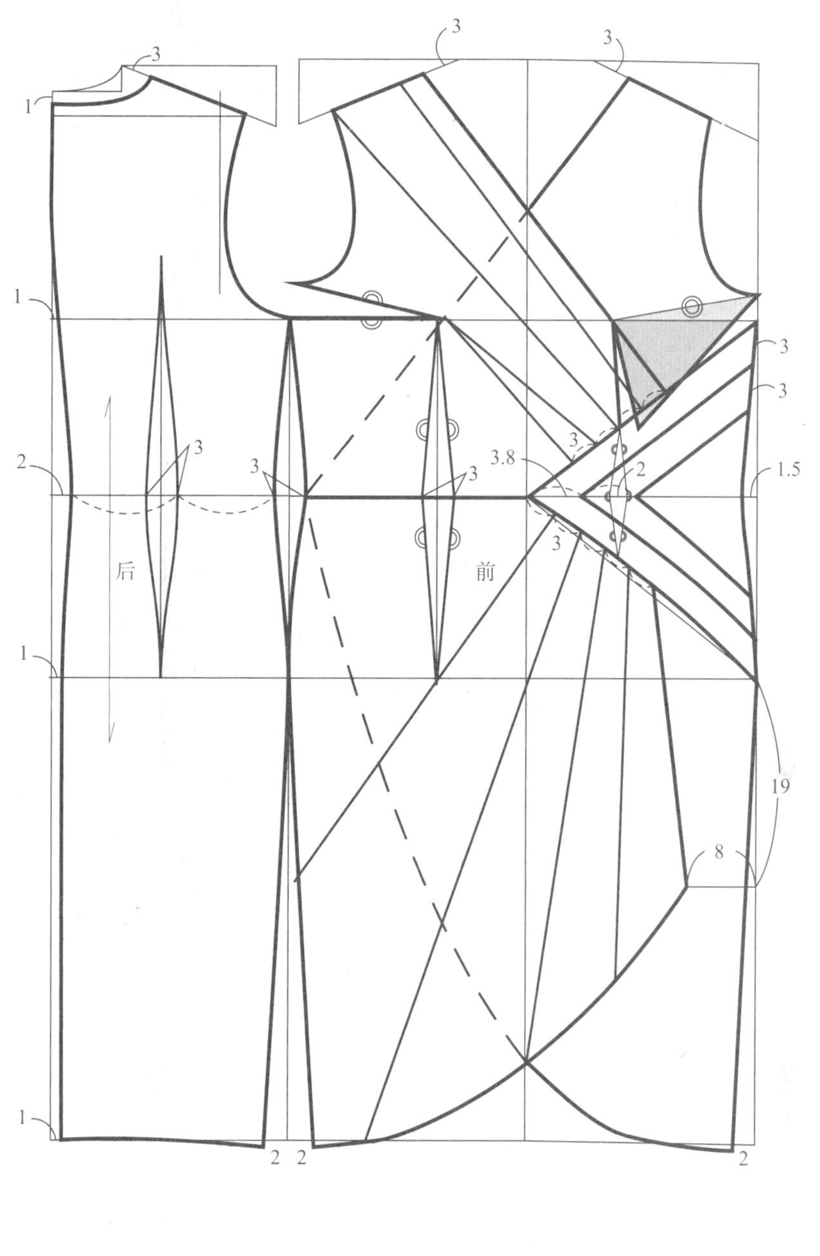
3
3
3
1
1
3
3
3
3
2
3.8
3
2
1.5
3
3
后
前
1
19
8
1
2
2
2

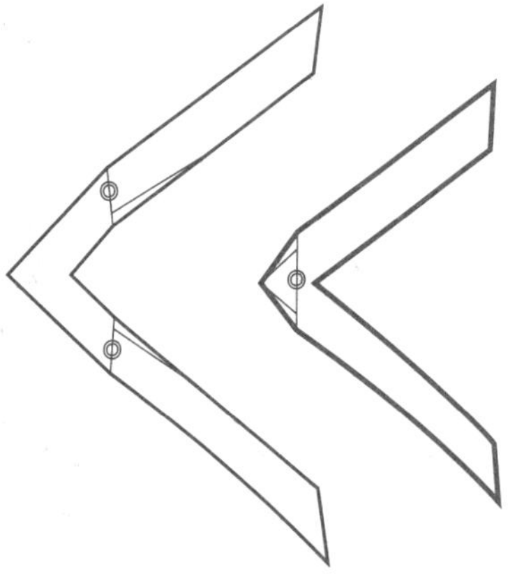

本款连衣裙的重点是褶皱和波浪，以及省道转移，前片不对称，前片腰围线断开，上下不连身，裙长 94cm。

① 根据带腋下省的上衣原型画出连衣裙原型，颈肩点在肩线上开大 3cm。腰围在侧缝处收进 1.5cm，连接左颈肩点和腰围线右端点。

② 用直线连接左袖窿底和前中线腰围线交点，弧线连接前中线和左侧缝线与臀围线交点。如图分割腰部三角形。

③ 从右颈肩点画出一条直线交于左领口直线和前中线的交点，并延长至腰部三角形边线。从该线与三角形交点起，从交点往下在三角形边上取 4 个点分别间隔 3cm。如图从右肩线起连接相应点。

④ 连接左 BP 点和三角形上边线第二个交点，将连线剪开，合并腋下省。从第二个交点向下作垂线，作一个宽 2cm 的腰省。

⑤ 从右 BP 点向下作垂线，作一个宽 3cm 的腰省。

⑥ 在三角形的下边缘左端起，取 5 个点分别间隔 3cm，如图画出右片下摆，再画出左片下摆，两下摆交叉点在前中线上，下摆两边向里收起 2cm。

⑦ 将前片的右上片复制下来，剪开分割线，闭合两省道，按如图的数据打开。打开的量可以适当调节，打开越大，连衣裙的褶量越大。

⑧ 将前片的右下片复制下来，沿分割线剪开，闭合省道，将裙摆扇形展开的同时，将每片平移出一段距离，制作时以顺褶方式收回多余量。

⑨ 将腰部的三角形按分割线剪开，分别闭合省道并修正补齐线条。

⑩ 后片领口领宽在肩线上开大 3cm，后中领深下降 1cm。后中三围线分别收进 1cm、2cm、1cm，用弧线画出新的后中线。如图作出后侧缝线和省道。

本款连衣裙在侧缝装隐形拉链。此款适宜用较柔软垂感较好的面料。

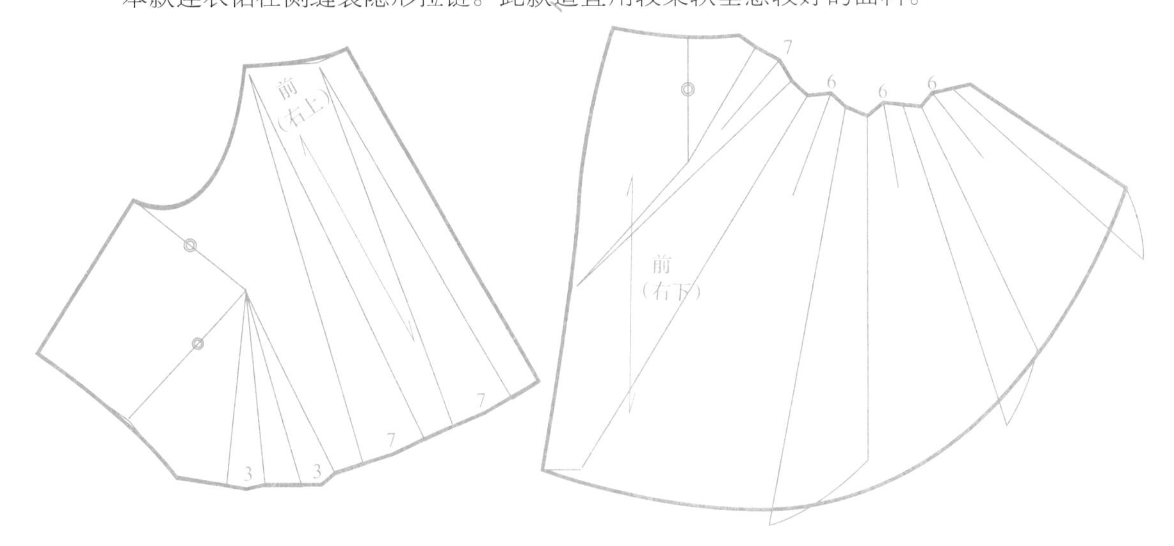

款式 13

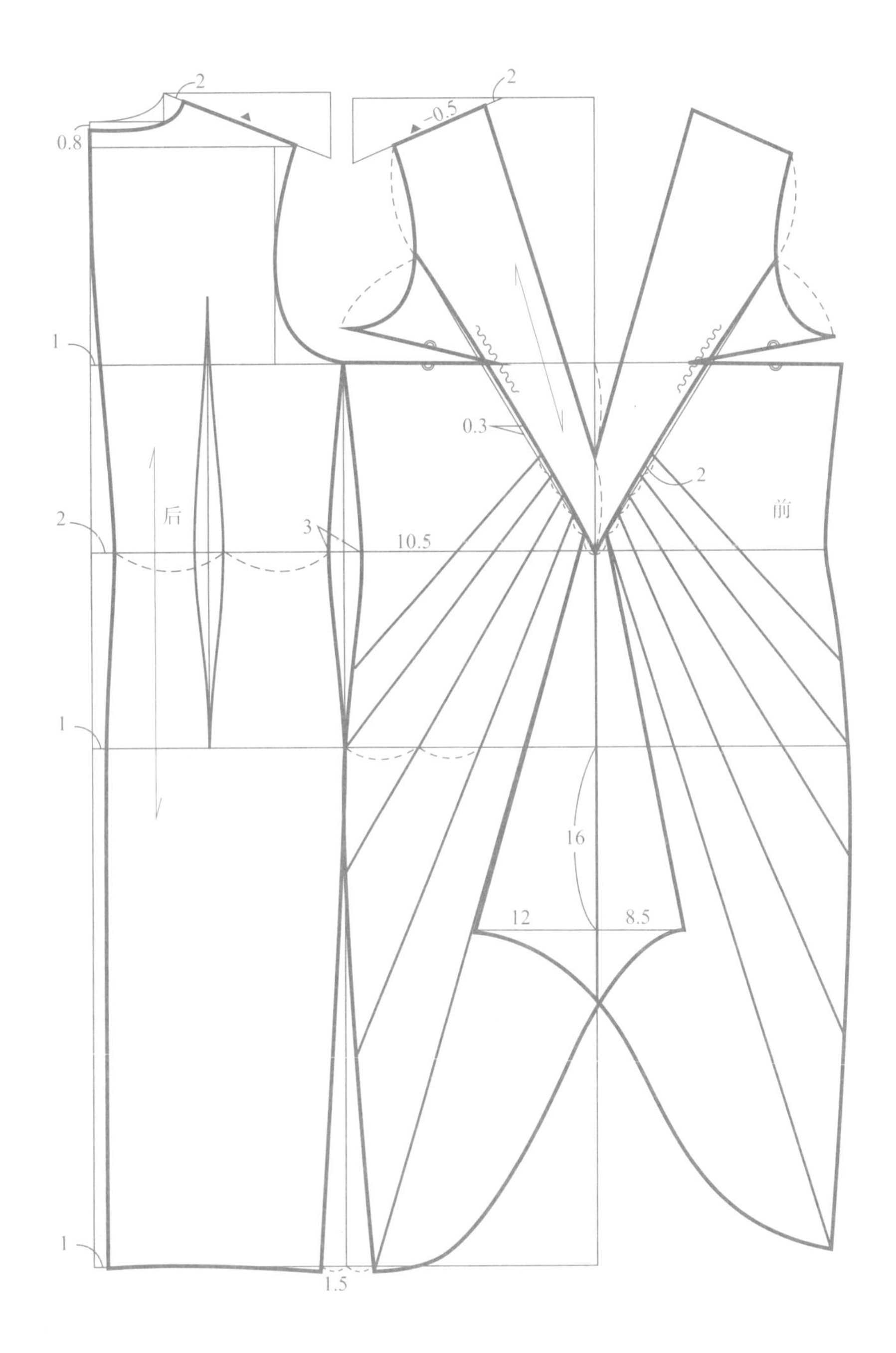

本款连衣裙是 12 款的延伸款，V 型领口，下摆两侧收拢。裙子前片做对称的散射分割，上下连体，裙长 94cm。

① 根据带腋下省的原型画出连衣裙原型，前、后领宽分别开大 2cm，后中领深下降 0.8cm，画出后领口弧线。

② 后中从胸围线往下分别收进 1cm、2cm、1cm、1cm，用弧线连顺后中线。

③ 将胸围线与腰围线之间的前中线二等分。直线连接颈肩点和等分点；在袖窿上找到等分点，连接该点与前中线和腰围线的交点，连接线画出一定弧度。

④ 腰围线前后各收进 1.5cm，下摆收进 1.5cm，画出侧缝线。

⑤ 后片侧腰围线上，等分侧缝线与后中线之间的距离，等分点向左绘一个宽为 2cm 的省道。

⑥ 在前中线和腰围线交点开始，分别向两边分割线各找 5 个点，每个点之间分别间隔 2cm。从臀围线往下 16cm 作一条水平线，向左取 12cm，向右取 8.5cm，根据辅助线画出裙子下摆，再如图画出裙片的分割线。

⑦ 将左右裙片复制下来，按照分割线剪开并扇形展开，右裙片（前 1）的最下面两块作反向扇面展开并平移，左裙片（前 2）最下边一片作反向扇面展开并平移（下摆在前中线上的分割线只有前 1 上面有，前 2 最下面是一整大片）。

制作时，先将展开面烫以黏合衬（此处为斜纱，黏合衬可以使其减少拉扯变形），并将展开量收回缝合，先制作完成裙摆，后跟 V 领口缝合，最后缝合前后片。此款裙子适合面料柔软，垂感较好的面料。制作时注意领口纱向与经纱一致。

款式 14

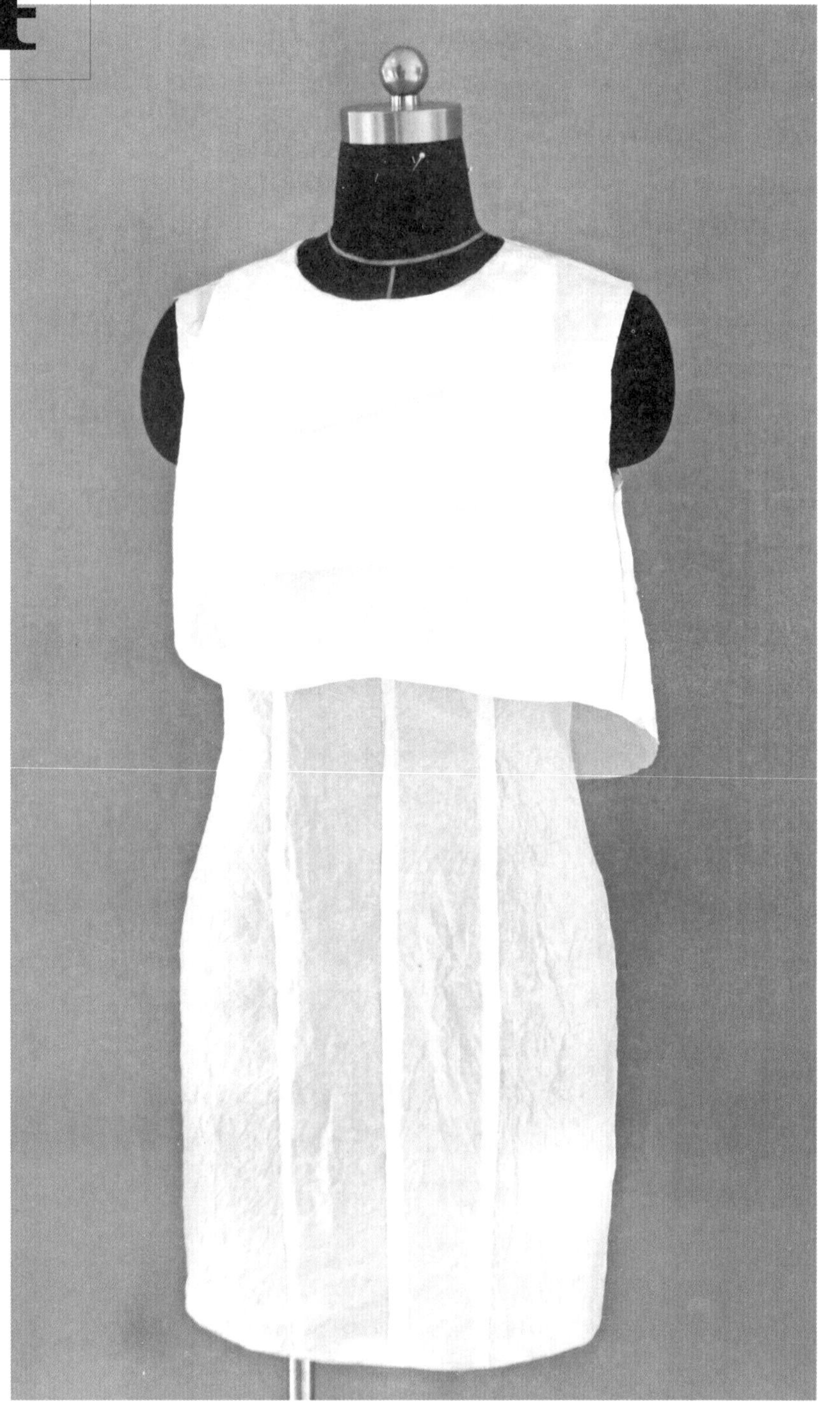

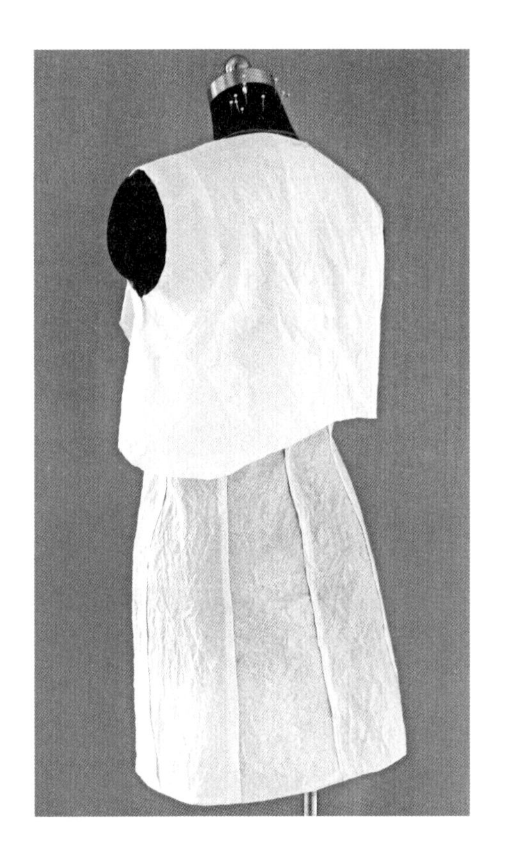

本款裙子以公主线分割的连衣裙作为打底，在上半身设计一个曲折面，从左前侧起始，终止于后右侧。该曲折面的板型主要利用对称手法做平面展开，裙长86cm。

① 根据带省道上衣原型画出连衣裙，前领宽开大1.5cm，领深下降1cm；后领宽开大1.5cm，后中领深下降0.8cm。

② 后中线从胸围线开始分别收进1cm、2cm、1cm、1cm，用弧线连顺弧线；前、后片侧缝腰围线处分别收进1.5cm。

③ 抬高后肩端点0.5cm，在后片腰围线的中点上作垂线，以垂线为省道中点，从肩端点往里4cm处起，画出后背公主线，经过省道中线和胸围线交点和省道最宽处，以及省道中线和臀围线交点。两条分割线在下摆交叉3cm。

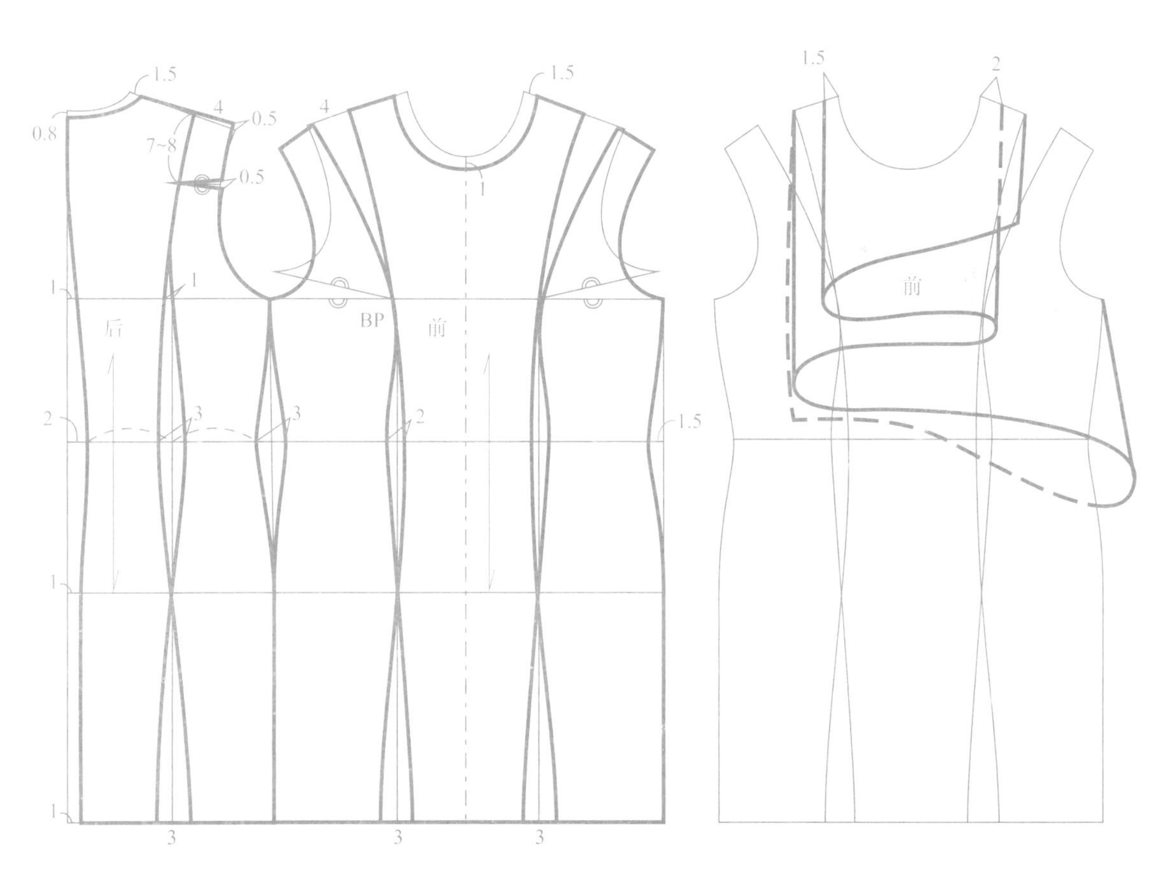

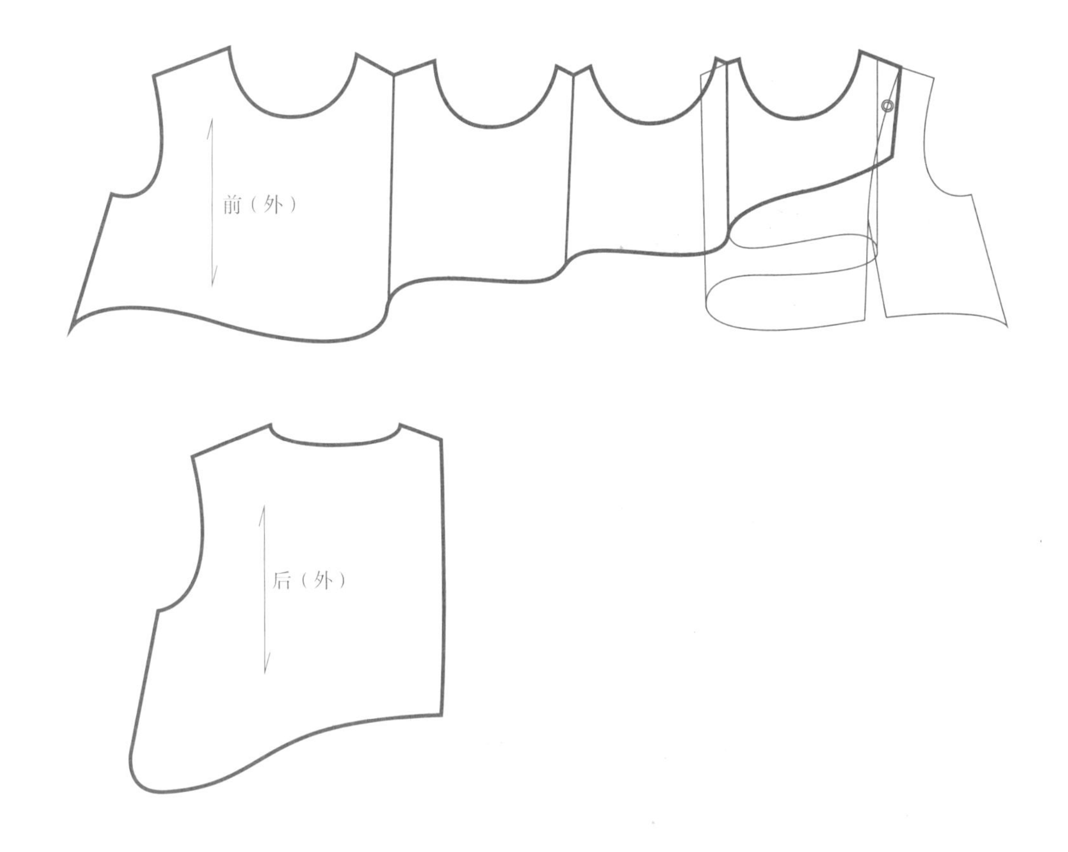

④ 从后背公主线上端往下 7~8cm 取一点，向右作水平线，以水平线为中线，画一个 0.5cm 宽的省道，样板制作时闭合该袖窿省道。

⑤ 前片从 BP 点向下作垂线，前省道宽 2cm，从肩端点向里 4cm 取一点，从该点出发画出公主线分割线，下摆交叉 3cm。

⑥ 从肩线开始将公主线剪开至 BP 点，合并腋下省。

⑦ 如图在打底连衣裙上设计出装饰片的平面图，从右肩分割线开始，装饰片的下摆随着转折面的增加而增长。绕过左侧缝一直到后片右肩线拼缝线。

⑧ 将装饰片展开，以翻折线为对称轴依次作对称，得到平面板型。前片最低下一层，闭合省道，连顺下摆后再作对称；侧缝处前、后片断开。

缝纫时，先做好打底的连衣裙，肩部和左侧缝不拼合，将曲折面按所画平面图收回，固定肩缝，将翻折面与裙身前、后袖窿分别缝合，缝合时裙身的反面与曲折片的正面相对合，缝缝打剪口后翻回正面（将缝份藏于裙片与曲折片之间），依次缝合两肩线和侧缝线。

打底和翻折的装饰片可采用不同种面料，翻折造型使用柔软垂感好的面料效果更佳。

款式 15

这款连衣裙的结构亮点是露肩的插肩袖。

① 运用前片原型，以 W*/4+2cm+ 省确定前腰围的大小。

② 闭合胸省，将省量转至腰省，胸围收进 1cm，如图加大领宽、领深。定出插肩袖露肩的起点，依据袖长画出插肩袖的造型，确定袖肘线，袖缝线在袖肘线处收进 0.5cm。从腰省尖点沿一直线与前胸水平分割线相交，从交点往左 2.5cm 拉出三条平行分割线。

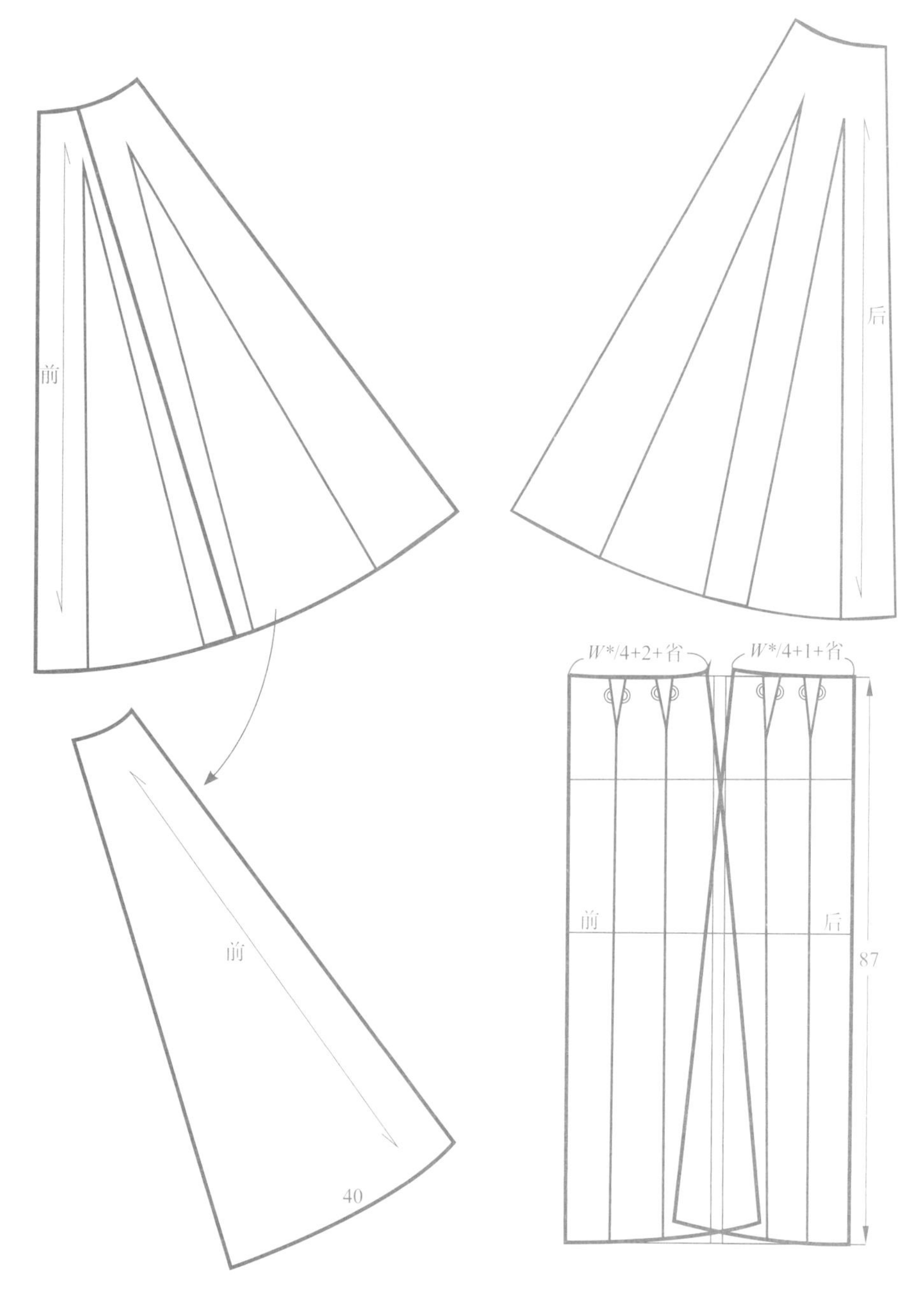

③ 闭合腰省，切开各条展开线，并展开一定的褶量，第一条线作 1cm 的重合，使得前胸的结构造型更贴合人体，画顺腰围线。

④ 运用后片原型，如图腰围在后中线处收进 1cm，然后以 W*/4+1cm+ 省确定后腰围的大小。放大后领宽、后领深，定出插肩袖后露肩的起点，依据袖长画出插肩袖的造型，确定袖肘线，袖缝线在袖肘线处收进 0.5cm。

运用裙子原型的前后片，确定裙长，底摆放出一定的量成小 A 字形，从省尖点连直线与底摆垂直，沿垂线切开裙片，放出起浪的量。在起浪的前裙片上拓一片覆盖在前裙片上的插片增强裙子的层次感。

款式 16

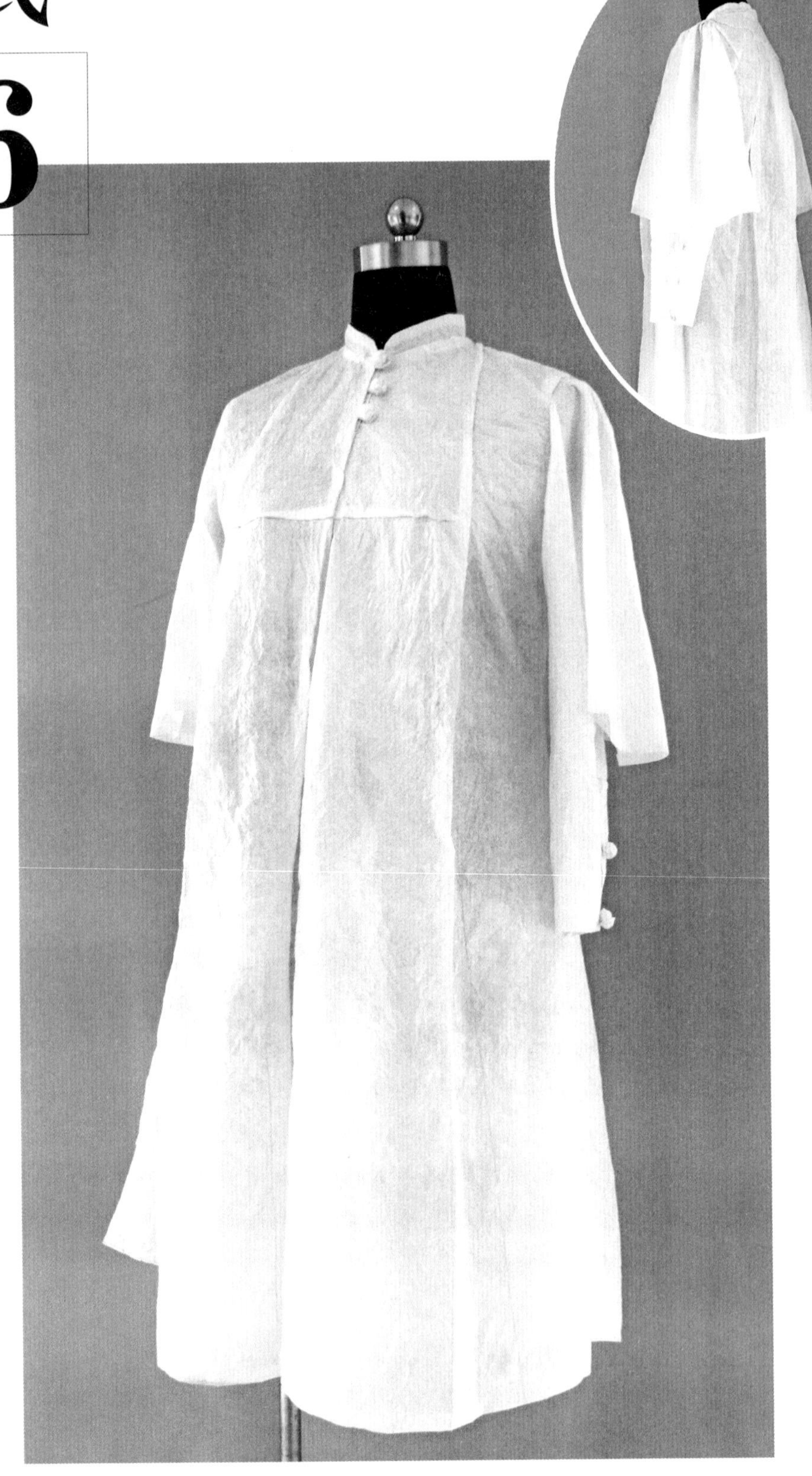

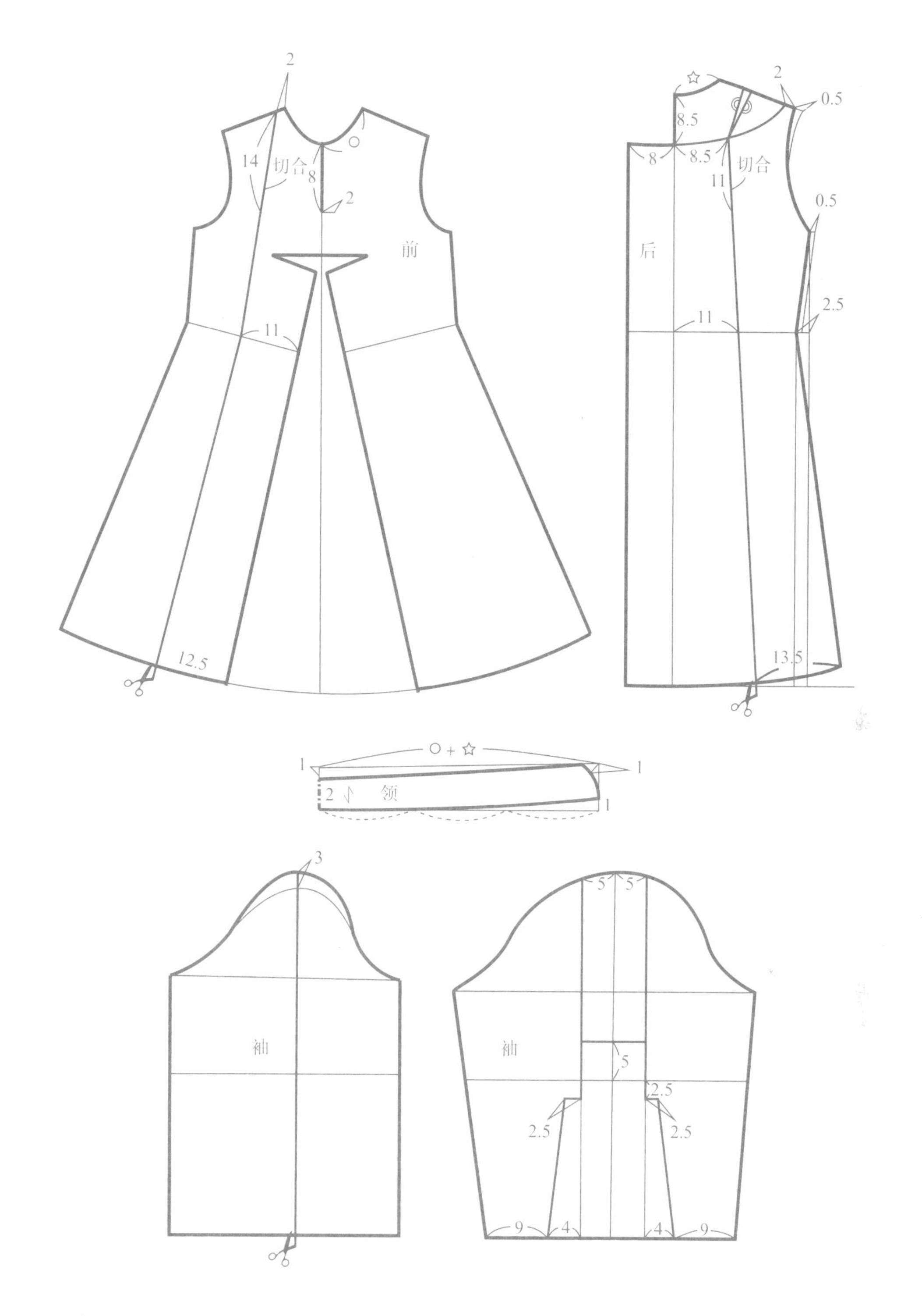

这是一件带有禅意的连衣裙，主要通过上衣原型的省道转移、切开展开等结构设计手段来完成。

① 运用前片原型，从腰围线往下放出所要的长度，将省道转移至前胸中央，如图定出切开、展开的线，然后切开展开。

② 运用后片原型，依据前片确定衣长。如图将肩省转移至后肩育克，后肩宽、胸围收进 0.5cm，腰部收进 2.5cm，后中放出 8cm，确定切开、展开线。切开并展开目标量。

③ 运用袖子原型，将袖山弧线抬高 3cm，作为打褶的量。沿袖中线切开，如图在袖肘线往上 5cm 处起至袖山顶点各向中央平行放出 5cm，袖肘线往下 2.5cm 处各自收进 2.5cm，然后连线袖口线。

④ 如图沿线分割，然后展开，画顺上、下两条弧线。

⑤ 如图取前、后领口弧线的长度画出小立领。

款式 17

这款连衣裙结构设计的亮点在裙子部位，在原型裙片上通过分割线将另一片抽褶的裙片镶嵌重叠在一起。从而产生一种新的视觉效果。

① 运用前片原型，胸围收进1cm，从前中线往侧缝以*W**/4+1cm+1cm+省确定腰围的大小，并在侧缝处起翘1cm。确定裙长并从腰围线往下20cm画出臀长线，在臀长处垂直前中线以*H**/4+2cm画出臀围大小。从腰围线处往上26cm画一条与胸围线平行的线，再从此线往下4cm画一条与之平行的线，在前中线处撇进2.5cm，袖窿弧线处各下降1cm，画出前胸贴边的造型。

② 闭合胸省和腰省，将省量转至分割线里去。从腰围线往下45cm确定里裙的长度，裙片在腰围线处从前中线往里5cm确定一个点，从底边沿前中线向上19cm确定一个点，然后两点连一线与上衣的分割线对接，侧缝起翘0.7cm，如图画出两个腰省，其中一个省做在分割线内。从腰围线处沿新设的分割线下5cm确定一个点，侧缝处从起翘点往下12cm确定一个点，连一直线然后延伸16cm，底边在侧缝处收进2.5cm确定一个点，然后连出覆盖在外那片裙的侧缝线，底边保持直角。

③ 运用后片原型，如图依据前衣片的长度确定后片的长度，胸围收进0.5cm，腰围收进1.5cm，以*W**/4+1cm−1cm+省确定后腰围大小，起翘0.7cm，按所标尺寸确定腰省的位置。同前片的方法画出里裙和外裙的结构图。

④ 将前、后外裙片如图画出等分切开线，然后切开并展开收褶的量。

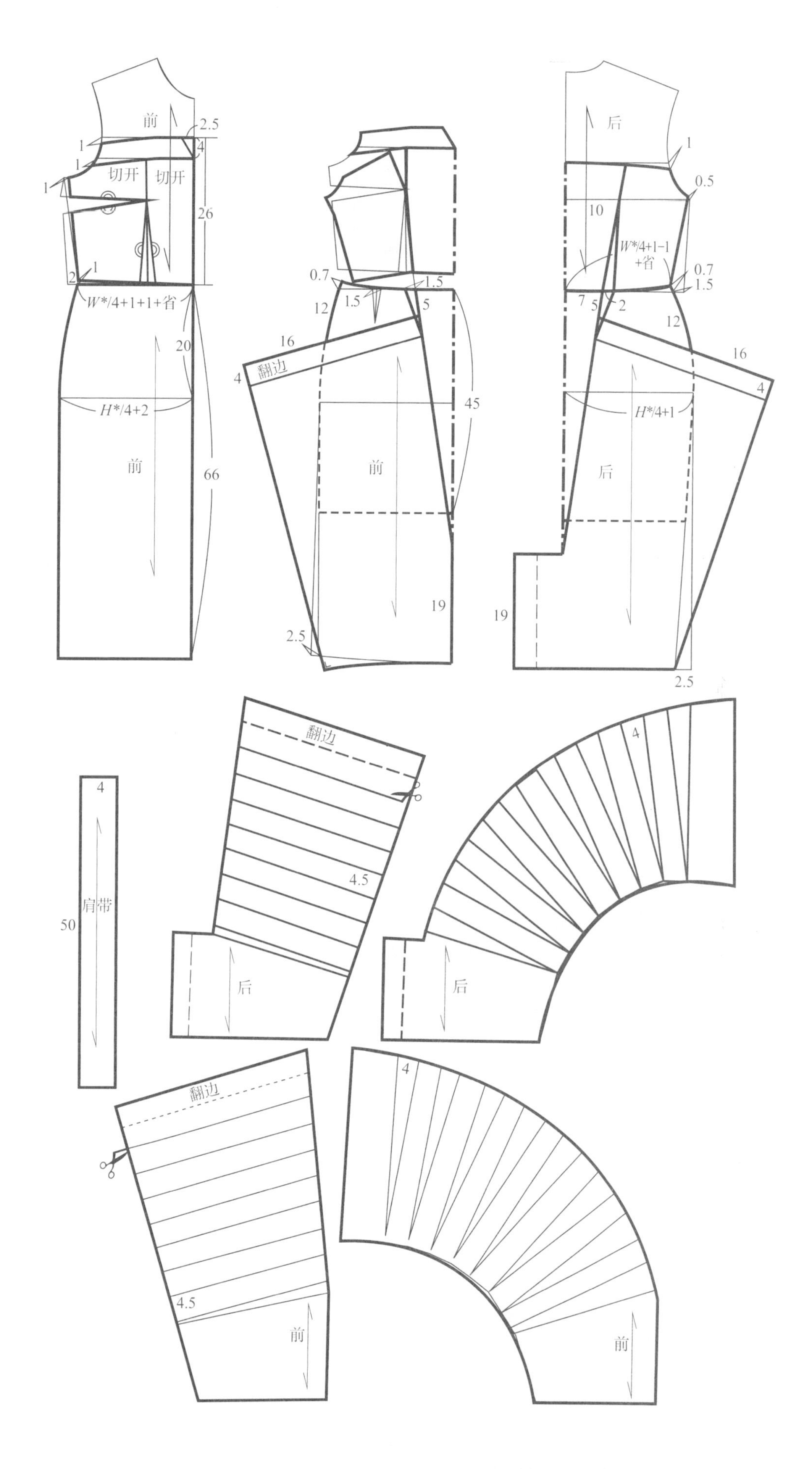

前
2.5
1
4
1
切开
切开
1
26
1
2
W*/4+1+1+省
20
H*/4+2
前
66
0.7
1.5
1.5
12
5
16
翻边
4
45
前
19
2.5
后
1
0.5
10
W*/4+1−1
+省
0.7
1.5
7
5
2
12
16
4
H*/4+1
后
19
2.5
翻边
4
4.5
肩带
50
后
后
4
翻边
4.5
前
4
前

本章小结

1. 女性下肢人体特征是腰细、胯大、腹部浑圆、臀部丰满，后腰至臀部的凹凸十分明显。

2. 裙子的原型是前片大于后片。

3. 裙子大致分短裙、及膝裙、中长裙、长裙。

4. 半裙、连衣裙的各种创意设计实例分析。

思考题

1. 裙子的原型结构为什么是前片大于后片？可以前后一样吗？为什么？

2. 裙子原型后腰下落、侧缝起翘与人体结构有何关系？如何调节这个参数？

3. 上衣原型如何同裙子原型结合？

4. 在连衣裙的创意设计中如何将上衣省道和裙子省道巧妙融合？

第6章
裤子的基本构成原理与创意设计

课题名称：裤子的基本构成原理与创意设计

课堂内容：裤子的基本结构

裤子原型

裤型分类

裤子创意结构实例分析

课题时间：30课时

教学目的：让学生了解并掌握裤子的结构与人体的关系，以及裤子原型的构成依据与原理，裤子的分类，并在此基础上要让学生掌握裤子原型的结构拓展技法。

教学方式：教师PPT讲解裤子基础理论知识，做实样操作演示。学生在阅读、理解的基础上进行实样模仿操作练习，最后进行独立的创意设计练习，教师进行个别辅导，对每个同学的作业进行集体点评。

教学要求：要求学生理解和掌握女性下肢人体的结构特征，了解和掌握裤子的结构构成原理以及它与裙子结构的不同之点。在掌握裤子基础结构知识的基础上进行裤子的拓展创意训练。

课前（后）准备：课前提倡学生多阅读关于裤子结构设计的基础理论书籍，研究裤子、裙子不同结构的关键所在。广泛收集各种相关裤子创意设计的材料，课后对所学的理论通过反复的操作实践进行消化。

裤子是下装有裆的服装的统称，原理是将两腿用不同形式包裹起来。裤子相对于裙装来说，可以使穿着者活动、工作更方便自如。裤子在服装史上一直是男性下装的主要装束，而随着灯笼裤的出现，19 世纪中期女性才由一贯的裙装转变为开始穿着裤装，自此随着体育项目的广泛流行，裤装在马术、自行车、滑雪等项目中得到广泛应用。

6.1　裤子的基本结构

由于裤子是有裆封住的结构，所以在结构设计上与裙子有着很大的区别。总体积来看，人体的下肢在臀围处明显后大于前，而封闭的裤裆结构对人体下蹲、行走等活动带来牵制，为了让裤子的结构更符合人体的结构与活动，所以在结构设计上臀围、腰围、横裆后片都大于前片，同时后片还通过中线倾倒和上翘的手法以及落裆的形式来吻合人体结构和下蹲所需要的松量，同时也保证了内裆缝长短的一致性。

在此对如何确定裙腰围、臀围，裤腰围、臀围的尺寸做个统一的说明：一般合体的裙前片腰围建议为 $W^*/4+1cm+1cm$（前、后片调节差数）+ 省，后裙的腰围为 $W^*/4+1cm-1cm$（前、后片调节差数）+ 省。如果腰围要稍松一点，那么前片可以按 $W^*/4+1.5cm+1cm$（前、后片调节差数）+ 省，后片按 $W^*/4+1cm-1cm$（前、后片调节差数）+ 省来定。而臀围的大小如果是合体的结构前片是以 $H^*/4+1cm+1cm$（前、后片调节差数），后裙片以 $H^*/4+1cm-1cm$（前、后片调节差数）来定。

裤子腰围常规是前裤片以 $W^*/4+1cm-1cm$（前、后片调节差数）+ 省来定，后裤片以 $W^*/4+1cm+1cm$（前、后片调节差数）+ 省来定，臀围前片则以 $H^*/4+1cm-1cm$（前、后片调节差数），后片以 $H^*/4+1cm+1cm$（前、后片调节差数）来定。腰围一周 2cm 的松量，臀围一周 4cm 的松量可以满足人体最低的正常活动量，同时，任何一款半身裙、连衣裙、裤子的腰、臀的放松量、省量是要依据款式、面料的质地和结构来决定的。

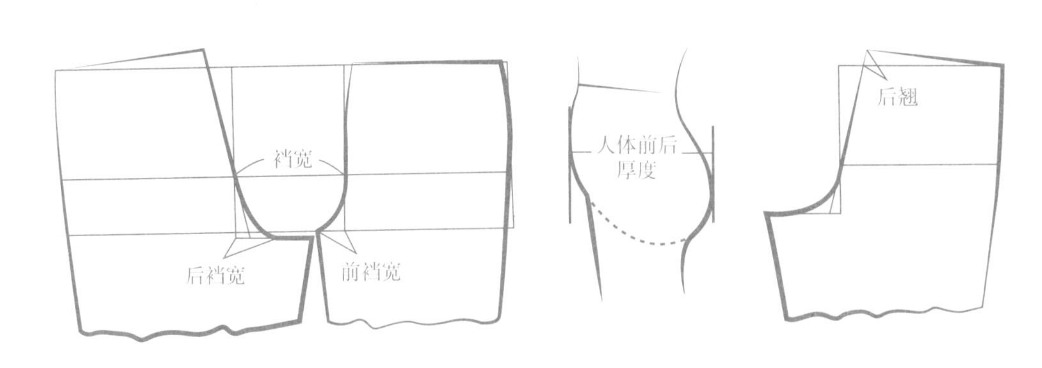

6.2 裤子原型

原型尺寸表（165/84A） 单位：cm

部位	净臀围（H^*）	净腰围（W^*）	裤长
尺寸	90	66	92

制板步骤如下：

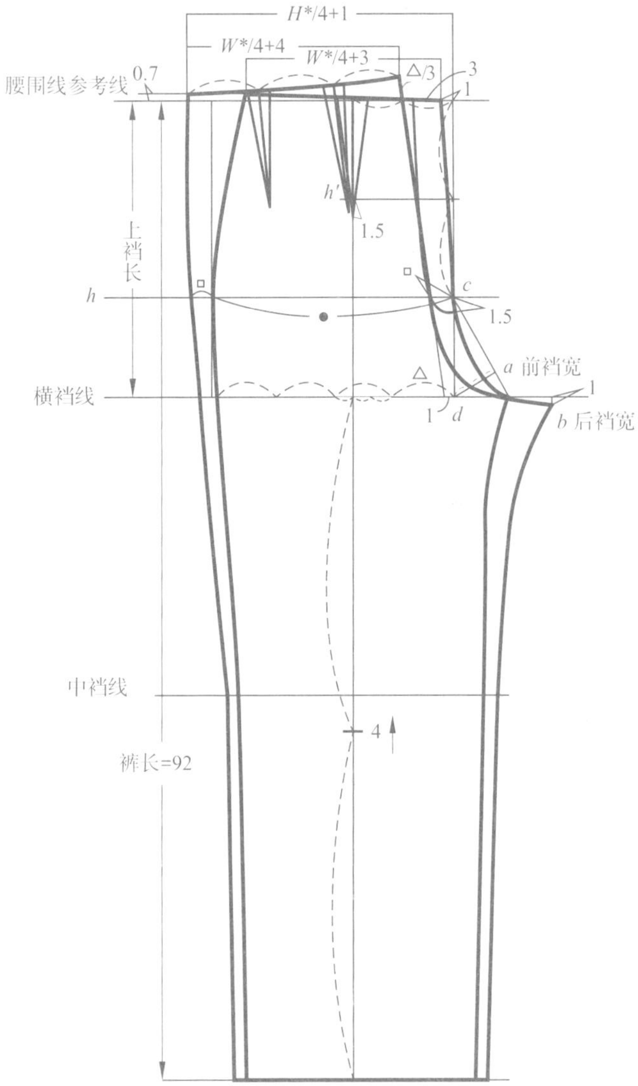

① 上裆矩形：绘制水平线，长度 = $H^*/4+1$cm，垂直线为上裆长，矩形下边线为横裆线。

② 臀围线（h）：位于上裆长的下面一个三等分点处；烫迹线：矩形底边四等分，右数第二个等分段的三等分点作垂线为烫迹线。

③ 前裆宽（a）：[（$H^*/4+1$cm）/4]−1cm 得到 a 点。

④ 后裆宽（b）：前裆宽 +2/3 △，向下 1cm，得到 b 点。

⑤ 中裆线：裤长 =92，横裆线与脚口线中点向上 4cm 作水平线。

⑥ 前裆弯线：连接 a、c，由 d 点向 ac 作垂线，将垂线三等分，腰围线收进 1cm，绘制前裆弯线由腰点经 c 点至 a 点，通过三等分点。

⑦ 前腰线：前腰长为 $W^*/4+3$cm（松量），起翘 0.7cm。

⑧ 前腰省：腰省在烫迹线上，腰省宽 3cm，省尖点为 h' 线向下 1.5cm。

⑨ 前脚口宽：宽度为 ●−3cm，绘制前下裆线和前侧缝线。

⑩ 后腰线：取烫迹线与右边线中点，d 点向左 1cm，连接并向上延长△/3，后腰线长 $W^*/4+4$cm（松量），交于起翘 0.7 水平辅助线。

⑪ 后裆弯线：通过⑩的辅助线绘制后裆弯线。

⑫ 后脚口宽：由前脚口线左右各放出 1cm，并绘制后侧缝线与下裆线。

⑬ 后省道：后省道中线分别位于后腰线的三等分点，省道宽 2cm，左侧省道长 9cm，右侧长 10cm。

⑭ 前门襟：h 线向下 1.5cm，宽 3cm。

6.3 裤型分类

裤子的分类方法有很多，可以按照松紧程度、脚口大小、造型和长度来分。

按照松紧程度可以分为紧身裤，臀围松量为3~5cm，一般使用弹力面料制作；合体裤的臀围松量为5~12cm，一般为西裤或合身休闲裤；宽松裤的臀围松量为12cm以上，通常为运动服装、休闲时装等。

按照脚口大小可以分为直筒裤：直筒裤的中裆线宽与裤脚口宽基本一致，脚口宽约为0.2H*~（0.2H*+5cm）；窄脚口的脚口宽小于中裆线宽，脚口宽一般小于0.2H*-3cm；宽脚口的脚口宽度大于中裆线宽度，脚口的宽度一般大于0.2H*+10cm。

按裤子造型分类可以是按照腰围线的位置来分，裤腰高于正常腰围线的为高腰裤，此外同理得到中腰裤、低腰裤，腰头为松紧带的可称为抽褶裤。

最通常的分类方法是按照裤子的长度来分，裤子长度分类也包括了款式和脚口的分类。

短裤：为裤长不过膝的裤子的统称，主要为夏季日常装，同时在运动装中运用广泛。短裤的主要裤型可以分为普通短裤、灯笼裤、超短裤、裙裤等。

中裤：为短裤和长裤之间长度裤子的统称，五分裤、七分裤最为常见。中裤的主要裤型为直通中裤、灯笼裤、阔腿裤、哈伦裤、裙裤等。

长裤：同时包括九分裤，根据裤型可分为直筒裤、紧身裤、锥形裤、阔腿裤、喇叭裤、马裤、裙裤、灯笼裤、哈伦裤等。

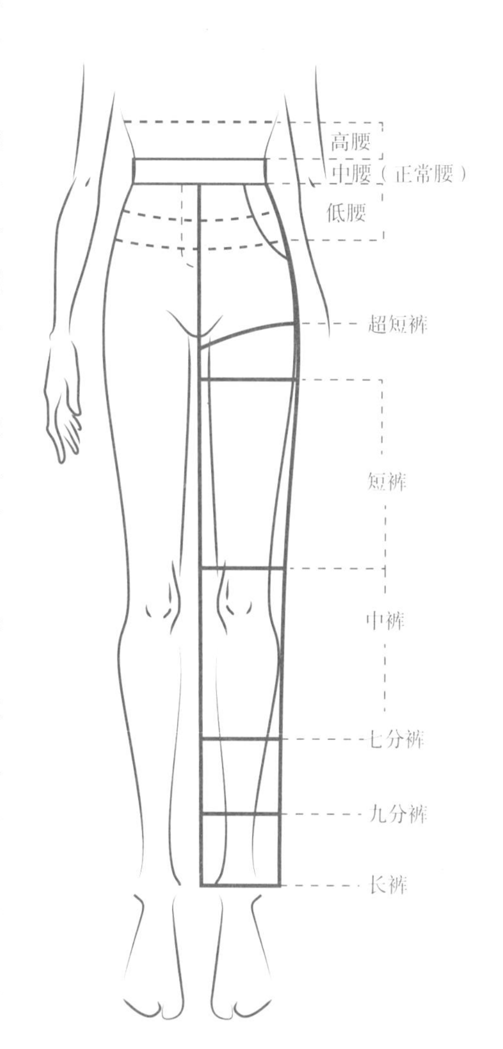

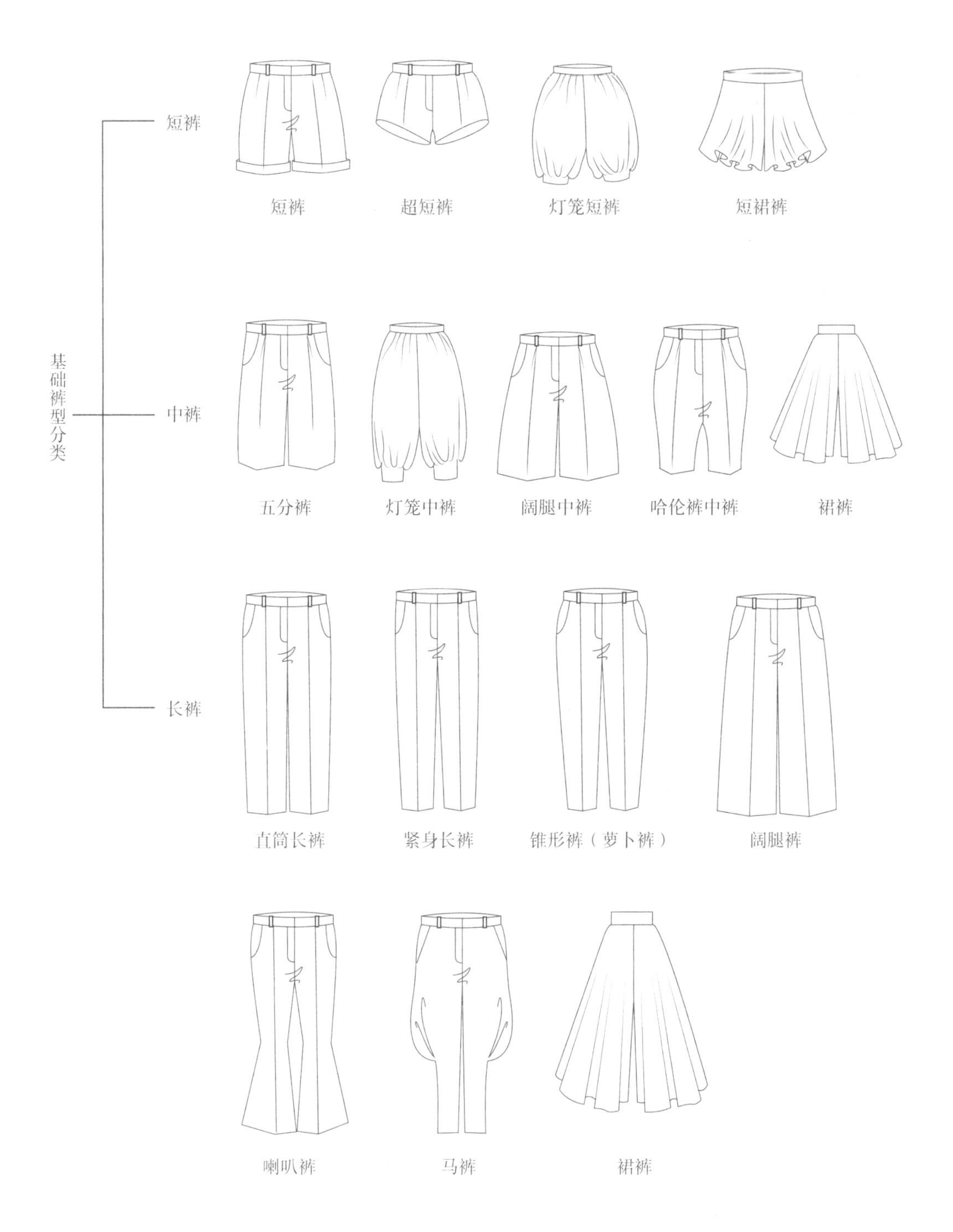
基础裤型分类
短裤
中裤
长裤
短裤
超短裤
灯笼短裤
短裙裤
五分裤
灯笼中裤
阔腿中裤
哈伦裤中裤
裙裤
直筒长裤
紧身长裤
锥形裤（萝卜裤）
阔腿裤
喇叭裤
马裤
裙裤

款式 1

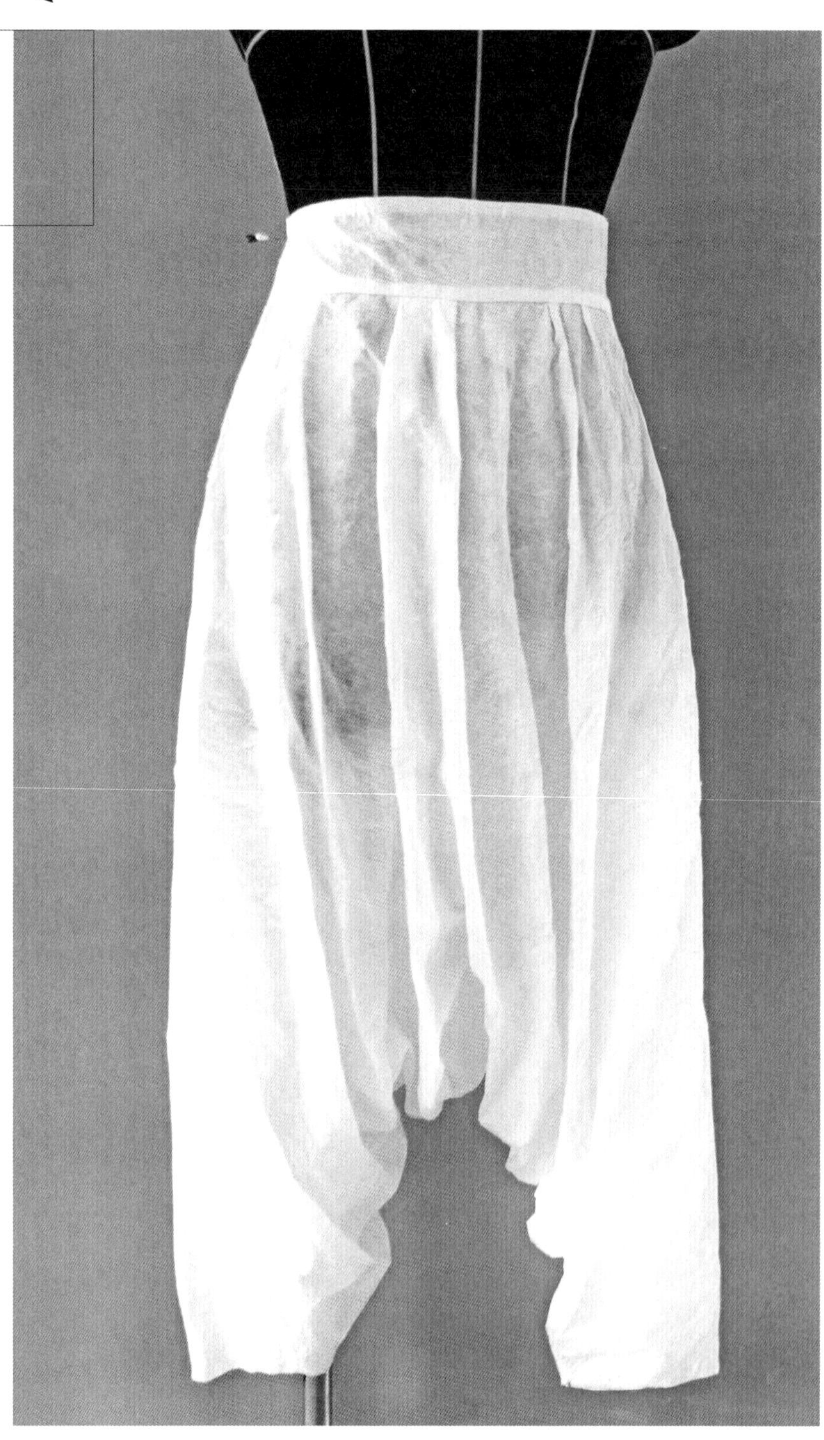

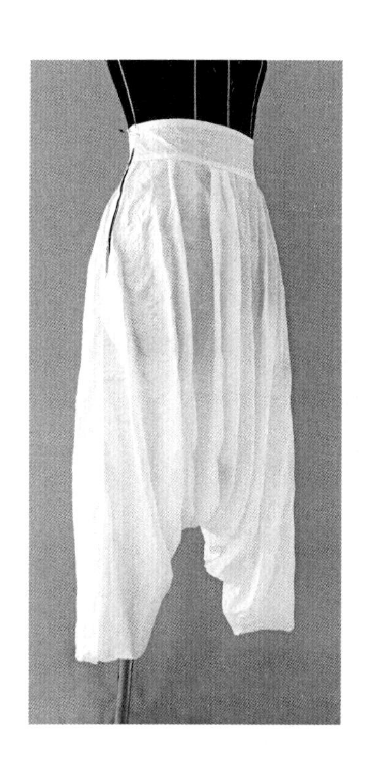

本款裤子是无窿门线的吊裆裤，制板图为裤子展开平面图。

① 画出一个等腰直角三角形，直角边长 125cm。在 45° 角处取边长 18cm，作等腰直角三角形，以直角边为辅助线，作一条 S 形曲线作为脚口，使得两端保持 90°。

② 在大直角三角形的直角处，作一个边长为 32cm 的直角三角形，从该三角形的底边中点作 7cm 的垂线，过 7cm 垂线端点用弧线连接三角形两端，弧线为腰口。

③ 裁剪裤子板型时将面料 45° 折叠（如小图示意），侧缝线与经纱平行。腰口的弧度越大，掉裆的程度则会相对减小。腰头可以有两种方式，不配松紧带，则腰口多余面料以碎褶方式缝进腰头，可在侧缝装隐形拉链，腰头长 66cm 左右；如腰头配松紧带，腰头长度为 84cm 左右。

本款裤型适合柔软有垂感的面料，由于腰口和脚口都是斜纱，建议缝纫前先烫好黏合衬。

18

1.5

125

32

7

82

1.5

18

4.5

腰头66

款式

2

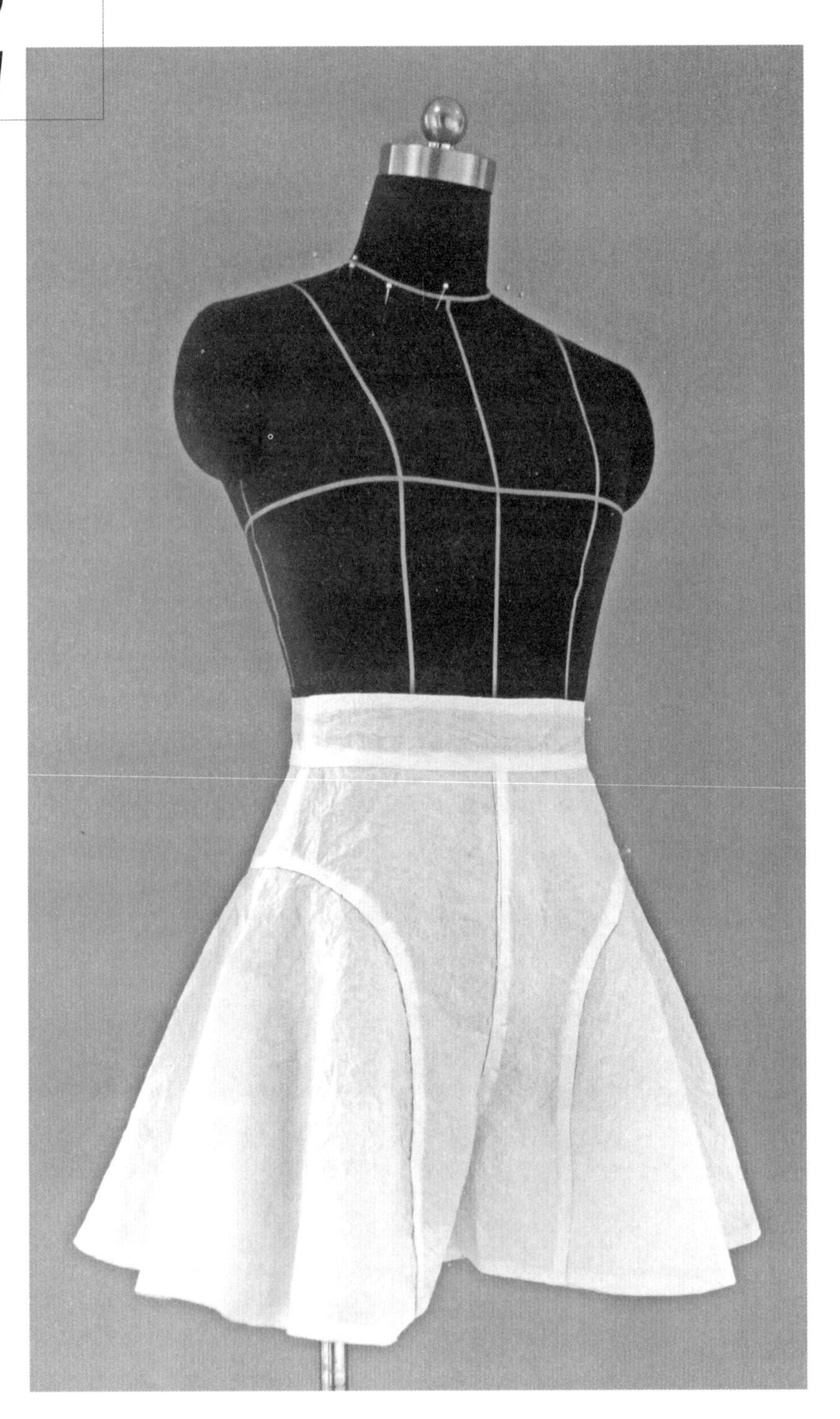

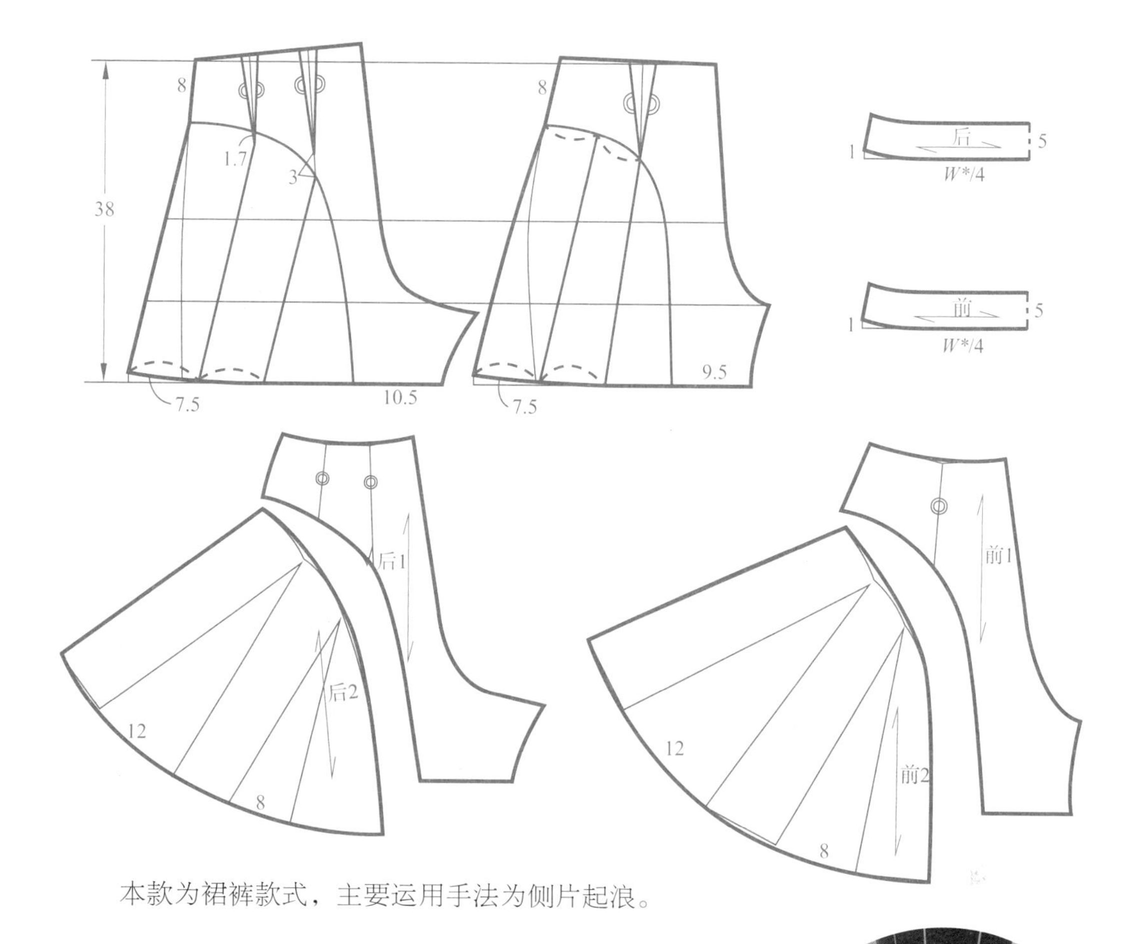

本款为裙裤款式，主要运用手法为侧片起浪。

① 画出裤子原型。取裤长 38cm，如图穿过省尖点用弧线分割裤子板型。

② 前片分割：从前片外侧缝上端向下 8cm 取一个点，在内侧缝下端向里 9.5cm 取一个点，用弧线连接这两个点，同时经过省尖点。

后片分割：后片外侧缝从腰围线向下 8cm 取一个点，内侧缝侧向里 10.5cm 取一个点，在外侧省道向上 1.7cm 取一点，内侧省道延长 3cm 取一点，画出弧线，同时穿过这四个点。

③ 前片侧缝底边向外延展 7.5cm，下摆起翘，从分割弧线开始画出新的侧缝弧线。后片同理。

④ 前、后侧片的分割。前片从省尖点开始，作一条直线，与侧缝线保持平行，再将侧缝到该线段的面积均分。后片分别从两个省尖点开始，作与侧缝平行的直线，交于底边。

⑤ 前、后片沿分割弧线剪开，将前、后省道合并。从下摆往上剪开前、后侧片的平行线，将其扇形展开，展开距离分别为 12cm、8cm，得到新板型。

本款裙裤的侧缝分割点位置可调整，但要注意前、后的一致性。侧片展开角度越大，得到的浪越大。展开的扇形侧片的纱向与内侧的弧线保持一致，在缝合时避免拉扯而导致面料边缘变长。侧缝装隐形拉链。

整体可以用同一种面料，也可做拼接，波浪部分用柔软的面料效果更佳。

款式 3

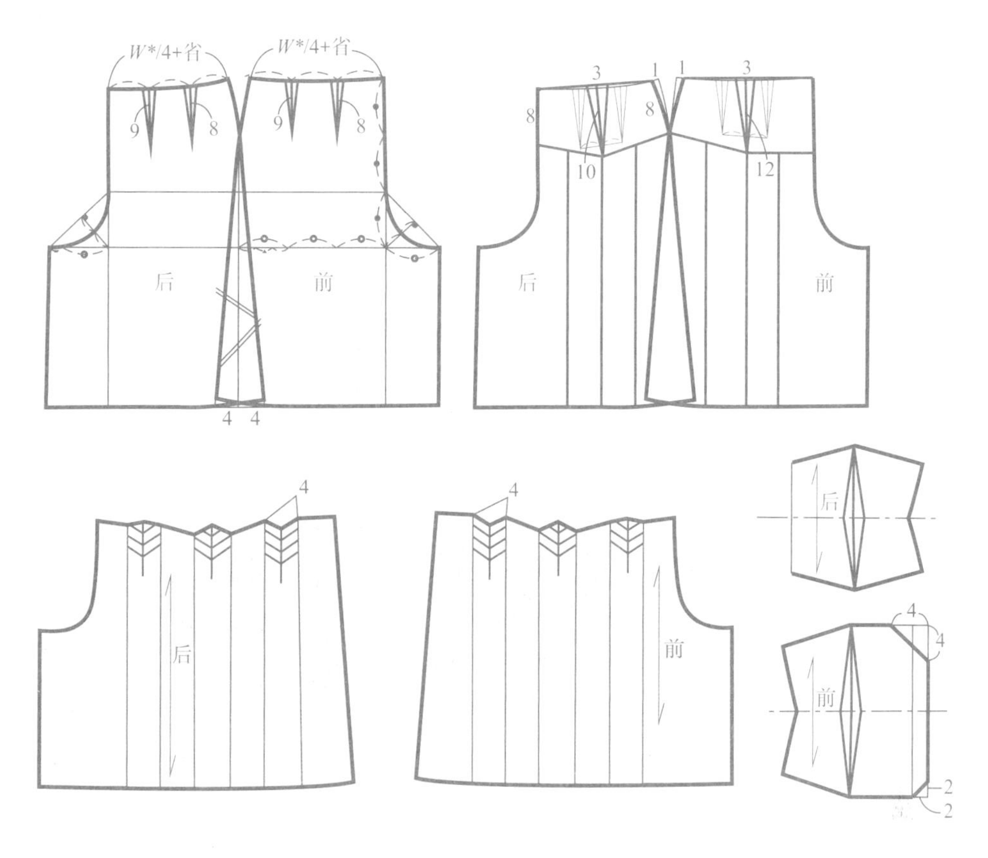

本款裙裤为高腰裙裤，主要的板型变化是腰头的对称和裤身的顺褶，裤长 63cm。

① 画出裙裤原型的方法有两种，一种是以女士西裤原型为参考，增大裤筒量。第二种方法如图所示，先用上裆长画出横裆线，上裆长的第二个三等分点为臀围线。如图画出前、后裆弯线。

② 前、后侧缝为垂直线，前、后外侧缝线底边向外延长 4cm，并起翘。

③ 两片外侧缝分别收进 1cm，拉直前、后腰围线。连接前片的两省尖点，取连线中点，将两省道合并成一个长 12cm、宽 3cm 的省道，新省道在原省道的中点位置。后面同理变为一个省道。

④ 前、后两片外侧缝线从腰围线往下 8cm 取一点，直线连接该点与省尖点并水平延长至前中缝；后片两侧从腰围线往下 8cm 取点，同理连接。

⑤ 从省尖点起始，向下作垂线。再将左右线段等分，从等分点向下作垂线。

⑥ 将裤片按分割线剪开并平移，每段各平移 4cm，按照顺褶折叠的需要画出边缘线。

⑦ 腰头：将前、后片的腰头以腰围线为对称线，进行对称，得到新的腰头。前片在新腰头中线处做 2cm 宽的门襟，下端去掉一个腰长 2cm 的等腰直角三角形，上端去掉一个腰长 4cm 的等腰直角三角形，得到前片腰头样板。

本款裙裤可以在侧缝装隐形拉链，也可以在前中装隐形拉链，注意侧缝处前后分割线的对应。

款式 4

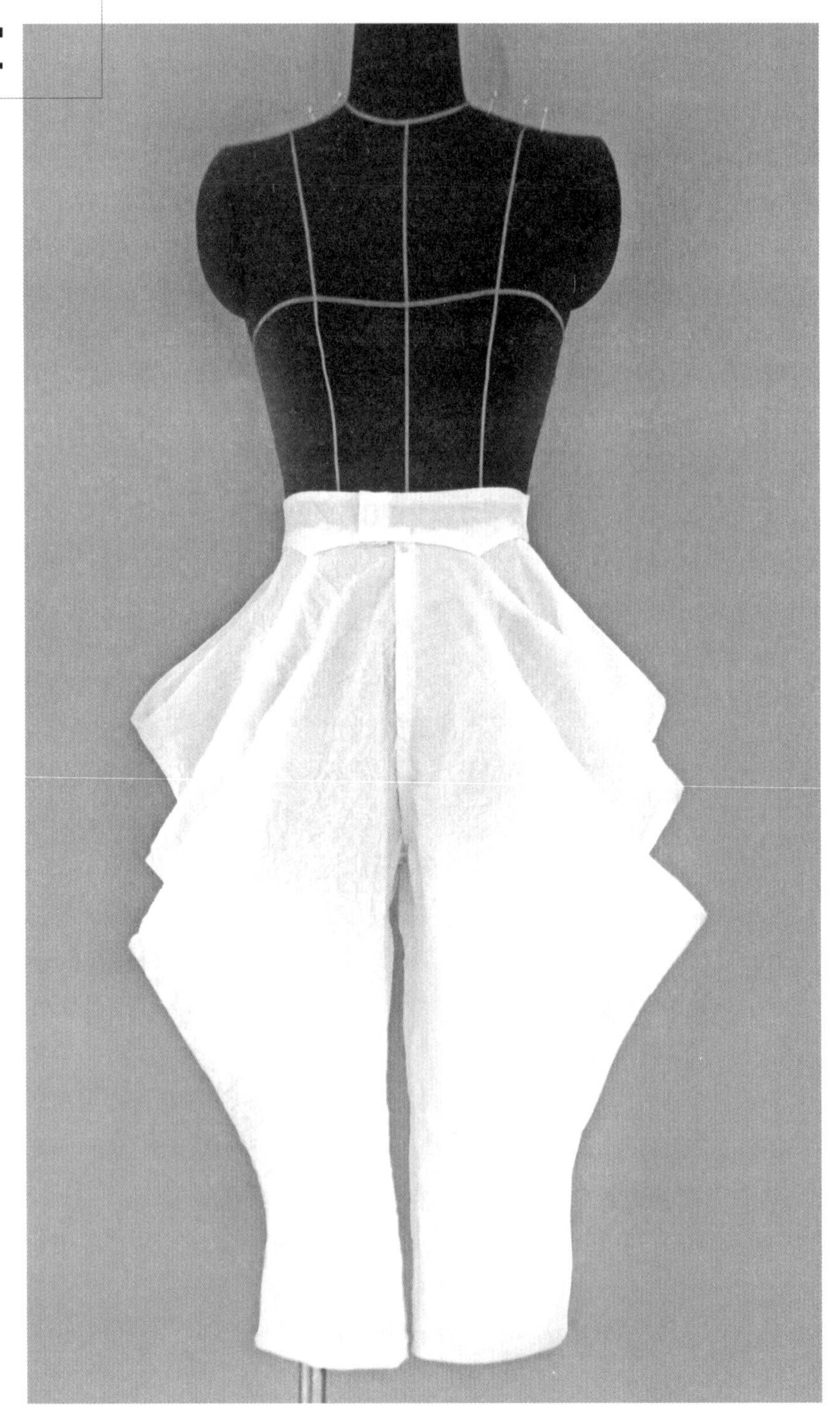

本款裤子在原型的基础上做变形。裤型为宽松型，两边形成自然褶皱，裤长82cm。

① 画出女士西裤原型，将前、后裆弯线高度下降10cm，前裆弯线在臀围线上外移1cm，连顺新的前窿门线；后窿门线在臀围线上外移2cm，同理得到新后裆弯线。

② 中裆线处前、后两侧缝分别向里收进1.5cm，脚口分别向里收进2cm连顺新的内外侧缝线。脚口向上10cm。

③ 在前片画出前门襟，将去掉前门襟量的腰围线三等分，在等分点上开两个新省道，新省道总宽等于原省道，长度分别为12cm、13cm。

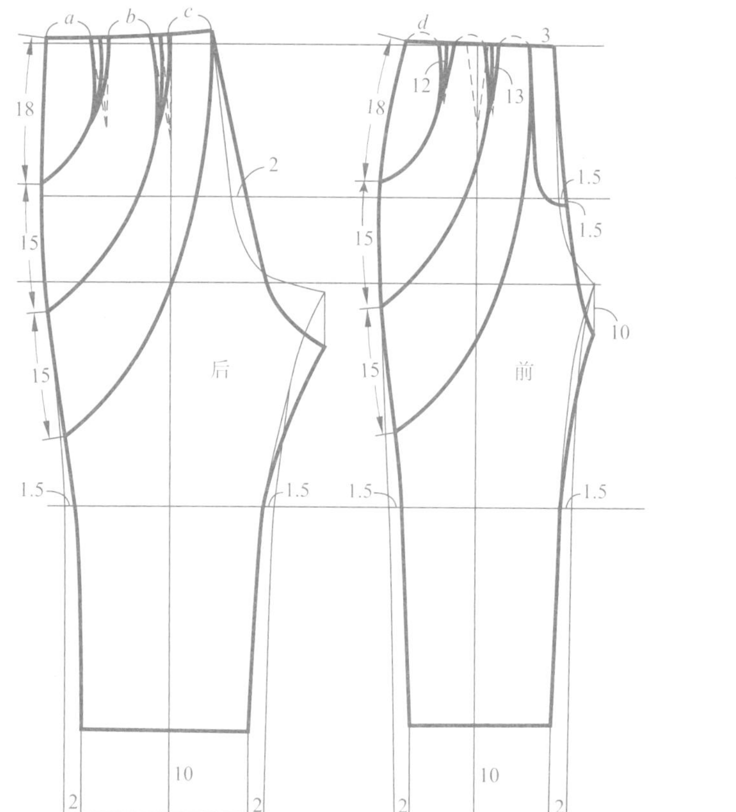

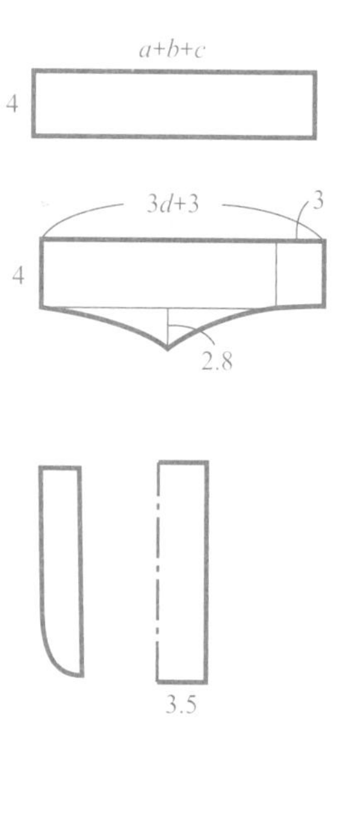

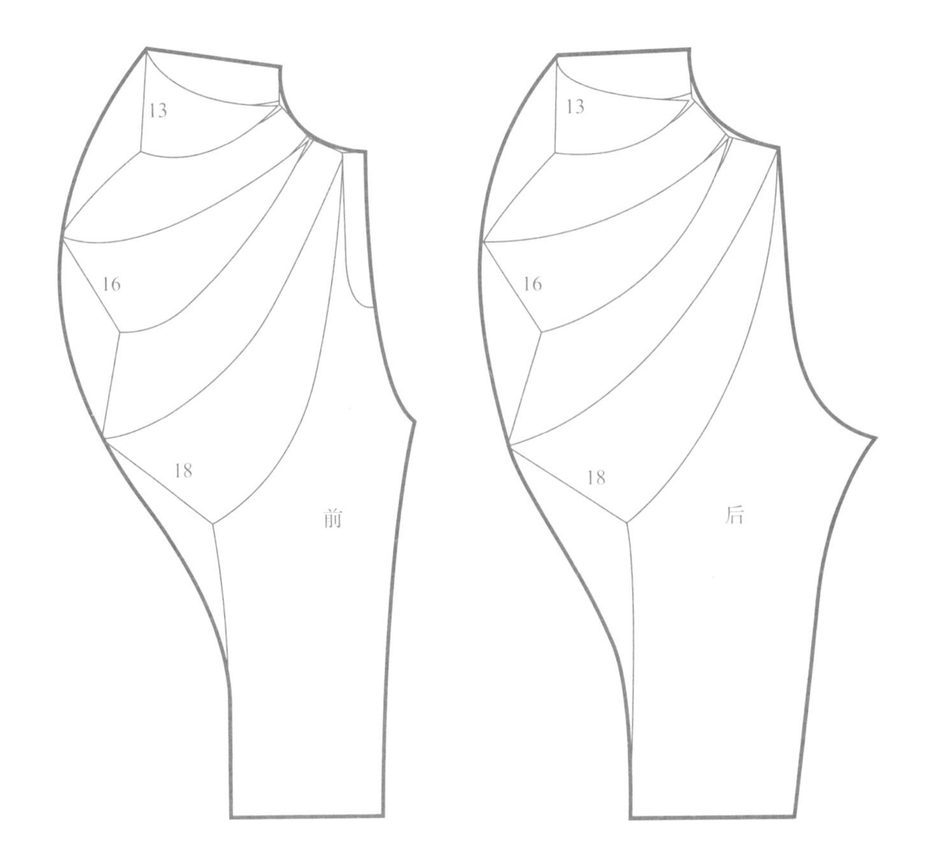

④ 在前、后片的外侧缝线上，从腰围线依次往下 18cm 取一个点，往下 15cm 取一个点，往下 15cm 取一个点，分别连接省道中线，将省尖点修顺至连接线。

⑤ 如图沿分割曲线剪开裤片并扇形打开，打开的距离前后片对称，分别为 13cm、16cm、18cm，连顺外侧缝线，得到新的前、后裤片板型。

⑥ 如图根据腰长画出前、后腰头，画出门襟和门襟垫。

本款裤子重点在于两边自然下垂形成的褶皱，注意前、后片展开点的对应。本款吊裆裤适用于垂感较好、较柔软的面料。

款式 5

此款在基本裙裤的基础上覆盖一片打活褶非对称的裙面，使得正面的造型更似一款有节奏的裙子。

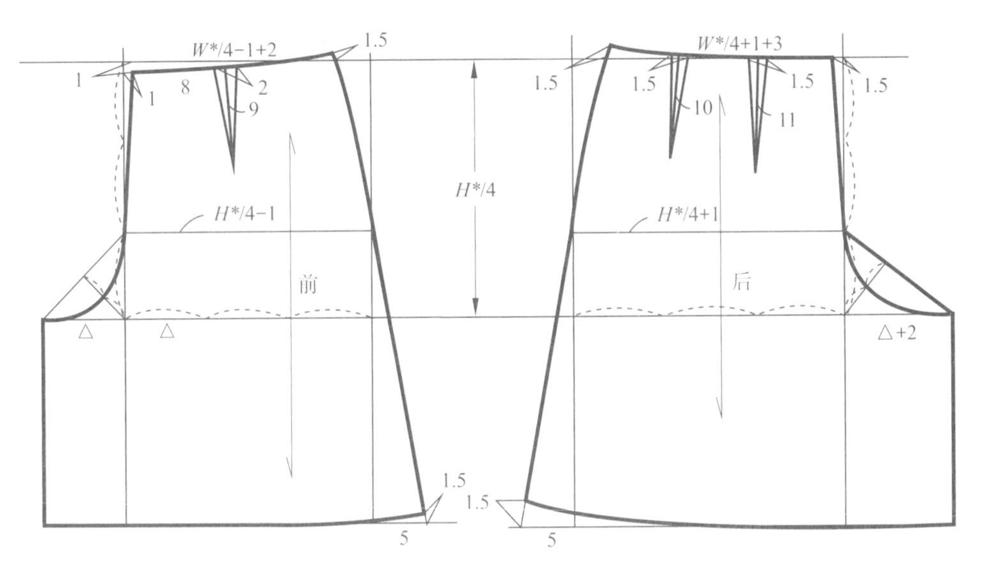

① 确定裙裤的长和臀围的大小，以总长 -4cm（腰头的宽）为长，H*/4-1cm 为宽建立一长方形。以 H*/4 确定上裆深，将上裆深三等分，2/3 处为臀围线，前中在上平线处落下 1cm，收进 1cm，确定腰围的起点，以 W*/4-1cm+2cm 的方式确定前腰围的大小，侧缝处起翘 1.5cm。将臀围尺寸三等分，取其中的 1 份作为前小裆宽。裤腿口在侧缝处放出 5cm，起翘 1.5cm。

② 确定裙裤的长和臀围的大小，以总长 -4cm（腰头的宽）为长，H*/4+1cm 为宽建立一长方形。以 H*/4 确定上裆深，将上裆深三等分，2/3 处为臀围线，后中在上平线处收进 1.5cm，确定腰围的起点，以 W*/4+1cm+3cm 的方式确定后腰围的大小，侧缝处起翘 1.5cm。取前小裆宽 +2cm 为后大裆宽。裤口在侧缝处放出 5cm，起翘 1.5cm。

取前裙裤腰的尺寸和弧度，按照前裙裤的侧缝斜度和长度如图画出覆盖裙面，设定切开线，闭合省道，切开并展开活褶的量。

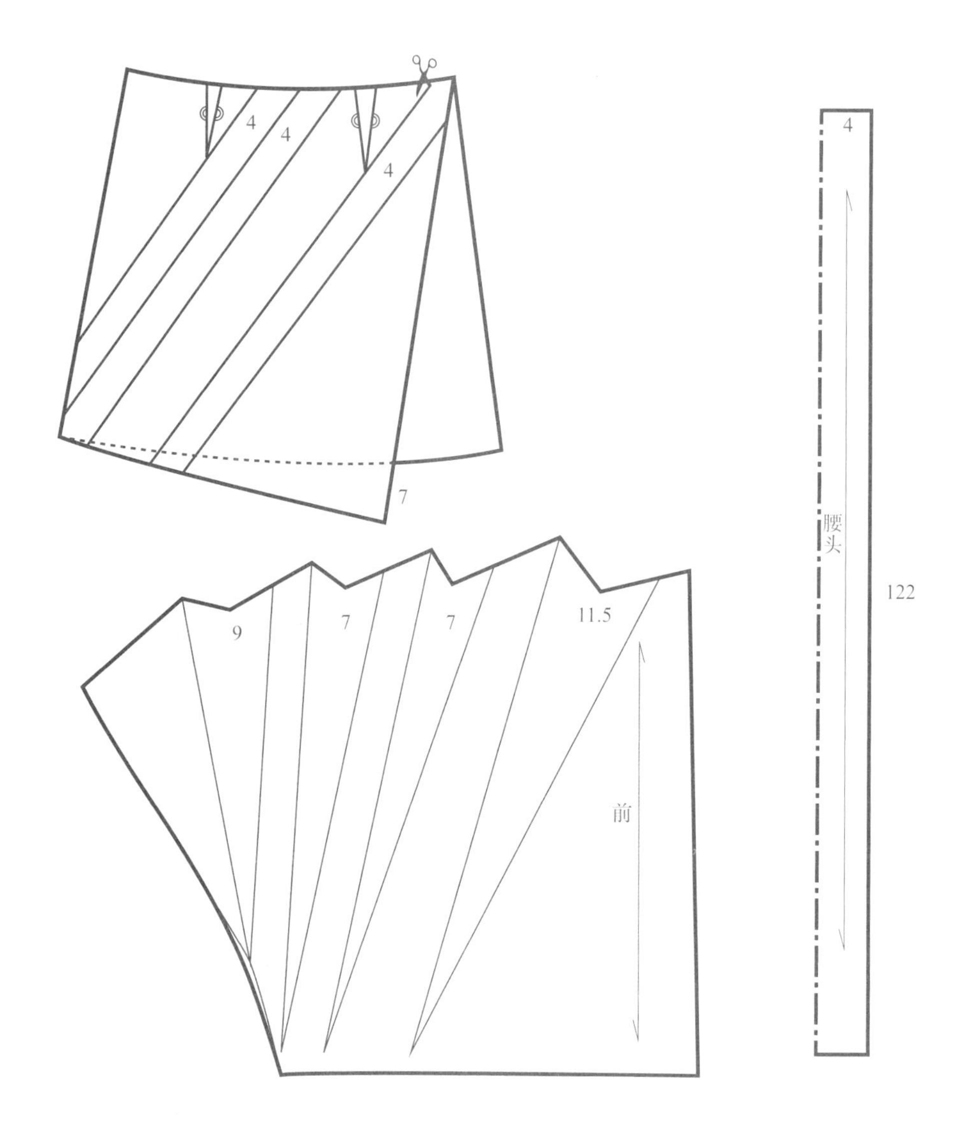

本章小结

1. 裤子的原型样片前片小于后片。
2. 裤子前窿门和后窿门的大小与人体有着密切的关系。
3. 裤子腰围、臀围的放松量与款式、面料有着密切的关系。
4. 裤子的各种创意设计实例分析。

思考题

1. 裤子、裙子都为人体下装，但在结构设计上有什么关键性的不同？为什么？
2. 裤子后中为什么要起翘？起翘参数多少最佳？
3. 裙裤的结构设计与裙子的结构设计有什么不同？
4. 在裤子结构的创意设计中你遇到过什么样的问题？

参考文献

[1] 刘瑞璞．服装纸样设计原理与应用［M］．北京：中国纺织出版社，2013．

[2] 范树彬，文家琴．文化服装讲座［M］．北京：中国轻工出版社，1998．

[3] 黄燕敏．浅谈一片袖的结构变化及在丝绸服装上的应用［J］．丝绸杂志，2011．

附录
课堂实例展示

在多年的教学实践中，我们运用这种基础结构知识与创意相结合的教学方式方法取得了良好的教学效果，也得到了学生的一致好评。学生在所掌握的基础结构知识的支持下，展开想象的翅膀大胆设想，通过解构、重组等手法进行各种创意设计，并运用纸黏贴的方法将设计的结构图转换为三维的立体实样，直观地看到样板中存在的问题，并及时修改，大大提高了他们对服装结构设计这门课程的兴趣，创作了许多富有个性化的服装造型。在这过程中也不断巩固了他们的基础知识。下面是部分学生大一下学期和大二上学期的课堂作业实例。

1 黄宏豪

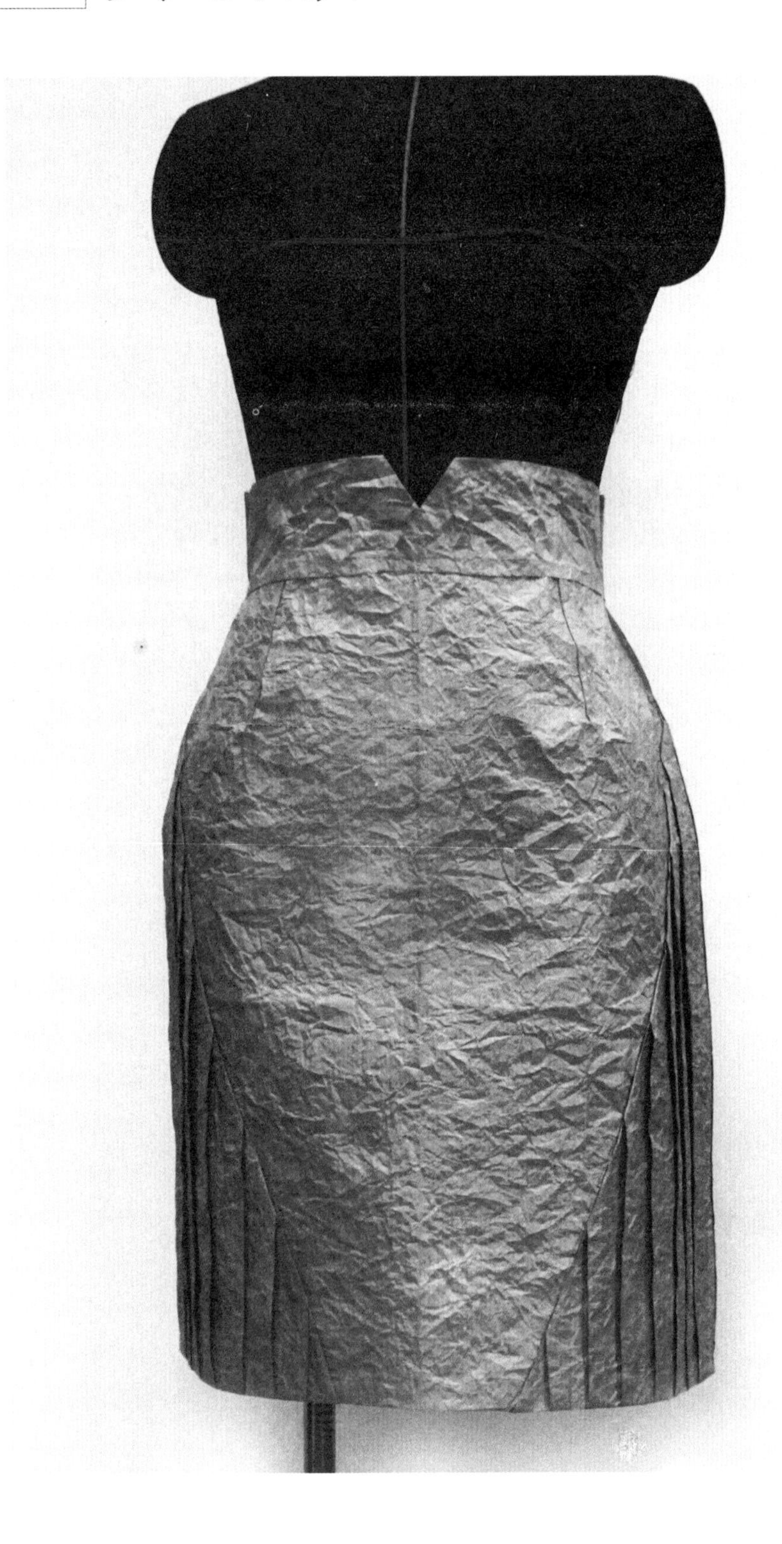

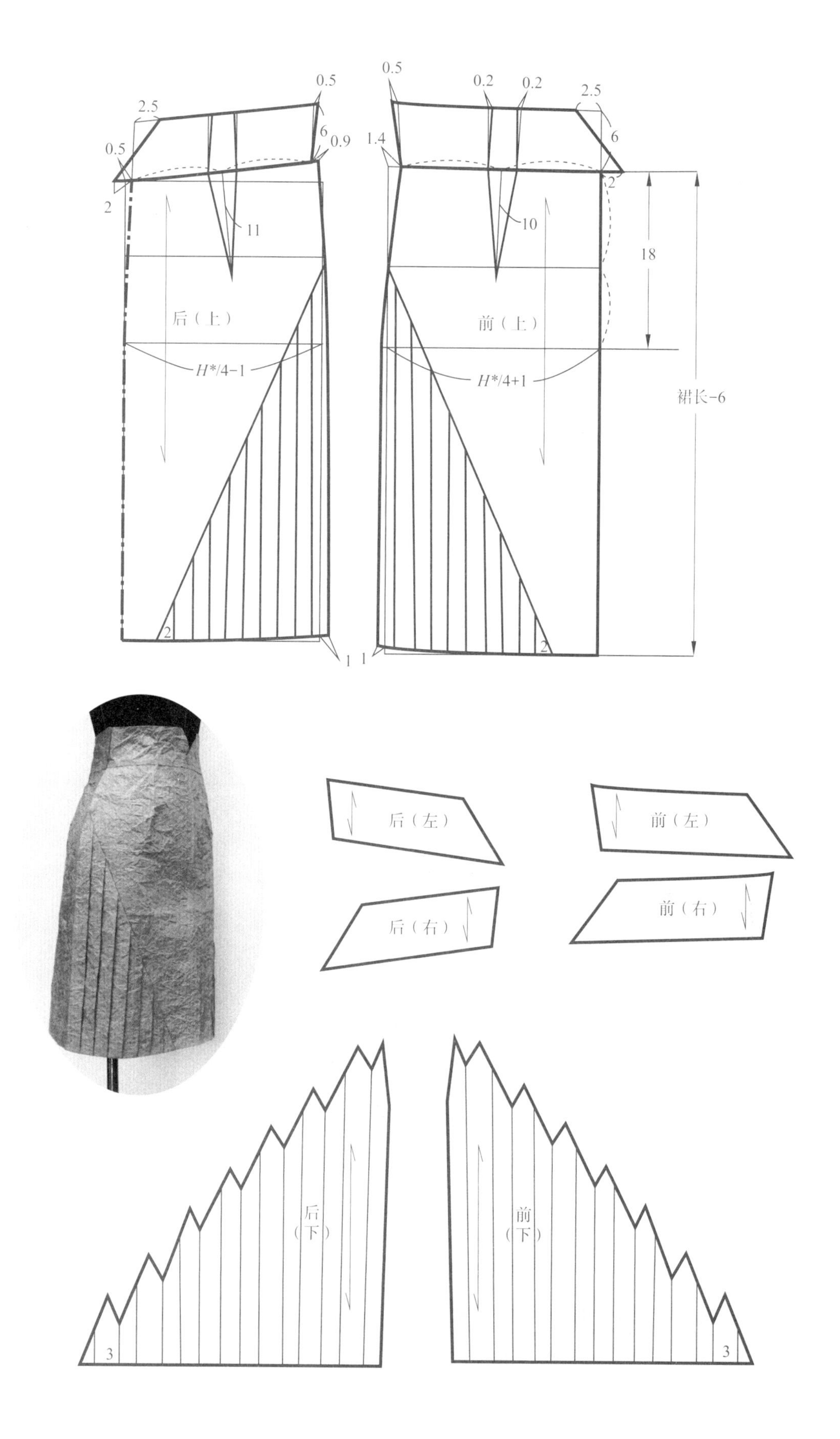
0.5
2.5
6
0.9
0.5
2
11
后（上）
H*/4-1
2
1
0.5
0.2
0.2
2.5
6
1.4
2
10
18
前（上）
H*/4+1
裙长-6
1
2
后（左）
前（左）
后（右）
前（右）
后（下）
前（下）
3
3

2 任焰焰

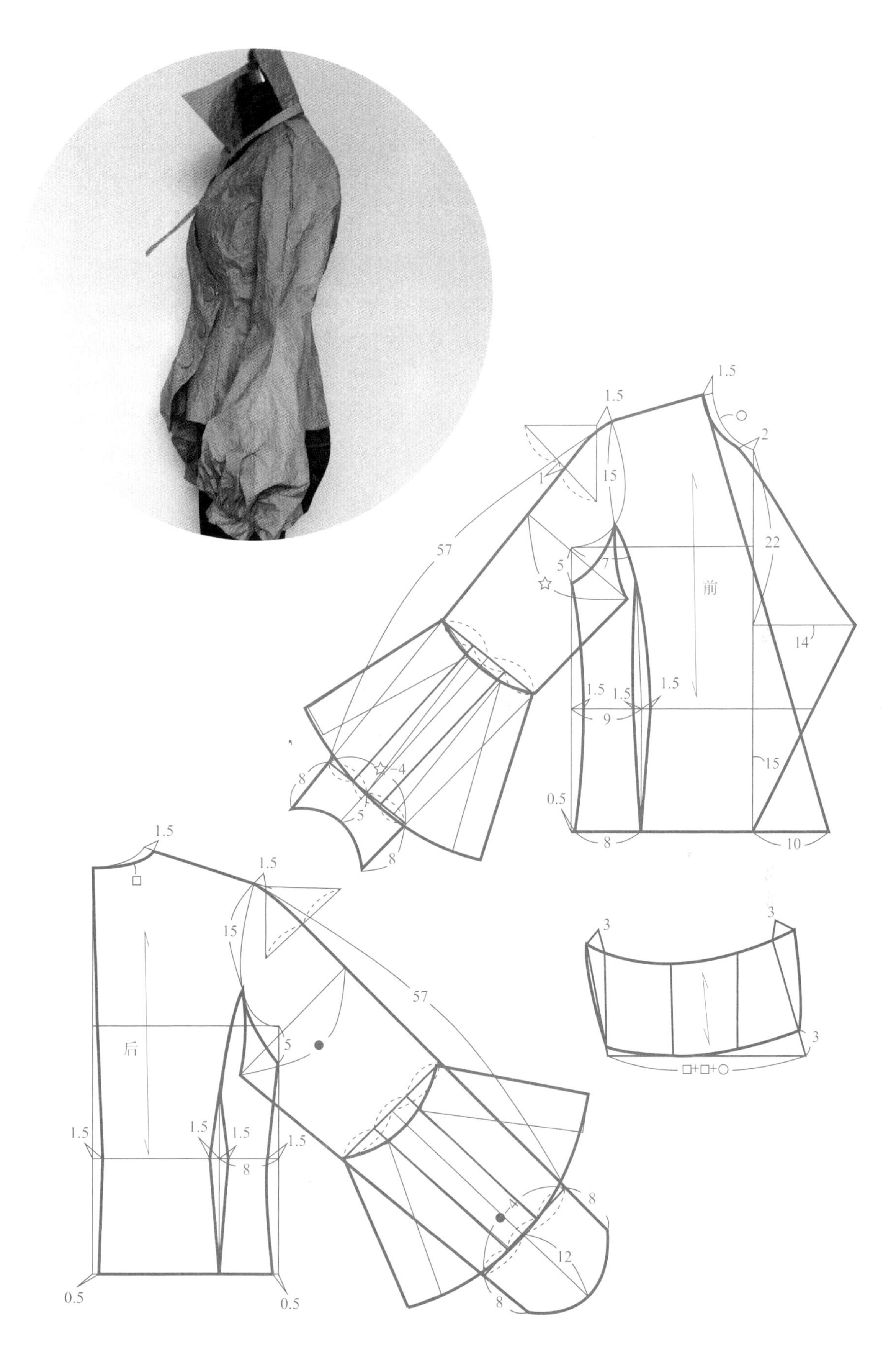
1.5
1.5
○
2
1
15
22
57
5
7
☆
前
14
1.5
1.5
1.5
9
15
☆-4
8
5
8
0.5
8
10
1.5
□
1.5
15
57
3
3
后
5
●
3
□+□+○
1.5
1.5
1.5
1.5
8
●-4
8
12
0.5
0.5
8

3 张倩

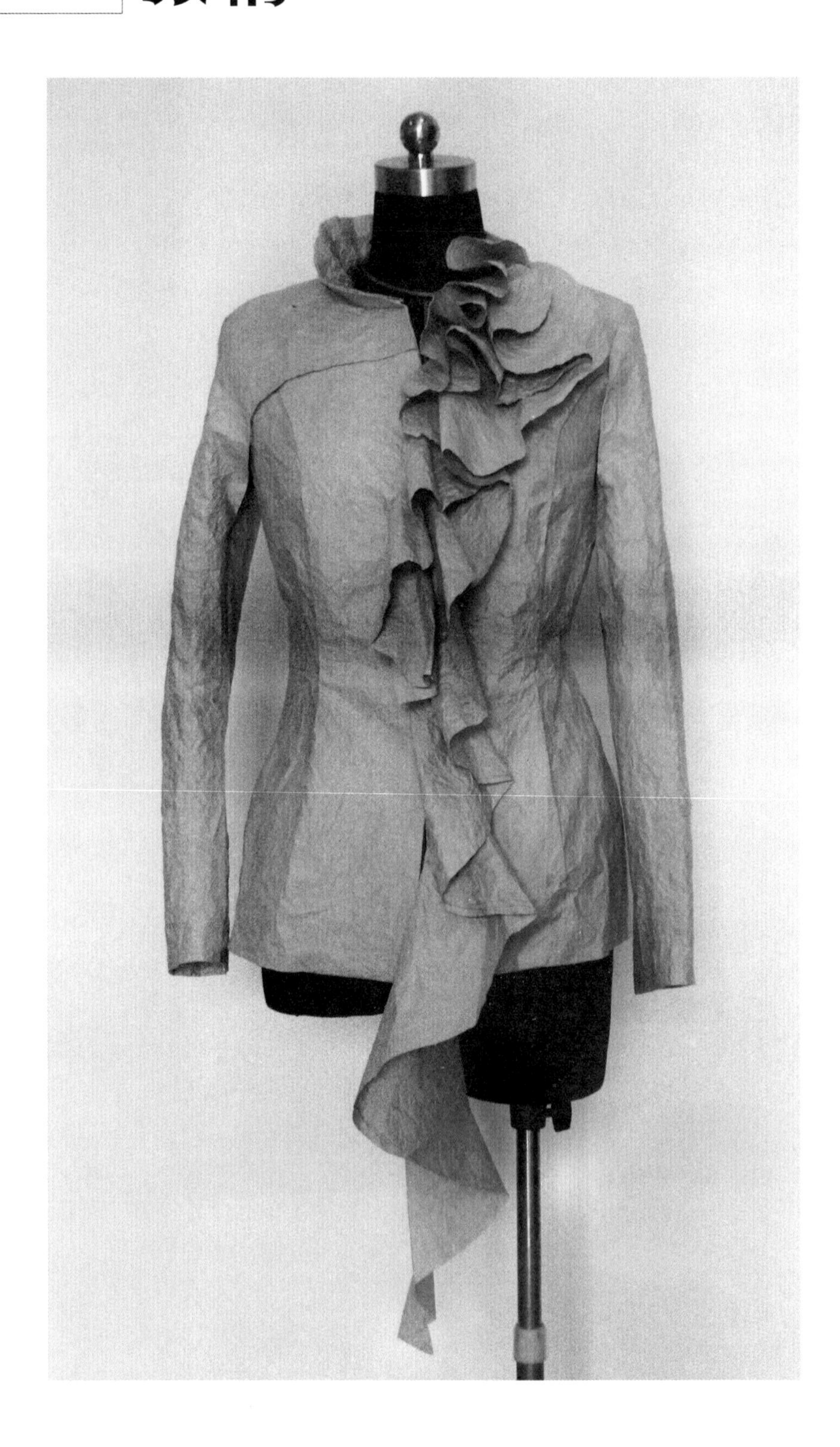

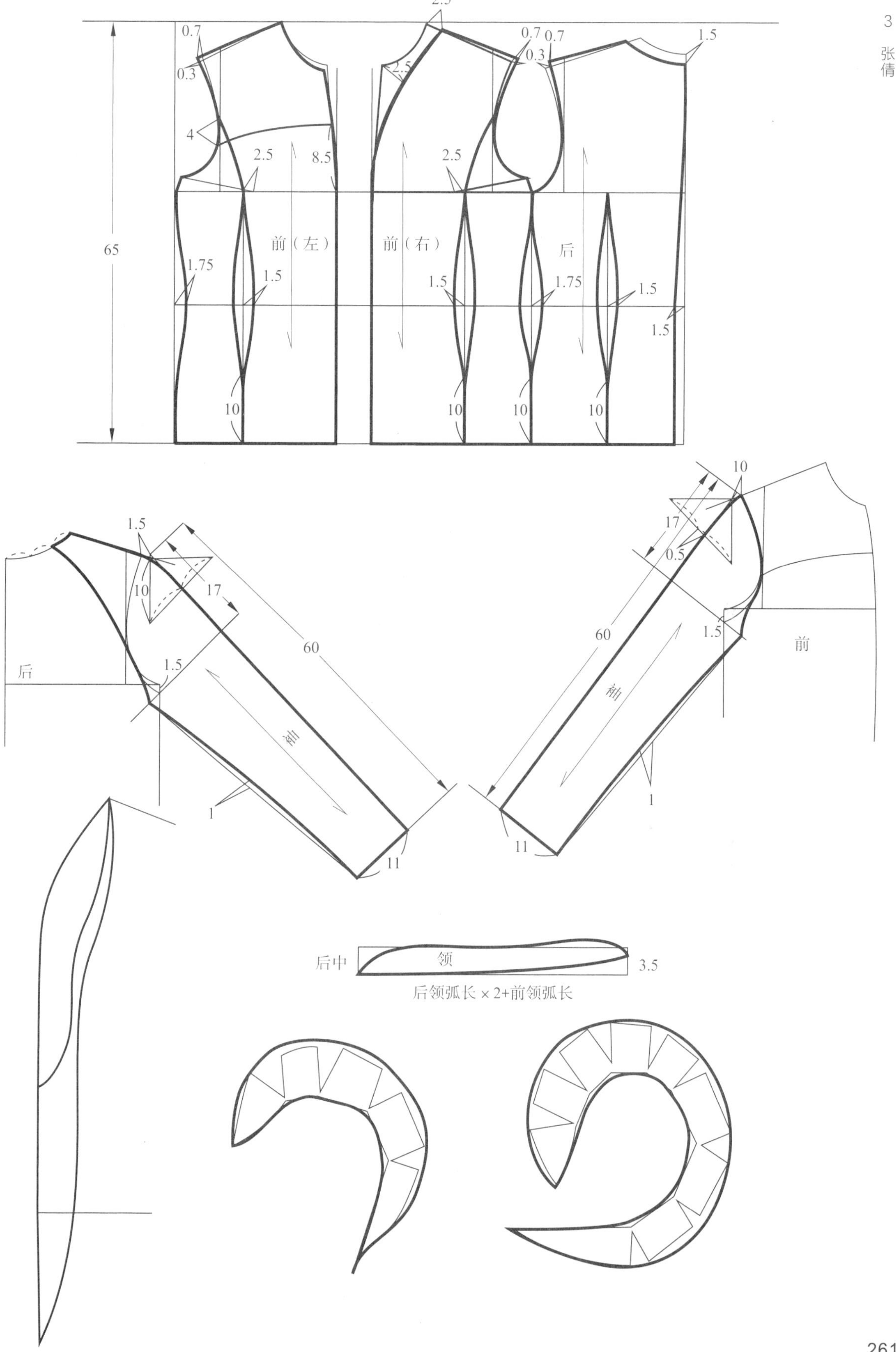
2.5
0.7
0.3
0.7 0.7
0.3
1.5
2.5
4
2.5
8.5
2.5
65
前（左）
前（右）
后
1.75
1.5
1.5
1.75
1.5
1.5
10
10
10
10
10
1.5
17
10
17
0.5
60
60
1.5
1.5
后
前
袖
袖
1
1
11
11
后中
领
3.5
后领弧长×2+前领弧长

4 张镭议

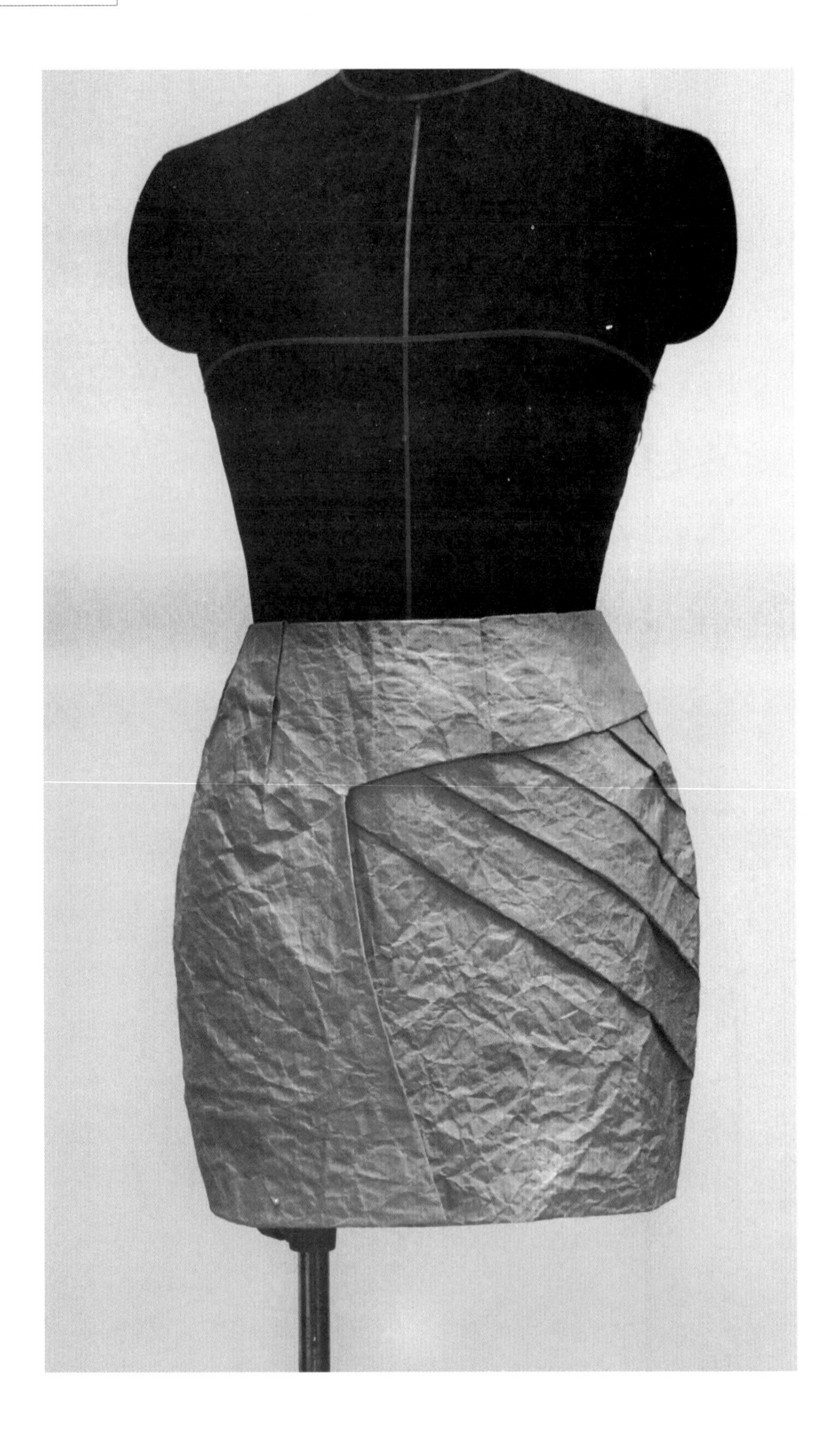

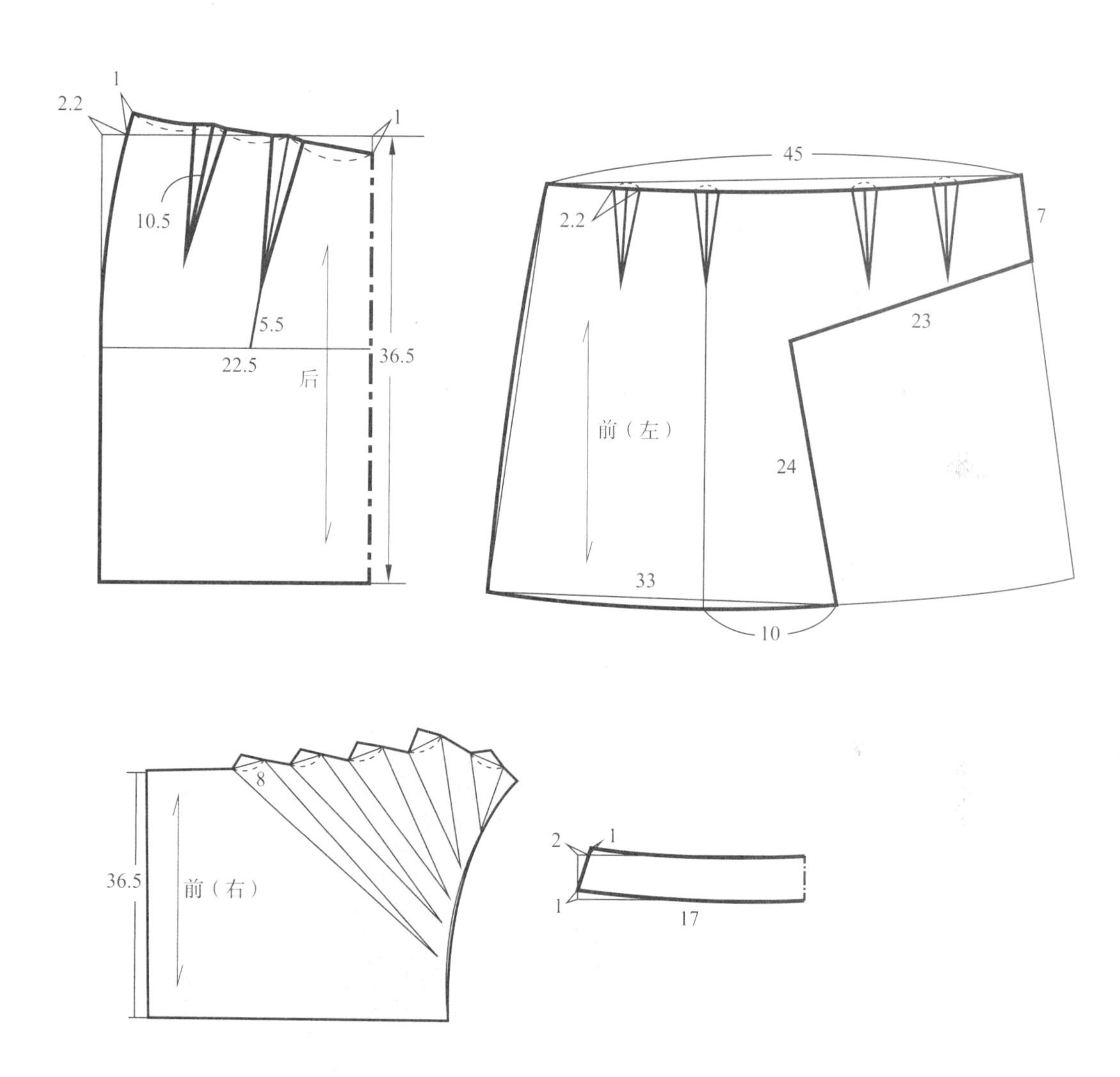
1
2.2
1
10.5
5.5
22.5
36.5
后
45
2.2
7
23
前（左）
24
33
10
8
36.5
前（右）
2
1
1
17

5 杨中华

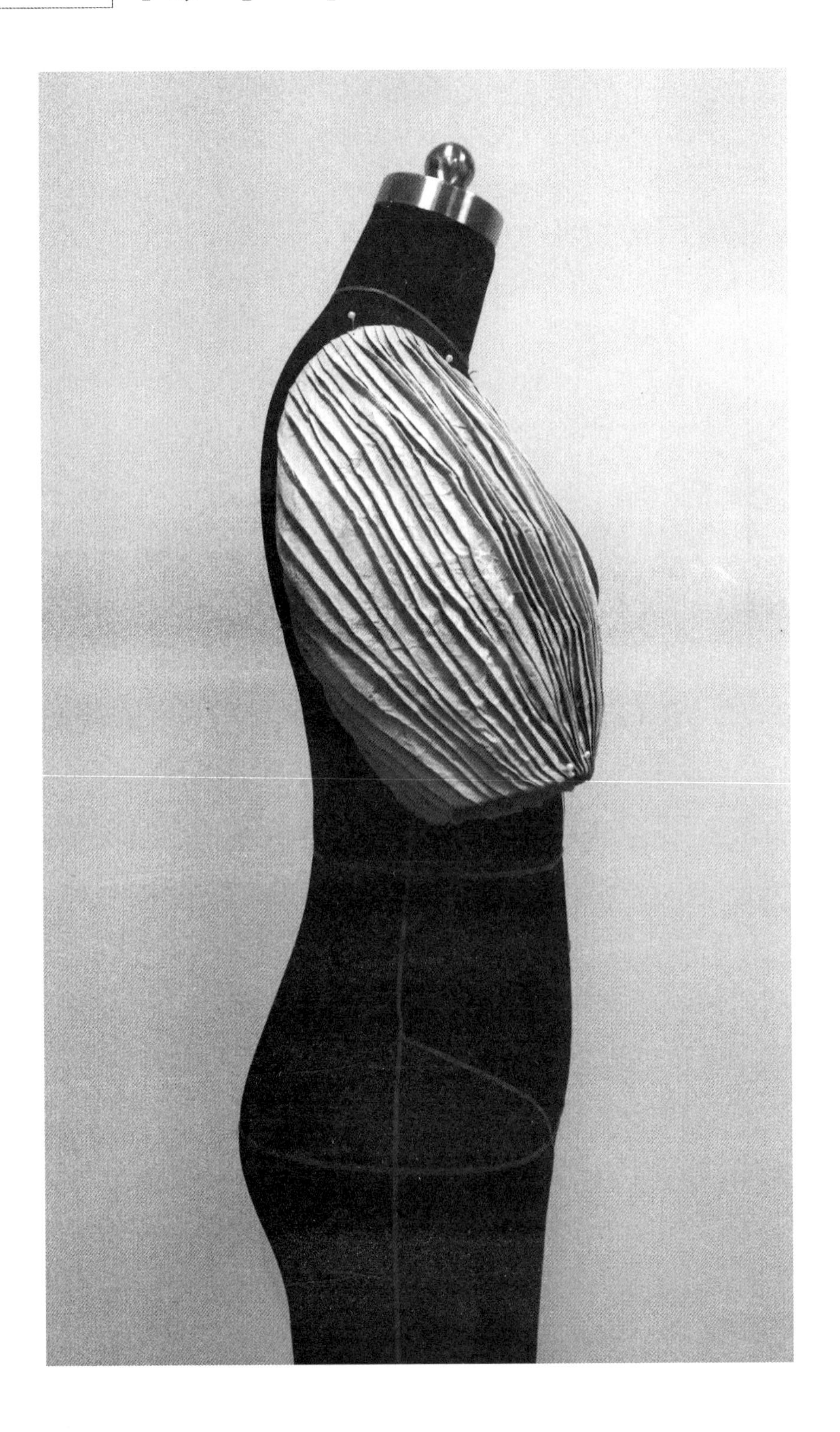

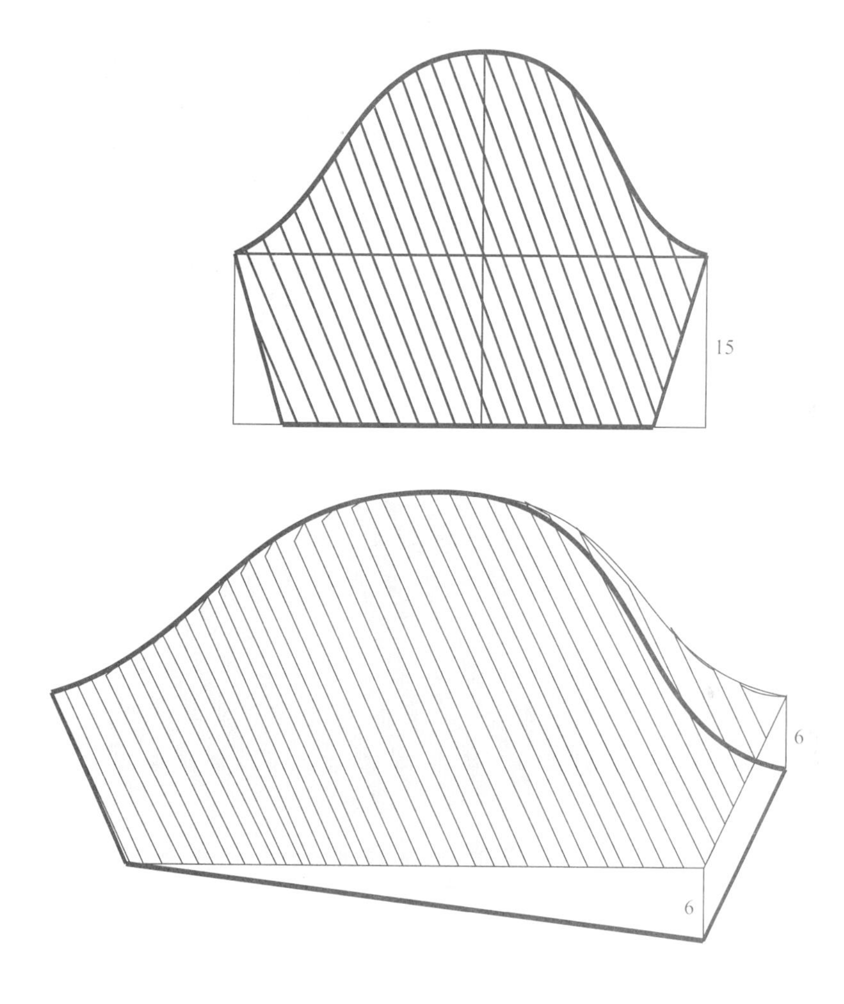
15
6
6

6 丁紫薇

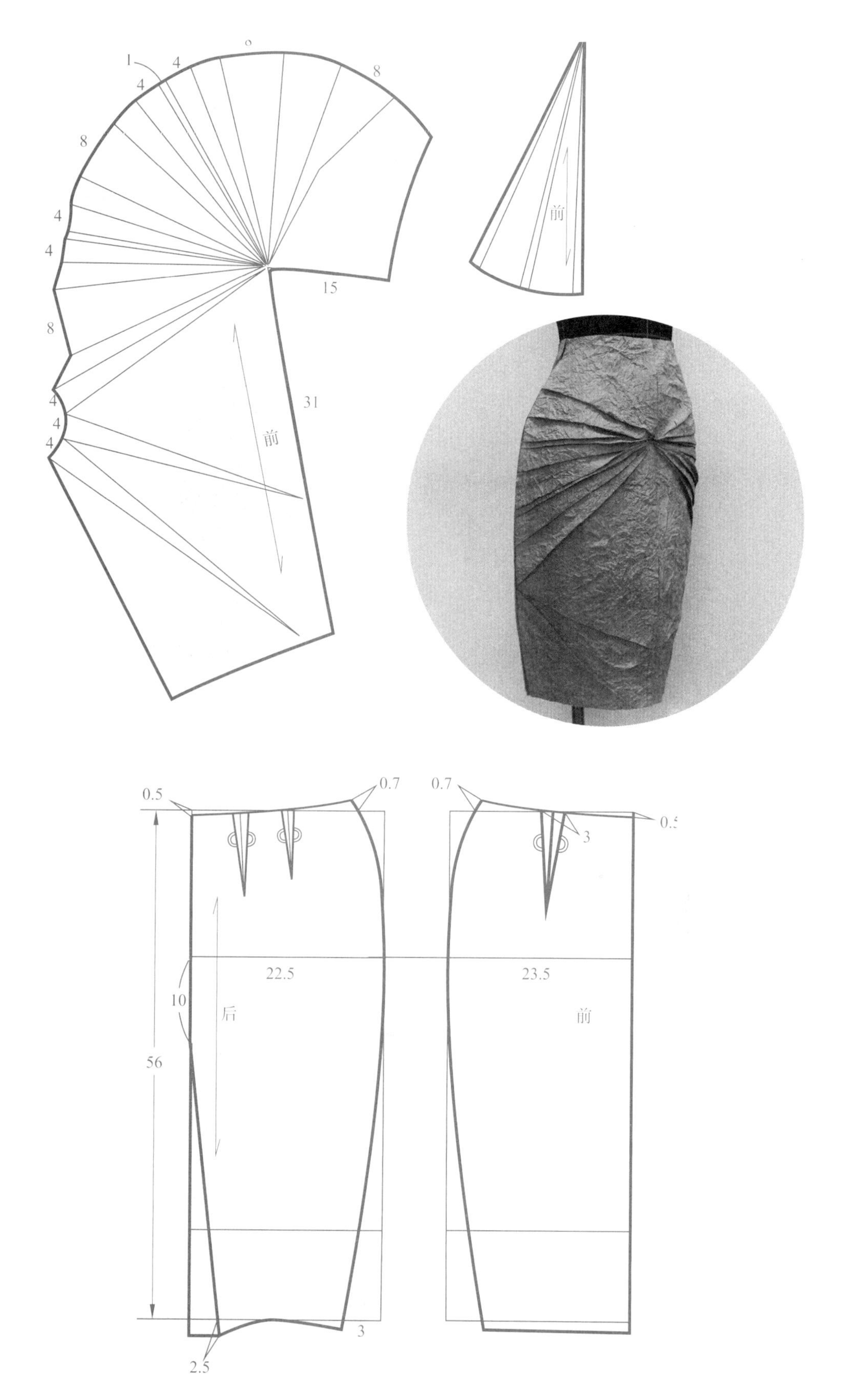
1
4
4
8
8
8
4
4
8
4
4
4
15
31
前
前
0.5
0.7
0.7
3
0.5
22.5
23.5
10
后
前
56
3
2.5

7 刘海波

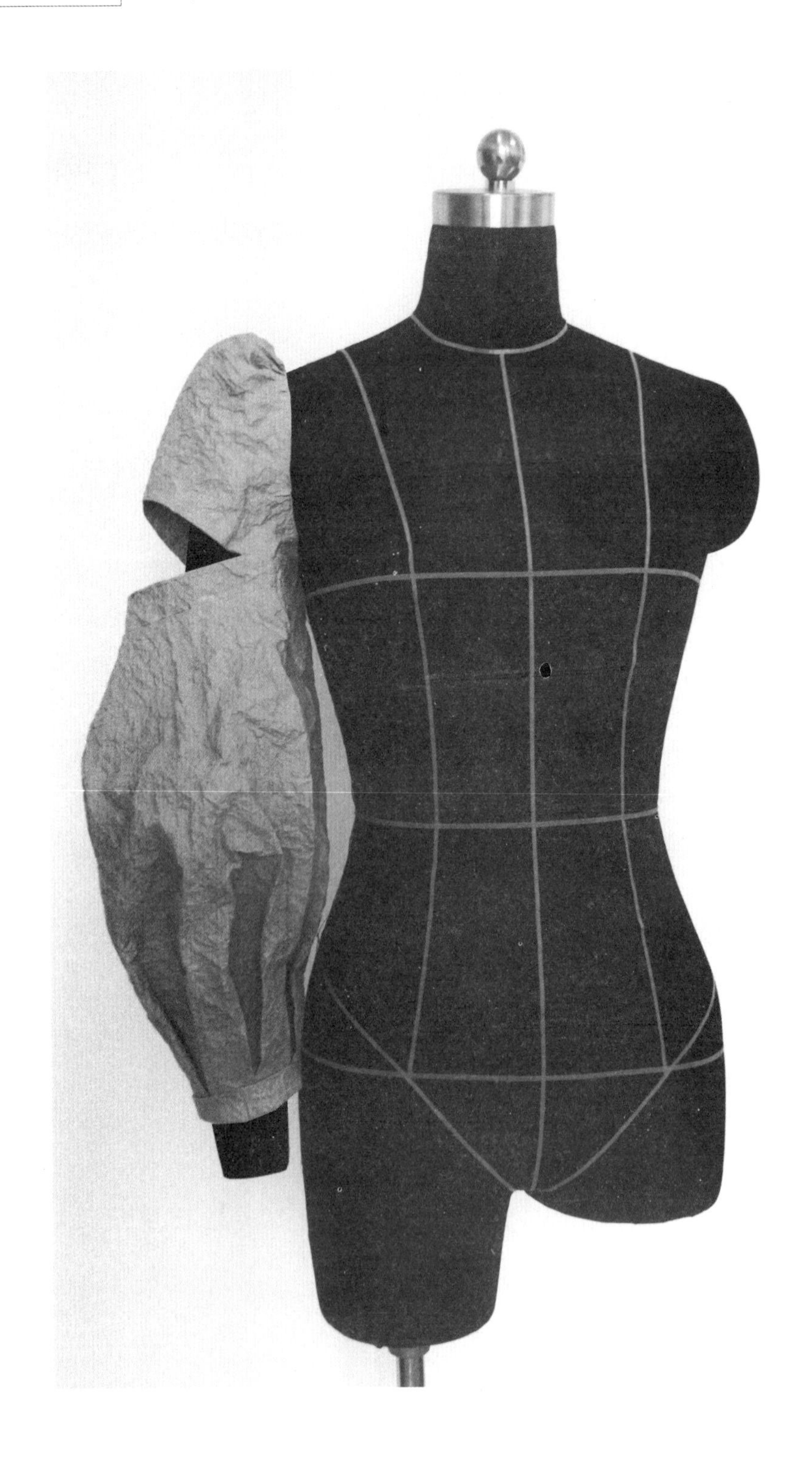

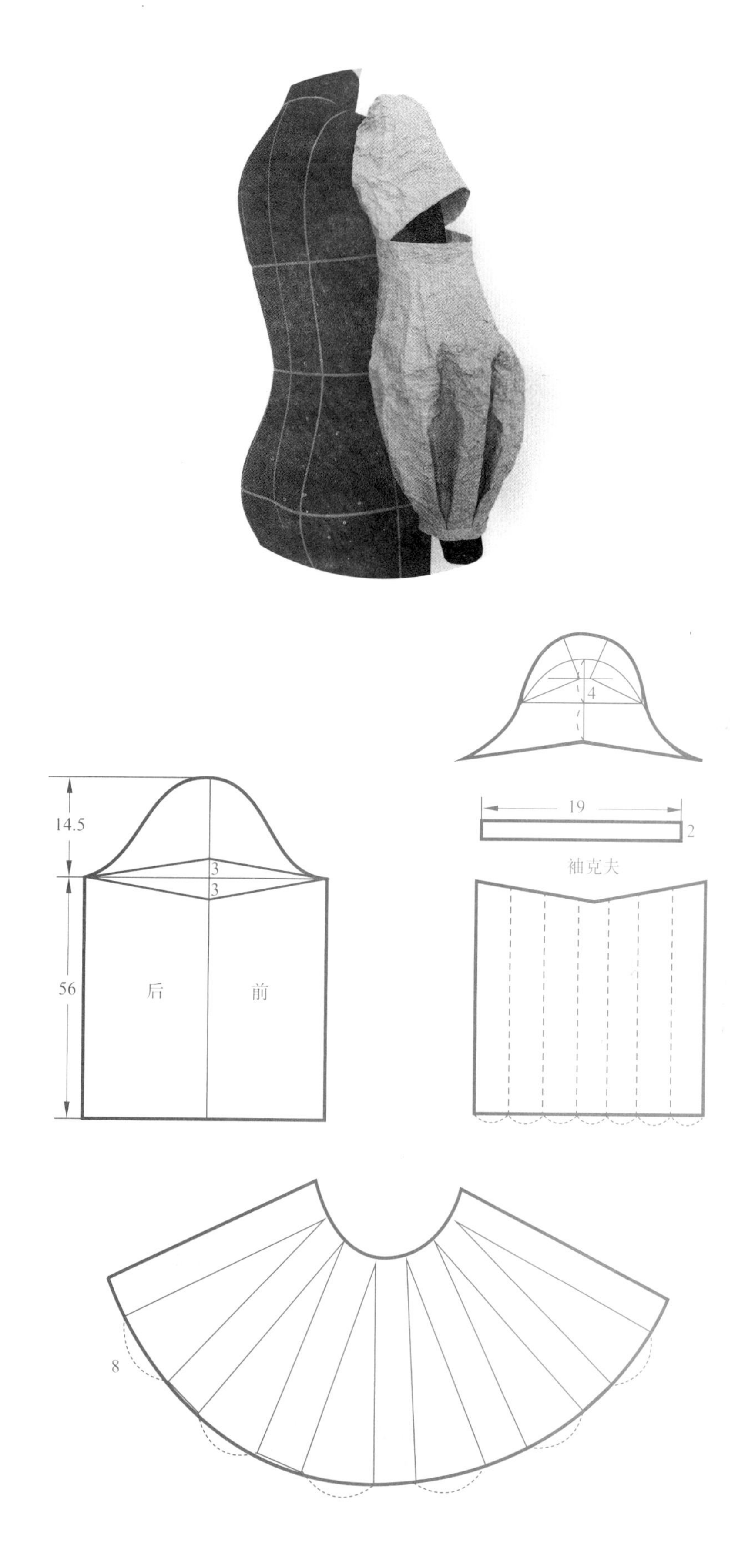
4
19
2
袖克夫
14.5
3
3
56
后
前
8